中国国家标准汇编

574

GB 29629～29677

（2013年制定）

中国标准出版社　编

中国标准出版社

北　京

图书在版编目(CIP)数据

中国国家标准汇编:2013年制定.574:
GB 29629～29677/中国标准出版社编.—北京:
中国标准出版社,2014.9
ISBN 978-7-5066-7655-7

Ⅰ.①中… Ⅱ.①中… Ⅲ.①国家标准-
汇编-中国-2013 Ⅳ.①T-652.1

中国版本图书馆CIP数据核字(2014)第187388号

中 国 标 准 出 版 社 出 版 发 行
北京市朝阳区和平里西街甲2号(100029)
北京市西城区三里河北街16号(100045)

网址 www.spc.net.cn
总编室:(010)64275323 发行中心:(010)51780235
读者服务部:(010)68523946

中国标准出版社秦皇岛印刷厂印刷
各地新华书店经销

*

开本 880×1230 1/16 印张 36.5 字数 1 130 千字
2014年9月第一版 2014年9月第一次印刷

*

定价 220.00 元

出 版 说 明

1.《中国国家标准汇编》是一部大型综合性国家标准全集。自1983年起，按国家标准顺序号以精装本、平装本两种装帧形式陆续分册汇编出版。它在一定程度上反映了我国建国以来标准化事业发展的基本情况和主要成就，是各级标准化管理机构，工矿企事业单位，农林牧副渔系统，科研、设计、教学等部门必不可少的工具书。

2.《中国国家标准汇编》收入我国每年正式发布的全部国家标准，分为"制定"卷和"修订"卷两种编辑版本。

"制定"卷收入上一年度我国发布的、新制定的国家标准，顺延前年度标准编号分成若干分册，封面和书脊上注明"20××年制定"字样及分册号，分册号一直连续。各分册中的标准是按照标准编号顺序连续排列的，如有标准顺序号缺号的，除特殊情况注明外，暂为空号。

"修订"卷收入上一年度我国发布的、被修订的国家标准，视篇幅分设若干分册，但与"制定"卷分册号无关联，仅在封面和书脊上注明"20××年修订-1，-2，-3，……"字样。"修订"卷各分册中的标准，仍按标准编号顺序排列(但不连续)；如有遗漏的，均在当年最后一分册中补齐。需提请读者注意的是，个别非顺延前年度标准编号的新制定的国家标准没有收入在"制定"卷中，而是收入在"修订"卷中。

读者配套购买《中国国家标准汇编》"制定"卷和"修订"卷则可收齐由我社出版的上一年度我国制定和修订的全部国家标准。

3.由于读者需求的变化，自1996年起，《中国国家标准汇编》仅出版精装本。

4.2013年我国制修订国家标准共1 979项。本分册为"2013年制定"卷第574分册，收入国家标准GB 29629～29677的最新版本。

中国标准出版社

2014年8月

目　　录

ICS 29.200
K 46

中华人民共和国国家标准

GB/T 29629—2013

静止无功补偿装置水冷却设备

Water cooling equipment for static var compensators

2013-07-19 发布 2013-12-02 实施

中华人民共和国国家质量监督检验检疫总局
中国国家标准化管理委员会 发布

前　言

本标准按照 GB/T 1.1—2009 给出的规则起草。

本标准由中国电器工业协会提出。

本标准由全国电力电子学标准化技术委员会(SAC/TC 60)归口。

本标准起草单位:西安西电电力系统公司、西安高压电器研究院有限责任公司、南方电网技术研究中心、中国电力科学研究院、西安电力电子技术研究所、广州高澜节能技术股份有限公司、杭州祥博电气有限公司、国网电力科学研究院、南京南瑞继保电气有限公司、许继集团有限公司、荣信电力电子股份有限公司、国电南京自动化股份有限公司、阿尔斯通电网部等。

本标准主要起草人:李侠、刘宁、焦秀英、王瑚、蔚红旗、许树楷、温家良、田方、周观允、卢志敏、夏波涛、张建、杨晓辉、胡铭、王小红、陈赤汉、常忠廷、张凡勇、杨志勇、曹均正、周长春、徐静华、马振军、凌刚、陈建业、阮卫华、苗燕、王英洁。

静止无功补偿装置水冷却设备

1 范围

本标准规定了交流输配电系统静止无功补偿装置用水冷却设备的技术要求。

本标准适用于交流输配电系统静止无功补偿装置水冷却设备(以下简称冷却设备)。

2 规范性引用文件

下列文件对于本文件的应用是必不可少的。凡是注日期的引用文件,仅注日期的版本适用于本文件。凡是不注日期的引用文件,其最新版本(包括所有的修改单)适用于本文件。

GB/T 3797—2005 电气控制设备

GB/T 3859.1 半导体变流器 基本要求的规定(GB/T 3859.1—1993,eqv IEC 60146-1-1:1991)

GB/T 4025 人机界面标志标识的基本和安全规则 指示器和操作器件的编码规则(GB/T 4025—2010,IEC 60073:2002,IDT)

GB/T 6075.1 机械振动 在非旋转部件上测量评价机器的振动 第1部分:总则(GB/T 6075.1—2012,ISO 10816-1:1995/Amd1:2009,IDT)

GB/T 13384 机电产品包装通用技术条件

GB/T 17799.2 电磁兼容 通用标准 工业环境中的抗扰度试验(GB/T 17799.2—2003,IEC 61000-6-2:1999,IDT)

GB 17799.4—2012 电磁兼容 通用标准 工业环境中的发射(IEC 61000-6-4:2011,IDT)

GB/T 22075 高压直流换流站可听噪声

GB 50050 工业循环冷却水处理设计规范

GB 50235 工业金属管道工程施工规范

3 术语和定义

GB/T 3859.1 界定的以及下列术语和定义适用于本文件。

3.1

冷却媒质 cooling medium

从冷却设备或热交换器中把热量带走的液体(例如水)或气体(例如空气)。

3.2

热转移媒质 heat transfer agent

在冷却设备中把热量从热源转移到热交换器的液体(例如水)或气体(例如空气)。该热量将由冷却媒质从热交换器带走。

3.3

间接冷却 indirect cooling

借助热转移媒质将热量从被冷却部件转移到冷却媒质的冷却方法。

3.4

强迫循环　forced circulation

强迫冷却　forced cooling

利用压缩机、风机或泵使冷却媒质或热转移媒质循环的方法。

3.5

去离子水　de-ionized water

去除了呈离子态杂质后的水。

3.6

内冷却水　inside coolant

使用水作为热转移媒质。内冷却水可为去离子水或去离子水与一定比例有机防冻剂的混合液。

3.7

外冷却水　outside coolant

使用水作为冷却媒质。外冷却水可为去离子水、自来水、工业循环冷却水等。

3.8

传热系数　coefficient of heat transfer

K

在稳定传热条件下，热交换器中的围护结构两侧流体温度差为 1 K，1 h 内通过 1 m^2 面积传递的热量。

3.9

对数平均温度差　logarithmic mean temperature difference

ΔT_m

热交换器一端的温度差(热转移媒质流出热交换器时的温度减去冷却媒质流入热交换器时的温度)减去其另一端的温度差(热转移媒质流入热交换器时的温度减去冷却媒质流出热交换器时的温度)，与这两个温度差之比的自然对数的比值，见式(1)。

$$\Delta T_m = \frac{(T_{h2} - T_{c2}) - (T_{h1} - T_{c1})}{\ln[(T_{h2} - T_{c2})/(T_{h1} - T_{c1})]} \qquad \cdots\cdots(1)$$

式中：

ΔT_m ——对数平均温度差，单位为开尔文(K)；

T_{h1} ——热转移媒质流入热交换器时的温度，单位为开尔文(K)；

T_{h2} ——热转移媒质流出热交换器时的温度，单位为开尔文(K)；

T_{c1} ——冷却媒质流出热交换器时的温度，单位为开尔文(K)；

T_{c2} ——冷却媒质流入热交换器时的温度，单位为开尔文(K)。

4　产品规格及型号

4.1　产品规格

冷却设备的冷却容量可在下列数值中选取，或由供需双方协商：

20，32，50，60，80，100，125，160，200，250，315，400，500，630，800，1 000，1 250，1 600 kW。

4.2　产品型号

冷却设备的型号编制办法见图 1。

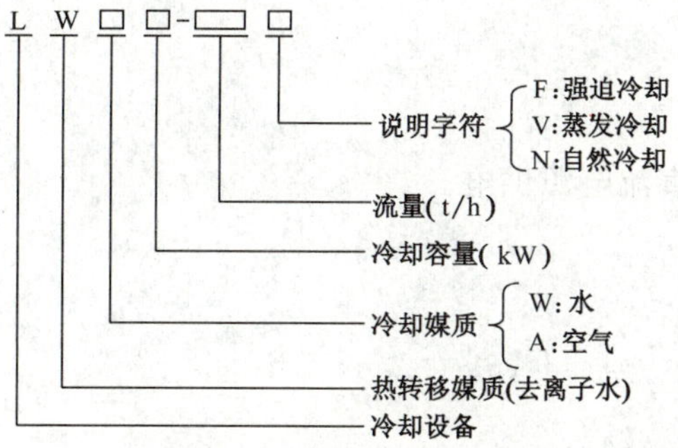

图 1　冷却设备型号

示例:

LWW400-50F 表示:水-水冷却设备,冷却容量为 400 kW,流量为 50 t/h,冷却方式为强迫冷却。

5　正常使用条件

5.1　冷却设备间

包括:

a)　温度为 5 ℃～40 ℃,相对湿度不大于 90%;

b)　无导电或爆炸性尘埃,无腐蚀金属或破坏绝缘的气体或蒸汽;

c)　无剧烈振动或冲击。

5.2　户外环境

包括:

a)　污秽等级:≤Ⅲ级;

b)　地震烈度:符合静止无功补偿装置设计;

c)　最低环境温度:−40 ℃;

d)　最高环境温度:+45 ℃;

e)　海拔不超过 1 000 m。当冷却设备在高于 1 000 m 海拔的地区使用时,应考虑海拔的影响。

5.3　外冷却水

采用水-水冷却方式时,外冷却水水质及循环水处理工艺应满足 GB 50050 的要求,外冷却水的补充水应满足下列要求:

a)　溶解性总固体:≤1 000 mg/L;

b)　pH 值:6.5～8.5;

c)　硬度(以 $CaCO_3$ 计):≤450 mg/L;

d)　氯化物:≤250 mg/L;

e)　硫酸盐:≤250 mg/L;

f)　细菌总数:≤80 CFU/mL。

5.4　电源

5.4.1　动力电源

动力电源宜采用双路交流电源供电,电压波动不超过额定电压的±10%,频率波动不超过额定频率的±2%。

5.4.2 控制电源

控制电源宜至少采用两路直流电源供电。

5.4.3 其他要求

冷却设备应可靠接地。

6 技术要求

6.1 技术数据

6.1.1 总则

冷却设备技术数据按静止无功补偿装置技术要求提出，一般包括功率损耗、内冷却水的电导率、流量、进水和出水温度以及最大压降等。冷却设备选型基本参数及配置要求参见附录A。

6.1.2 内冷却水的水质

内冷却水采用密闭式循环的去离子水。部分内冷却水经旁路由去离子装置去除杂质离子。内冷却水及其补充水的水质应满足表1要求。

表1 内冷却水的电导率和pH值

类别	不同静止无功补偿装置工作电压(U)要求的电导率 μS/cm				pH值
	U≤630 V	630 V<U≤1 250 V	1 250 V<U≤10 kV	U>10 kV	
内冷却水	≤50	≤10	≤2.0	≤0.5	6.5～8.5
去离子装置出水	≤10	≤8	≤1.0	≤0.3	6.5～8.5
内冷却水的补充水	≤100	≤20	≤5.0	≤5.0	6.0～9.0
根据现场使用情况，水质要求可适当调整。在寒冷地区，可在内冷却水中加一定比例的有机防冻液。 注：表中参数为水温在25 ℃时的测量值。					

6.1.3 内冷却水的流量

内冷却水流量应在静止无功补偿装置设计提出的最小流量和最大流量之间选取。

6.1.4 内冷却水的温度

内冷却水流出和流入静止无功补偿装置时的温度应根据冷却设备的现场运行环境温度及静止无功补偿装置温度要求确定。

静止无功补偿装置运行时，内冷却水流入其的温度应不低于露点温度。

6.2 配置和功能

6.2.1 总则

冷却设备应采用密闭、循环的液体冷却系统，能保证静止无功补偿装置在最大设计条件和极端使用条件下的正常运行，且充分考虑冷却容量的裕度。

冷却设备主要包括所有相互连接的管道、管道配件、电动机、泵、冷却风机、膨胀水箱/高位水箱缓冲系统、主循环泵、去离子装置、补水装置、热交换器、仪表、排水和排气装置、控制及保护系统以及其他必要的设备。

设计应使冷却设备在使用寿命期内避免或减少电化学腐蚀。

6.2.2 电动机

包括：

a) 电动机的绝缘等级不低于F级，防护等级不低于IP54；

b) 电压波动和频率波动在符合5.4.1规定的运行条件下，电动机仍应良好运行，在80%额定电压情况下，仍能起动；

c) 对于有变频要求的电动机，能在要求的转速下运行；

d) 鼠笼式感应电动机在全电压下起动时，启动电流不超过满负荷正常工作电流的6倍；

e) 卧式电动机应使用耐磨擦的含润滑油的轴承。所有耐磨轴承应至少正常运行50 000 h；

f) 所有电动机的转子都应动态平衡和静态平衡；

g) 户外式电动机应是全封闭的。

6.2.3 泵

包括：

a) 每个泵与其拖动电动机应一并固定在同一个单独的铸铁座或钢座上；

b) 每个泵都应通过弹性联轴器与电动机相连，所有联轴器都应有保护装置；

c) 所有泵和驱动器的旋转部分都应静态平衡和动态平衡；

d) 泵的材料选择应考虑运行环境要求；

e) 电动机功率应满足超出泵特性曲线的越限情况下最大功率的要求；

f) 所有泵的振动应符合GB/T 6075.1的规定；

g) 所有泵的轴封应采用机械密封。

6.2.4 冷却风机

包括：

a) 风机部件都应静态平衡和动态平衡；

b) 风机的驱动部分，如联轴器、皮带、皮带轮、齿轮、轴等，都应承受150%的额定功率；

c) 风机的轴承应使用可润滑的重负荷的滚珠轴承，转速不应大于1 450 r/min。

6.2.5 关键设备配置

冷却设备的控制系统和关键的机电设备，如主循环泵、去离子装置、在线仪表等均应采取冗余配置的方式，并可在线检修和更换。

6.2.6 缓冲配置

冷却设备缓冲配置可采用充有惰性气体的膨胀水箱，也可采用高位水箱形式，保证循环水路的稳定。水箱应设置水位指示，并具备缓冲内冷却水体积变化的功能。密闭式水箱应自动调节气压并保持一定范围内的恒定。

6.2.7 主循环泵配置

根据用户要求，冷却设备的循环泵可设置为一用一备。单台泵应满足系统最大设计流量，保证内冷却水以恒定的流速流过被冷却部件。

6.2.8 去离子装置

部分内冷却水流经去离子装置去除水中的杂质离子，以维持内冷却水的电导率在规定范围内。

根据用户要求，可配置互为冗余的去离子装置。

6.2.9 补水装置

冷却设备应设置补水装置，并根据情况设置自动/手动补水功能。补水操作应能在静止无功补偿装置运行时进行。

6.2.10 热交换器

冷却设备一般采用水-水(汽)热交换器(密闭式冷却塔/开放式冷却塔)或水-风(空气)热交换器(空气冷却器)。水-水(汽)热交换器应保证内冷却水与外冷却水不发生混合。热交换器宜至少设置一台备用风机。

6.2.11 监测仪表

内冷却水回路中至少应设置压力、流量、温度、电导率、水箱水位等参数的在线监测仪表。采用水-水(汽)冷却方式时，外冷却水回路中宜设置水位及水质等监测仪表。所有仪表的电磁兼容应符合GB/T 17799.2 的规定。

6.2.12 排水和排气装置

冷却设备应具备自动气水分离及排气功能。管道高点及容易积气的管段应设置手动或自动排气装置，管道低点应设置排水装置。

6.2.13 主循环过滤器

冷却设备应设置网孔径不大于 200 μm 的主循环过滤器。若有特殊要求，协商解决。

6.2.14 控制及保护系统

6.2.14.1 概述

冷却设备控制系统相对于上位机应设计为一个独立的子站，能对冷却设备的运行状态进行监控，并与上位机进行可靠通信。

冷却设备宜设置两套独立的控制系统单元，互为备用。主控制系统发生故障时，应自动切换到备用系统，且切换应是无扰动的。当主控制系统保持在运行状态时，应允许对备用系统进行维护。

6.2.14.2 泄漏检测

冷却设备控制系统宜对冷却水的泄漏进行检测。

6.2.14.3 外冷却水硬度监测

冷却设备控制系统应根据外冷却水硬度自动调节排放水量和补充水量。

6.2.14.4 自检功能

冷却设备控制系统应具备冷却设备故障和运行指标超过设定限值等基本故障的自检功能，并进行自动调整或提示运行人员采取相应措施。监测分为报警和跳闸两种等级。控制系统对出现的故障信息应采用总线通信或硬接点等可靠方式输出。

6.2.14.5 报警信号

出现下列情况之一，冷却设备控制系统宜发出报警信号：

a) 交流电源故障；
b) 直流电源故障；
c) 控制系统单元故障；
d) 主循环泵故障；
e) 外冷却水回路机电设备故障；
f) 传感器故障；
g) 内冷却水进/出静止无功补偿装置温度高；
h) 内冷却水进静止无功补偿装置温度低；
i) 内冷却水流量小；
j) 内冷却水压力高；
k) 内冷却水压力低；
l) 主管道中的内冷却水电导率高；
m) 膨胀水箱或高位水箱液位低；
n) 膨胀水箱或高位水箱液位高；
o) 外冷却水水池(如有)液位低；
p) 膨胀水箱压力低(如有)；
q) 膨胀水箱压力高(如有)；
r) 冷却设备渗漏。

6.2.14.6 跳闸信号

出现下列情况之一，冷却设备控制系统宜发出跳闸信号：

a) 全部动力电源故障；
b) 全部控制电源故障；
c) 全部控制系统故障；
d) 静止无功补偿装置进水温度高于限值；
e) 主循环泵不运行；
f) 冷却设备泄漏；
g) 内冷却水流量低于限值。

6.3 换热性能

在额定流量下，冷却设备的换热性能应符合下列要求：

a) 水-水热交换器：对数平均温度差 $\Delta T_m \leqslant 5$ K，传热系数 $K \geqslant 3\ 500$ W/(m^2·K)；
b) 水-风热交换器：对数平均温度差 $\Delta T_m \leqslant 8$ K，传热系数 $K \geqslant 65$ W/(m^2·K)。

6.4 噪声

冷却设备的噪声应符合 GB/T 22075 的要求。

6.5 外观

冷却设备的外观要求如下：

a) 各部件安装端正、整齐，无明显偏差、松动现象；

b) 容器和管道不得有明显凹陷，焊缝无焊渣、疤痕等；

c) 表面喷涂均匀，不得有脱落、流挂、划痕、裂缝等缺陷；

d) 控制柜符合 GB/T 4025 的要求。

6.6 绝缘强度

冷却设备中的电动机等电气设备与地(外壳)之间的绝缘电阻不低于 10 MΩ。电气设备与地(外壳)之间应承受 2 000 V 的工频试验电压，持续时间为 1 min。

6.7 接地电阻

所有可触及金属部分与接地点之间的电阻应满足 GB/T 3797—2005 中 5.2.6 的要求。

6.8 年可用率

冷却设备的年可用率不应低于 98%。

7 冷却设备和管道要求

7.1 材料

冷却设备及其管道宜选择具有高防腐性、高防锈性和高洁净度的材料。接触冷却水的材料不宜选择低于不锈钢(1Cr18Ni9Ti)等级。

管道内、外表面应无明显划痕、凹陷及砂眼等机械损伤。

7.2 制造和安装

7.2.1 制造

冷却设备及其管道均应采用厂内预制、现场组装的施工方式。

7.2.2 安装

管道安装宜平整、端正、牢固，不得过于承受拉伸或挤压。

7.3 清洗

冷却设备运到现场前必须严格清洗管道。清洗后的管道内表面应清洁，无残留氧化物、焊渣、二次锈蚀、点蚀及明显金属粗晶析出。清洗完成后，应及时密封管口。

8 试验

8.1 总则

冷却设备的试验分为型式试验、出厂试验和现场试验。试验项目见表 2。

表 2 试验项目

序号	试验项目	试验分类			章条号
		型式试验	出厂试验	现场试验	
1	外观检查	√	√	√	8.2.1[a,b]、8.4.2[c]
2	绝缘试验	√	√	√	8.2.2
3	接地电阻测量	√	√	√	8.2.3
4	压力试验	√	√	√	8.2.4[a,b]、8.4.3[c]
5	水质测量	√	√	√	8.2.5
6	水力性能试验	√	√	—	8.2.6
7	换热性能试验	√	√	—	8.2.7
8	噪声测量	√	—	√	8.2.8
9	控制及保护性能试验	√	√	√	8.2.9
10	电磁兼容试验	√	—	—	8.2.10
11	通信和接口试验	√	√	√	8.2.11
12	连续运行试验	√	√	√	8.2.12[a]、8.3.[b]、8.4.1[c]
13	系统联合调试试验	—	—	√	8.4.4

[a] 型式试验时。

[b] 出厂试验时。

[c] 现场试验时。

8.2 型式试验

8.2.1 外观检查

应符合 6.5 的规定。

8.2.2 绝缘试验

应符合 6.6 的规定。

8.2.3 接地电阻测量

试验前，应断开控制柜的电源，清除测量点的油污。采用直接测量法，将仪表的端子分别与主接地端子、柜壳(或应接地的导电金属件)连接，测量可触及金属部分与主接地点之间的电阻。测量值应符合 6.7 的要求。

8.2.4 压力试验

8.2.4.1 水压试验

冷却设备及静止无功补偿装置外部的管道设计压力应不低于 1.0 MPa。试验压力应大于或等于设计压力的 1.5 倍，试验时间 1 h，设备及管道应无破裂或渗漏现象(试验时，短接与静止无功补偿装置连接处的管道)。

8.2.4.2 气压试验

对于采用气体密封的膨胀缓冲系统，应对膨胀缓冲系统设备进行密封性试验。施加正常工作压力的1.5倍～2.0倍气压，保持12 h，在温度恒定的状态下，压力变化应不大于初始气压的5%。

8.2.5 水质测量

测试方法如下：

a) 将电导仪、流量计、pH计等接入内冷却水回路；

b) 起动补水装置，使管道中充满符合表1规定的补充水，记录补充水量和初始电导率；

c) 起动主循环泵，调节内冷却水流量达到额定值；

d) 起动去离子装置，调节其流量达到额定值，开始计时，观察内冷却水电导率的变化情况。当内冷却水的电导率稳定在表1规定的范围内时，记录电导率数值、pH值和时间。

如果在额定流量下，内冷却水的电导率和pH值在4 h内达到并稳定在表1规定的范围内，则认为合格。

8.2.6 水力性能试验

冷却设备内冷却水的水力性能通过测量水压力与流量的关系考核。

试验可根据静止无功补偿装置的流量和水压差，使用近似水压差的其他部件替代静止无功补偿装置进行模拟试验。

试验方法如下：

a) 将水压计和流量计接入内冷却水回路；

b) 起动主循环泵，采用模拟方法改变水压，测量静止无功补偿装置管道入口处的水压；

c) 调整主循环泵出口处的阀门，测量并记录静止无功补偿装置入口处不同水压下的流量(测量点应不少于5个)。

如果内冷却水管道中的流量和水压符合设计要求，则认为合格。

8.2.7 换热性能试验

8.2.7.1 水-水换热型冷却设备的换热性能试验

试验方法如下：

a) 将流量计分别接入冷却设备的内冷却水和外冷却水管道，温度计分别装在热交换器的内冷却水和外冷却水的进、出口处；

b) 起动泵，调整内冷却水流量至规定值；

c) 起动电加热器。待内冷却水温度上升至高于外冷却水温度10 ℃时，使外冷却水开始流动，并调节其流量达到规定值；

d) 观察各处温度计的温度，待其稳定后，记录各处的温度值。然后，连续观察10 min，选取其中3～5个时间点记录各处的温度值。将不同时间点的温度值分别代入式(1)计算对数平均温度差ΔT_m，并计算所有对数平均温度差的算术平均值$\Delta \overline{T_m}$；

e) 根据内冷却水进、出口处的温度，按式(2)计算冷却容量：

$$Q = C \times q_m \times \Delta T \quad \cdots\cdots (2)$$

式中：

Q ——冷却容量，单位为瓦(W)；

C ——内冷却水的比热，单位为焦耳每千克开尔文[J/(kg·K)]；

q_m ——内冷却水的质量流量，单位为千克每秒(kg/s)；

ΔT ——内冷却水进、出口处的温度差，单位为开尔文(K)。

f) 按式(3)计算热交换器的传热系数：

$$K = \frac{Q}{F \times A \times \Delta \overline{T_m}} \qquad \cdots\cdots(3)$$

式中：

K ——传热系数，单位为瓦每平方米开尔文[W/(m² · K)]；

Q ——冷却容量，单位为瓦(W)；

A ——热交换器的换热面积，单位为平方米(m²)；

$\Delta \overline{T_m}$ ——在列项 d)中得到的 ΔT_m 的算术平均值，单位为开尔文(K)；

F ——修正因子，此处 $F=1$。

如果由式(1)计算的对数平均温度差 ΔT_m 和由式(3)计算的传热系数 K 均符合 6.3 的要求，则认为合格。

8.2.7.2 水-风换热型冷却设备的换热性能试验

试验方法如下：

a) 将流量计接入冷却设备的内冷却水管道，温度计分别装在内冷却水进、出口和风道进、出口处；

b) 起动泵，调整内冷却水流量至规定值；

c) 起动电加热器。待内冷却水温度上升至高于周围空气温度时，起动风机；

d) 观察各处温度计的温度，待其稳定后，记录各处的温度值。然后，连续观察 10 min，选取其中 3～5 个时间点记录各处的温度值。将不同时间点的温度值分别代入式(1)计算对数平均温度差 ΔT_m，并计算所有对数平均温度差的算术平均值 $\Delta \overline{T_m}$；

e) 按式(2)计算冷却容量 Q；

f) 按式(3)计算热交换器的传热系数 K。式中，修正因子 F 的值由图 2 选取。

如果由式(1)计算的对数平均温度差 ΔT_m 和由式(3)计算的传热系数 K 均符合 6.3 的要求，则认为合格。

8.2.8 噪声测量

依据 GB/T 22075 的要求测量。

8.2.9 控制和保护功能试验

模拟运行模式和故障情况，验证冷却设备的控制和保护功能。如果试验结果符合 6.2.14 的规定，则认为合格。

8.2.10 电磁兼容试验

测量冷却设备的电磁发射，并验证其供电电源回路、信号采集回路和控制回路等受到外界干扰时是否出现误动、拒动、死机等情况。

a) 电磁发射试验：按 GB 17799.4—2012 试验，应符合其第 7 章规定的发射限值；

b) 抗扰度试验：按 GB/T 17799.2 分别进行静电放电、电快速瞬变脉冲群、浪涌(冲击)、射频电磁场辐射、射频场感应的传导骚扰、电压暂降和短时中断等抗扰度试验。

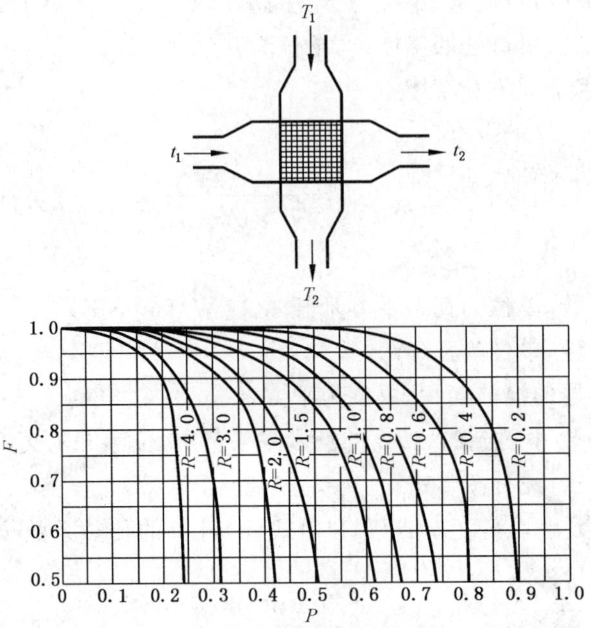

说明：

$R=(T_1-T_2)/(t_2-t_1)$，$P=(t_2-t_1)/(T_1-t_1)$；

R ——冷却设备中，内冷却水进、出口处的温度差与风道出、进口处的温度差的比值；

P ——冷却设备中，风道出、进口处的温度差与内冷却水进口处和风道进口处的温度差的比值；

T_1——冷却设备中，内冷却水进口处的温度，单位为开尔文(K)；

T_2——冷却设备中，内冷却水出口处的温度，单位为开尔文(K)；

t_1 ——冷却设备中，风道进口处的温度，单位为开尔文(K)；

t_2 ——冷却设备中，风道出口处的温度，单位为开尔文(K)。

图 2　单流程叉流式热交换器的修正因子曲线

8.2.11　通信和接口试验

根据控制和保护系统确定的通信接口要求，进行冷却设备的通信和远程控制功能试验：

a）验证冷却设备控制系统能否准确地把系统发出的报警、跳闸信号以及冷却设备运行状态和在线运行参数等信息正确上传至上位机；

b）验证冷却设备控制系统与上位机之间的控制动作是否正确，上位机能否正确响应冷却设备控制系统的跳闸指令，冷却设备控制系统能否正确响应上位机的运行和停运指令。

冷却设备与上位机之间的通信正常，上传信息正确，下传指令得到及时响应，则认为合格。

8.2.12　连续运行试验

在各单项试验合格之后，进行整机连续运行试验。

试验期间应记录水冷却系统运行参数。

起动整机运行，调整流量、压力、电导率等达到并维持在额定值，观察电动机、泵、风机和热交换器等主要部件运行是否正常。

试验时间 48 h。

试验期间无渗漏发生，控制和保护设备工作正常，则认为合格。

8.3　出厂试验

出厂试验项目见表 2。

除连续运行试验时间为 6 h 外，其他按 8.2 的规定进行。

8.4 现场试验

8.4.1 试验项目

现场试验项目见表 2。

除连续运行试验时间为 72 h 以及下述外观检查、压力试验和系统联合调试试验外，其他按 8.2 的规定进行。

8.4.2 外观检查

按 8.2.1 的规定进行，并符合 GB 50235 的规定。

8.4.3 压力试验

冷却设备及管道完成现场安装后，试验压力为设计压力的 1.2 倍～1.5 倍，试验时间 1 h，冷却设备及管道应无破裂或渗漏现象(试验时，短接与静止无功补偿装置连接处的管道)。

冷却设备与静止无功补偿装置连接后，试验压力、试验时间等应根据静止无功补偿装置的试验要求确定。

其他按 8.2.4 的规定进行。

8.4.4 系统联合调试试验

静止无功补偿装置带负载运行，验证冷却设备的冷却能力和温度调节能力以及静止无功补偿装置要求的其他技术指标。

9 包装、运输和贮存

9.1 包装

冷却设备的包装应符合 GB/T 13384 的要求。随机文件应有：

a) 装箱清单；

b) 产品合格证；

c) 产品安装及使用说明书；

d) 产品成套及备件一览表。

9.2 运输

冷却设备运输过程中，不应有剧烈振动、撞击和倒放，运输环境温度应为－25 ℃～＋55 ℃，但去离子装置中的离子交换树脂应保持在 0 ℃以上。

9.3 贮存

应符合 GB/T 3859.1 的规定。

10 标识

冷却设备铭牌应至少包括以下内容：

a) 规格型号；

b） 冷却容量；
c） 额定流量；
d） 额定压力；
e） 热交换器类型；
f） 额定输入功率；
g） 额定输入电压；
h） 生产厂家；
i） 生产日期；
j） 重量。

附 录 A
（资料性附录）
冷却设备选型参数及配置条件

冷却设备选型参数及配置条件见表 A.1。

表 A.1 冷却设备选型参数及配置条件

名 称	单 位	备 注
安装场所历史最高环境温度	℃	
安装场所历史最低环境温度	℃	
安装场所历史最高湿球温度	℃	采用水-汽方式时需提供
安装场所海拔	m	超出本标准要求时需特殊设计
电源条件		1) 交流或直流电源情况； 2) 交流或直流电源路数
静止无功补偿装置最大功率损耗	kW	
内冷却水流入静止无功补偿装置时的最高温度	℃	
内冷却水流入静止无功补偿装置时的最低温度	℃	
内冷却水流出静止无功补偿装置时的最高温度	℃	
内冷却水最小流量	m^3/h	
内冷却水最大流量	m^3/h	
内冷却水流入静止无功补偿装置时的最大压力	MPa	
静止无功补偿装置的水压降	MPa	
内冷却水电导率	μS/cm	
主循环过滤器网孔径	μm	
静止无功补偿装置内冷却水总容量	L	
内冷却水种类		1) 全部为去离子水； 2) 去离子水＋乙二醇
外冷却方式		1) 水-水冷却方式； 2) 水-风冷却方式
补水方式		自动或手动补充
缓冲系统配置		膨胀水箱或高位水箱
其他特殊要求		

ICS 29.200
K 46

中华人民共和国国家标准化指导性技术文件

GB/Z 29630—2013

静止无功补偿装置
系统设计和应用导则

Static var compensators(SVC)—
System design and application guidelines

2013-07-19 发布　　　　2013-12-02 实施

中华人民共和国国家质量监督检验检疫总局
中国国家标准化管理委员会　发布

前　言

本指导性技术文件按照GB/T 1.1—2009给出的规则起草。

本指导性技术文件由中国电器工业协会提出。

本指导性技术文件由全国电力电子学标准化技术委员会(SAC/TC 60)归口。

本指导性技术文件主要起草单位:西安高压电器研究院有限责任公司、南方电网科学研究院有限责任公司、南京南瑞继保电气有限公司、荣信电力电子股份有限公司、国电南京自动化股份有限公司、西安理工大学、西安西电电力电容器有限责任公司、西南电力设计院电网分公司、西安电力电子技术研究所、国网电力科学研究院、昆明电器科学研究所、西安西开高压电气股份有限公司、许继集团有限公司柔性输电公司。

本指导性技术文件主要起草人:孙伟、傅闯、陈赤汉、张凡勇、杨晓辉、田恩文、李璐、同向前、信建伟、王友龙、杨志勇、张化良、蔚红旗、朱振飞、梁帅奇、周琼芳、赵永涛、胡旭辉、孟晨、何青连。

静止无功补偿装置
系统设计和应用导则

1 范围

本指导性技术文件规定了静止无功补偿装置(以下简称 SVC)满足系统运行要求的设计内容,对 SVC 部件、子系统以及布置、安装和相关的设计内容提出了基本要求。

本指导性技术文件适用于输电系统和配电系统中基于晶闸管的 SVC 的设计。

本指导性技术文件主要是针对晶闸管控制电抗器(TCR)型和晶闸管投切电容器(TSC)型 SVC 编制,晶闸管投切电抗器(TSR)型 SVC 参照本指导性技术文件执行。

每个 SVC 工程均有其特殊性,应针对具体工程条件和要求使用本指导性技术文件,必要时应作相应的补充。

2 规范性引用文件

下列文件对于本文件的应用是必不可少的。凡是注日期的引用文件,仅注日期的版本适用于本文件。凡是不注日期的引用文件,其最新版本(包括所有的修改单)适用于本文件。

GB 311.1 绝缘配合 第 1 部分:定义、原则和规则(GB 311.1—2012,IEC 60071-1:2006,MOD)

GB/T 1094.6 电力变压器 第 6 部分:电抗器(GB/T 1094.6—2011,IEC 60076-6:2007,MOD)

GB 1984 高压交流断路器(GB 1984—2003,IEC 62271-100:2001,MOD)

GB 1985 高压交流隔离开关和接地开关(GB 1985—2004,IEC 62271-102:2002,MOD)

GB/T 6451 油浸式电力变压器技术参数和要求

GB/T 10228 干式电力变压器技术参数和要求

GB/T 11024.1 标称电压 1 000 V 以上交流电力系统用并联电容器 第 1 部分:总则(GB/T 11024.1—2010,IEC 60871-1:2005,MOD)

GB 11032 交流无间隙金属氧化物避雷器(GB 11032—2010,IEC 60099-4:2006,MOD)

GB/T 12325 电能质量 供电电压偏差

GB/T 12326 电能质量 电压波动和闪变

GB/T 14285 继电保护和安全自动装置技术规程

GB/T 14549 电能质量 公用电网谐波

GB/T 14598.9 量度继电器和保护装置 第 22-3 部分:电气骚扰试验 辐射电磁场抗扰度(GB/T 14598.9—2010,IEC 60255-22-3:2007,IDT)

GB/T 14598.10 量度继电器和保护装置 第 22-4 部分:电气骚扰试验 电快速瞬变/脉冲群抗扰度试验(GB/T 14598.10—2012,IEC 60255-22-4:2008,IDT)

GB/T 14598.13 电气继电器 第 22-1 部分:量度继电器和保护装置的电气骚扰试验 1 MHz 脉冲群抗扰度试验(GB/T 14598.13—2008,IEC 60255-22-1:2007,MOD)

GB/T 14598.14 量度继电器和保护装置 第 22-2 部分:电气骚扰试验 静电放电试验(GB/T 14598.14—2010,IEC 60255-22-2:2008,IDT)

GB/T 15166.4 高压交流熔断器 第 4 部分:并联电容器外保护用熔断器(GB/T 15166.4—2008,IEC 60549:1976,MOD)

GB/T 15291　半导体器件　第6部分 晶闸管(GB/T 15291—1994,eqv IEC 60747-6:1983及其修正案1:1991)

GB/T 15543　电能质量　三相电压不平衡

GB/T 15945　电能质量　电力系统频率偏差

GB/T 20298—2006　静止无功补偿装置(SVC)功能特性

GB/T 20994　高压直流输电系统用并联电容器及交流滤波电容器

GB/T 20995　输配电系统的电力电子技术　静止无功补偿装置用晶闸管阀的试验(GB/T 20995—2007,IEC 61954:2003,MOD)

GB/T 22075　高压直流换流站可听噪声

GB 50052　供配电系统设计规范

GB 50059　35 kV～110 kV变电所设计规范

GB 50060　3 kV～110 kV高压配电装置设计规范

GB 50227—2008　并联电容器装置设计规范

GB/T 29629—2013　静止无功补偿装置水冷却设备

国际电报电话咨询委员会(CCITT)导则(Guide of International telegraph and telephone consultative committee)

3　术语和定义

下列术语和定义适用于本文件。

3.1

静止无功补偿装置　static var compensator;SVC

一种并联连接的静止无功补偿器,通过对其感性或容性电流的自动调整,来维持或控制其与电网连接点的某种参数(典型情况为控制母线电压)。

注:静止无功补偿装置一般包括TCR、TSC、TSR等,一般与机械开关投切无功补偿装置构成静止无功补偿系统。

3.2

晶闸管控制电抗器　thyristor controlled reactor;TCR

由晶闸管控制的并联电抗器,通过控制晶闸管的导通角使并联电抗器等效感抗连续变化。

3.3

晶闸管投切电容器　thyristor switched capacitor;TSC

由晶闸管投切的并联电容器,通过晶闸管的开通或关断使并联电容器投入或退出。

3.4

晶闸管投切电抗器　thyristor switched reactor;TSR

由晶闸管投切的并联电抗器,通过晶闸管的开通或关断使并联电抗器投入或退出。

3.5

固定电容器　fixed capacitor;FC

由电容器(有时还有电抗器)适当组合而成的并联装置。

注:通常也可设计成滤波器。

3.6

晶闸管级　thyristor level;TL

晶闸管阀的基本单元,由并联或反并联的晶闸管构成,包括辅助电路(触发、保护、均压、阻尼元件等)。

注:改写GB/T 20995—2007,定义3.1。

3.7

晶闸管阀　thyristor valve;TV

晶闸管级的电气和机械联合体,配有所有连结、辅助部件和机械结构,它可与 SVC 每相的电抗器或电容器相串联。

[GB/T 20995—2007,定义 3.5]

3.8

阀基电子单元　valve base electronics;VBE

处在地电位的电子单元,它是 SVC 控制系统与晶闸管阀之间的接口。

[GB/T 20995—2007,定义 3.7]

3.9

晶闸管电子单元　thyristor electronics;TE

在阀电位上执行控制、保护等功能的电子电路。接受阀基电子单元的控制信号,并向阀基电子单元回报晶闸管的状态信息等。

3.10

控制系统　control system

对 SVC 进行调节、保护、控制、触发和监测等单元的总称。

3.11

阀闭锁　valve blocking

通过抑制阀控制脉冲,使晶闸管阀不触发的操作。

注:改写 GB/T 13498—2007,定义 7.17。

3.12

角度　angle

将正弦波中的时间间隔用相应角度来描述,图 1 表示了通常使用的"角度"。

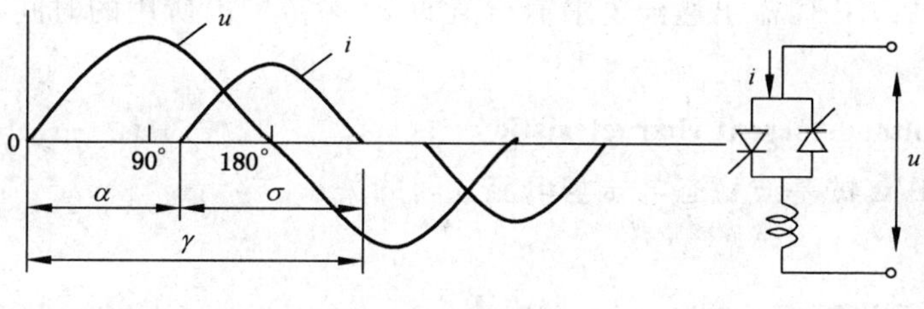

图 1　角度的定义

3.13

触发角　trigger angle

α

从晶闸管受到正向电压的开始时刻到晶闸管开始导通时刻之间的间隔(见图 1)。

注:改写 GB/T 13498—2007,定义 7.20。

3.14

导通角　conduction angle

σ

晶闸管导电的间隔,正常情况下,它是关断角 γ 与触发角 α 之差(见图 1)。

3.15

关断角　extinction angle

γ

从晶闸管受到正向电压的开始时刻到晶闸管停止导通时刻的间隔(见图 1)。

注：改写 GB/T 13498—2007,定义 7.23。

3.16

误触发　false firing

在不正确的时刻造成的晶闸管阀的触发。

3.17

响应时间　response time

输入阶跃控制信号后,SVC 输出达到要求输出值的 90%所用的时间,且期间没有产生过冲(见图 2)。

注：由于电压变化范围较小,难以获得清晰的变化曲线,一般可用无功电流变化曲线来说明响应时间。

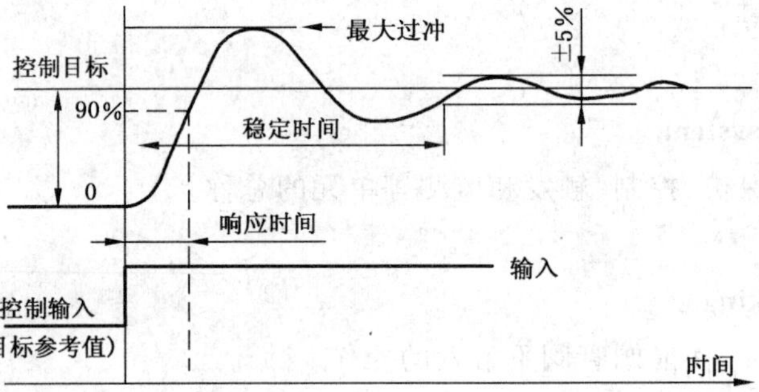

图 2　响应时间和稳定时间定义

3.18

稳定时间　settling time

输入阶跃控制信号后,SVC 输出达到要求输出值的±5%范围内所用的时间,见图 2。

3.19

电压-电流特性　voltage-current characteristic

在公共连接点处,SVC 的基波稳态电压与电流之间的关系。

3.20

控制范围　control range

在连接点处由 SVC 提供的无功电流或无功功率的感性至容性最大变化范围。

3.21

滞后运行　lagging operation

SVC 运行电流落后于其电压的运行方式,等效于并联电抗器。

3.22

超前运行　leading operation

SVC 运行电流领先于其电压的运行方式,等效于并联电容器。

3.23

参考电压　reference voltage

在 SVC 的电压-电流特性曲线上,总无功输出为零(运行在既不发出、也不吸收无功功率)点的电压。参考电压范围可设置,一般为 0.90 p.u. ～1.10 p.u.。

3.24

斜率 slope level;SL

在 SVC 的电压-电流特性曲线上的容性与感性线性可控范围内,电压变化的标么值与电流变化的标么值的比值。一般以百分数表示。

3.25

电压转折保护 voltage break-over protection;VBO

晶闸管的一种过电压保护。当电压达到设定的电压值时,使晶闸管触发开通,保护晶闸管避免电压击穿。一般采用转折二极管(BOD)或者相关功能电路实现。

3.26

考核点 check point;CP

供需双方合同规定的指标衡量点。

3.27

闪变改善率 flicker improve ratio

SVC 投入运行前短时闪变的 95%概率大值减去 SVC 投入运行后短时闪变的 95%概率除以 SVC 投入运行前短时闪变的 95%概率大值的百分数。闪变改善率一般应不低于 50%。

4 SVC 安装场所

4.1 环境条件

应提供 SVC 安装场所的下述气候环境状况,在此环境状况下运行的 SVC,其各项性能指标应达到其额定设计水平:

a) 海拔(m);
b) 年平均降水量(mm);
c) 最大月降水量(mm);
d) 年平均环境温度(℃);
e) 最高环境温度(℃);
f) 最低环境温度(℃);
g) 年平均相对湿度(%);
h) 最大相对湿度(%);
i) 覆冰厚度(mm);
j) 最大地面积雪厚度(mm);
k) 最大结霜厚度(mm);
l) 冻土层厚度(m);
m) 年平均风速(m/s);
n) 年最大风速(m/s);
o) 地震烈度(度);
p) 年平均雷暴日(d/a);
q) 污秽等级;
r) 日照强度(W/cm^2);
s) 土壤电阻率(Ω·m)。

4.2 系统条件

系统条件包括：

a) SVC 连接点的标称电压及变化范围；

b) 电网频率及变化范围；

c) 电网谐波阻抗；

d) 过电压保护水平，包括雷电冲击保护水平和操作冲击保护水平；

e) 变电站接地方式；

f) 供电系统主接线和设备参数以及供电方式、供电设备容量、相关的无功补偿装置及参数；

g) 考核点的背景电能质量参数，包括电压变化范围(曲线)、谐波电压、谐波电流、电压波动和闪变、三相电压不平衡度等；

h) 公共连接点或考核点的短路水平，包括最大和最小方式下的三相、单相短路电流(或短路容量)；

i) 相关保护整定值及故障清除时间。

4.3 负荷条件

负荷条件包括：

a) 用电协议容量；

b) 负荷容量及性质，包括谐波发生量、电压波动和闪变数值、有功和无功功率变化范围或随时间变化的曲线、功率因数、最大负序电流等；

c) 负荷运行工况。

4.4 其他条件

其他条件包括：

a) SVC 占地面积；

b) 冷却设备要求的外部条件；

c) 现有相关装置及设备(应包括接地、防雷击等)；

d) 布置方式(户外或户内、单层或双层布置、电缆或架空连接等)；

e) 监控方式(就地和/或远方)；

f) 使用场所用电条件；

g) 噪声水平。

5 主要功能

SVC 根据用途其功能特性分述如下：

——输电系统 SVC 的功能特性一般包括：

- 正常工况下调相调压(即无功控制和电压偏差调节)和故障情况下电压支撑；
- 抑制工频过电压及减少电压波动；
- 改善系统稳定性、提高输电功率和减少输电损耗；
- 抑制谐波电流；
- 其他附加功能(阻尼系统功率振荡、抑制次同步振荡等)。

——配电系统及工业用户 SVC 的功能特性一般包括：

- 抑制电压波动和闪变；

● 校正三相负荷不平衡；
● 抑制谐波电流和减小谐波电压畸变率；
● 改善功率因数。

6 型式及接线方式

SVC的主要类型有晶闸管控制电抗器（TCR）型、晶闸管投切电容器（TSC）型、晶闸管投切电抗器（TSR）型等，上述SVC既可单独使用，也可根据需要组合使用。

TCR（TSR）支路可以单独设置一台断路器，也可以和全部或部分固定电容器支路共用一台断路器。

TCR的电抗器一般每相分成上、下相同的两组，每相晶闸管阀组两侧各连接一组，三相整体上采用三角形接线（图3）。

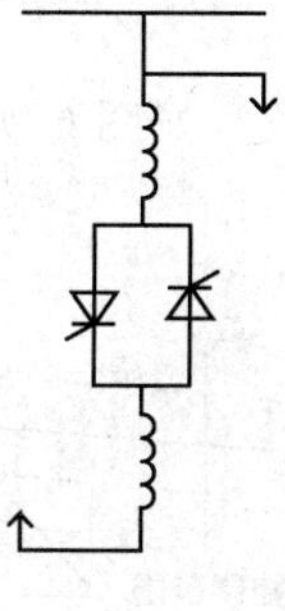

图3 TCR接线图

TSC晶闸管阀一般置于电容器和电抗器之间，采用三角形接线（图4）。

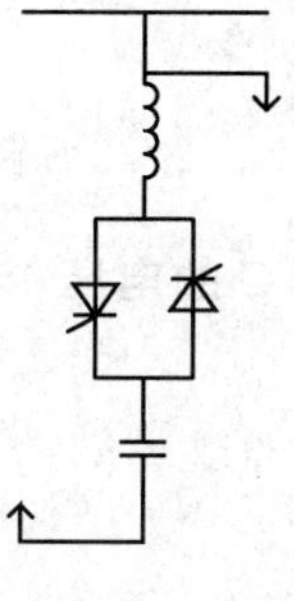

图4 TSC接线图

固定电容器可根据SVC的容量、支路数量，通过技术经济比较，确定由一台断路器带一条支路或多条支路。固定电容器支路接线的一般规定：

a) 固定电容器的型式主要采用单调谐、双调谐、C型和高通滤波器等四种（图5）；
b) 固定电容器支路宜采用星型接线且中性点不应接地；
c) 固定电容器支路电容器组的每相或每个臂，有多台电容器串并联组合时，应采用先并联后串联的接线方式；
d) 滤波电抗器或串联电抗器装设于电源侧时，其电流应满足动稳定和热稳定要求。

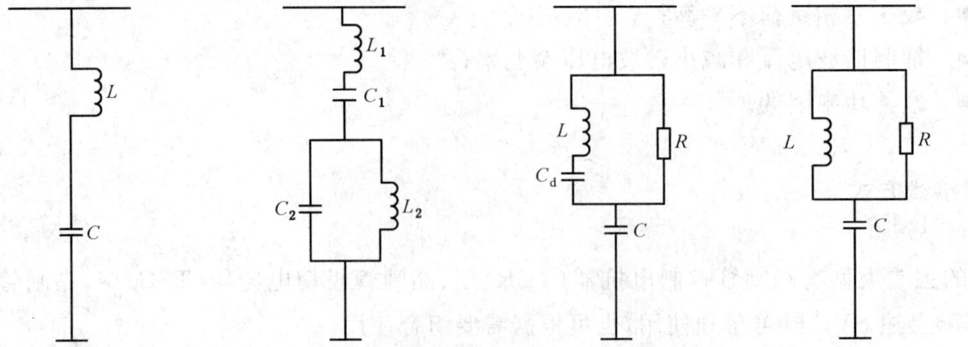

a） 单调谐滤波器　b） 双调谐滤波器　c） C型滤波器　d） 高通滤波器

图5　固定电容器接线方式

7　主要参数和性能

SVC的基本特性由稳态电压-电流特性决定，如图6所示。

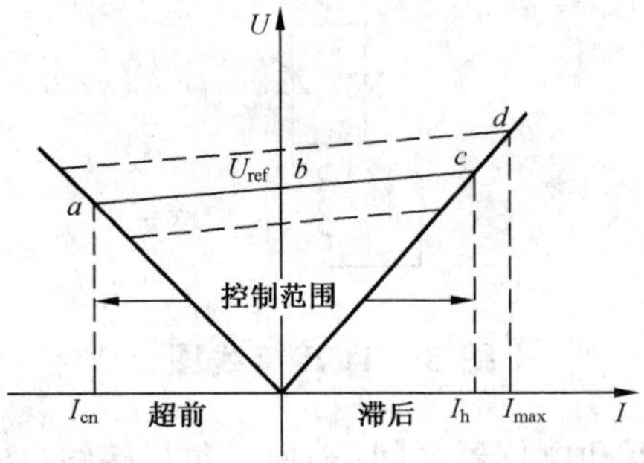

说明：

a-b-c——线性工作区（*ab*为容性区，*bc*为感性区）；

cd　——感性过载区（晶闸管导通角保持最大），当$I>I_{max}$时，TCR由保护动作退出运行。

图6　SVC的电压-电流特性

SVC主要特性由下列参数及性能描述：

a）额定电压U_n(kV)

指SVC连接点（母线）的标称电压；

b）额定容量Q_n(Mvar)

SVC在额定条件下能输出的、晶闸管控制的最大基波无功功率；

c）动态调节范围(Mvar)

指SVC通过晶闸管控制实现的可调无功范围，即在额定电压下SVC无功功率变化的最大范围；

d）参考电压U_{ref}(p.u.)

如图6中*b*点电压。通常U_{ref}应可设置，U_{ref}＝0.9 p.u.～1.1 p.u.；

e）斜率(%)

图6中*ac*段的斜率。一般在0.5%～10%范围内可调；

f）响应时间(ms)

SVC的响应时间一般由供方提供。可通过专门的系统研究或测量得到；

g）过负荷能力

SVC 能达到的过负荷倍数和持续时间；

h) 额定感性无功 Q_{LS}

SVC 在额定状态下连续运行所能输出的最大感性无功功率；

i) 额定容性无功 Q_{CS}

SVC 在额定状态下连续运行所能输出的最大容性无功功率；

j) TCR 的额定容量 Q_{TCR}

TCR 支路在额定状态下连续运行所能输出的最大感性无功功率；

k) 固定电容器的额定容量 Q_{FC}

固定电容器在额定状态下运行时，所能输出基波容性无功功率。

8 系统设计

8.1 设计目标

SVC 系统设计的基本目标是在规定的设计条件和功能要求下，合理地确定 SVC 主接线方式及基本参数，以保证 SVC 安全可靠运行，并达到预期补偿指标。

8.2 设计内容

主要包括：

a) 系统条件及功能的确认；
b) SVC 使用场所外部条件的确认；
c) SVC 的基本参数及主接线选择；
d) 性能指标的核算(见 8.3)；
e) SVC 元件的安全运行验证(见 8.3)；
f) 系统谐波谐振验证(见 8.3)；
g) 操作过电压计算及其保护方式、保护元件配置和参数确定(见 8.3)；
h) SVC 主要元件参数及订货技术条件；
i) 继电保护配置及保护整定值确定(见 8.3)；
j) SVC 控制策略确定(见 8.3)；
k) 通讯协议及接口确定；
l) SVC 的安装布置方案及相关图纸(见 8.4)；
m) 利用率和可靠性(见 8.5)；
n) 损耗的评估(见 8.6)；
o) 噪声(见 8.7)。

8.3 系统研究

8.3.1 研究内容

系统研究一般包括动态特性的研究，谐波、负序、电压波动和闪变的研究以及过电压的研究，但不限于此。具体的研究内容可根据工程实际情况确定。

8.3.2 动态特性

应从暂态稳定和动态稳定的角度研究系统发生扰动(例如主要的故障和甩负荷)时 SVC 控制的性能：

a) 系统故障和操作时,SVC 对电压的支撑和稳定性能以及响应特性;
b) SVC 的保护和保护配合;
c) 如果需要,验证在系统发生扰动之后,SVC 阻尼系统功率振荡、抑制次同步振荡所需的附加控制功能;
d) SVC 控制与邻近的其他控制系统之间的相互作用,包括高压直流控制、发电机控制以及其他灵活交流输电系统(FACTS)装置的控制。

8.3.3 谐波、负序、电压波动和闪变性能

包括:
a) 通过谐波潮流的研究,验证 SVC 谐波滤波器设计是否合理。研究应评估在 SVC 考核点和(或)公共连接点处的谐波水平。研究报告应包括:
   1) 在规定的系统运行条件(包括最大和最小系统电压水平)下,SVC 的最大和最小无功功率和谐波电流输出;
   2) 谐波的抑制效果;
   3) 在系统电压不平衡和触发角不平衡的情况下产生的非特征谐波;
   4) 可能产生的谐振过电压;
   5) 校核滤波器元件的安全裕度。
b) 评估由于负荷产生的负序电流对电力系统的影响以及采用 SVC 后的改善效果;
c) 评估由于负荷无功冲击引起母线的电压波动和闪变(见附录 A)以及采用 SVC 后的改善效果。

其他参照 GB/T 12326、GB/T 12325、GB/T 14549、GB/T 15543、GB/T 15945 的要求。

8.3.4 过电压

过电压(包括雷电和操作过电压等)的研究用于确定过电压保护方式、设备的绝缘水平、避雷器参数等。研究内容如下:
a) 工频、雷电和操作过电压;
b) 母线故障(单相接地、相间和三相短路);
c) 开关重燃(单相或两相)引起的过电压;
d) 晶闸管阀故障(包括可能出现的误开通)。

8.4 设备布置

SVC 的设备布置要求如下:
a) 原则上,SVC 的设备布置和安装设计应保证安全,利于通风散热,便于运行巡视和维护检修。一般要求可参见 GB 50052、GB 50059、GB 50060、GB 50227—2008;
b) 晶闸管阀及其冷却设备宜采用户内布置;
c) 监控和保护装置不宜放置于阀厅内,但应靠近阀组以缩短信号传输距离;
d) 相控电抗器宜采用户外分相布置,也可采用户内布置。其他参见 GB 50227—2008 的 8.3;
e) 相控电抗器不应对变电站其他设备特别是二次回路及设备造成影响;
f) 电抗器对外部设备的影响参照国际电报电话咨询委员会(CCITT)导则第 6 卷第 6 章;
g) 滤波电抗器的布置原则上同 d),但为减少占地面积,也可用三相叠装方式;
h) 并联电容器组宜采用户外布置,但严寒、湿热、风沙等特殊地区和污秽、易燃、易爆等特殊环境宜采用户内布置。其他参见 GB 50227—2008 的 8.23;
i) 电容器外保护用熔断器的装设见 GB/T 15166.4;
j) SVC 可根据周围环境小动物活动的情况设置防侵袭的封堵、围栏和网栏等设施。

8.5 利用率和可靠性

参照 GB/T 20298—2006 的附录 E。

8.6 损耗的评估

8.6.1 损耗计算

在 SVC 设计的运行范围内，总损耗在不同运行点下分别计算。

损耗计算中没有包括配电装置、母线、电缆、线夹、连接件等的损耗，并忽略了与谐波电流相关的损耗。但在确定电阻器、冷却设备等参数时，应考虑这些部分。

SVC 总损耗的估计值或保证值由下述 a)～f)得到：

a) 晶闸管阀损耗 P_{valve}

见附录 B；

b) SVC 专用降压变压器损耗

采用厂家或试验所得出的数据；

c) 电抗器损耗 P_{reac}

电抗器损耗 P_{reac} 采用式(1)计算：

$$P_{reac}=3\times R_{reac}\times I^2 \qquad (1)$$

式中：

R_{reac}——电抗器的直流电阻值，可从电抗器的试验报告中查到；

I ——电抗器电流方均根值。

d) 电容器组损耗 P_{cap}

电容器组损耗 P_{cap} 采用式(2)计算：

$$P_{cap}=Q_{cap}\times \tan\delta \qquad (2)$$

式中：

Q_{cap} ——电容器容量；

$\tan\delta$ ——电容器介质损耗角正切值，可从试验报告中查到。取所有电容器 $\tan\delta$ 的平均值。

e) 电阻器损耗 P_{res}

电阻器损耗 P_{res} 采用式(3)计算：

$$P_{res}=3\times R_{res}\times I^2 \qquad (3)$$

式中：

R_{res}——电阻器阻值；

I ——电阻器电流方均根值。

f) SVC 辅助系统所消耗的功率

指包括泵、风机、加热系统、控制保护系统在内的辅助系统所消耗的功率。

8.6.2 损耗评估

假定环境温度为 20 ℃，母线电压为 1.0 p.u.，SVC 的额定运行容量范围是从感性 Q_{LS} 到容性 Q_{CS}，且 TCR 部分的额定容量为 Q_{TCR}，固定电容器部分的额定容量为 Q_{FC}，下列运行点的损耗将被用于评估 SVC 的总损耗：

a) SVC 100%感性输出(TCR 支路满容量运行，固定电容器支路满容量运行，输出感性无功)Q_{LS}，年运行时间的 10%(t_1)对应的的总损耗 P_1(kW)。当 $Q_{LS}=0$ 时，该项损耗，除运行时间外，建议参见 c)项执行；

b) SVC 100%容性输出(TCR 支路运行于零输出,仅有空载损耗,固定电容器支路满容量运行) Q_{CS},年运行时间的 10%(t_2)对应的的总损耗 P_2(kW);

c) SVC 零输出(TCR 支路输出容量恰好等于滤波支路容量),年运行时间的 20%(t_3)对应的总损耗 P_3(kW);

d) SVC 50%感性输出(TCR 支路容量抵消滤波支路容量后,SVC 尚能够输出 50%的感性无功) Q_{LS},年运行时间的 15%(t_4)对应的的总损耗 P_4(kW)。当 Q_{LS}为零时,该项损耗,除运行时间外,建议参见 c)项执行;

e) SVC 50%容性输出(TCR 支路容量抵消一半滤波支路容量,SVC 输出 50%的容性无功)Q_{CS},年运行时间的 45%(t_5)对应的总损耗 P_5(kW)。

对每个运行点都要计算 8.6.1 中规定的 SVC 的各个工作部分或连接部分的损耗,不论其是否通过电流。

将上述损耗求和即为评估损耗$\sum P$(kW),即$\sum P = P_1 \times t_1 + P_2 \times t_2 + P_3 \times t_3 + P_4 \times t_4 + P_5 \times t_5$,$t_1 + t_2 + t_3 + t_4 + t_5 = 1$。

总损耗不宜超过 SVC 额定输出容量的 1%。

8.7 噪声

SVC 中电抗器、电容器、晶闸管阀等设备会产生噪声,其可听噪声水平应控制在相关标准所要求的限值以内(参见 GB/T 22075)。

9 SVC 部件及子系统基本要求

9.1 晶闸管阀

基本要求包括:

a) 晶闸管阀应根据系统运行条件及性能要求设计,包括必要的保护和附件,确保安全可靠运行;

b) 晶闸管阀结构的设计应便于用户对晶闸管近距离巡视、日常维护以及故障处理或部件更换;

c) 晶闸管阀由若干串联的晶闸管级构成,其中包括全部必要的散热器,均压和保护电路,触发和取能电路、控制和监视信号通道器件;

d) 晶闸管应根据系统故障和操作引起的最大过电压和过电流设计;

e) 阀的设计应考虑阀中晶闸管电压分布不均匀性而留有适当裕量。单相每组晶闸管阀中串联晶闸管级的最小冗余数为 1;

f) SVC 的设计应考虑防止误触发(阀中任一晶闸管在某一错误时刻触发,或没有触发命令而被触发);

g) TCR 和 TSR 中,应提供正常触发和强制触发两个独立的触发系统;

h) 在过电压发生时,TSC 阀不应被触发,并应采取闭锁及互锁措施避免误触发;

i) 晶闸管的基本技术要求参见 GB/T 15291;

j) 晶闸管阀的试验参见 GB/T 20995。

9.2 晶闸管阀的冷却设备

见 GB/T 29629—2013。

9.3 相控电抗器

基本要求包括:

a) TCR 相控电抗器宜采用单相干式空心电抗器;

b) 电抗器额定容量应根据 SVC 的动态无功补偿容量,并考虑晶闸管阀的导通角以及流经的谐波电流和过载能力确定;

c) 电抗值偏差:每相总电抗值偏差应不超过±3%,每相电抗与 3 个相电抗平均值间的偏差应不超过±2%;

d) 额定绝缘水平应符合 GB 311.1 的规定。装设在严寒、高海拔、温热带等地区和污秽、易燃、易爆等环境中的电抗器,应满足相应的特殊要求。

其他参见 GB/T 1094.6,特殊要求由供方和需方商定。

9.4 电容器组

参见 GB/T 11024.1 和 GB/T 20994 的相关要求。

9.5 滤波(串联)电抗器

宜采用干式空心电抗器。

其他参见 GB/T 1094.6,特殊要求由供方和需方商定。

9.6 断路器

基本要求包括:

a) SVC 的总断路器应具有投切其所连接的全部无功补偿装置最大输出电流和短路电流的能力;

b) 用于固定电容器的断路器应具备开断容性电流的能力,开断时不应发生重击穿,且能承受合闸涌流以及工频短路电流和电容器高频放电电流的联合作用;

c) 当支路额定电流、短路开断能力、恢复电压上升率等要求不能满足时,可采用较高电压等级断路器,必要时也可采用加装并联小电容的方法满足恢复电压上升率。

其他参见 GB 1984,特殊要求由供方和需方商定。

9.7 隔离开关及接地开关

基本要求包括:

a) 隔离开关、接地开关应按电压等级、最大稳态电流和故障暂态电流选择;

b) 隔离开关、接地开关的设置用于保证 SVC 主要部件维修时和系统带电(或可能带电)部分有明显断开点。根据电容器放电或检修安全需要,还应适当配置接地开关。

其他参见 GB 1985,特殊要求由供方和需方商定。

9.8 避雷器

基本要求包括:

a) SVC 的避雷器用于限制操作过电压,应选用无间隙金属氧化物避雷器;

b) 避雷器的额定电压应为正常运行线电压的上限以及系统单相接地引起的工频电压升高,并留有一定裕度;

c) 设计中应校验避雷器的通流容量以确保运行安全。对保护滤波器的避雷器,应以在电源侧发生单相接地时,断路器发生操作重燃过电压作为校验其通流容量的条件。

其他参见 GB 11032,特殊情况下如需采用阻容吸收装置,由供方和需方商定。

9.9 专用变压器(如果需要)

基本要求包括:

a) 如 SVC 通过变压器接入电网,则变压器绝缘水平应与接入处电网绝缘水平一致;

b） 变压器应能输出100％的无功电流，其设计铁心磁通密度应低于一般用途的变压器；

c） 变压器能耐受正常谐波电流。

其他参见GB/T 6451或GB/T 10228，特殊要求由供方和需方商定。

9.10 控制系统

基本要求包括：

a） 控制系统应实现第5章要求的控制目标；

b） 阀及其控制系统的设计应避免在一对反并联晶闸管上出现串扰现象；

c） 若包括对TSC投切控制，为了获取SVC输出变化的平滑调节，供应商应详细阐明TCR与TSC投入、切除之间的控制方式；

d） 应具备计算、自动调节、监视、保护、通信、顺序控制、事件记录等功能；

e） 通过通信接口与使用场所控制和上级控制（或调度中心）保持相互传送信息和运行命令。

9.11 保护系统

基本要求是符合SVC安全可靠运行的要求，满足可靠性、选择性、灵活性和速动性的要求，保护定值和延时的选择应与上级保护配合，防止越级动作。一般包括：

a） 滤波器组及并联电容器组宜配备以下保护：

1） 过电压；

2） 低电压；

3） 速断；

4） 过电流；

5） 差压或差流不平衡；

6） 电容器组内部故障；

7） 低周波（滤波支路）；

8） 联锁跳闸，避免由于SVC的非正常运行方式所产生的谐波放大。

b） 电抗器组宜配备以下保护：

1） 过电压；

2） 低电压；

3） 速断；

4） 过电流；

5） 过负荷。

c） 控制系统本体宜配备以下保护：

1） UPS故障（若采用）；

2） 输入信号异常；

3） 电源故障；

4） 硬件故障；

5） 子系统故障。

d） 阀组件宜配备以下保护：

1） BOD动作；

2） 脉冲丢失；

3） 晶闸管故障；

4） 触发/检测通道故障；

5） 后备触发频繁动作。

e) 晶闸管控制电抗器(TCR)宜配备以下保护：
   1) 过电压；
   2) 低电压；
   3) TCR 支路速断；
   4) TCR 支路过电流；
   5) TCR 支路过载。
f) 冷却设备保护：
   冷却设备的设计应保证晶闸管及辅助元件在运行期间处于允许的温度范围。冷却设备应具有独立的监控单元，检测并向上位机上传其运行参数、异常状态。冷却设备中出现一种或多种异常运行方式可能对阀产生严重危害时，应退出 TCR 支路，以保证主设备安全。冷却设备应对其自身的运行状态进行监控，同时，应对冷却介质进行监测。

其他参见 GB/T 14285。

9.12 故障录波系统

基本要求包括：

a) 所记录的模拟量至少应包括 TCR 支路和固定电容器支路电流、SVC 接入点母线电压、调节目标的电压或电流等；
b) 所记录的开关量至少应包括 SVC 断路器、隔离开关、主变压器总断路器(SVC 接入侧)、控制器发出的故障录波启动信号等。

其他参照 GB/T 20298—2006。

9.13 表计和监控系统

就地或远程监控至少应包括：

a) 主系统界面；
b) SVC 运行指示；
c) SVC 停机指示；
d) SVC 总无功功率和三相电流；
e) TCR/固定电容器支路的无功功率；
f) TCR 支路的三相相电流和三相线电流、三相触发角度；
g) 变压器高/低压侧电压；
h) 参考电压整定值；
i) 无功整定值；
j) 功率因数整定值；
k) 斜率整定值；
l) 每个滤波器支路的电流；
m) SVC 主要设备的状态和事件列表。

9.14 电磁兼容

辐射电磁场抗扰度试验应符合 GB/T 14598.9 的要求，电快速瞬变抗扰度试验应符合 GB/T 14598.10 的要求，1 MHz 脉冲群抗扰度试验应符合 GB/T 14598.13 的要求，静电放电抗扰度试验应符合 GB/T 14598.14 的要求。

9.15 辅助设备

用于高压电容器组不平衡保护的电流互感器应符合下列要求：

——绝缘水平按接入处电网电压选择；

——一次额定电流不小于最大稳态不平衡电流；

——能耐受故障状态下的短路电流和高频放电电流，必要时可在中性点对地装设无间隙氧化锌避雷器；

——可按继电保护要求确定准确等级。

用于高压电容器组不平衡保护的电压互感器应符合下列要求：

——绝缘水平按接入处电网电压选择；

——一次额定电压不低于电容器组额定电压；

——一次线圈作为电容器的放电回路时，满足放电容量要求；

——可按电压保护要求确定准确等级。

用于高电压的支柱绝缘子、穿墙套管应按电压等级、爬电距离、泄漏电流、机械荷载等技术条件选择和校验。

辅助电源应包括维持SVC运行的所有必要的电源，如降压变压器、交流配电盘、蓄电池、蓄电池充电器和UPS等。电源应满足所有的泵、风机、控制系统、空调系统和照明设备等的需求。

10 其他要求

10.1 安装

参见GB/T 20994、GB/T 1094.6。

10.2 防火和通风

按GB 50227—2008、GB 50060的规定。

SVC各个房间的进排风口应有防雨雪和小动物进入的设施。在风沙较大的地区，进排风口宜设过滤装置。在严寒地区，进排风口宜有防寒措施。

10.3 SVC工程描述及供货范围

见附录C。

10.4 技术文件及培训

见附录D。

附 录 A
（资料性附录）
闪变改善率

SVC抑制闪变的效果一般应达到GB 12326的规定。通常，工程上用以评价SVC抑制闪变效果的是闪变改善率。

闪变改善率K的定义可用式(A.1)表示：

$$K=\left|\frac{P_{sto}-P_{st}}{P_{sto}}\right|\times 100\% \quad \cdots\cdots(A.1)$$

式中：

P_{st} ——SVC投入运行后，短时闪变的95%概率大值；

P_{sto} ——SVC投入运行前，短时闪变的95%概率大值。

闪变改善率一般应不低于50%。

附　录　B
（规范性附录）
晶闸管阀的损耗计算方法

B.1　概述

理论上说，单个晶闸管的损耗是可测量的，阀的总损耗可由测量数据得到。但实际上，很难采用电流或发热的方法测量损耗。因此，采用下述计算方法作为损耗的评估方法。

B.2　总损耗

总损耗 P_{valve} 组成见式(B.1)：

$$P_{valve}=P_{cvalve}+P_{Tsw}+P_{vd}+P_{sn} \quad \cdots\cdots (B.1)$$

式中：

P_{valve}——晶闸管阀的总损耗；

P_{cvalve}——晶闸管阀的通态损耗；

P_{Tsw}——晶闸管总的开关损耗，$P_{Tsw}=P_{Tswon}+P_{Tswoff}$；

P_{vd}——均压回路损耗；

P_{sn}——吸收回路损耗。

B.3　通态损耗

对于晶闸管的每个不同触发角，应按式(B.2)估算晶闸管的通态平均电流：

$$I_{TAV}=I_{TCR}\times\frac{\sqrt{2}}{\pi}\times[\sin(\pi-\alpha)-(\pi-\alpha)\cos(\pi-\alpha)] \quad \cdots\cdots (B.2)$$

式中：

I_{TAV}——晶闸管通态平均电流；

I_{TCR}——TCR 晶闸管阀全导通时，基波电流方均根值；

α——TCR 的触发角（π/2～π 弧度）。

晶闸管电流方均根值由式(B.3)计算：

$$I_{Trms}=I_{TCR}\times\sqrt{\frac{(\pi-\alpha)\times[1+2\times\cos^2(\pi-\alpha)]-1.5\times\sin[2\times(\pi-\alpha)]}{\pi}} \quad \cdots\cdots (B.3)$$

式中：

I_{Trms}——晶闸管电流方均根值。

晶闸管阀的通态损耗 P_{cvalve} 由式(B.4)计算：

$$P_{cvalve}=3\times2\times[n\times(U_{TO}\times I_{TAV}+r_T\times I_{Trms}^2)+R_{busbar}\times I_{Trms}^2] \quad \cdots\cdots (B.4)$$

式中：

n——阀中串联的晶闸管数；

U_{TO}——晶闸管的门槛电压；

r_T——晶闸管的斜率电阻；

R_{busbar}——不包括晶闸管时，阀端间电路直流电阻。

B.4 晶闸管开通时的扩散损耗

对于 TCR 阀，其导通损耗 P_{Tswon} 按式(B.5)计算。

假设每个触发脉冲损耗典型值为 0.2 J(因晶闸管而异，一般有些差别)，则：

$$P_{\mathrm{Tswon}}=3\times 2\times n\times 0.2\times f \quad \cdots\cdots (\mathrm{B}.5)$$

式中：

f——系统基波频率。

对于 TSR 和 TSC 阀，其导通损耗按式(B.6)计算。

$$P_{\mathrm{Tsw}}=0.03\times P_{\mathrm{cvalve}} \quad \cdots\cdots (\mathrm{B}.6)$$

B.5 晶闸管的关断损耗

对于 TCR 阀，关断损耗 P_{Tswoff} 按式(B.7)计算：

$$P_{\mathrm{Tswoff}}=3\times 2\times Q_{\mathrm{r}}\times f\times \sqrt{2}\times U_1\times \sin\alpha \quad \cdots\cdots (\mathrm{B}.7)$$

式中：

P_{Tswoff}——晶闸管关断损耗；

Q_{r} ——晶闸管恢复电荷(见图 B.1)；

f ——电网基波频率；

U_1 ——阀基波电压方均根值。

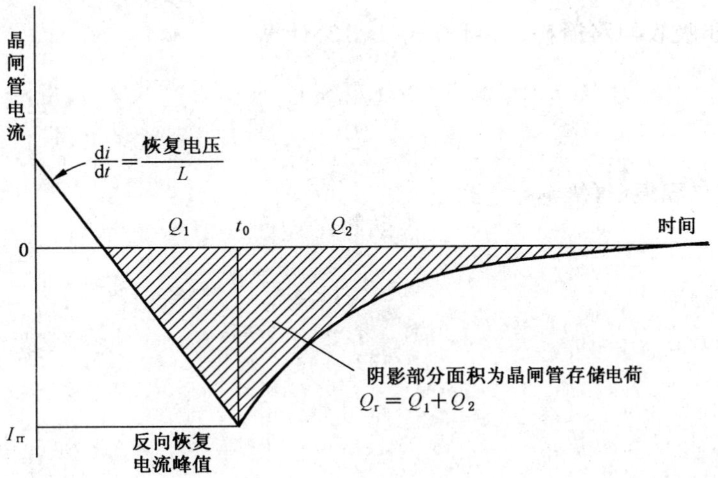

说明：

L——线路电感；

t_0——反向恢复电流达到峰值的时刻；

Q_1——t_0 时刻之前载流子累计电荷；

Q_2——t_0 时刻之后到阀完全关断之前载流子累计电荷。

图 B.1 晶闸管存储的电荷

Q_{r} 定义可表示为式(B.8)：

$$Q_{\mathrm{r}}=k_1\times (\mathrm{d}I_{\mathrm{T}}/\mathrm{d}t)^{0.6} \quad \cdots\cdots (\mathrm{B}.8)$$

式中：

k_1 ——晶闸管类型参数，表示在相应的运行结温下，晶闸管恢复电荷与关断时的 $\mathrm{d}i_{\mathrm{T}}/\mathrm{d}t$ 之间的关系，可通过试验方法获取；

dI_T/dt——晶闸管关断时，电流过零点时的上升率，单位为 A/μs。

在上述计算总损耗的公式中，涉及与晶闸管损耗有关的系数为 $1-k_Q$。k_Q 与过电压吸收电路的吸收电阻有关，它代表了恢复电荷的分配比例[见式(B.9)]：

$$k_Q=\frac{Q_1}{Q_1+Q_2} \qquad \cdots\cdots(B.9)$$

B.6 均压回路损耗

均压回路损耗 P_{vd} 与施加在晶闸管阀上的电压有关。根据触发角，此电压按式(B.10)计算：

$$U_{1\alpha}=U_1\times\sqrt{(2/\pi)\{\alpha-\pi/2-[1/2\times\sin(2\alpha)]\}} \qquad \cdots\cdots(B.10)$$

式中：

U_1 ——晶闸管阀基波电压方均根值；

$U_{1\alpha}$ ——晶闸管阻断电压方均根值。

损耗计算按式(B.11)计算：

$$P_{vd}=3\times U_{1\alpha}^2/(R_{vd}\times n) \qquad \cdots\cdots(B.11)$$

式中：

R_{vd}——均压电阻值(每级)。

B.7 过电压吸收回路损耗

对于 TCR，过电压吸收回路损耗 P_{sn} 可按式(B.12)计算：

$$P_{sn}=3\times f\times\frac{C_{sn}}{n}\times(\sqrt{2}\times U_1\times\sin\alpha)^2\times 2.0 \qquad \cdots\cdots(B.12)$$

式中：

C_{sn}——吸收回路电容值(每级)。

附 录 C
（资料性附录）
SVC 工程描述及供货范围

C.1 SVC 工程描述

对于一个给定的具体 SVC 工程，应描述内容：

a) 安装位置(变电站名)；
b) SVC 电压等级(kV)；
c) SVC 的额定容量(Mvar)，包括容性和感性无功容量；
d) SVC 的作用；
e) SVC 安装点的设备平面布置图；
f) SVC 电气原理单线图；
g) SVC 安装后的电气设备连接图，包括电路、接地、控制保护、使用场所内服务等；对于交钥匙工程，还应提供围栏、现场地下信息及土建技术资料等其他图纸；
h) 如果该 SVC 工程将来有扩容的需要，设计、布局应给予相应的考虑，并给出建议的规划布局图。

C.2 供货范围和工程进度

C.2.1 供货范围

SVC 工程供应商提供的设备、材料、服务至少应包括下述内容：

a) SVC 晶闸管阀及其冷却设备；
b) 高压交流设备(如由供货商提供，应在合同中写明)，包括：
   1) 专用变压器；
   2) 断路器；
   3) 隔离开关；
   4) 电压互感器；
   5) 电流互感器；
   6) 避雷器；
   7) 接地变压器；
   8) 配电装置。
c) 电抗器、电容器、滤波器；
d) SVC 使用场所内服务设施；
e) SVC 控制、保护、报警、监控系统；
f) 专用维护设备及工具；
g) 操作及维护人员培训计划(见附录 D)；
h) 备件；
i) 试验及交付服务；
j) 技术文档，包括操作使用手册(见附录 D)。

对于交钥匙工程，还应包括：

——SVC 工程配套设施，包括配电间、护栏、排水、巡视通道等；

——SVC 建筑，包括接地系统；

——地面连接设备的基础和架构，包括接地、接地网连接。

C.2.2 用户需提供的设备、材料和服务

包括：

a) 在约定的时间内，SVC 的安装场所应准备就绪；

b) 现场的水源；

c) 在约定的时间内，现场临时供电电源应准备就绪；

d) 在约定的时间内，SVC 使用场所长期供电电源应准备就绪；

e) 现场现有的装置、设备清单及其状况。

C.2.3 工程进度

SVC 工程双方应根据下述(但不限于)要求，对工程中的诸多环节进行约定：

a) 工程的竣工时间；

b) 在双方约定的时间内，提供详细的工程进度表，包括：工程各部分的开始时间及其结束时间、用户提供的各项服务的到位时间、供应商提供的图纸时间、以及各项事务的具体时间安排；

c) 设计联络和审查安排。

附 录 D
（资料性附录）
技术文件及培训

D.1 技术文件

用户可列出所需要的技术文件清单，并和供应商确定最终提供的技术文件。

下述典型文件由 SVC 的供应商提交，并应在合同中注明：

a） 技术报告；

b） 设备说明；

c） 质量担保书；

d） 设备试验报告；

e） 单相线路图；

f） 施工用三相线路图；

g） 控制元件图；

h） 平面布置和剖面图；

i） 土建图；

j） 安装施工图；

k） 操作手册；

l） 设备维护、检修手册；

m） 软件及其操作系统手册。

为了进行系统仿真，如果要求提供 SVC 的数学模型，其文档也应该在此提交。

D.2 培训

供方需提供相关的培训资料，在指定的地点对用户运行和维护人员进行技术培训。

培训资料一般应包含：

a） SVC 原理及其功能，包括特定的性能指标；

b） 阀的电气原理、阀结构及其试验；

c） 主控室、操作界面、通道等；

d） 整定设置及其原理；

e） 控制系统的仿真试验；

f） 控制保护原理及其试验；

g） 故障录波软件的使用；

h） 阀体通道、试验设备及其试验步骤；

i） 晶闸管的更换步骤；

j） 主控室操作接口试验及其更换步骤；

k） 阀基的电子试验及其更换步骤；

l） 冷却设备及其维护；

m） 冷却控制系统及其维护；

n） 其他专业设备介绍；

o） 操作手册；

p） 运行维护手册。

ICS 29.060.20
K 13

中华人民共和国国家标准

GB/T 29631—2013

额定电压1.8/3 kV及以下风力发电用耐扭曲软电缆

Flexible and torsion resistant cables of rated voltages up to and including 1.8/3 kV for wind turbine

2013-07-19 发布　　2013-12-02 实施

中华人民共和国国家质量监督检验检疫总局
中国国家标准化管理委员会　发布

前　言

本标准按照GB/T 1.1—2009给出的规则起草。

本标准由中国电器工业协会提出。

本标准由全国电线电缆标准化技术委员会(SAC/TC 213)归口。

本标准负责起草单位:上海电缆研究所、江苏中煤电缆股份有限公司。

本标准参加起草单位:大连华锐股份有限公司电控装备厂、东方汽轮机有限公司、远东控股集团有限公司、普睿司曼(天津)电缆有限公司、宝胜科技创新股份有限公司、江苏上上电缆集团有限公司、特变电工(德阳)电缆股份有限公司、安徽华菱电缆集团有限公司、安徽华能电缆集团有限公司、安徽华星电缆集团有限公司、安徽江淮电缆集团有限公司、安徽新亚特电缆集团有限公司、常州八益电缆股份有限公司、东莞市日新传导科技股份有限公司、江苏昌盛电缆集团有限公司、江苏亨通电力电缆有限公司、江苏新远程电缆股份有限公司、上海南洋电材有限公司、上海胜华电缆(集团)有限公司、无锡江南电缆有限公司、无锡市沪安电线电缆有限公司、兴乐集团有限公司、烟台市电缆厂、扬州曙光电缆有限公司、扬州亚光电缆有限公司、郑州电缆有限公司、山东宝世达电缆有限公司。

本标准主要起草人:范玉军、刘景光、梁树民、李飞、汪传斌、张令宜、房权生、李斌、刘春昉、李万松、周友芝、陈永军、付世财、王安东、蒲守林、李明斌、杨文伟、胡少中、薛元洪、陈文刚、胡建国、吴丽芳、柳尧裕、徐永忠、王治平、梁国华、胡行兵、朱爱荣、巴岩庆、杨立志、毛阿兴、吴长顺。

额定电压 1.8/3 kV 及以下风力发电用耐扭曲软电缆

1 范围

本标准规定了风力发电设备中涡轮机和塔筒连接处或其类似场合用 1.8/3 kV 及以下风力发电用耐扭曲软电缆的产品代号、标志、技术要求、检验规则、试验方法和包装。

本标准适用于额定电压 U_0/U 为 1.8/3 kV 及以下风力发电系统或类似系统用耐扭曲软电缆。

2 规范性引用文件

下列文件对于本文件的应用是必不可少的。凡是注日期的引用文件，仅注日期的版本适用于本文件。凡是不注日期的引用文件，其最新版本(包括所有的修改单)适用于本文件。

GB/T 2423.17—2008 电工电子产品环境试验 第2部分：试验方法 试验 Ka：盐雾

GB/T 2423.18—2012 环境试验 第2部分：试验方法 试验 Kb：盐雾，交变(氯化钠溶液)

GB/T 2900.10—2001 电工术语 电缆

GB/T 2951.11—2008 电缆和光缆绝缘和护套材料通用试验方法 第11部分：通用试验方法——厚度和外形尺寸测量——机械性能试验

GB/T 2951.12—2008 电缆和光缆绝缘和护套材料通用试验方法 第12部分：通用试验方法——热老化试验方法

GB/T 2951.14—2008 电缆和光缆绝缘和护套材料通用试验方法 第14部分：通用试验方法——低温试验

GB/T 2951.21—2008 电缆和光缆绝缘和护套材料通用试验方法 第21部分：弹性体混合料专用试验方法——耐臭氧试验——热延伸试验——浸矿物油试验

GB/T 2951.31—2008 电缆和光缆绝缘和护套材料通用试验方法 第31部分：聚氯乙烯混合料专用试验方法——高温压力试验——抗开裂试验

GB/T 3048.4—2007 电线电缆电性能试验方法 第4部分：导体直流电阻试验

GB/T 3048.5—2007 电线电缆电性能试验方法 第5部分：绝缘电阻试验

GB/T 3048.8—2007 电线电缆电性能试验方法 第8部分：交流电压试验

GB/T 3048.9—2007 电线电缆电性能试验方法 第9部分：绝缘线芯火花试验

GB/T 3048.13—2007 电线电缆电性能试验方法 第13部分：冲击电压试验

GB/T 3956—2008 电缆的导体

GB/T 4909.2—2009 裸电线试验方法 第2部分：尺寸测量

GB/T 5013.1—2008 额定电压 450/750 V 及以下橡皮绝缘电缆 第1部分：一般要求

GB/T 6995.1—2008 电线电缆识别标志方法 第1部分：一般规定

GB/T 6995.3—2008 电线电缆识别标志方法 第3部分：电线电缆识别标志

GB/T 6995.4—2008 电线电缆识别标志方法 第4部分：电气装备电线电缆绝缘线芯识别标志

GB/T 9330.1—2008 塑料绝缘控制电缆 第1部分：一般规定

GB/T 12706.1—2008 额定电压 1 kV(U_m=1.2 kV)到 35 kV(U_m=40.5 kV)挤包绝缘电力电缆及附件 第1部分:额定电压 1 kV(U_m=1.2 kV)和 3 kV(U_m=3.6 kV)电缆

GB/T 18380.12—2008 电缆和光缆在火焰条件下的燃烧试验 第12部分:单根绝缘电线电缆火焰垂直蔓延试验 1 kW 预混合型火焰试验方法

GB/T 18380.35—2008 电缆和光缆在火焰条件下的燃烧试验 第35部分:垂直安装的成束电线电缆火焰垂直蔓延试验 C类

JB/T 8137(所有部分) 电线电缆交货盘

JB/T 10696.7—2007 电线电缆机械和理化性能试验方法 第7部分:抗撕试验

3 术语和定义

GB/T 2900.10—2001 界定的以及下列术语和定义适用于本文件。

3.1

额定电压 rated voltage

电缆设计、使用和进行电性能试验用的基准电压。

3.2

批 batch

一次订货的同型号规格产品数量。

注:如果一次订货中有不同型号规格的产品,则不同的型号规格视为不同的批。

3.3

例行试验 routine tests

R

由制造方在成品电缆的所有制造长度上进行的试验,以检验所有电缆是否符合规定的要求。

3.4

抽样试验 sample tests

S

由制造方按规定的频度,在成品电缆试样上或在取自成品电缆的某些部件上进行的试验,以检验电缆是否符合规定要求。

3.5

型式试验 type tests

T

按一般商业原则对本标准所包含的一种类型电缆在供货前所进行的试验,以证明电缆具有能满足预期使用条件的满意性能。

注:该试验的特点是除非电缆材料、设计或制造工艺的改变可能改变电缆的特性,试验做过以后就不需要重做。

4 使用特性

4.1 电缆额定电压 U_0/U 分别为 450/750 V、0.6/1 kV、1.8/3 kV。

U_0 表示任一主绝缘导体与“地”(金属屏蔽、金属套或周围介质)之间的电压有效值;U 为多芯电缆或单芯电缆任意两相导体之间的电压有效值。

4.2 电缆导体的长期允许工作温度分别为:

——电压等级 450/750 V 为 70 ℃；

——电压等级 0.6/1 kV、1.8/3 kV 为 90 ℃。

4.3 电缆的最小弯曲半径为电缆直径的 6 倍。

4.4 电缆适应的最低环境温度分别为：

——普通型：−25 ℃；

——耐寒型：−40 ℃；

——耐严寒型：−55 ℃。

4.5 电缆具备一定的耐扭曲性能。

5 代号、电缆型号和产品表示方法

5.1 代号

风力发电用电缆系列	FD
阻燃 C 类	ZC
铜导体	(T)省略
乙丙橡胶或其他相当的合成弹性体绝缘	E
硅橡胶混合物或其相当的合成弹性体绝缘	G
金属屏蔽	P
硅橡胶混合物或其相当的合成弹性体护套	G
氯磺化聚乙烯橡胶混合物或其他相当的合成弹性体护套	H
氯丁胶混合物或其他相当的合成弹性体护套	F
聚氨酯弹性体护套	U
其他热塑弹性体护套	S
适应的最低环境温度：−55 ℃(耐严寒型)	−55
−40 ℃(耐寒型)	−40
−25 ℃	−25

5.2 电缆常用型号、名称

电缆常用型号、名称见表 1。

5.3 产品表示方法

产品用型号、规格及本标准编号表示。规格包括额定电压、芯数和导体标称截面积。

示例 1：

铜芯乙丙橡皮绝缘聚氨酯弹性体护套风力发电用耐寒耐扭曲软电缆，额定电压为 0.6/1 kV，(3+1)芯，标称截面积 10 mm^2，中性线截面积 6 mm^2，表示为：

FDEU-40　0.6/1　3×10+1×6　GB/T 29631—2013

示例 2：

铜芯乙丙橡皮绝缘氯丁橡皮护套阻燃 C 类风力发电用耐扭曲软电缆，额定电压为 450/750 V，1 芯，标称截面积 95 mm^2，表示为：

ZC-FDEF-25　450/750　1×95　GB/T 29631—2013

表 1　电缆常用型号、名称

型　　号[a]	额定电压	名　　　　称
FDEF-25	450/750 V	铜芯乙丙橡皮绝缘氯丁橡皮护套风力发电用耐扭曲软电缆
FDEF-40	450/750 V	铜芯乙丙橡皮绝缘氯丁橡皮护套风力发电用耐寒耐扭曲软电缆
FDES-25	450/750 V 0.6/1 kV 1.8/3 kV	铜芯乙丙橡皮绝缘热塑弹性体护套风力发电用耐扭曲软电缆
FDES-40	450/750 V 0.6/1 kV 1.8/3 kV	铜芯乙丙橡皮绝缘热塑弹性体护套风力发电用耐寒耐扭曲软电缆
FDES-55	450/750 V 0.6/1 kV 1.8/3 kV	铜芯乙丙橡皮绝缘热塑弹性体护套风力发电用耐严寒耐扭曲软电缆
FDGG-40	0.6/1 kV 1.8/3 kV	铜芯硅橡胶绝缘硅橡胶护套风力发电用耐寒耐扭曲软电缆
FDGG-55	0.6/1 kV 1.8/3 kV	铜芯硅橡胶绝缘硅橡胶护套风力发电用耐严寒耐扭曲软电缆
FDEU-40	0.6/1 kV 1.8/3 kV	铜芯乙丙橡皮绝缘聚氨酯弹性体护套风力发电用耐寒耐扭曲软电缆
FDEU-55	0.6/1 kV 1.8/3 kV	铜芯乙丙橡皮绝缘聚氨酯弹性体护套风力发电用耐严寒耐扭曲软电缆
FDEG-40	0.6/1 kV 1.8/3 kV	铜芯乙丙橡皮绝缘硅橡胶护套风力发电用耐寒耐扭曲软电缆
FDEG-55	0.6/1 kV 1.8/3 kV	铜芯乙丙橡皮绝缘硅橡胶护套风力发电用耐严寒耐扭曲软电缆
FDEH-25	0.6/1 kV 1.8/3 kV	铜芯乙丙橡皮绝缘氯磺化聚乙烯橡皮护套风力发电用耐扭曲软电缆
FDEH-40	0.6/1 kV 1.8/3 kV	铜芯乙丙橡皮绝缘氯磺化聚乙烯橡皮护套风力发电用耐寒耐扭曲软电缆
FDEH-55	0.6/1 kV 1.8/3 kV	铜芯乙丙橡皮绝缘氯磺化聚乙烯橡皮护套风力发电用耐严寒耐扭曲软电缆
FDGU-40	0.6/1 kV 1.8/3 kV	铜芯硅橡胶绝缘聚氨酯弹性体护套风力发电用耐寒耐扭曲软电缆
FDGU-55	0.6/1 kV 1.8/3 kV	铜芯硅橡胶绝缘聚氨酯弹性体护套风力发电用耐严寒耐扭曲软电缆

[a] 阻燃 C 类电缆在型号前加“ZC-”，金属屏蔽型电缆在护套代号后加“P”。

6　电缆规格

电缆规格见表 2。

表 2　电缆规格

额定电压	芯数	导体标称截面积 mm^2
450/750 V 0.6/1 kV	1	1.5～400
450/750 V 0.6/1 kV	2	1～25
450/750 V 0.6/1 kV	3	1～300
450/750 V 0.6/1 kV	3+1	4～185
450/750 V 0.6/1 kV	4	1～300
450/750 V 0.6/1 kV	5	1～25
450/750 V 0.6/1 kV	6～36	1.5～4
1.8/3 kV	1	10～400
1.8/3 kV	3	10～240

7 技术要求

7.1 导体

7.1.1 导体应采用 GB/T 3956—2008 规定的第 5 种柔软圆形绞合导体。导体材料应为退火软铜线，单线可以不镀锡或镀锡。

7.1.2 导体 20 ℃时的直流电阻应符合 GB/T 3956—2008 的规定。

7.1.3 导体表面允许用非吸湿性带材作重叠绕包或纵包。

7.2 绝缘

7.2.1 材料

绝缘材料应为表 3 所列的挤包固体介质的一种。绝缘的机械物理性能应符合附录 A 中表 A.1 的规定。

表 3 绝缘混合料

绝缘混合料	代　号	导体最高温度 ℃	
		正常运行时	短路时(最长持续 5 s)
70 ℃ 乙丙橡胶或其他相当的合成弹性体	IE4	70	200
90 ℃ 乙丙橡胶或其他相当的合成弹性体	EPR	90	250
硅橡胶混合物或其相当的合成弹性体	G	90	250

7.2.2 厚度

绝缘厚度的标称值见表 4。绝缘厚度的平均值应不小于标称值，绝缘最薄处厚度应不小于标称值的 90% 减去 0.1 mm。

表 4 绝缘标称厚度

导体标称截面积 mm^2	绝缘厚度标称值 mm		导体标称截面积 mm^2	绝缘厚度标称值 mm		导体标称截面积 mm^2	绝缘厚度标称值 mm	
	450/750 V 0.6/1 kV	1.8/3 kV		450/750 V 0.6/1 kV	1.8/3 kV		450/750 V 0.6/1 kV	1.8/3 kV
1	0.8	—	16	1.2	2.1	120	1.8	2.4
1.5	0.8	—	25	1.4	2.2	150	2.0	2.6
2.5	0.9	—	35	1.4	2.2	185	2.2	2.6
4	1.0	—	50	1.6	2.2	240	2.4	2.8
6	1.0	—	70	1.6	2.2	300	2.6	2.8
10	1.2	2.1	95	1.8	2.4	400	2.8	3.0

7.2.3 **包覆导体**

绝缘应紧密挤包在导体上，断面无目力可见的气泡和杂质，外观圆整且容易与导体剥离。

7.2.4 **火花试验**

绝缘线芯应按 GB/T 3048.9—2007 的规定经受表 5 规定的工频火花试验作为中间检查。

表 5　火花试验电压

绝缘厚度标称值 mm	试验电压 kV	绝缘厚度标称值 mm	试验电压 kV
$0.5<\delta\leqslant 1.0$	6	$2.0<\delta\leqslant 2.5$	20
$1.0<\delta\leqslant 1.5$	10	$2.5<\delta$	25
$1.5<\delta\leqslant 2.0$	15		

7.2.5 **5 芯及以下绝缘线芯识别**

7.2.5.1 **一般要求**

电缆绝缘线芯应采用颜色或其他适合的方法进行识别。如客户有特殊要求，允许采用数字识别。

除绿/黄组合色线芯外，电缆的每一绝缘线芯应只用一种颜色。

1 芯～5 芯电缆均不应使用不是组合色用的绿色和黄色。

7.2.5.2 **颜色色谱**

优先选用的色谱如下：

——单芯电缆：无优先选用色谱；

——两芯电缆：无优先选用色谱；

——三芯电缆：绿/黄色、蓝色、棕色，或是蓝色、黑色、棕色；

——四芯电缆：绿/黄色、蓝色、黑色、棕色，或是蓝色、黑色、棕色、黑色或棕色；

——五芯电缆：绿/黄色、蓝色、黑色、棕色、黑色或棕色，或是蓝色、黑色、棕色、黑色或棕色、黑色或棕色。

可以根据用户要求的色序生产。关于绿/黄组合色的颜色分布应符合 GB/T 5013.1—2008 中的规定。

7.2.6 **5 芯以上绝缘线芯识别**

7.2.6.1 **一般要求**

电缆绝缘线芯应采用数字识别或色码识别(领示和标识系统)。如果电缆包含接地保护线芯，该线芯应始终为放在外层的绿/黄组合色绝缘线芯。

7.2.6.2 **数字识别**

除了绿/黄组合色绝缘线芯外，电缆中所有绝缘线芯应按 GB/T 6995.4—2008 中 6.2 的规定印刷数字标志。数字颜色应相同,并与绝缘颜色有明显反差。

7.2.6.3 色码识别(领示和标识系统)

每层中应有两根相邻的绝缘线芯着上易区别的颜色,其余绝缘线芯的颜色应相同。

对于含有接地保护线芯的电缆,仅外层中两根易区别的绝缘线芯中一根以绿/黄组合色绝缘线芯代替。

7.3 绝缘线芯和填充(若有)绞合成缆

绝缘线芯应绞合在一起。成缆最外层绞合节距应不大于绞合外径的 12 倍。绝缘线芯采用数字识别时,由内层到外层从 1 开始按自然数序顺时针方向排列。

绝缘线芯之间的间隙允许采用非吸湿性材料填充。填充材料应与电缆工作温度相适应,并应与电缆绝缘材料相容,且不应粘连绝缘线芯。

允许挤包护套前在缆芯上绕包非吸湿性织物带。

7.4 金属屏蔽

金属屏蔽由软圆铜线或镀锡圆铜线构成,其金属编织(或缠绕)密度应不小于 80%。为了提高耐扭性能,允许在编织中加入高机械强度非金属线。金属屏蔽用的单丝直径和编织(或缠绕)密度的计算方法见 GB/T 9330.1—2008 的规定,其中计算缠绕密度时,单向覆盖系数应在原有表达式的基础上乘以 1/2,其余保持不变。

7.5 护套

7.5.1 护套材料应为表 6 所列的挤包固体介质的一种。护套材料应与绝缘材料的工作温度等级相适应,多芯电缆护套应不与绝缘相粘连。

护套的机械物理性能应符合表 A.2 的规定。对 ZC 型电缆,其护套采用与表 6 规定材料相对应的阻燃型材料,且其性能应符合表 A.2 相对应的非阻燃型材料的要求。

表 6 护套混合料

护套混合料	代号	正常运行时导体最高温度 ℃
氯丁胶混合物或其他相当的合成弹性体	SE4	70
氯磺化聚乙烯橡胶混合物或其他相当的合成弹性体	SH	90
硅橡胶混合物或其他相当的合成弹性体	G	90
聚氨酯弹性体	TPU	90
其他热塑弹性体	TPV-70 TPV-90	70 90

7.5.2 电缆护套厚度的标称值见表 7。护套厚度的平均值应不小于标称值,其最薄处厚度应不小于标称值的 85%减去 0.1 mm。

7.5.3 成品电缆的外径应符合表 7 的规定。护套应表面光滑、圆整、色泽均匀,断面应无目力可见的气泡和杂质。护套的优选颜色为黑色。

表 7　电缆尺寸

芯数及导体标称截面积 mm²	护套厚度标称值 mm				平均外径 mm							
	450/750 V、0.6/1 kV		1.8/3 kV		450/750 V、0.6/1 kV				1.8/3 kV			
	SE4、SH、TPV、G	TPU	SH、TPV、G	TPU	SE4、TPV、SH、G 护套		TPU 护套		TPV、SH、G 护套		TPU 护套	
					下限	上限	下限	上限	下限	上限	下限	上限
1×1.5	1.4	0.9	—	—	5.7	7.1	4.8	5.9	—	—	—	—
1×2.5	1.4	0.9	—	—	6.3	7.9	5.4	6.7	—	—	—	—
1×4	1.5	1.0	—	—	7.2	9.0	6.3	7.8	—	—	—	—
1×6	1.6	1.0	—	—	7.9	9.8	6.7	8.4	—	—	—	—
1×10	1.8	1.2	1.8	1.2	9.5	11.9	8.3	10.5	11.3	13.7	10.1	12.3
1×16	1.9	1.2	1.9	1.2	10.8	13.4	9.5	11.7	12.6	15.2	11.3	13.5
1×25	2.0	1.3	2.0	1.3	12.7	15.8	11.4	14.1	14.3	17.4	13.0	15.6
1×35	2.2	1.4	2.2	1.4	14.3	17.9	12.7	16.0	15.9	19.5	14.3	17.5
1×50	2.4	1.5	2.4	1.5	16.5	20.6	14.8	18.4	17.7	21.8	16.0	19.6
1×70	2.6	1.6	2.6	1.6	18.6	23.3	16.6	20.9	19.8	24.5	17.8	22.1
1×95	2.8	1.8	2.8	1.8	20.8	26.0	18.8	23.6	22.0	27.2	20.0	24.8
1×120	3.0	2.0	3.0	2.0	22.8	28.6	20.8	26.3	24.0	29.8	22.0	27.4
1×150	3.2	2.1	3.2	2.1	25.2	31.4	23.1	28.9	26.4	32.6	24.3	30.0
1×185	3.4	2.2	3.4	2.2	27.6	34.4	25.2	31.7	28.4	35.2	26.0	32.5
1×240	3.5	2.3	3.5	2.3	30.6	38.3	28.2	35.6	31.4	39.1	29.0	36.5
1×300	3.6	2.4	3.6	2.4	33.5	41.9	31.1	39.2	33.9	42.3	31.5	39.5
1×400	3.8	2.5	3.8	2.5	37.4	46.8	34.9	43.8	37.8	47.2	35.3	44.3
2×1	1.3	0.9	—	—	7.7	10.0	6.9	9.0	—	—	—	—
2×1.5	1.5	1.0	—	—	8.5	11.0	7.6	9.8	—	—	—	—
2×2.5	1.7	1.1	—	—	10.2	13.1	9.0	11.6	—	—	—	—
2×4	1.8	1.2	—	—	11.8	15.1	10.6	13.7	—	—	—	—
2×6	2.0	1.3	—	—	13.1	16.8	11.8	15.1	—	—	—	—
2×10	3.1	2.0	—	—	17.7	22.6	15.6	19.9	—	—	—	—
2×16	3.3	2.1	—	—	20.2	25.7	17.9	22.8	—	—	—	—
2×25	3.6	2.3	—	—	24.3	30.7	21.8	27.6	—	—	—	—
3×1	1.4	0.9	—	—	8.3	10.7	7.4	9.5	—	—	—	—
3×1.5	1.6	1.0	—	—	9.2	11.9	8.0	10.4	—	—	—	—
3×2.5	1.8	1.1	—	—	10.9	14.0	9.6	12.4	—	—	—	—
3×4	1.9	1.2	—	—	12.7	16.2	11.3	14.5	—	—	—	—
3×6	2.1	1.4	—	—	14.1	18.0	12.8	16.3	—	—	—	—
3×10	3.3	2.1	3.3	2.1	19.1	24.2	16.8	21.4	23.0	28.1	20.6	25.2
3×16	3.5	2.3	3.5	2.3	21.8	27.6	19.5	24.7	25.7	31.5	23.3	28.6
3×25	3.8	2.5	3.8	2.5	26.1	33.0	23.6	29.9	29.6	36.5	27.1	33.5
3×35	4.1	2.7	4.1	2.7	29.3	37.1	26.5	33.8	32.8	40.6	30	37.5
3×50	4.5	2.9	4.5	2.9	34.1	42.9	30.9	39.2	36.7	45.5	33.5	42.0
3×70	4.8	3.1	4.8	3.1	38.4	48.3	35.1	44.0	41.0	50.9	37.7	47.2
3×95	5.3	3.4	5.3	3.4	43.3	54.0	39.6	49.7	45.9	56.6	42.2	52.5
3×120	5.6	3.6	5.6	3.6	47.4	60.0	43.4	55.5	50.0	62.6	46	58.3
3×150	6.0	3.8	6.0	3.8	52.0	66.0	47.6	61.1	54.6	68.6	50.2	63.9
3×185	6.4	4.0	6.4	4.0	57.0	72.0	52.2	66.7	58.7	73.7	53.9	68.8
3×240	7.1	4.5	7.1	4.5	65.0	82.0	59.8	76.2	66.7	83.7	54.6	78.2
3×300	7.7	4.8	—	—	72.0	90.0	66.3	83.6	—	—	—	—
3×4+1×2.5	2.0	1.3	—	—	14.0	17.9	12.7	16.3	—	—	—	—
3×6+1×4	2.3	1.5	—	—	15.7	20.0	14.1	18.1	—	—	—	—
3×10+1×6	3.4	2.2	—	—	20.9	26.5	18.5	23.8	—	—	—	—
3×16+1×10	3.6	2.4	—	—	23.5	29.6	21.1	26.8	—	—	—	—
3×25+1×16	4.0	2.6	—	—	27.9	35.6	25.1	32.4	—	—	—	—
3×35+1×16	4.3	2.8	—	—	31.0	40.1	28.1	36.6	—	—	—	—
3×50+1×25	4.8	3.1	—	—	35.7	46.0	32.4	42.1	—	—	—	—
3×70+1×35	5.0	3.2	—	—	40.7	52.0	37.1	47.9	—	—	—	—
3×95+1×50	5.5	3.5	—	—	46.4	59.0	42.4	54.5	—	—	—	—
3×120+1×70	5.8	3.7	—	—	50.0	64.0	45.9	59.3	—	—	—	—
3×150+1×70	6.3	4.0	—	—	55.0	70.0	50.5	64.9	—	—	—	—

表 7（续）

芯数及导体标称截面积 mm²	护套厚度标称值 mm				平均外径 mm							
	450/750 V、0.6/1 kV		1.8/3 kV		450/750 V、0.6/1 kV				1.8/3 kV			
	SE4、SH、TPV、G	TPU	SH、TPV、G	TPU	SE4、TPV、SH、G 护套		TPU 护套		TPV、SH、G 护套		TPU 护套	
					下限	上限	下限	上限	下限	上限	下限	上限
3×185+1×95	6.8	4.3	—	—	60.0	76.0	55.0	70.5	—	—	—	—
4×1	1.5	1.0	—	—	9.2	11.9	8.2	10.7	—	—	—	—
4×1.5	1.7	1.1	—	—	10.2	13.1	9.0	11.6	—	—	—	—
4×2.5	1.9	1.2	—	—	12.1	15.5	10.7	13.8	—	—	—	—
4×4	2.0	1.3	—	—	14.0	17.9	12.7	16.2	—	—	—	—
4×6	2.3	1.5	—	—	15.7	20.0	14.2	18.1	—	—	—	—
4×10	3.4	2.2	—	—	20.9	26.5	18.6	23.6	—	—	—	—
4×16	3.6	2.4	—	—	23.8	30.1	21.3	27.0	—	—	—	—
4×25	4.1	2.7	—	—	28.9	36.6	26.1	33.2	—	—	—	—
4×35	4.4	2.8	—	—	32.5	41.1	29.3	37.2	—	—	—	—
4×50	4.8	3.1	—	—	37.7	47.5	34.4	43.5	—	—	—	—
4×70	5.2	3.3	—	—	42.7	54.0	39.0	49.5	—	—	—	—
4×95	5.9	3.7	—	—	48.4	61.0	44.0	55.9	—	—	—	—
4×120	6.0	3.8	—	—	53.0	66.0	48.6	60.9	—	—	—	—
4×150	6.5	4.1	—	—	58.0	73.0	53.2	67.5	—	—	—	—
4×185	7.0	4.4	—	—	64.0	80.0	58.8	74.3	—	—	—	—
4×240	7.7	4.8	—	—	72.0	91.0	66.3	84.7	—	—	—	—
4×300	8.4	5.2	—	—	80.0	101.0	73.6	94.0	—	—	—	—
5×1	1.6	1.0	—	—	10.2	13.1	9.0	11.7	—	—	—	—
5×1.5	1.8	1.1	—	—	11.2	14.4	9.8	12.8	—	—	—	—
5×2.5	2.0	1.3	—	—	13.3	17.0	11.9	15.5	—	—	—	—
5×4	2.2	1.4	—	—	15.6	19.9	14.1	18.2	—	—	—	—
5×6	2.5	1.6	—	—	17.5	22.2	15.7	20.2	—	—	—	—
5×10	3.6	2.3	—	—	22.9	29.1	20.4	26.0	—	—	—	—
5×16	3.9	2.5	—	—	26.4	33.3	23.7	30.2	—	—	—	—
5×25	4.4	2.8	—	—	32.0	40.4	28.8	36.8	—	—	—	—
6×1.5	2.5	1.6	—	—	13.4	17.2	11.6	15.4	—	—	—	—
12×1.5	2.9	1.9	—	—	17.6	22.4	15.6	20.4	—	—	—	—
18×1.5	3.2	2.1	—	—	20.7	26.3	18.5	24.1	—	—	—	—
24×1.5	3.5	2.3	—	—	24.3	30.7	21.9	28.3	—	—	—	—
36×1.5	3.8	2.5	—	—	27.8	35.2	25.2	32.6	—	—	—	—
6×2.5	2.7	1.8	—	—	15.7	20.0	13.9	18.2	—	—	—	—
12×2.5	3.1	2.1	—	—	20.6	26.2	18.6	24.2	—	—	—	—
18×2.5	3.5	2.3	—	—	24.4	30.9	22.0	28.5	—	—	—	—
24×2.5	3.9	2.6	—	—	28.8	36.4	26.2	33.8	—	—	—	—
36×2.5	4.3	2.9	—	—	33.2	41.8	30.4	39.0	—	—	—	—
6×4	2.9	1.9	—	—	18.2	23.2	16.2	21.2	—	—	—	—
12×4	3.5	2.3	—	—	24.4	30.9	22.0	28.5	—	—	—	—
18×4	3.9	2.5	—	—	28.8	36.4	26.0	33.6	—	—	—	—

5 芯以上电缆优选芯数为 6、12、18、24 和 36。

5 芯以上非优选芯数电缆的护套厚度的标称值（T_g）应根据 GB/T 12706.1—2008 附录 A 的假定直径法使用下列公式计算得出：

——SE4、TPV、SH、G 护套：$T_g = 0.11\ D + 1.5$ mm；

——TPU 护套：$T_g = 0.07\ D + 1.0$ mm。

式中：D 为成缆缆芯的假定直径，单位为毫米（mm）。

10 mm² 及以下截面积的 5 芯以上多芯电缆的护套厚度的标称值也可以由上面公式计算得出。

屏蔽型电缆的平均外径上、下限应为在非屏蔽型电缆平均外径的基础上分别加 1 mm。

SE4 型护套只能对应电压等级为 450/750 V 的电缆产品。

8 成品电缆

8.1 结构尺寸

8.1.1 导体结构应符合 7.1.1 的规定。
8.1.2 绝缘厚度应符合 7.2.2 的规定。
8.1.3 缆芯结构应符合 7.3 的规定。
8.1.4 金属屏蔽结构应符合 7.4 的规定。
8.1.5 护套厚度应符合 7.5.2 的规定。
8.1.6 外径应符合 7.5.3 的规定。

8.2 电气性能

8.2.1 导体直流电阻

导体直流电阻应符合 7.1.2 的规定。

8.2.2 绝缘电阻

绝缘电阻应符合表 8 的规定。对于单芯电缆,如果护套和绝缘无法分开,试验时无需去除护套。

表 8 绝缘电阻

额定电压	导体标称截面积 mm^2	20 ℃ 时绝缘电阻 MΩ·km	额定工作温度时绝缘电阻 MΩ·km
450/750 V 0.6/1 kV	35 及以下	150	0.15
	50～150	100	0.10
	185～400	80	0.08
1.8/3 kV	35 及以下	250	0.25
	50～150	200	0.20
	185～400	150	0.15

8.2.3 成品电缆耐压试验

成品电缆应能经受表 9 规定的工频耐压试验 5 min 不击穿。

表 9 成品电缆耐压试验电压

额定电压	试验电压 kV
450/750 V	2.5
0.6/1 kV	3.5
1.8/3 kV	6.5

8.2.4 绝缘线芯耐压试验

额定电压 450/750 V 成品电缆的绝缘线芯应经受环境温度下 2.5 kV 的浸水耐压试验 5 min 而不击穿。试样长度 10 m～15 m，浸水至少 1 h。对于护套和绝缘一次挤出的单芯电缆，如果护套和绝缘无法分开，试验时无需去除护套。

8.2.5 4 h 电压试验

额定电压 0.6/1 kV 和 1.8/3 kV 成品电缆绝缘线芯应经受环境温度下，浸水至少 1 h、试验电压为 4 U_0的工频电压试验，电压应逐渐升高并持续 4 h，试验过程中应不发生击穿现象。试样长度 10 m～15 m。对于护套和绝缘一次挤出的单芯电缆，如果护套和绝缘无法分开，试验时无需去除护套。

8.2.6 冲击电压试验

额定电压 1.8/3 kV 电缆应进行冲击电压试验。试验应在另外 10 m～15 m 长的成品电缆上进行，试验时导体温度应高于正常运行时导体的最高温度 5 ℃～10 ℃。试验应按 GB/T 3048.13—2007 规定的步骤施加冲击电压，峰值为 40 kV。对于没有分相屏蔽的多芯电缆，每次冲击电压应依次施加在每相导体与地之间，其他导体连接在一起并接地。电缆的每根绝缘线芯均应承受正负极性各 10 次冲击电压而不击穿。

8.3 非电气性能

8.3.1 成品电缆绝缘的机械物理性能应符合表 A.1 的要求。

8.3.2 成品电缆护套的机械物理性能应符合表 A.2 的要求。

8.3.3 成品电缆应经受附录 B 规定的常温扭转试验和低温扭转试验。用户有要求时，成品电缆还应经受附录 B 规定的高温扭转试验和负载扭转试验。

8.3.4 成品电缆应经受附录 C 规定的负重试验。

8.3.5 成品电缆应经受附录 D 规定的低温弯曲试验。

8.3.6 用户有要求时，成品电缆应经受附录 E 规定的人工气候老化试验。

8.3.7 用户有要求时，成品电缆应经受附录 F 规定的盐雾试验。

8.3.8 成品电缆应经受 GB/T 18380.12—2008 规定的单根燃烧试验。

8.3.9 ZC 型阻燃电缆应经受 GB/T 18380.35—2008 规定的成束电缆燃烧试验。

8.3.10 成品电缆应有连续的制造厂名、电压、型号等识别标志。标志的清晰度、耐擦性应符合 GB/T 6995.1—2008 的规定，标志的连续性应符合 GB/T 6995.3—2008 的规定。

9 检验规则和试验方法

9.1 产品应由制造厂检验合格后方能出厂，出厂产品应附有产品质量检验合格证。

9.2 每交货批至少抽取 1 件样品，也可由供需双方协议规定抽样数量。抽样检验的结果不合格时，应加倍取样对不合格项目进行第二次试验。仍不合格时，应对整批产品逐一进行试验。

9.3 产品外观应在正常视力下逐批检查。

9.4 产品检验项目、试验类型、试验方法应按表 10 规定。

表 10 成品电缆检验

序号	检 验 项 目	性能要求条文号	试验类型	试 验 方 法
1	外观			
1.1	识别标志			
1.1.1	电缆标志内容	8.3.10	T、S	GB/T 6995.3—2008
1.1.2	标志连续性	8.3.10	T、S	GB/T 6995.3—2008
1.1.3	标志清晰度、耐擦性	8.3.10	T、S	GB/T 6995.1—2008
1.1.4	绝缘线芯识别	7.2.5 和 7.2.6	T、S	目测
1.2	电缆表面质量	7.5.3	T、S	目测
2	结构尺寸			
2.1	导体结构	7.1.1	T、S	GB/T 4909.2—2009
2.2	绝缘厚度	7.2.2	T、S	GB/T 2951.11—2008
2.3	缆芯绞合节径比	7.3	T、S	正常目测和直尺
2.4	金属屏蔽检查	7.4	T、S	正常目测和千分尺
2.5	护套厚度	7.5.2	T、S	GB/T 2951.11—2008
2.6	电缆外径	7.5.3	T、S	GB/T 2951.11—2008
3	电性能			
3.1	导体电阻(20 ℃)	7.1.2	T、R	GB/T 3048.4—2007
3.2	绝缘电阻试验			
3.2.1	绝缘电阻(20 ℃)	8.2.2	T、S	GB/T 3048.5—2007
3.2.2	绝缘电阻(额定工作温度时)	8.2.2	T	GB/T 3048.5—2007
3.3	电压试验			
3.3.1	成品电缆耐压试验	8.2.3	R	GB/T 3048.8—2007
3.3.2	绝缘线芯耐压试验	8.2.4	T	GB/T 3048.8—2007
3.3.3	4 h 电压试验	8.2.5	T	GB/T 3048.8—2007
3.3.4	冲击电压试验	8.2.6	T	GB/T 3048.13—2007
4	绝缘机械物理性能	8.3.1	T	GB/T 2951.11—2008、 GB/T 2951.12—2008、 GB/T 2951.21—2008、 和 JB/T 10696.7—2007
5	护套机械物理性能	8.3.2	T	GB/T 2951.11—2008、 GB/T 2951.12—2008、 GB/T 2951.14—2008、 GB/T 2951.21—2008、 GB/T 2951.31—2008 和 JB/T 10696.7—2007

表 10（续）

序号	检验项目	性能要求条文号	试验类型	试验方法
6	成品电缆特殊性能试验			
6.1	扭转试验			
6.1.1	常温扭转试验	8.3.3	T	附录 B
6.1.2	低温扭转试验	8.3.3	T	附录 B
6.1.3	高温扭转试验	8.3.3	用户要求时	附录 B
6.1.4	负载扭转试验	8.3.3	用户要求时	附录 B
6.2	负重试验	8.3.4	T	附录 C
6.3	低温弯曲试验	8.3.5	T	附录 D
6.4	人工气候老化试验	8.3.6	用户要求时	附录 E
6.5	盐雾试验	8.3.7	用户要求时	附录 F
6.6	电缆的燃烧试验	8.3.8 8.3.9	T	GB/T 18380.12—2008 GB/T 18380.35—2008
7	交货长度	第 10 章	R	计米器

10 交货长度

10.1 客户有定长要求时，应按约定长度交货。

10.2 其他电缆的交货长度：成圈包装为 100 m，成盘包装应大于 100 m。

10.3 允许按用户最短使用长度的整倍数电缆交货。

10.4 根据双方协议，允许任何长度的电缆交货。

10.5 电缆长度计量误差应不超过 ±0.5%。

11 电缆包装、运输和贮存

11.1 电缆应妥善包装在符合 JB/T 8137 规定的电缆盘上。电缆端头应可靠密封，伸出盘外的电缆端头应加保护罩，伸出的长度应不小于 300 mm。重量不超过 80 kg 的短段电缆，可以成圈包装。

为防止贮运过程中的损坏，成盘包装的产品还应附加适当的保护。成圈包装的产品，应用一定强度的带状材料多层包覆，并捆扎牢固。

11.2 电缆运输过程中不应使电缆盘处于平放状态；应有防止电缆盘滚动的措施；不应遭受冲撞、挤压和任何机械损伤；长途运输时应防止长时间曝晒。

11.3 每个电缆盘都应标明以下内容：

a) 制造厂名称；

b) 电缆型号、规格、电压等级；

c) 电缆长度、净重、总重；

d) 制造年月；

e) 表示电缆盘正确滚动方向的箭头；

f） 本标准编号。

11.4 成圈包装或装箱时，每件包装、箱体外壳上应标明：

a） 制造厂名称；

b） 电缆型号、规格、电压等级；

c） 电缆长度、净重、总重；

d） 制造年月；

e） 防潮、防掷标志；

f） 本标准编号。

11.5 电缆在装卸时应使用适当的工具，以避免损伤电缆。在运输工具上应进行良好的固定。电缆应尽量避免露天存放，电缆盘不允许平放。

附　录　A
（规范性附录）
风力发电用耐扭曲软电缆绝缘和护套材料性能要求

A.1　绝缘橡皮材料非电性试验要求见表 A.1。

表 A.1　绝缘橡皮材料非电性试验要求

序号	试验项目	单位	混合料代号			试验方法
			G	IE4	EPR	
1	抗张强度和断裂伸长率					
1.1	交货状态原始性能					GB/T 2951.11—2008
1.1.1	抗张强度原始值					
	——最小中间值	N/mm²	5.0	5.0	4.2	
1.1.2	断裂伸长率原始值					
	——最小中间值	%	150	200	200	
1.2	空气烘箱老化后的性能					GB/T 2951.12—2008
1.2.1	老化条件[a,b]					GB/T 2951.11—2008
	——温度	℃	200±2	100±2	135±2	
	——处理时间	h	10×24	7×24	7×24	
1.2.2	老化后抗张强度					
	——最小中间值	N/mm²	4.0	4.2	—	
	——最大变化率[c]	%	—	±25	±30	
1.2.3	老化后断裂伸长率					
	——最小中间值	%	120	200	—	
	——最大变化率[c]	%	—	±25	±30	
1.3	空气弹老化后的性能					GB/T 2951.12—2008
1.3.1	老化条件[a]					GB/T 2951.11—2008
	——温度	℃	—	127±2	—	
	——处理时间	h	—	40	—	
1.3.2	老化后抗张强度					
	——最小中间值	N/mm²	—	—	—	
	——最大变化率[c]	%	—	±30	—	
1.3.3	老化后断裂伸长率					
	——最大变化率[c]	%	—	±30	—	
2	热延伸试验					GB/T 2951.21—2008
2.1	试验条件					
	——温度	℃	200±3	200±3	250±3	
	——处理时间	min	15	15	15	
	——机械应力	N/mm²	0.20	0.20	0.20	
2.2	试验结果					
	——载荷下的最大伸长率	%	175	100	175	
	——冷却后的最大伸长率	%	25	25	15	
3	耐臭氧试验					GB/T 2951.21—2008
3.1	试验条件					
	——试验温度	℃	—	25±2	25±2	
	——试验时间	h	—	24	24	

表 A.1(续)

序号	试验项目	单位	混合料代号			试验方法
			G	IE4	EPR	
3.2	——臭氧浓度 试验结果	%	—	0.025～0.030 无裂纹	0.025～0.030 无裂纹	
4	抗撕试验[d] 抗撕强度,最小	N/mm	4.0			JB/T 10696.7—2007

[a] IE4 绝缘应带导体或取走不超过 30% 的铜丝进行老化。
[b] 橡皮混合物的老化不采用强迫鼓风烘箱。仲裁试验时,应采用自然通风老化箱。
[c] 变化率:老化后中间值与老化前中间值之差与老化前中间值之比,以百分比表示。
[d] 由于样品外径或厚度过小而无法取样时可以不进行抗撕试验。

A.2 护套橡皮材料非电性试验要求见表 A.2。

表 A.2 护套材料非电性试验要求

序号	试验项目	单位	混合料代号						试验方法
			SE4	SH	G	TPU	TPV-70	TPV-90	
1	抗张强度和断裂伸长率								
1.1	交货状态原始性能								GB/T 2951.11—2008
1.1.1	抗张强度原始值								
	——最小中间值	N/mm^2	10.0	10.0	7.0	20.0	10.0	10.0	
1.1.2	断裂伸长率原始值								
	——最小中间值	%	300	250	200	300	300	300	
1.2	空气烘箱老化后的性能								GB/T 2951.12—2008
1.2.1	老化条件:								GB/T 2951.11—2008
	——温度	℃	70±2	120±2	200±2	110±2	100±2	135±2	
	——处理时间	h	10×24	7×24	10×24	7×24	7×24	7×24	
1.2.2	老化后抗张强度:								
	——最小中间值	N/mm^2	—	—	5.0	—	10.0	10.0	
	——最大变化率[a]	%	−15[b]	−30[b]	—	±30	±25	±25	
1.2.3	老化后断裂伸长率:								
	——最小中间值	%	250	—	150	300	300	300	
	——最大变化率[a]	%	−25[b]	−40[b]	—	±30	±25	±25	
1.3	浸矿物油后机械性能								GB/T 2951.21—2008
1.3.1	试验条件:								GB/T 2951.11—2008
	——油温	℃	100±2	100±2	—	100±2	100±2	100±2	
	——浸油时间	h	24	24	—	24	24	24	
1.3.2	浸油后抗张强度,最大变化率[a]	%	±40	−40[b]	—	±40	−40[b]	−40[b]	
1.3.3	浸油后断裂伸长率,最大变化率[a]	%	±40	−40[b]	—	±30	−40[b]	−40[b]	
2	热延伸试验								GB/T 2951.21—2008
2.1	试验条件:								
	——温度	℃	200±3	200±3	200±3	—	—	—	
	——处理时间	min	15	15	15	—	—	—	
	——机械应力	N/mm^2	0.20	0.20	0.20	—	—	—	

表 A.2（续）

序号	试验项目	单位	混合料代号						试验方法
			SE4	SH	G	TPU	TPV-70	TPV-90	
2.2	试验结果								
	——载荷下的伸长率,最大	%	175	175	175	—	—	—	
	——冷却后的伸长率,最大	%	25	15	25	—	—	—	
3	抗撕试验								
	抗撕强度,最小	N/mm	5.0	5.0	5.0	—	—	—	JB/T 10696.7—2007
4	高温压力试验								GB/T 2951.31—2008
4.1	——温度	℃	—	—	—	100	80	90	
4.2	——压痕中间值/平均厚度,最大	%	—	—	—	50	50	50	
5	抗开裂试验								GB/T 2951.31—2008
5.1	试验条件								
	——温度	℃	—	—	—	150±3	150±3	150±3	
	——持续时间	h	—	—	—	1	1	1	
5.2	试验结果					无裂纹	无裂纹	无裂纹	
6	低温拉伸试验								GB/T 2951.14—2008
6.1	试验温度	℃	−25±2[c]	−25±2[c]	−40±2[c]	−40±2[c]	−25±2[c]	−25±2[c]	
6.2	试验结果								
	——未断裂时的伸长率,最小	%	30	30	30	30	30	30	
7	低温冲击试验								GB/T 2951.14—2008
7.1	试验温度	℃	−25±2[c]	−25±2[c]	−40±2[c]	−40±2[c]	−25±2[c]	−25±2[c]	
7.2	试验结果		无裂纹	无裂纹	无裂纹	无裂纹	无裂纹	无裂纹	

[a] 变化率:老化后中间值与老化前中间值之差与老化前中间值之比,以百分比表示。

[b] 不规定正偏差。

[c] 如果用于环境最低温度为 −40 ℃(−55 ℃),低温试验温度应为 −40 ℃(−55 ℃)±2 ℃,如用户对最低环境适应温度另有要求,应按用户要求的温度试验。

附 录 B
（规范性附录）
风力发电用耐扭曲软电缆扭转试验方法

B.1 适用范围

本试验方法适用于风力发电机中由机舱引向塔架部分的并且在风机对风过程中需要扭转的所有电缆。

B.2 试验设备

试验设备包括扭转试验装置和温度控制试验装置两部分，其中扭转试验装置是用来安装试样并进行扭转的装置，其扭转角度和扭转速度应可调节；温控装置是在有温度要求的试验过程中对试样提供一定的温度环境的装置，其温控范围是 −60 ℃～+60 ℃，电缆所处的位置要求温差不超过 ±3℃。

B.3 试样制备

从被试电缆上截取 12.5m 长的电缆样品，不同条件下的试验应在被试电缆上分别取样。

B.4 试验程序

B.4.1 常温扭转试验程序

首先将取好的试样在环境温度中放置 0.5 h，然后再将试样顶端固定在扭转试验装置的转轮上，扭转装置应放置在距离下端固定支架 7 m～ 9 m 的高度，试样下端固定在支架上，受扭试样长度为 $L_1+\widehat{L}_2$，约 12 m。扭转过程为：转轮先顺时针扭转 1 440°，然后逆时针扭转相同角度使试样恢复到初始状态，继续逆时针扭转 1 440°后再顺时针扭转相同角度使试样恢复到初始状态，此为一个周期。转轮的转速范围一般为 720°/min～2 160°/min。用户没有特殊要求时，推荐进行 10 000 个周期的试验。

常温下扭转试验的示意图见图 B.1。

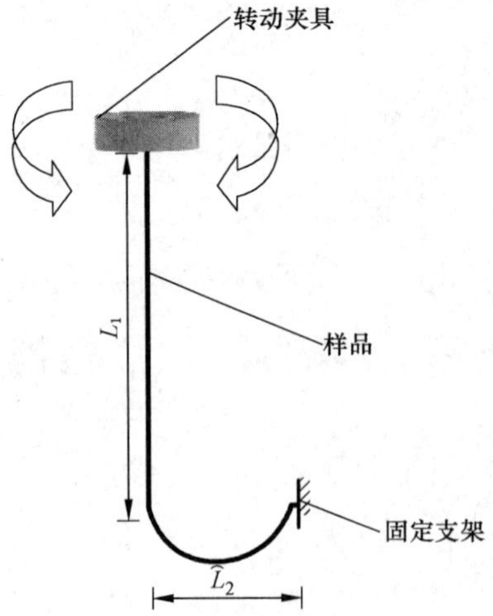

图 B.1 常温下扭转试验的示意图

B.4.2 低温扭转试验程序

低温扭转试验的试样安装方式与常温扭转试验的安装方式相似，但应使整个试样完全处于温度可控箱体内（常温下的扭转试验试样不必安装在温度控制箱内），然后在电缆型号规定的最低环境适应温度（−25 ℃ 或 −40 ℃ 或 −55 ℃ 或用户要求的最低使用温度）下进行试验。箱体内的温度应从试样安装好后算起的 1 h 内达到规定的试验温度。试样在规定的试验温度下放置不少于 4 h，然后开始扭转试验。转轮的转速范围一般为 360°/min～1 080°/min，其他扭转条件同 B.4.1。用户没有特殊要求时，推荐进行 2 000 个周期的试验。

B.4.3 高温扭转试验程序（用户有要求时）

高温扭转试验的试样安装方式与常温扭转试验的安装方式相似，但应使整个试样完全处于温度可控箱体内，然后在温度为 +60 ℃ 的条件下进行试验。试样在规定的试验温度下放置不少于 4 h，然后开始扭转试验。转轮的转速范围一般为 720°/min～2 160°/min，其他扭转条件同 B.4.1。用户没有特殊要求时，推荐进行 10 000 个周期的试验。

B.4.4 负载扭转试验程序（用户有要求时）

负载扭转试验的试样安装方式和试验程序与常温扭转试验的安装方式和试验程序相似，但在试验期间应同时通电加热。通电期间，应使导体温度稳定在电缆额定工作温度。用户没有特殊要求时，推荐进行 10 000 个周期的试验。

B.5 试验结果评定

在完成上述试验程序规定的试验后，检查试样表面，应无裂纹及扭曲现象，然后将完成扭转的试样（成品电缆）按照表 B.1 中的要求进行 15 min 交流电压试验应不击穿。其中有金属屏蔽的电缆，若其中每一线芯均与金属屏蔽接触时，耐压试验时金属屏蔽可以代替浸水。

表 B.1 扭转后耐压试验中所施加电压

样品额定电压 U_0/U	芯数	施加电压方式	施加电压值 kV
450/750 V	单芯	导体与水之间	1.5
	多芯	导体与导体之间	3.5
0.6/1 kV	单芯	导体与水之间	1.5
	多芯	导体与导体之间	3.5
1.8/3 kV	单芯	导体与水之间	4.5
	多芯	导体与导体之间	6.5

对于带有金属屏蔽的电缆还应在耐压试验后检查屏蔽的破损程度，在任一横断面上金属屏蔽不应有完全断裂现象出现。

附 录 C
（规范性附录）
风力发电用耐扭曲软电缆负重试验方法

C.1 试验要求

本试验应在包含电缆所有结构部件的成品电缆上进行。

C.2 试验步骤

首先从整盘电缆上取下 1.5 m 作为试样，试样应在(23±5)℃ 的环境温度中放置 24 h，然后再将试样顶端固定在约 2 m～3 m 高的架子上，在试样下端的导体上悬挂一个砝码，砝码质量为试样总铜导体截面积(mm^2)×15 N。试样应在负重状态下放置(7×24)h。

C.3 试验结果判定

试样的护套、绝缘表面应无裂纹。

试样的导体直流电阻应符合 7.1.2 的规定。

附 录 D
（规范性附录）
风力发电用耐扭曲软电缆低温弯曲试验方法

D.1 试验要求

本试验应在包含电缆所有结构部件的成品电缆上进行。

D.2 试验步骤

按照 GB/T 2951.14—2008 中 8.1.4 进行。

D.3 试验条件

D.3.1 试验温度

试验温度为电缆型号规定的最低环境适应温度，即(−55±2)℃ 或(−40±2)℃或(−25±2)℃。如用户对最低环境适应温度另有要求，应按用户要求的温度进行试验。

D.3.2 试棒直径

试棒直径为试样直径的 4～5 倍。

D.3.3 试棒转速和卷绕圈数

电缆外径小于或等于 12.5 mm 时，按照 GB/T 2951.14—2008 中 8.1.5 进行；电缆外径大于 12.5 mm 时，按照 4～5 倍电缆外径弯曲 180°。

D.4 试验结果判定

试样的护套、绝缘均应无任何裂纹。

附 录 E
（规范性附录）
风力发电用耐扭曲软电缆人工气候老化试验方法

E.1 适用范围

本试验方法适用于风力发电用耐扭曲软电缆的人工气候老化性能测定。

E.2 试验设备

E.2.1 氙灯气候老化箱

E.2.1.1 氙灯功率为 6 kW，试样转架直径为 800 mm～959 mm，高为 365 mm，试样转架每分钟旋转一周，箱体温度为(55±3)℃，相对湿度为(85±5)%。

E.2.1.2 喷水应为清洁的自来水，喷水水压为 0.12 MPa～0.15 MPa，喷水嘴内径为 ϕ 0.8 mm，以 18 min 喷水、光照，102 min 单独光照，周期进行。

E.2.2 拉力试验机

示值精度：±1%。从各级度盘 1/10 量程以上，但不小于最大负荷的 4%开始。

E.3 试样制备

从被试电缆的端部 500 mm 处切取足够长度的电缆，并从电缆中取出绝缘线芯，制取护套试样（试片），能供三组试验测定有效性能。有机械损伤的样段不应作为试样用于试验。三组试验所需试样的数量如下：

——第一组试样至少 5 个，供原始性能测量用；

——第二组试样至少 5 个，供 0 h～1 008 h 人工气候老化后性能测量用；

——第三组试样至少 5 个，供 504 h～1 008 h 人工气候老化后性能测量用。

E.4 试验步骤

E.4.1 将第一组试样保存在阴凉干燥处，第二、三组试样应放入氙灯气候箱内进行试验，其中第三组试样应在试验开始 504 h 后放入。

E.4.2 在规定的老化时间后，取出试样，在环境温度下存放至少 16 h，与第一组试样对比进行外观检查。

E.4.3 试样按 GB/T 2951.11—2008 的要求，在光照面冲切哑铃片和预处理后，测定老化前和老化后三组试片的抗张强度和断裂伸长率。制作试片时，不应磨削光照面。

E.4.4 当按 E.4.3 规定，不应在光照面冲切哑铃片时，允许从同一型号的其他规格上切取，其光老化性能等效。

E.5 试验结果及计算

E.5.1 检查光照面，试样应无明显的龟裂。

E.5.2 试验结果用老化前后的抗张强度变化率和断裂伸长率的变化率表示，按下式计算，计算结果 $TS1$、$EB1$ 应不超过 ±30%，$TS2$、$EB2$ 应不超过 ±15%。

$$TS1=(T2-T1)/T1\times 100\%$$

$$EB1=(E2-E1)/E1\times100\%$$

$$TS2=(T2-T3)/T1\times100\%$$

$$EB2=(E2-E3)/E1\times100\%$$

式中：

$TS1$——0 h～1 008 h 人工气候老化后抗张强度的变化率；

$EB1$——0 h～1 008 h 人工气候老化后断裂伸长率的变化率；

$TS2$——504 h～1 008 h 人工气候老化后抗张强度的变化率；

$EB2$——504 h～1 008 h 人工气候老化后断裂伸长率的变化率；

$T1$ ——人工气候老化前（第一组试样）抗张强度的中间值，单位为牛顿每平方毫米（N/mm^2）；

$E1$ ——人工气候老化前（第一组试样）断裂伸长率的中间值；

$T2$ ——人工气候老化后（第二组试样，人工气候老化 1 008 h）抗张强度的中间值，单位为牛顿每平方毫米（N/mm^2）；

$E2$ ——人工气候老化后（第二组试样，人工气候老化 1 008 h）断裂伸长率的中间值；

$T3$ ——人工气候老化后（第三组试样，人工气候老化 504 h）抗张强度的中间值，单位为牛顿每平方毫米（N/mm^2）；

$E3$ ——人工气候老化后（第三组试样，人工气候老化 504 h）断裂伸长率的中间值。

附 录 F
（规范性附录）
盐雾试验

F.1 试验方法

盐雾试验按照 GB/T 2423.17—2008 规定进行，试验时间推荐 336 h。

如用户有要求，也可进行 672 h 的盐雾试验，或按照 GB/T 2423.18—2012 规定的 1 级或 2 级交替盐雾试验进行试验。

F.2 试验结果判定

盐雾试验前后，绝缘和护套的抗张强度变化率和断裂伸长率变化率应不超过±30％。

ICS 03.080.30
A 12

中华人民共和国国家标准

GB/T 29632—2013

家用汽车产品三包主要零件种类范围与三包凭证

Range of main parts and the guarantees certificate in repair, replacement and return warranty of automobile

2013-07-19 发布　　2013-10-01 实施

中华人民共和国国家质量监督检验检疫总局
中国国家标准化管理委员会　发布

前　言

本标准按照 GB/T 1.1—2009 给出的规则起草。

本标准由全国服务标准化技术委员会(SAC/TC 264)提出并归口。

本标准起草单位:中国标准化研究院、国家质检总局缺陷产品管理中心、中国消费者协会、中国标准化杂志社、上海通用汽车有限公司、神龙汽车有限公司、奇瑞汽车股份有限公司、广汽本田汽车有限公司。

本标准主要起草人:曾毅、柳成洋、巫小波、王琰、曹俐莉、李涵、吴友生、赵宏春、邱建国、宋娟、李菡、王戎、张毅炜、胡建成、潘权尤。

引　言

近年来，我国已成为汽车消费大国，汽车售后服务成为影响消费者切身利益的重要问题。为了保护消费者合法权益，国家质量监督检验检疫总局发布《家用汽车产品修理、更换、退货责任规定》部门规章，并推动制定一系列配套标准和制度。

本标准的条款和《家用汽车产品修理、更换、退货责任规定》相关条款配合使用，共同构成消费者退车、换车的必备技术文件。本标准是《家用汽车产品修理、更换、退货责任规定》的重要技术支撑文件。

家用汽车产品三包主要零件种类范围与三包凭证

1 范围

本标准规定了家用汽车产品(以下简称“汽车产品”)三包涉及的主要总成和系统的主要零件、易损耗零部件的种类范围以及三包凭证等内容。

本标准适用于汽车产品的生产者、销售者和修理者履行汽车三包责任的相关活动。

2 术语和定义

下列术语和定义适用于本文件。

2.1

三包 repair，replacement and return warranty of automobile

＜汽车＞汽车产品生产者、销售者和修理者在质量保证期内，因汽车产品质量问题，对汽车产品修理、更换和退货的活动及责任。

注：质量保证期包括包修期、三包有效期和易损耗零部件的质量保证期。

2.2

总成 assembly

＜汽车＞由若干零件、部件、组合件或附件组合装配而成，并具有独立功能的汽车组成部分。

注：总成主要包括发动机、变速器等。

2.3

系统 system

＜汽车＞为实现规定功能以达到某一目标而构成的相互关联的集合体或装置。

注：系统主要包括转向系统、制动系统、悬架系统、前/后桥、车身等。

3 主要总成和系统的主要零件种类范围

3.1 发动机、变速器总成的主要零件种类范围

发动机、变速器的主要零件由生产者明示在三包凭证上，其种类范围应至少包括表1所列出的内容。

表1 发动机和变速器总成的主要零件种类范围

总成	主要零件种类范围
发动机	曲轴、主轴承、连杆、连杆轴承、活塞、活塞环、活塞销
	气缸盖
	凸轮轴、气门
	气缸体
变速器	箱体
	齿轮、轴类、轴承、箱内动力传动元件(含离合器、制动器)

3.2 汽车系统的主要零件种类范围

转向系统、制动系统、悬架系统、前/后桥、车身等系统的主要零件由生产者明示在三包凭证上，其种类范围应至少包括表2所列出的内容。

表2 汽车系统的主要零件种类范围

汽车系统	主要零件种类范围
转向系统	转向机总成
	转向柱、转向万向节
	转向拉杆(不含球头)
	转向节
制动系统	制动主缸
	轮缸
	助力器
	制动踏板及其支架
悬架系统	弹簧(螺旋弹簧、扭杆弹簧、钢板弹簧、空气弹簧、液压弹簧等)
	控制臂、连杆
前/后桥	桥壳
	主减速器、差速器
	传动轴、半轴
车身	车身骨架
	副车架
	纵梁、横梁
	前后车门本体

4 易损耗零部件范围

易损耗零部件的种类范围及其质量保证期由生产者明示在三包凭证上。生产者明示易损耗零部件的种类范围不应超出表3所列出的范围。

表3 易损耗零部件的种类范围

序号	种类范围
1	空气滤清器
2	空调滤清器
3	机油滤清器
4	燃料滤清器
5	火花塞
6	制动衬片

表 3（续）

序号	种 类 范 围
7	离合器片
8	轮胎
9	蓄电池
10	遥控器电池
11	灯泡
12	刮水器刮片
13	保险丝及普通继电器（不含集成控制单元）

5 特殊零部件范围

汽车产品中需要根据车辆识别代号等定制的特殊零部件包括防盗系统和全车主线束。其中，防盗系统不应超出点火锁芯、钥匙、防盗控制单元。

6 三包凭证

三包凭证包括正反两面，其中正面应至少包括产品信息、生产者信息、销售者信息、三包条款等；背面应列出其他汽车三包相关信息。

其他汽车三包相关信息主要包括：

——主要总成和系统的主要零件种类范围；

——易损耗零部件的种类范围及质量保证期；

——退换车的使用补偿系数及计算公式；

——需要根据车辆识别代号等定制的特殊零部件信息。

三包凭证正面内容见附录 A，背面内容见附录 B。

生产者可根据修理者的网点分布、数量等情况，将修理者信息另附资料予以列出。

附　录　A
（规范性附录）
三包凭证（正面）

三包凭证编号：	
产品信息	
产品品牌：	型号：
车辆类型：	车辆规格：
车辆识别代号：	生产日期：
生产者信息	
名称：	邮政编码：
地址：	客服电话：
销售者信息	
名称：	邮政编码：
地址：	电话：
销售日期：	
三包条款	
汽车产品包修期：	
汽车产品三包有效期：	
其他三包责任承诺：	
销售者签章：	
注 1：车辆类型参见 GB/T 3730.1—2001，车辆规格参见 GA 24.4—2005。 **注 2**：车辆识别代号是三包凭证的唯一编号。	

附　录　B
（规范性附录）
三包凭证（背面）

主要总成和系统的主要零件种类范围

总成和系统	主要零件的种类范围
发动机	……
	……
	……
	……
	……
……	……
	……
	……

易损耗零部件种类范围及质量保证期

易损耗零部件	质量保证期
……	××个月/××万公里
……	××个月/××万公里
……	……

退换车的使用补偿系数及计算公式：
需要根据车辆识别代号等定制的特殊零部件种类范围：

参 考 文 献

[1] 家用汽车产品修理、更换、退货责任规定.2013年1月
[2] GB/T 3730.1—2001 汽车和挂车类型的术语和定义
[3] GA 24.4—2005 机动车登记信息代码 第4部分:车辆类型代码

ICS 07.040
A 44

中华人民共和国国家标准

GB/T 29633.1—2013

南极地名
第1部分:通名

Antarctic geographical names—
Part 1: Generic terms

2013-07-19 发布　　　　2013-11-01 实施

中华人民共和国国家质量监督检验检疫总局
中国国家标准化管理委员会　发布

前　言

GB/T 29633《南极地名》分成以下几部分：

——第1部分：通名；

——第2部分：分类与代码；

——第3部分：命名；

——第4部分：罗马字母拼写；

——第5部分：相关信息与工作程序；

——第6部分：地理实体外语通名译写。

本部分是GB/T 29633的第1部分。

本部分按照GB/T 1.1—2009给出的规则起草。

本部分由中华人民共和国民政部提出。

本部分由全国地名标准化技术委员会(SAC/TC 233)归口。

本部分由民政部地名研究所负责起草，民政部区划地名司、武汉大学中国南极测绘研究中心、国家海洋局极地科学考察办公室参加起草。

本部分主要起草人：商伟凡、庞森权、蔡亮、张胜凯、庞小平、田硕、李果、付长良、刘静。

引　言

南极，南纬60°以南地区的总称。南极洲包括南极大陆及其周围的岛屿，总面积约1 400万平方千米，占世界陆地面积的十分之一。

1984年中国首次进行南极考察，测绘了第一幅南极地图——长城站地形图，命名了“长城湾”、“山海关峰”和“八达岭”等南极地名，得到国际承认并由南极研究科学委员会(SCAR)正式公布，填补了南极地理实体自古以来没有中国命名的历史空白。目前，共有21个国家在南极命名了近37 000条地名，地理实体包括海域、陆域中的海、海峡、海湾、岛屿、冰川、冰架、山峰、湖泊等，约300余个地名通名类型。

由于南极独特的地理位置及环境，在《南极条约》体系的框架下，特别是在南极研究科学委员会的运行机制中，地理实体的命名涉及国际性、科学性、政治性等许多复杂问题。为使南极地理实体名称统一化、科学化、规范化，特编制GB/T 29633。

南极地名
第1部分:通名

1 范围

GB/T 29633 的本部分规定了南极地名通名和相关定义。

本部分适用于南极地名管理、南极测绘、南极科学考察及地名应用。

2 术语和定义

下列术语和定义适用于本文件。

2.1

地理实体 geographical feature

地球表面的地形实体。

2.2

地名 geographical names

人们对各个地理实体赋予的专有名称。

2.3

通名 generic terms

地名中用来区分地理实体类别的词。

2.4

南极 antarctic

南纬60°以南地区的总称。

2.5

南极地名 antarctic geographical names

南极地理实体的名称。

3 南极地名通名及定义

3.1

隘道 defile

两山之间险要、狭窄的通道。

示例:多戈隘道(Doggo Defile)。

3.2

隘口 gap

狭而深的山口或水口。

示例:霍登隘口(Hordern Gap)。

3.3

岸 bank

江、河、湖、海等水边的陆地。

示例:阿尔伯岸(Alber Bank)。

3.4

暗礁　stack

低潮时仍不露出海面的水下礁石。

示例：卡特勒暗礁(Cutler Stack)。

3.5

暗礁群　reefs

由众多暗礁组成、成片分布的地理实体。

示例：比尔暗礁群(Beall Reefs)。

注：可以由生物体组成(如珊瑚礁)，也可以由火山岩礁或大陆岩石在水下的延伸部分组成。

3.6

暗沙　shoal

其表面分布有松散沉积物的暗礁称为暗沙。

示例：卡斯腾斯暗沙(Carstens Shoal)。

3.7

半岛　peninsula

伸入海洋且三面临水的陆地。

示例：阿代尔半岛(Adare Peninsula)。

3.8

保护区　protected area

受相关法律保护的具有某种功能特性的区域。

注：保护区通常是为了保护濒临灭绝的珍稀动植物或自然环境而设立的。

3.9

庇护所　refuge

生物类群渡过重大灾变的场所。

3.10

避风港　haven

有掩蔽条件，供船舶临时躲避大风浪的港口。

示例：菲勒避风港(Filer Haven)。

3.11

臂湾　sea arm

形状似臂的海湾。

3.12

冰川　glacier

寒冷地区多年降雪积聚、经过变质作用形成的具有一定形状并能自行运动的天然冰体。

示例：威廉冰川(William Glacier)。

3.13

冰川盆　glacial basin

经过冰川活动后所形成的盆地。

注：区别于冰盆，其规模比冰盆大。

3.14

冰川盆谷　glacial corrie

经过冰川活动后所形成的盆谷。

3.15

冰斗　cirque

山岳冰川源头由雪蚀和冰川挖掘共同营造的围椅状盆地。

示例:艾于肖森冰斗(Aurkjosen Cirque)。

注:典型的冰斗由岩盘、岩壁和岩槛组成。

3.16

冰斗湖　tarn

山地冰川侵蚀成的冰斗中积聚流水而成的湖泊。

示例:佩恩冰斗湖(Penn Tarn)。

3.17

冰盾　lobe

表面浑圆的向上凸起的冰体。

注:规模范围不大,外形浑圆。

3.18

冰额　ice front

冰川前端变薄结束的地方。

示例:巴赫冰额(Bach Ice Front)。

3.19

冰盖　ice sheet

面积巨大、冰层很厚、不受地形限制、覆盖了大片陆地的冰体。

示例:东南极洲冰盖(East Antarctic Ice Sheet)。

3.20

冰谷　glacial valley

由冰川作用所形成的坡陡、底平的谷地。

3.21

冰架　ice shelf

大陆冰盖向大陆架延伸的浮动大冰体。

示例:埃默里冰架(Amery Ice Shelf)。

注:部分可能接地。

3.22

冰垒　ice rampart

位置通常固定于其形成地点、坚实并能达到相当厚度的海冰。

3.23

冰流　ice stream

大陆冰盖溢出冰川中流动速度快于其两旁冰体的部分。

示例:伯格冰流(Berg Ice Stream)。

3.24

冰隆　ice rise

由于各种内力、外力作用,在冰川表面形成的隆起。

示例:多特冰隆(Dott Ice Rise)。

3.25

冰帽　ice cap

覆盖整个山顶或大部分山体的冰体。

示例：科林斯冰帽(Collins Ice Cap)。

注：规模次于冰原。

3.26

冰盆　bowl

冰川谷中的盆地。

示例：邦尼冰盆(Bonney Bowl)。

注：是由冰川翻越冰槛后，冰蚀加深所成的盆状地形，冰川消融后还可能积水成湖或堆积大量冰碛。冰盆区别于冰川盆，它的规模较小。

3.27

冰坡　ice slope

冰流随着陡峻山坡流溢下滑所造成平滑的坡面。

3.28

冰瀑　icefall

冰川纵坡很大的区段。

示例：切里冰瀑(Cherry Icefall)。

注：一般在冰川平衡线之下。冰瀑布跨越岩坎，运动速度大，冰面破碎，裂隙纵横，时而发生冰崩。

3.29

冰碛　moraine

由冰川冰汇集起来并在冰川冰融化时直接堆积下来的堆积物。

示例：梅尔冰碛(Mel Moraine)。

3.30

冰墙　ice wall

由冰组成的呈墙状的冰体。

3.31

冰穹　dome

一种规模比冰盖小、外形与其相似、而穹形更为突出的覆盖型冰川。

示例：博纳博冰穹(Bonnabeau Dome)。

注：在压力不均匀情况下，冰体内的冰从中心向四周呈放射状漫流。

3.32

冰丘　pingo

地下水冻结成冰而使地表鼓起的小丘。

3.33

冰山　iceberg

大陆冰盖边缘或峡湾冰川末端崩解后落入海中的巨大漂浮冰体。

注：冰山主要在春夏两季内形成，那时较暖的天气使冰川或冰盖边缘发生分裂的速度加快，从而产生巨大的冰裂缝，靠海的一端最终断裂入海成为冰山。

3.34

冰山麓　ice piedmont

冰川的山脚。

示例：戴维斯冰山麓(Davis Ice Piedmont)。

3.35

冰山舌　iceberg tongue

冰山上因冰裂隙而形成的舌状冰体。

示例：布洛杰特冰山舌(Blodgett Iceberg Tongue)。

3.36

冰舌　glacier tongue

冰川末端。

示例：埃里伯斯冰舌(Erebus Glacier Tongue)。

3.37

冰下海沟　subglacial trench

被冰体覆盖的海沟。

示例：本特利冰下海沟(Bentley Subglacial Trench)。

3.38

冰下湖　subglacier lake

冰川融水汇集在冰川下面的凹地中所形成的湖泊。

示例：康科迪亚冰下湖(Concordia Subglacier Lake)。

3.39

冰下盆地　subglacial basin

被冰川或大量冰雪覆盖的盆地。

示例：极光号冰下盆地(Aurora Subglacial Basin)。

3.40

冰下群山　subglacial mountains

冰雪覆盖着的群山。

示例：甘布尔采夫冰下群山(Gamburtsev Subglacial Moutains)。

3.41

冰原　ice field

陆地上其厚度不足以掩盖冰下地形之起伏的毯状冰体。

示例：阿尔茨托夫斯基冰原(Arctowski Ice Field)。

注：规模次于大陆冰盖。

3.42

冰原岛峰　nunatak

冰原上耸起的孤立岩石山峰。

示例：艾伦冰原岛峰(Allan Nunatak)。

注：常出现于大陆冰川及冰盖的边缘地区。在冰川中心是大片冰盖，偶尔有岩基突出，露出冰面以上，形成岛状山峰。

3.43

冰原岛峰群　nunataks

由多个冰原岛峰组成的群体。

示例：御夫座冰原岛峰群(Auriga Nunataks)。

3.44

冰缘带　ice fringe

从海岸延伸出来的一小段海冰带。

示例：海军上将冰缘带(Almirante Ice Fringe)。

注：它是靠近海岸部分的海冰所形成的一块区域。

3.45

冰障　barrier

陆缘冰的前缘部分。

示例：克拉克冰障(Clarke Barrier)。

3.46

冰褶皱　ice rumple

由于冰川各部位的运动速度不一致导致冰川的冰层内产生的一系列冰层褶皱。

示例：克肖冰褶皱(Kershaw Ice Rumple)。

3.47

槽谷　box valley

受冰川作用，横向呈U字形、纵向呈槽形的谷地。

注：槽谷的谷坡陡峻，具有近于平直的通道和明显的谷肩，不仅没有伸入谷地的交叉山嘴，而且谷底宽平。

3.48

池　pool

积水的凹地。

示例：霍布斯池(Hobbs Pool)。

注：现多指由人工开挖的周边高、中间凹的水塘。

3.49

齿形峰　tooth peak

形态参差不齐、呈齿状排列的山峰。

3.50

齿形岩　tooth

参差不齐的齿状岩体。

示例：鲨鱼齿形岩(Shark Tooth)。

3.51

冲沟　gully

一种较大的、有间歇性水流活动的长条状谷地。

示例：布罗克冲沟(Brock Gully)。

3.52

船坞　dock

修造或检修船舶用的大型人工建筑物。

3.53

岛　island

四面为海水、湖水、河水环绕的陆地。

示例：阿博特岛(Abbott Island)。

注：也指湖里、江河里被水环绕的陆地。由海水环绕而成的岛，也专称海岛。

3.54

登陆地　landing

从海洋或江河登上陆地的地方。

示例：凯夫登陆地(Cave Landing)。

3.55

低地　lowland

与周围地区相比地势相对较低的平地。

注：成因上往往与地质构造有关。

3.56

低岬　foreland

伸向海中靠近陆地且海拔相对比较低的岬。

示例：西低岬(West Foreland)。

3.57

地 land

有自然边界的大面积陆地。

示例:毛德皇后地(Dronning Maud Land)。

注:地球表层的陆地,以别于海洋。“地”不同于“地区”,不具有管辖的权属概念。

3.58

地堑 graben

两条同性质断层之间相对沉降的断块。

示例:洪堡地堑(Humboldt Graben)。

注:两条同性质断层一般是倾向相对的高角度(呈50°～70°倾角)正断层,也可能是倾向相背的逆断层。各地地堑的空间规模不等,大型的长度可达几百千米,沿断层地堑相对沉降可达1 m^2 以上。地堑常出现在背斜或穹窿顶部或地壳张裂拉伸部分。

3.59

地峡 isthmus

两端连接两块较大陆地,或者一端连接大陆、另一端连接较大半岛,而两侧濒临海洋的狭窄陆上地带。

示例:德雷丽地峡(Dreary Isthmus)。

3.60

顶 top

山的顶部。

示例:戴维斯顶(Davis Top)。

3.61

顶峰 summit

比四周都高的山脊或山顶。

示例:安德森顶峰(Anderson Summit)。

3.62

洞 hole

地表横向穿通或凹入较深的部分。

3.63

陡崖 scarp

坡度在70°以上的崖。

示例:克雷森特陡崖(Crescemt Scarp)。

3.64

断块山 block

地壳因断块活动隆起而成的山地。

示例:班德斯通断块山(Bandstone Block)。

注:受断层控制的山边多表现为断层崖。

3.65

断裂带 fracture zone

由一系列垂直于大洋中脊的陡峭谷壁或不对称山脊、沟槽、陡崖等地理实体构成、向外延伸呈线状排列的地带。

示例:巴勒尼断裂带(Balleny Frature Zone)。

3.66

断崖 edge

山石或高地的陡立的侧面。

3.67

方山　mesa

四周陡峭、山顶较平的山。

示例：普罗斯佩克特方山(Prospect Mesa)。

注：方山类似于崮。

3.68

飞机场　airport

飞机起飞、降落或停放的场地。

3.69

峰　peak

比四周高的陡峭山顶或山脊。

示例：阿博特峰(Abbott Peak)。

3.70

扶垛　buttress

耸立在主峰前的岩石或山。

示例：芬德扶垛(Fender Buttress)。

3.71

冈陵　down

开阔的丘陵。

3.72

港　harbour；harbor

停靠船舶、供旅客上下或货物装卸的大型港口。

示例：安德森港(Andersen Harbour)。

3.73

港口　port

可以停泊船舶的江、海口岸。

示例：沙尔科港口(Charcot Port)。

3.74

港湾　cove

人工修建或天然形成的供船舶避风、避浪、避水流，能安全停泊并能装卸货物及让乘客上下的水域。

示例：安娜港湾(Anna Cove)。

注：作为港湾最重要的条件在于它所能提供庇护。

3.75

高地　highland

与周围相比，地势相对较隆起的平地。

示例：亚美利加高地(American Highland)。

注：成因上往往与地质构造有关。

3.76

高山　mountain

山岳主峰的相对高度超过 1 000 m 的山。

示例：亚历山德拉高山(Alexandra Mountain)。

3.77

高山顶　mountaintop

高山的顶部。

3.78

高山坡　mountainside

高山山顶与山麓之间的斜坡部分。

3.79

高原　plateau

海拔在 500 m 以上、面积较大、顶面起伏较小、外围又较陡的高地。

示例：巴特拉姆高原(Bartrum Plateau)。

3.80

公路　road

连接两地，主要供汽车行驶并具备一定技术标准和设施的道路。

3.81

沟　gorge

沟发育的早期，沟底完全为河床所占，沟坡陡峻，横剖面呈 V 字形的沟壑。

示例：帕戈德罗马沟(Pagodroma Gorge)。

3.82

孤山　butte

显著超出周围地区一般高度的由基岩构成的孤立的山。

示例：皮内孤山(Pinet Butte)。

注：由于具有较耐风化的岩石成分，而作为侵蚀残余遗留下来，通常由石英岩或节理发育不好的块状火山岩组成。

3.83

谷　valley

山地中的槽形凹地。

示例：温迪谷(Windy Valley)。

注：呈线状延伸，分布在山岭或山脉之间。

3.84

谷地　valley bottom

地面上不规则且有向下倾斜坡的狭长洼地。

3.85

鼓丘　drumlin

由冰碛或冰水沉积物组成的流线型冰川堆积地形。

注：平面呈卵形，长轴与冰流方向平行，迎冰面坡陡而背冰面坡缓。

3.86

观测点　lookout

进行天文、地理、气象等科学观察和测量的地点。

注：如中国在南极长城站、中山站均设有 GPS 观测点，常年进行 GPS 观测。

3.87

管理区　management zone

运用有关法律、政策和措施对某项工作进行管理和约束而划定的特定区域。

3.88

海　sea

大洋靠近陆地的部分。

示例：罗斯海(Ross Sea)。

3.89

海岸　coast

邻接海洋边缘的陆地。

示例:阿黛利海岸(Adélie Coast)。

3.90

海岸带　coastal zone

海陆相互作用的地带。

3.91

海岸沙丘　coastal dune

由风将海滩中的沙大量吹扬到高潮面以上的岸滨或海岸带,堆积而成的丘状或带状堆积地貌。

注:一般发育在沿岸沙堤的顶部,主要由细沙组成。

3.92

海岸台地　coastal terrace

海岸线向陆一侧相对平坦的海岸地带。

3.93

海岸线　coastline

海洋和陆地的分界线。

3.94

海臂　arm

突出于海中似臂状的陆地。

示例:东海臂(East Arm)。

3.95

海滨　shore

潮汐和波浪交替作用的地带。

3.96

海槽　trough

大陆坡或大洋盆地上长条状、地形凹陷的地理实体。

示例:阿代尔海槽(Adare Trough)。

注:比海沟浅而小。底部地形相对平坦宽阔,两侧槽坡地形陡峭。

3.97

海岛群　archipelago

一大群岛屿。

示例:跳高行动海岛群(Highjump Archipelago)。

3.98

海道　channel

陆地之间的海上通道。

示例:巴拉斯海道(Barlas Channel)。

3.99

海堤　sea wall

在海水与陆地交界地带修筑与海岸线平行的用来挡水的防护性建筑物。

注:海堤一般修筑在河口、海岸地区,其目的是为防止海水入侵、海岸线后退,以保障沿海设施的安全等。

3.100

海底高原　submarine plateau

深海盆地上广阔的隆起地形。

注：边缘陡峭，顶部相对平坦。

3.101

海底谷　submarine valley

发育在海底的规模和相对高差较小的狭长洼地。

3.102

海底峡谷　submarine canyon

位于大陆坡上两侧坡壁陡峭、狭长的谷地。

3.103

海防堤　groin

为保护沿海滩地，防止滩面泥沙被浪、水流侵蚀，或防止河岸被流水淘蚀而构筑的与岸线成丁字形布置的坝体。

3.104

海沟　trench

位于深海盆地，多沿岛弧外侧延伸，两侧坡度较陡的巨型狭长凹地。

示例：马里亚纳海沟(Mariana Trench)。

注：相对高差一般大于2 000米。

3.105

海岬　promontory

三面环海且伸入海中的尖角形陆地。

示例：巴特尔希普海岬(Battleship Promontory)。

注：常见于半岛的前端，形成于剧烈的海蚀作用。

3.106

海角　cape

陆地上突出在海洋上的大的尖角。

示例：埃文斯海角(Evans Cape)。

注：海角可以影响海水流动方向。

3.107

海岭　undersea ridge

海底呈狭长状分布的凸起地形。

注：其上峰谷相间排列、两侧陡峭。

3.108

海隆　rise

海底平缓突起的高地。

示例：毛德海隆(Maud Rise)。

注：高出海底数百米，部分海隆上发育海山。

3.109

海山　seamount

孤立且坡度较陡的海底隆地。

示例：玛丽·伯德海山(Marie Byrd Seamount)。

注：呈圆锥形，相对高差大于1 000 m。

3.110

海舌　tongue

呈细长舌状伸入海中的沙洲。

示例：艾夫斯海舌(Ives Tongue)。

3.111

海滩 beach

波浪作用在海滨堆积成的向海缓斜的砂砾质滩地。

示例：布赖顿海滩(Brighton Beach)。

3.112

海湾 gulf

海洋在两个陆地或海岬之间向陆凹进、有广大范围被海岸部分环绕的水域。

示例：里格利海湾(Wrigley Gulf)。

3.113

海峡 strait

陆地之间连接两个海或大洋的狭窄水道。

示例：伯德海峡(Bird Strait)。

3.114

海渊 deep

海沟的最深部分。

示例：兰伯特海渊(Lambert Deep)。

3.115

河 river

在地表呈线状分布并经常性或周期性为流水所占据的凹槽。

示例：阿尔吉河(Algae River)。

3.116

河口湾 estuary

河流的河口段因潮汐作用显著，使那里的侵蚀冲刷作用强于堆积作用而形成的漏斗状湾口。

3.117

弧湾 bight

凹入陆地且呈弧形的开阔浅水海域。

示例：企鹅弧湾(Penguin Bight)。

注：因为两岬之间距离较大，达不到《联合国海洋法公约》对海湾规定的标准。

3.118

湖 lake

陆地上洼地积水形成的水域宽阔、水量交换相对缓慢的水体。

示例：阿尔吉湖(Algae Lake)。

3.119

湖区 lakes area

多个湖泊分布的地区及湖泊的周围地区。

3.120

荒漠 desert

干旱气候条件下形成的植被稀疏的地理景观。

示例：迈耶荒漠(Meyer Desert)。

3.121

火山 volcano

岩浆活动穿过地壳，到达地面或伴随有水气和灰渣喷出地表，形成特殊结构和锥状形态的山体。

示例：克里斯滕森火山(Christensen Volcano)。

3.122

火山口　crater

火山喷出物在喷出口周围堆积形成的环形坑。

示例：伯林火山口(Berlin Crater)。

注：上大下小，常成漏斗状或碗状，一般位于火山锥顶部或侧面。火山口的深浅不等，一般不过二三百米，直径约数米到数千米不等。但火山口往往受到剥蚀作用而具缺口，形成马鞍形。

3.123

矶　ness

水边突出的岩石或石滩。

3.124

基地　base

人们为了开展工作，在南极建立的生活工作基础设施。

示例：阿蒙森·斯科特基地(Amundsen-Scott Base)。

注：通常有人工修建的生活、工作必须的基础设施，并储存有大量的物资。基地的规模一般较大，可以支持多种情况下较多人员的生活和工作需要。

3.125

基岩　bedrock

地球陆地表面疏松物质底下的坚硬岩层。

注：风化作用发生以后，原来高温高压下形成的矿物被破坏，形成一些在常温常压下较稳定的新矿物，构成陆壳表层风化层，风化层之下的完整的岩石即为基岩。

3.126

脊　spine

锋利的山脊和山峰之外的突出部分。

3.127

纪念地　monument

为纪念有卓越贡献的人或重大历史事件而建立标志建筑物的地方。

示例：迪维尔纪念地(D'Urville Monument)。

3.128

岬　headland

伸入海中的尖角形陆地。

示例：休卡岬(Kjuka Headland)。

3.129

尖峰　spire

顶部为尖锐形的山最高处。

示例：本尼特尖峰(Bennett Spire)。

注：区别于圆顶、平顶的山。

3.130

尖山　horn

角椎形的山峰或顶部尖锐形的山体。

示例：科莱利尖山(Corelli Horn)。

注：顶部特征区别于丘，山峰更尖锐。

3.131

礁　reef

位于海、湖、河面附近的岩石。

示例:丹尼森礁(Dennison Reef)。

注:是水下基岩山丘或山脊的顶部。在海洋中有时也指海面附近的珊瑚礁。

3.132

角　point

陆地深入海中的突出部分。

示例:阿布拉伸角(Ablation Point)。

3.133

角锥峰　pyramid

基础广阔而越到上面越狭窄呈金字塔状的山峰。

示例:安德森角锥峰(Anderson Pyramid)。

3.134

阶地　terrace

沿海滨等伸展,且超过海面以上的阶梯状地貌。

示例:阿赖阶地 (Arai Terrace)。

注:由侵蚀、堆积过程和地壳构造运动合力塑造而成。

3.135

绝壁　bluff

极为陡直、非常险峻的山崖。

示例:亚当斯绝壁(Adams Bluff)。

3.136

坑　hollow

地面上凹下去的地方。

注:一般指较小的凹陷。可能受外力作用形成,如陨石碰撞形成的陨石坑,也可能受地球内力作用如地表塌陷形成地陷深坑。

3.137

块礁　patch

面积较小、顶面较平的礁石。

示例:安克雷奇块礁(Anchorage Patch)。

注:通常分布在岛屿的周围。

3.138

廊道　corridor

不同于两侧基质的狭长低平地带。

示例:莫森廊道(Mawson Corridor)。

3.139

粒雪原　névé

覆盖着粒雪的原野。

示例:普里斯特利粒雪原(Priestley Névé)。

3.140

连岛　attached islands

相对独立但又相连接的多个岛屿。

3.141

列岛　island chain

线型或弧形排列的群岛。

注:群岛的一种类型。

3.142

裂岩　break

有破碎裂口的巨型岩石。

3.143

岭　range

两侧具有陡峭的山坡、中间有明显的分水线、绵延较长的高地。

示例：巴斯琴岭(Bastien Range)。

3.144

漏斗　funnel

呈碗碟状、倒锥状或井状的洼地。

注：通常斗深大于斗口的直径。

3.145

露头　outcrop

岩层露出地表的部分。

示例：哈奇露头(Hatch Outcrop)。

3.146

陆缘冰　epicontinent ice

位于大陆边缘、与大陆相连的浮动冰层。

注：通常在冰河流入海洋过程中形成。

3.147

路　way

供人和车辆往来通行的道路。

3.148

绿洲　oasis

干旱地区有稳定的水源可以对土地进行灌溉适于植物生长、明显区别荒漠景观的地方。

示例：阿瑞斯绿洲(Ares Oasis)。

3.149

码头　wharf

沿岸及港湾内，供停船时装卸货物或乘客上下的建筑。

示例：比斯科码头(Biscoe Wharf)。

3.150

锚地　anchorage

港口中供船舶安全停泊、避风、海关边防检查、检疫、装卸货物和进行过驳编组作业的水域。

示例：阿德莱德锚地(Adelaide Anchorage)。

3.151

盆地　basin

四周被山岭、高原环绕，中间为平原或丘陵的盆状地形。

示例：阿什特雷盆地(Ashtray Basin)。

3.152

盆谷　corrie

山腰间的洼地。

3.153

棚　hut

科考人员为方便在野外临时过夜而用帐篷搭建的营地。

示例:斯科特棚(Scott Hut)。

3.154

平地　flat

地形起伏较小、没有倾斜或倾斜较小的地面。

示例:勒姆灵平地(Romlingsletta Flat)。

3.155

平台　platform

一般指表面平坦、高于附近区域、面积较大的平地。

示例:阿姆斯特朗平台(Armstrong Platform)。

3.156

平原　plain

陆地上海拔高度较低且地表起伏平缓的广大平地。

示例:布莱克斯通平原(Blackstone Plain)。

3.157

坡　slope

地表呈现有一定倾斜的地方。

示例:希弗霍坡(Heave-ho Slope)。

3.158

坡道　ramp

连接两个不同平面的斜坡。

示例:福尔坡道(Four Ramp)。

3.159

瀑　fall

呈瀑布跌落式的水流。

示例:塔尔格瀑(Talg Fall)。

注:规模较小。

3.160

瀑布　waterfall

从河谷纵剖面岩坎上倾泻下来的水流。

注:主要由水流对河流软硬岩石差别侵蚀而成。

3.161

栖息地　colony

动物日常生活的地方。

注:常常用优势植物或物理特征进行描述,如在南极分布着很多企鹅、海豹的栖息地。

3.162

企鹅群栖地　rookery

企鹅聚集繁衍的地方。

示例:阿曼达企鹅群栖地(Amanda Rookery)。

注:由于大多数企鹅种类是群居的,企鹅集中生活的地区便是企鹅群栖地。

3.163

浅滩　riffle

高出邻近海底而未露出海面的顶部较为平坦的松散沉积物堆积体。

示例:巴拉斯浅滩(Barlas Riffle)。

3.164

峭壁　crag

陡峭的山崖。

示例:安维尔峭壁(Anvil Crag)。

3.165

丘　mound

山体不高,顶部浑圆的小山冈或石堆。

示例:克拉布丘(Crab Mound)。

3.166

丘陵　hills

海拔高度在500 m以下,相对起伏在200 m以下,高低起伏、坡度较缓、连绵不断的低矮隆起。

示例:阿尔斯塔丘陵(Ahlstad Hills)。

3.167

群岛　islands

海洋中彼此相距很近的一群岛屿。

示例:奥高群岛(Aagaard Islands)。

3.168

群峰　peaks

由多个山峰组成的山峰群。

示例:梅森群峰(Mason Peaks)。

3.169

群岩　rocks

由多种岩石组成的岩石群体。

示例:沃克曼群岩(Workman Rocks)。

3.170

沙坝　bar

海滨外侧海中所有长条形沙质堤状堆积地貌的统称。

注:主要由沿岸流沙堆积而成,常被高潮面淹没。

3.171

沙角　hook

伸入海中或从小海湾横着伸出的一种呈钩状的沙嘴。

示例:锡比沙角(Seabee Hook)。

3.172

沙滩　sand beach

由沙组成的海滩。

3.173

沙洲　sandbank

浅海或河口处的大多为流沙、细砾或淤泥滩堆积而成的小片滩地。

注:高潮位或高水位时露出的称明沙洲,经常被淹没的称暗沙洲。河流较窄河段进入较宽河段水流流速减缓,或支流入主流,水流受顶托,泥沙沉积而成的泥沙质小岛,亦称沙洲。

3.174

沙嘴　spit

根部与岸相连,且顶端伸向海中的狭长状堆积体。

示例:南沙嘴(South Spit)。

3.175

山　mount

海拔高度大于500 m,相对高差大于200 m,坡度较陡的山地。

示例:阿布斯山(Abbs Mount)。

3.176

山鞍　saddle

相邻两个山脉或丘陵的低凹处。

示例:阿代尔山鞍(Adare Saddle)。

注:通常是两个山脊和两个山谷会合的地方。

3.177

山坳　arena

跨越分水岭山脉高处的要隘。

注:山间平地,两山间的低下处。一般可作交通口。

3.178

山地　heights

群山连绵、岭谷交错的地区。

示例:安德森山地(Anderson Heights)。

注:山地是在地壳上升背景下由外营力切割形成的地貌类型。山地一般由山、山岭、山间谷地和山间盆地组成。

3.179

山顶　hilltop

山的最高部位。

注:按形态可分为平顶、圆顶、尖顶。在地形图上一般对比较主要的山顶注有高程和表示凸起或凹入的示坡线。

3.180

山洞　cave

各种形成于地表岩石层中的空洞总称。

示例:塞西尔山洞(Cecil cave)。

注:山洞更多的是指可溶岩经喀斯特作用形成的岩溶空洞,故又称溶洞,其成洞作用的水一般来自雨水,也有地热水和来自深部的原生水,这些含碳酸和其他酸的水在地下循环过程中,对碳酸盐岩进行溶蚀、侵蚀而形成洞穴。

3.181

山峰　mountain peak

有一定高度的尖状山顶。

注:多为岩石构成。也有断层,褶皱或铲状、垂直节理控制的结果,也有的是火山锥。

3.182

山冈　knoll

球形突出状的山。

示例:艾伦山冈(Allen Knoll)。

注:区别于圆丘,四周坡度较陡。

3.183

山沟　glen

两侧较陡、底部通常有流水或积水的狭长沟壑。

3.184

山谷　dale

山地中呈线状延伸、分布在山岭或山脉之间的槽形凹地。

注：它是在一定的地质基础上经各种外力，如流水侵蚀、冰川侵蚀作用形成的。从构造角度来划分有断层谷、向斜谷、背斜谷等；从外动力角度来划分有河谷、冰川谷等。

3.185

山脊　ridge

由两个坡向相反坡度不一的斜坡相遇组合而呈线状或条状延伸的山岭的最高部分。

示例：阿克曼山脊（Ackerman Ridge）。

3.186

山尖　pike

山的突起的尖顶。

示例：哈格山尖（Hag Pike）。

注：指山的突起的尖锐形的最高处。

3.187

山涧　mountain creek

山间的水沟。

3.188

山口　entrance

进入山区或山地所经过的山口。

示例：沃德尔山口（Wardle Entrance）。

3.189

山链　chain

在形态、成因、结构上有紧密联系的属于同一系列的连绵不断的山脉。

示例：刘易斯山链（Lewis Chain）。

3.190

山梁　ledge

山地中间的拱起部分。

示例：哈里斯山梁（Harris Ledge）。

3.191

山垄　mountain rise

地面上比较平缓的长条状宽的隆起。

3.192

山麓　piedmont

山体底部与平原或谷地相连的部分。

注：山麓有明显的坡折线。

3.193

山麓冰川　piedmont glacier

若干条山谷冰川的宽大末端在山麓相互连接在一起的部分。

示例：鲍尔斯山麓冰川（Bowers Piedmont Glacier）。

3.194

山麓丘陵　foothill

位于山区至平原过渡地带，地表起伏海拔高度在500 m以下，相对起伏在200 m以下的低矮丘陵。

示例：北山麓丘陵（Northern Foothill）。

3.195

山峦　mountain chain

在一定地域范围内，许多连绵不断的山。

3.196

山脉　mountains

沿一定方向呈脉状有规律分布的若干相邻山岭。

示例：亚当斯山脉(Adams Mountains)。

3.197

山坡　hillside

介于山顶和山麓之间的部分。

注：山坡的形态有直形、凹形、凸形、S形，较多的是阶梯形。是山地最重要的组成部分。

3.198

山丘　massif

主峰相对高度在150 m～350 m的山体。

示例：坎普斯顿山丘(Cumpston Massif)。

3.199

山系　mountain system

在一个巨大的构造单元或一个大型构造体系范围内发育形成的，在形态、成因、结构上有紧密联系的属于同一系统的若干相邻山脉的综合体。

3.200

山嘴　spur

高山或岭上的突出部分。

示例：库珀山嘴(Cooper Spur)。

注：在河谷两侧交错排列的称交错山嘴，在深切河曲两岸形成的称曲流山嘴，山嘴形成后被河流侵蚀削平的称削平山嘴。

3.201

深冲沟　gulch

基本上常年有水的沟谷。

示例：比尔斯深冲沟(Bills Gulch)。

3.202

深洞　cavern

受地球内力和外力的作用，在地表形成的向地壳凹陷的较深或者范围不定的部分。

3.203

湿地　wallow

潮湿或浅积水地带发育成水生生物群和水成土壤的地理综合体。

示例：奥尔德湿地(Old Wallow)。

3.204

石凳　stone bench

由于外力侵蚀作用形成的外形像板凳的岩石。

3.205

石峰　stone peak

岩石山峰的顶尖。

注：通常是地表可溶性岩石发育而成的一种峰体尖锐的山峰。

3.206

石滩　rocky beach

由碎石构成的滩地。

3.207

水道　passage

水中航行的路线。

示例：布鲁尔水道(Bloor Passage)。

3.208

水下岸坡　submarine coastal slope

海岸带的水下斜坡部分。

3.209

水下沙坝　submarine bar

沙坝在形成过程中尚未增长到低潮面之前的地貌体。

3.210

水下沙波　sand wave

由海流(主要是潮流)堆积作用而形成的波状沙质地貌体。

注：其长轴方向与流向垂直。其形态有平直、新月形等多种形态。

3.211

水下沙脊　tidal ridge

大陆架上长条状沙质堆积体。

注：一般长可达数千米至数十千米，相对高差数米。

3.212

水下沙席　sand sheet

由低流速海流(主要是潮流)作用形成的水下特别平坦的沙地。

3.213

碎石群　screes

堆积在山脚下的众多碎石。

3.214

塔礁　pinnacle

形态似塔状的礁体。

示例：比尔塔礁(Beale Pinnacle)。

3.215

塔山　tower

塔形高大的山。

示例：沃德塔山(Ward Tower)。

3.216

台　table

一块平坦的升高区域。

示例：巴艾克台(Buckeye Table)。

3.217

台地　tableland

明显较四周或一侧为高、顶面相对平坦、面积不是很大的高地。

示例：查普林斯台地(Chaplains Tableland)。

3.218

滩　strand

河、海、湖边水深时淹没、水浅时露出的地方。

示例：查普曼滩(Chapman Strand)。

3.219

塘　pond

面积不大的水体或高出水体的堤岸。

示例：安维尔塘(Anvil Pond)。

3.220

梯地　staircase

外部形态呈现为阶梯状的地貌。

示例：下段梯地(Lower Staircase)。

注：每一级由一个较平缓的地面和一个陡峻的斜坡组成。

3.221

通道　gateway

山间与外界连通可以通行的道路。

3.222

凸地　rising ground

明显高于周围地表面的凸起部分。

注：成因往往与地质构造有关，有的是经过断裂作用形成的，两边相对下降，中间相对凸起；也有的是因岩石软硬不同，受侵蚀程度不同而形成。

3.223

凸崖　bastion

凸出地面的柱状岩体。

示例：锡特德尔凸崖(Citadel Bastion)。

注：形态类似碉堡。

3.224

突岩　tor

地表面凸起的小岩丘。

示例：罗斯科林突岩(Roscolyn Tor)。

注：在各种大自然的外部作用下，风化壳剖面第一层及第二层的风化物质均易被侵蚀及搬运，使第三以至第四层的个体岩石出露并散布于地面，形成凸岩。

3.225

洼地　depression

地表局部低而平的地方，或位于海平面以下的内陆低地。

示例：埃默里洼地(Amery Depression)。

注：一般规模较小。

3.226

外露岩　outlier

由于某种作用而从原来的大岩体中分离出来而露出地表的岩石。

示例：泰勒露岩(Taylor Outlier)。

注：被较老岩石包围的较新岩石。

3.227

湾　bay

海岸线相对平缓的、渐进的、齿状的，朝向海域一面比较宽阔的海湾。

示例：普里兹湾(Prydz Bay)。

3.228

湾区　embayment

由缩进的海岸线形成的宽阔水域地区。

示例:穆尔湾区(Moore Embayment)。

注:通常比港湾大、比海湾小。

3.229

危崖 escarpment

地形特征近于垂直或上大下小的崖壁。

示例:安德森危崖(Andersen Escarpment)。

3.230

溪 stream

山间小河。

示例:亚当斯溪(Adams Stream)。

注:泛指小河。在极区溪通常是季节性的,只存在于短暂的夏季。

3.231

潟湖 lagoon

在海岸或海中,受沙嘴、沙洲、堡礁或环礁阻隔,形成的封闭或半封闭水域。

示例:格兰德潟湖(Grand Lagoon)。

3.232

峡 sound

两山夹着的水道。

示例:积极号峡(Active Sound)。

3.233

峡道 narrows

两个悬崖或两个陡斜坡之间狭窄并且通常很深的水道。

示例:埃利斯峡道(Ellis Narrows)。

3.234

峡谷 canyon

一种狭而深的河谷。

示例:康奈尔峡谷(Connell Canyon)。

注:两坡陡峭,横剖面呈V字形,多发育在新构造运动强烈的山区,由河流强烈下切而成。

3.235

峡湾 fjord

高纬地带古冰川作用区陡而深的冰槽谷被海水淹没而成的细长深海湾。

示例:亚当斯峡湾(Adams Fjord)。

3.236

狭谷 ravine

地球表面的一种狭窄洼地。

示例:凯夫狭谷(Cave Ravine)。

注:由暂时性线状流水侵蚀而形成,较河谷小,但比冲沟大。

3.237

狭湾 loch

长而窄的海湾。

注:又称溺谷湾。多为海水淹没河谷形成的海湾。

3.238

岘 beacon

类似灯塔且小而尖的山。

示例：西岘(West Beacon)。

注：比塔山低矮。

3.239

小岛 holm

四面环水的小岛。

3.240

小港湾 creek

规模较小的用于泊船的港湾。

示例：克拉布小港湾(Crab Creek)。

3.241

小岬 head

伸向海中形态较小的岬。

示例：布莱克罗克小岬(blackrock Head)。

注：小岬比岬略小。

3.242

小丘 hillock

小山似的一堆土、石等。

3.243

小山 hill

通常自然海拔高度不超过 300 m 的山地。

示例：比肯小山(Beacon Hill)。

3.244

小湾 inlet

由海洋等大型水体伸向陆地的一片狭长水域。

示例：阿尔吉小湾(Algae Inlet)。

3.245

小溪 brook

山间的流水。

注：一般水量较小。泛指小河沟。

3.246

斜坡 brae

地壳表部一切具有侧向临面的地质体。

示例：莫斯斜坡(Moss Brae)。

注：它包括自然斜坡和人工斜坡两种。

3.247

雪山 snow mount

常年被积雪覆盖的高山。

注：一般分布在高纬度地区和中低纬度地区海拔高度较大、气温较低、积雪常年不化的地区。

3.248

雪檐 cornice

出现在山背线背风一侧的可以伸出山脊线，犹如建筑物的屋檐的积雪。

3.249

雪原 snowfield

拥有永久性冰雪的宽广区域。

示例：珀塞尔雪原(Purcell Snowfield)。

注：分布在高纬度的高原、山地区域，这里气候寒冷，年平均温度在零度以下，大气降水主要是雪，积雪常年不化。

3.250

崖　cliff

高而陡(几乎垂直)的岩壁。

示例：阿瑞斯崖(Ares Cliff)。

注：内陆和海边均常见。

3.251

垭口　pass

高大山脊中相对低下的部分。

示例：阿纳雷垭口(Anare Pass)。

注：它的形成，有的是断层穿越，有的是软弱岩层分布地带，有的是山脊两边河流溯源侵蚀的结果。垭口经常成为高大山岭的交通要道。

3.252

岩　rock

在各种地质作用影响下，由一种或多种矿物所组成的具有一定结构构造的天然矿物集合体。

示例：阿博林岩(Abolin Rock)。

3.253

岩岛　skerry

由于地壳运动和岩石性质的差异，经过流水的侵蚀，一些岩石(地层)块体残留在河床中或海岸附近，成为四面环水的孤岛。

示例：本岩岛(Benn Skerry)。

3.254

岩颈　plug

被填充在火山喉管中的熔岩和火山碎屑，冷却后凝结在通道内而成的近于直立的圆柱状岩体。

示例：松萝岩颈(Usnea Plug)。

注：由于充塞在管道内的熔岩明显要比喷出地表的熔岩和其他火山碎屑物致密而坚硬，在经过长期侵蚀破坏后，喷出来的熔岩物质被全部蚀去，剩下来的火山管道中的致密熔岩就呈圆柱状兀立在地面上。

3.255

岩垒　rampart

两边岩层沿断层相对下移，中间岩层相对上移形成的地貌类型。

示例：詹森岩垒(Jensen Rampart)。

3.256

岩墙　wall

岩浆沿着岩层裂隙或断层贯入而形成的板状岩体。

示例：克林宾岩墙(Climbing Wall)。

3.257

岩滩　bench

波浪作用将山地海岸的基岩岸坡侵蚀削平，在海蚀崖前方形成向海微斜的基岩滩地。

示例：巴特利特岩滩(Bartlett Bench)。

3.258

岩屑堆　scree

由重力作用和坡面微弱冲刷作用所形成的非地带性地貌形态。

示例：曼特尔岩屑堆(Mantell Scree)。

3.259

岩柱　pillar

独立的巨型岩石。

示例：哈吉茨岩柱(Haggits Pillar)。

3.260

洋盆　ocean basin

位于大陆坡与大洋盆地之间，向大洋盆地倾斜的沉积物堆积地带。

注：平均坡度 0.5°～1°，水深达 1 500 m～5 000 m。

3.261

营地　camp

为了方便暂时休整而临时搭建的住宿设施。

示例：伯德营地(Byrd Camp)。

注：在南极地区，营地搭建完成后，通常存续时间较长。

3.262

屿　islet

四面环水的小块陆地。

示例：凯屿(Kay Islet)。

3.263

峪　vale

比较宽阔、平坦的山间河谷。

3.264

原野　field

基本上平整的开阔旷野。

3.265

圆丘　knob

像驼峰或圆形的隆起地物。

示例：本森圆丘(Benson Knob)。

注：外部形态浑圆，长期受外力的侵蚀作用而成。

3.266

站　station

由科学家和后勤保障人员永久或临时居住、工作的建筑物。

示例：长城站(Great Wall Station)。

注：站通常建有较完备的生活和工作设施，一般有人长期值守。

3.267

针状岩　needle

形状如针尖的岩石。

示例：齐斯针状岩(Zeiss Needle)。

3.268

柱峰　monolith

直立向上的独块巨石峰。

示例：卡德尔柱峰(Cadle Monolith)。

3.269

锥山　cone

外形像圆锥形的山。

示例:切斯特锥山(Chester Cone)。

注:它的形成大多是因火山活动而成,火山喷出物与火山碎屑物在火山口附近堆积而形成锥状山体。

3.270

锥形岩　aiguilles

山上的锥形岩石。

示例:劳森锥形岩(Lawson Aiguilles)。

注:火山口附近,火山喷出物以熔岩液为主,冷却后形成锥形岩。

3.271

着陆区　landing area

用于运送人员、货物的飞机起降区域。

参 考 文 献

[1] GB/T 17693—2008 外语地名汉字译写导则 英语.

[2] 全国科学技术名词审定委员会.地理学名词(第二版).北京:科学出版社,2006.

[3] 全国科学技术名词审定委员会.海洋科技名词(第二版).北京:科学出版社,2007.

[4] 中国地名研究所.国际组织南极地名工作研究.北京:中国社会出版社,2010.

[5] 国家海洋局极地考察办公室,中国地名委员会办公室.南极洲地名辞典.北京:海洋出版社,1998.

[6] 刘敏,方如康.现代地理科学词典.北京:科学出版社,2009.

索　引

笔画索引

三画

四画

五画

六画

七画

八画

十三画

十四画及以上

英文对应词索引

A

B

C

ICS 07.040
A 44

GB

中华人民共和国国家标准

GB/T 29633.2—2013

南极地名 第2部分:分类与代码

Antarctic geographical names—Part 2:Classification and code

2013-07-19 发布

2013-11-01 实施

中华人民共和国国家质量监督检验检疫总局
中国国家标准化管理委员会 发布

前　　言

GB/T 29633《南极地名》分成以下几部分：

——第1部分：通名；

——第2部分：分类与代码；

——第3部分：命名；

——第4部分：罗马字母拼写；

——第5部分：相关信息与工作程序；

——第6部分：地理实体外语通名译写。

本部分是GB/T 29633的第2部分。

本部分按照GB/T 1.1—2009给出的规则起草。

本部分由民政部提出。

本部分由全国地名标准化技术委员会(SAC/TC 233)归口。

本部分由民政部地名研究所负责起草，民政部区划地名司、武汉大学中国南极测绘研究中心、国家海洋局极地科学考察办公室参加起草。

本部分主要起草人：庞森权、蔡亮、王泽民、周春霞、田硕、李果、付长良、刘静。

南极地名
第2部分:分类与代码

1 范围

GB/T 29633的本部分规定了南极地名的分类与编码规则,给出了南极地名的分类与代码。

本部分适用于地名信息和相关信息中南极地名信息的处理与交换。

2 分类原则

2.1 依据南极地理实体的地理属性划分类别。

2.2 以地名学、地理学和制图学的学科分类为基础,以地理实体形态为主,以成因规模为辅,建立多层级的分类体系。

3 分类方法

3.1 按照地名所指代地理实体的地理属性分为门类、大类、中类、小类4层:

——门类:划分为海域和陆域2类;

——大类:根据门类的科学构成和实际管理的需要划分16类;

——中类;根据大类的科学构成要素和相互间的内在联系以及实际应用的需要划分52类;

——小类:原则上隶属于中类,为构成中类的基本类别,共划分271类。

3.2 大类、中类、小类中分别设"其他"作为收容类目。

3.3 一个小类地理实体使用一个通名。

4 编码方法

4.1 依照GB/T 18521—2001的规定,南极地名类别代码采用数字型代码,用8位阿拉伯数字表示,代码由5段组成(见图1):

——第一段:由4位数字组成,表示地名所指代理实体的空间位置;

——第二段:由1位数字组成,代表门类;

——第三段:由1位数字组成,代表大类;

——第四段:由1位数字组成,代表中类;

——第五段:由1位数字组成,代表小类。

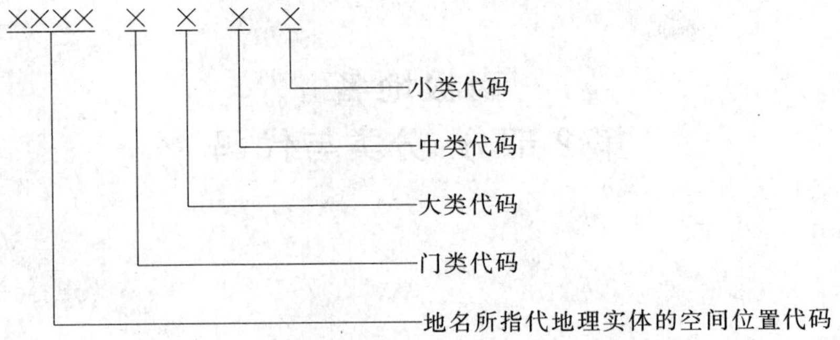

图 1　南极地名分类代码结构图

4.2　依照 GB/T 18521—2001 的规定，地名所指代地理实体的空间位置代码分 2 层(见图 2)。

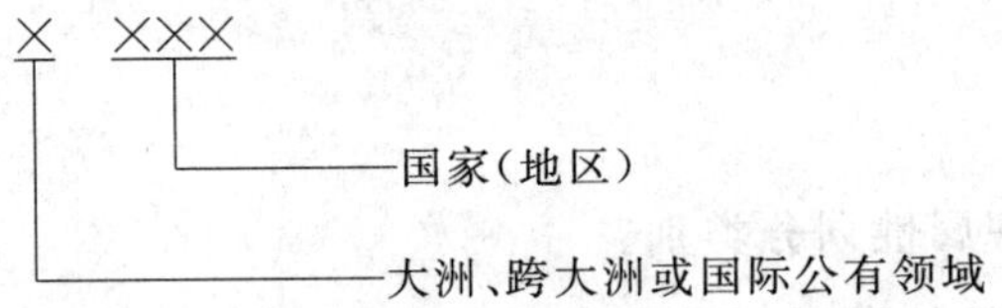

图 2　地名所指代地理实体的空间位置代码

——第一层用 1 位阿拉伯数字表示大洲、跨大洲或国际公有领域，国际公有领域代码为 8(见表 1)。

表 1　大洲和国际公有领域代码

代码	地名所在位置	代码	地名所在位置
1	亚洲	5	北美洲
2	欧洲	6	南美洲
3	非洲	7	跨大洲
4	大洋洲	8	国际公有领域

——第二层用 3 位阿拉伯数字表示国家或地区，南极洲代码为 100(见表 2)。

表 2　国际公有领域地区代码

国际公有领域地区	代码
南极洲	100
公海海域	200
天体	300

4.3　每一级类别代码由地名所指代地理实体的空间位置代码、从属的上级和本级代码组成，其余位用 0 补齐。大类、中类、小类 3 层中的“其他”类别用 9 表示。

5　分类与代码

南极地名分类与代码见附录 A。

附 录 A
（规范性附录）
南极地名分类与代码

南极地名分类与代码见表 A.1。

表 A.1 南极地名分类与代码表

门类	大类	中类	小类
81001000 海域	81001100 由海水构成的区域	81001110 海洋	81001111 海
			81001119 其他
		81001190 其他	
	81001200 海岸地理实体	81001210 海边陆地	81001211 岸
			81001212 海岸
			81001213 海岸带
			81001214 海岸线
			81001215 海岸台地
			81001216 海岸沙丘
			81001219 其他
		81001220 海岸滩地	81001221 滩
			81001222 海滩
			81001223 沙滩
			81001224 石滩
			81001225 岩滩
			81001226 海滨
			81001229 其他
		81001230 海堤坝	81001231 海堤
			81001232 海防堤
			81001233 沙坝
			81001239 其他
		81001290 其他	
	81001300 突入海域的地理实体	81001310 突入海域的小陆地	81001311 半岛
			81001312 海舌
			81001313 海臂
			81001314 矶
			81001315 沙嘴
			81001316 地峡
			81001319 其他
		81001320 岬角	81001321 岬
			81001322 海岬
			81001323 小岬
			81001324 低岬
			81001325 角
			81001326 海角
			81001327 沙角
			81001329 其他
		81001390 其他	

表 A.1(续)

门类	大类	中类	小类
81001000 海域	81001400 被陆地部分环绕的水域	81001410 有凹形海岸的水域	81001411 湾 81001412 海湾 81001413 弧湾 81001414 峡湾 81001415 狭湾 81001416 湾区 81001417 小湾 81001418 臂湾 81001419 其他
		81001490 其他	
	81001500 适合停船登岸的地理实体	81001510 适合停船登岸之地	81001511 登陆地 81001512 码头 81001513 船坞 81001514 锚地 81001519 其他
		81001520 港类地理实体	81001521 港 81001522 港口 81001523 避风港 81001524 港湾 81001525 小港湾 81001529 其他
		81001590 其他	
	81001600 海水包围的地理实体	81001610 岛屿	81001611 岛 81001612 小岛 81001613 岩岛 81001614 屿 81001615 冰山 81001619 其他
		81001620 岛群	81001621 群岛 81001622 海岛群 81001623 连岛 81001624 列岛 81001629 其他
		81001630 海中陆地	81001631 沙洲 81001632 礁 81001633 塔礁 81001639 其他
		81001690 其他	
	81001700 狭长海域	81001710 两侧有陆地或岛的狭长海域	81001711 峡道 81001712 海道 81001713 水道 81001714 海峡 81001715 峡 81001719 其他
		81001790 其他	

表 A.1（续）

门类	大类	中类	小类
81001000 海域	81001800 海下地理实体	81001810 水下地理实体	81001811 水下沙坝 81001812 水下沙脊 81001813 水下沙波 81001814 水下沙席 81001815 水下岸坡 81001819 其他
		81001820 海下隆起	81001821 海山 81001822 海底高原 81001823 海岭 81001824 海隆 81001829 其他
		81001830 水面下砂石	81001831 暗沙 81001832 暗礁 81001833 暗礁群 81001834 块礁 81001835 浅滩 81001839 其他
		81001840 海底凹陷地形	81001841 洋盆 81001842 海沟 81001843 海渊 81001844 海底峡谷 81001845 断裂带 81001846 海槽 81001847 海底谷 81001848 冰下海沟 81001849 其他
		81001890 其他	
	81001900 其他		
81002000 陆域	81002100 冰雪覆盖区	81002110 大的冰雪区域	81002111 冰盖 81002112 冰架 81002113 冰原 81002114 雪原 81002115 粒雪原 81002116 山麓冰川 81002117 冰山麓 81002119 其他
		81002120 冰雪凸起地形	81002121 冰穹 81002122 冰隆 81002123 鼓丘 81002124 冰碛 81002125 冰丘 81002126 冰盾 81002127 冰帽 81002129 其他

表 A.1（续）

门类	大类	中类	小类
81002000 陆域	81002100 冰雪覆盖区	81002130 不同形状的冰体	81002131 冰缘带 81002132 冰额 81002133 冰墙 81002134 冰垒 81002135 雪檐 81002136 陆缘冰 81002137 冰障 81002138 冰褶皱 81002139 其他
		81002140 由冰构成的地理实体	81002141 冰舌 81002142 冰山舌 81002143 冰流 81002149 其他
		81002150 面状冰雪凹陷	81002151 冰盆 81002152 冰川盆 81002153 冰下盆地 81002154 冰斗 81002155 冰川盆谷 81002159 其他
		81002160 冰川峡谷	81002161 冰川 81002162 槽谷 81002163 冰谷 81002169 其他
		81002190 其他	
	81002200 冰雪出露区自然地物	81002210 群山	81002211 山系 81002212 山脉 81002213 岭 81002214 山链 81002215 山峦 81002216 冰下群山 81002217 冰原岛峰群 81002219 其他
		81002220 多山地域	81002221 山地 81002222 高原 81002223 断块山 81002224 丘陵 81002225 山麓丘陵 81002226 冈陵 81002229 其他
		81002230 单体山	81002231 山 81002232 小山 81002233 高山 81002234 雪山 81002235 火山 81002236 尖山

表 A.1（续）

门类	大类	中类	小类
81002000 陆域	81002200 冰雪出露区自然地物	81002230 单体山	81002237 塔山
			81002238 锥山
			81002239 其他
		81002240 小山丘	81002241 丘
			81002242 山丘
			81002243 圆丘
			81002244 山冈
			81002245 小丘
			81002246 岘
			81002247 方山
			81002248 孤山
			81002249 其他
		81002250 山上长条状隆起	81002251 脊
			81002252 山梁
			81002253 山脊
			81002254 山垄
			81002259 其他
		81002260 峰顶	81002261 山峰
			81002262 顶
			81002263 山顶
			81002264 顶峰
			81002265 山尖
			81002266 火山口
			81002267 高山顶
			81002268 石峰
			81002269 其他
		81002270 山的顶部	81002271 峰
			81002272 冰原岛峰
			81002273 柱峰
			81002274 角锥峰
			81002275 齿形峰
			81002276 群峰
			81002277 尖峰
			81002278 山嘴
			81002279 其他
		81002290 其他	
	81002300 倾斜面	81002310 坡地	81002311 坡
			81002312 山坡
			81002313 高山坡
			81002314 斜坡
			81002315 坡道
			81002316 冰坡
			81002319 其他

表 A.1（续）

门类	大类	中类	小类
81002000 陆域	81002300 倾斜面	81002320 阶梯地	81002321 岩屑堆 81002322 山麓 81002323 梯地 81002324 阶地 81002329 其他
		81002390 其他	
	81002400 岩壁	81002410 崖壁	81002411 崖 81002412 陡崖 81002413 危崖 81002414 凸崖 81002415 断崖 81002416 绝壁 81002417 峭壁 81002419 其他
		81002420 岩石	81002421 岩 81002422 群岩 81002423 基岩 81002424 岩颈 81002425 岩墙 81002426 岩垒 81002427 石凳 81002428 岩柱 81002429 其他
		81002430 露岩	81002431 碎石群 81002432 露头 81002433 扶垛 81002434 外露岩 81002439 其他
		81002440 不同形状的岩	81002441 突岩 81002442 锥形岩 81002443 裂岩 81002444 齿形岩 81002445 针状岩 81002449 其他
		81002490 其他	
	81002500 平面状地理实体	81002510 区域性地理实体	81002511 地 81002519 其他
		81002520 低海拔的平地	81002521 平地 81002522 平原 81002523 原野 81002524 荒漠 81002525 湿地 81002526 绿洲 81002527 低地 81002529 其他

表 A.1（续）

门类	大类	中类	小类
81002000 陆域	81002500 平面状地理实体	81002530 台状地理实体	81002531 台 81002532 台地 81002533 高地 81002534 平台 81002535 凸地 81002539 其他
		81002590 其他	
	81002600 凹陷地形	81002610 面状凹陷区域	81002611 盆地 81002612 洼地 81002613 盆谷 81002614 山坳 81002619 其他
		81002620 深入地表或山体不大的洞穴	81002621 洞 81002622 山洞 81002623 深洞 81002624 坑 81002625 漏斗 81002629 其他
		81002630 山间的凹陷处	81002631 垭口 81002632 山口 81002633 隘口 81002634 山鞍 81002635 通道 81002636 隘道 81002637 廊道 81002639 其他
		81002640 条状凹陷地形	81002641 谷 81002642 地堑 81002643 峡谷 81002644 山谷 81002645 峪 81002646 谷地 81002647 狭谷 81002649 其他
		81002650 沟状地形	81002651 沟 81002652 冲沟 81002653 深冲沟 81002654 山沟 81002659 其他
		81002690 其他	
	81002700 水体	81002710 湖泊	81002711 湖 81002712 湖区 81002713 潟湖 81002714 池 81002715 塘

表 A.1（续）

门类	大类	中类	小类
81002000 陆域	81002700 水体	81002710 湖泊	81002716 冰斗湖 81002717 冰下湖 81002719 其他
		81002720 河流	81002721 河 81002722 溪 81002723 山涧 81002724 小溪 81002725 河口湾 81002726 瀑布 81002727 瀑 81002728 冰瀑 81002729 其他
		81002790 其他	
	81002800 陆域人工地理实体	81002810 用于科研的建筑物	81002811 站 81002812 基地 81002813 营地 81002814 观测点 81002815 庇护所 81002816 棚 81002819 其他
		81002820 道路	81002821 路 81002822 公路 81002829 其他
		81002830 人为划定区域	81002831 管理区 81002832 保护区 81002839 其他
		81002840 纪念地	81002841 纪念地 81002849 其他
		81002850 动物栖息地	81002851 栖息地 81002852 企鹅群栖地 81002859 其他
		81002860 飞机着陆地	81002861 着陆区 81002862 飞机场 81002869 其他
		81002890 其他	
	81002900 其他		

参 考 文 献

［1］ GB/T 17693—2008 外语地名汉字译写导则 英语

［2］ GB/T 18521—2001 地名分类与类别代码编制规则

［3］ 全国科学技术名词审定委员会.地理学名词(第二版).北京:科学出版社,2006.

［4］ 全国科学技术名词审定委员会.海洋科技名词(第二版).北京:科学出版社,2007.

［5］ 中国地名研究所.国际组织南极地名工作研究.北京:中国社会出版社,2010.

［6］ 国家海洋局极地考察办公室,中国地名委员会办公室.南极洲地名辞典.北京:海洋出版社,1998.

［7］ 刘敏,方如康.现代地理科学词典.北京:科学出版社,2009.

ICS 11.180
K 23

中华人民共和国国家标准

GB/T 29634—2013

电动轮椅车用永磁直流齿轮减速电动机构通用技术条件

General specification for permanent magnetic DC gearmotor using on electric wheelchairs

2013-07-19 发布 2013-11-01 实施

中华人民共和国国家质量监督检验检疫总局
中国国家标准化管理委员会 发布

前　言

本标准按照 GB/T 1.1—2009 给出的规则起草。

请注意本文件的某些内容可能涉及专利。本文件的发布机构不承担识别这些专利的责任。

本标准由全国残疾人康复和专用设备标准化技术委员会(SAC/TC 148)归口。

本标准起草单位:贵州华烽电器有限公司、兰州万里电机、中国航空综合技术研究所、卧龙电器集团股份有限公司、航天科工集团林泉电机厂。

本标准主要起草人:任应华、邓国江、王黔、黎明杰、李维华、刘彦、周文、苏明、陈伦军、许瑞秀。

电动轮椅车用永磁直流齿轮减速电动机构通用技术条件

1 范围

本标准规定了电动轮椅车用永磁直流齿轮减速电动机构(以下简称电动机构)的术语和定义、结构型式、运行和试验条件、技术要求和试验方法、检验规则、交付准备。

本标准适用于电动轮椅车用永磁直流齿轮减速电动机构。

2 规范性引用文件

下列文件对于本文件的应用是必不可少的。凡是注日期的引用文件,仅注日期的版本适用于本文件。凡是不注日期的引用文件,其最新版本(包括所有的修改单)适用于本文件。

GB/T 1993 旋转电机冷却方法

GB/T 2423.3 电工电子产品基本环境试验规程 试验Ca:恒定湿热试验方法

GB/T 2423.10 电工电子产品环境试验 第2部分:试验方法 试验Fc和导则:振动(正弦)

GB/T 2423.17 电工电子产品基本环境试验规程 试验Ka:盐雾试验方法

GB/T 2423.22 电工电子产品环境试验 第2部分:试验方法 试验N:温度变化

GB/T 2423.37—2006 电工电子产品环境试验 第2部分:试验方法 试验L:沙尘试验

GB/T 2423.38—2005 电工电子产品环境试验 第2部分:试验方法 试验R:水试验方法和导则

GB/T 2828.1—2003 计数抽样检验程序 第1部分:按接收质量限(AQL)检索的逐批检验抽样计划

GB/T 4857.5 包装 包装运输件 跌落试验方法

GB/T 4857.7 包装 包装运输基本试验 第7部分:正弦定频振动试验方法

GB/T 4857.11 包装 包装运输件基本试验 第11部分:水平冲击试验方法

GB/T 4942.1 旋转电机整体结构的防护等级(IP)分级

GB/T 6544 瓦楞纸板

GB/T 6656—2008 铁氧体永磁直流电动机

GB/T 10069.1 旋转电机噪声测定方法及限值 第1部分:旋转电机噪声测定方法

GB/T 12339 防护用内包装材料

3 术语和定义

下列术语和定义适用于本文件。

3.1

离合器 clutch

手动使电磁制动器刹车脱开或齿轮减速箱输出轴齿轮脱离啮合的装置。

3.2

电磁制动器吸合　electromagnetic brake pull-in

制动器通电工作处于刹车脱开状态。

3.3

电磁制动器释放　electromagnetic brake drop-out

制动器断电处于刹车制动状态。

4　结构和原理

4.1　结构

电动机构由电磁制动器、永磁直流电动机、齿轮减速箱及离合器构成(可有联轴器)。

4.2　原理

电动机构的原理图见图1和图2。

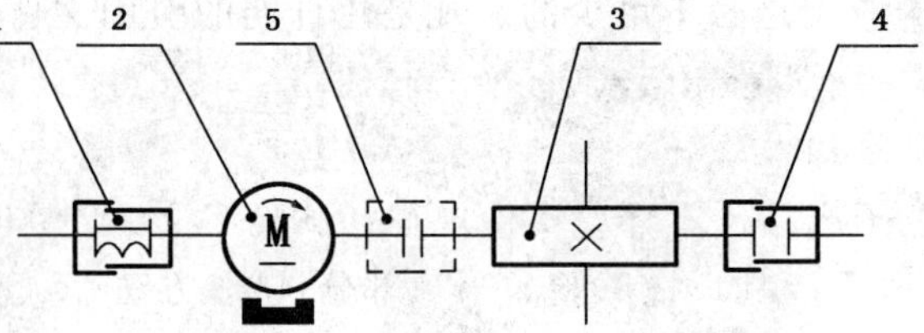

说明：

1——电磁制动器；

2——永磁直流电动机；

3——齿轮减速箱；

4——离合器；

5——联轴器。

图1　齿轮减速箱带手动离合器

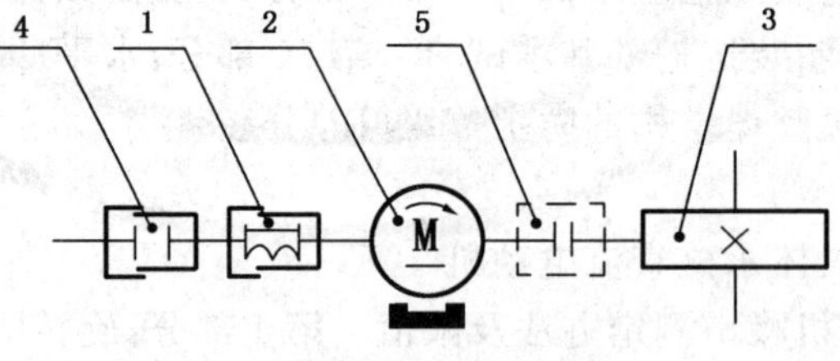

符号说明见图1。

图2　电磁制动器带手动离合器

5　运行和试验条件

5.1　运行条件

5.1.1　除另有规定外，电动机构应能在下列环境条件下正常工作：

a)　环境温度：－25 ℃～＋50 ℃；

b) 相对湿度:35%~95%;

c) 大气压强:86 kPa~106 kPa。

5.1.2 电动机构的额定电压为:24 V。

5.1.3 电动机构的工作制为S1连续工作制。

5.1.4 电动机构的防护等级除另有规定外按GB/T 4942.1选取,本标准规定为IP54。

5.1.5 电动机构的冷却方式除另有规定外按GB/T 1993选取,本标准规定为IC40。

5.1.6 电机的绝缘等级:≥F级。

5.1.7 试验安装状态:除有特殊要求外,水平安装。

5.2 试验条件

5.2.1 一般试验环境条件

除另有规定外,电动机构的各项检查和试验应在下列环境条件下进行:

a) 环境温度:+5 ℃~+35 ℃;

b) 相对湿度:25%~95%;

c) 大气压强:86 kPa~106 kPa。

5.2.2 仲裁试验环境条件

除另有规定外,电动机构的各项仲裁检查和试验在下列环境条件下进行:

a) 环境温度:+15 ℃~+35 ℃;

b) 相对湿度:45%~75%;

c) 大气压强:86 kPa~106 kPa。

5.2.3 试验电源

试验用电源为直流稳压电源,纹波系数应不大于5%。

5.2.4 测试仪表

电动机构的出厂检验测试仪表精度不低于1级,型式检验测试仪表精度不低于0.5级,测功机的精度不低于1.5%。

6 技术要求和试验方法

6.1 旋转方向

6.1.1 技术要求

电动机构应为顺时针、逆时针两个方向旋转(输出轴伸端看)。

6.1.2 试验方法

电动机构在额定电压下空载运行时目测其旋向。

6.2 外观

6.2.1 技术要求

电动机构表面应无锈蚀、斑点、涂覆层脱落、碰伤、划痕或其他机械损伤,无紧固件松动和导线压伤现象,引出线标记及铭牌字迹应清楚无误,箱体及密封件不允许漏油现象。

6.2.2 试验方法

按GB/T 6656—2008目视检查电动机构外观，应符合6.2.1要求。

6.3 外形及安装尺寸

6.3.1 技术要求

电动机构的外形及安装尺寸应符合生产商的产品专用技术条件或产品图样的要求。

6.3.2 试验方法

使用满足测量精度的量具进行测量。

6.4 介电性能

6.4.1 绝缘电阻

6.4.1.1 技术要求

电动机构导电部分对机壳的绝缘电阻应符合以下规定：

a) 一般试验条件下，应不小于20 MΩ；

b) 高温状态或温升试验后，应不小于2 MΩ；

c) 湿热状态下，应不小于1 MΩ。

6.4.1.2 试验方法

电动机构的绝缘电阻用250 V兆欧表测量导电部分对机壳间的绝缘电阻，应符合6.4.1.1要求。

6.4.2 介电强度

6.4.2.1 技术要求

电动机构导电部分对机壳的绝缘应能承受频率为50 Hz，波形为正弦波，试验电压(有效值)550 V，历时1 min的耐电压试验，电动机应无闪络，无击穿。重复进行本项试验，试验电压为规定电压值的80%。

6.4.2.2 试验方法

试验时，施加电压从不超过250 V开始均匀或分段地不超过25 V增加至全值，时间应不少于10 s，保持全值1 min。然后均匀下降，时间不少于3 s。

大批量生产中，检查试验时可用试验电压为规定值的120%，历时1 s代替。试验时，先将试验电压升至为规定值的120%，然后用试棒施加。

6.5 换向

6.5.1 技术要求

换向器及电刷上的换向火花等级应不大于$1\frac{1}{2}$级。

6.5.2 试验方法

电动机的换向检查需在电动机构额定负载下进行，在额定电压下将负载从空载加至额定负载，此时火花等级应符合6.5.1的要求。

6.6 性能

6.6.1 技术要求

6.6.1.1 空载检查

电动机构的空载转速(r/min)、空载电流(A)应符合生产商的产品专用技术条件的规定,顺、逆时针旋转方向转速差≤5 r/min。

6.6.1.2 额定负载检查

电动机构的额定负载转速(r/min)、额定转矩(N·m)、额定电流(A)、效率(%)应符合生产商提供的专用技术条件的规定。

6.6.2 试验方法

6.6.2.1 空载

电动机构在额定电压下空载运行,检查顺、逆时针旋转方向的输出转速、空载电流和转速差。

6.6.2.2 额定负载

电动机构在额定电压下施加所规定的额定负载运行,检查顺、逆时针旋转方向的输出转速和电流。

6.7 电磁制动器工作电压

6.7.1 技术要求

电磁制动器的吸合电压为 10 V~17 V,释放电压为 1 V~6 V。

6.7.2 试验方法

将电磁制动器的电压从 0 V 缓慢升高,电磁制动器吸合时测得的电压为吸合电压,此时降低电压到电磁制动器释放时测得的电压为释放电压,其值应满足 6.7.1 要求。

6.8 磁稳定性

6.8.1 技术要求

电动机永久磁铁的磁性能稳定,经磁稳定性检查后,其空载电流应小于试验前的 1.05 倍;对 110 V 及以下的电动机其空载电流应小于试验前的 1.1 倍。

6.8.2 试验方法

电动机应能在 1.1 倍额定电压下顺、逆时针两个方向交替直接启动各 5 次,试验后测量电动机的空载电流值应不大于试验前的 1.05 倍。

6.9 制动力矩

6.9.1 技术要求

应符合生产商及用户的产品专用技术条件的要求。

6.9.2 试验方法

将电动机构置于制动状态，在输出轴上顺、逆两个方向用扭力扳手检测其上的制动力矩，应符合要求。

6.10 噪声

6.10.1 技术要求

a) 电动机构在额定电压下运行，检查应无异常杂音。
b) 测得A计权声功率的空载噪声应不超过58 dB(A)，或按生产商的产品专用技术条件的规定。

6.10.2 试验方法

按GB/T 10069.1规定的方法测电动机构在额定电压下空载运行的声功率级噪声(dB(A))。在专用测试室(环境噪声不大于32 dB(A)或按GB/T 10069.1规定选取)中，传声器到电动机构中心高的距离为310 mm，电动机构必须水平安装于适合该机构尺寸足够的平面上，支撑垫为12 mm厚(可相叠成)含胶量为70%的普通橡胶板。

6.11 引出线强度

引出线与电动机构之间的强度应不小于100 N。
沿引出线的轴线方向施加100 N的拉力，持续时间1 min，引出线固定卡不得脱落与损坏。

6.12 温升

6.12.1 技术要求

电动机构额定状态下运行时，其绕组温升应不大于105 K 。

6.12.2 试验方法

电动机构安装在类似轮椅车架的试验架上，并保证不受外来辐射热及气流的影响，在额定电压、额定转矩下运行至机壳温升在30 min变化不超过1 ℃时测量(运行时间不少于2 h)。用电阻法或用测温仪直接测量电枢绕组温升。

电阻法：电枢绕组的电阻值应在电刷提起后，在换向器上用电桥直接测量，但冷、热电阻的测量位置必须相同。绕组温升按式(1)计算：

$$\theta=\frac{(R_2-R_1)}{R_1}\times(235+t_1)+t_1-t_2 \qquad \cdots\cdots(1)$$

式中：
θ ——绕组温升，单位为开尔文(K)；
R_1——实际冷却状态时的电枢绕组，单位为欧姆(Ω)；
R_2——试验结束时电枢绕组，单位为欧姆(Ω)；
t_1 ——实际冷却状态时的电枢绕组温度，单位为摄氏度(℃)；
t_2 ——试验结束时试验环境温度，单位为摄氏度(℃)。
R_2值应在停机后15 s内测出。

6.13 恒定湿热

6.13.1 技术要求

试验结束后，电动机构外表面应无明显的由于外表面质量变坏而逐步形成影响正常工作的锈蚀现象及油漆气泡产生。

6.13.2 试验方法

按 GB/T 2423.3 规定的方法进行。其要求如下：

a) 严酷程度：48 h；

b) 初始检测：按 6.2、6.4.1、6.6.1.1 规定进行；

c) 条件试验：无包装水平安装、通额定电压空载运行；

d) 中间检测：不得有停机现象；

e) 恢复条件：在 5.2.2 项规定的条件下恢复 2 h；

f) 去除样品表面湿气：擦干。

试验结束后在 30 min 内进行 6.2、6.4.1、6.6.1.1 项检查，并符合标准中相关要求。

6.14 盐雾

6.14.1 技术要求

电动机构应能承受 48 h 盐雾试验而不影响其性能，拆开后任何部位不能有明显腐蚀现象和破坏性变质。

6.14.2 试验方法

按 GB/T 2423.17 规定的试验方法在专用试验设备中进行。其要求如下：

a) 严酷程度：持续时间 48 h。

b) 预处理：样品应进行清洁，同时避免用手直接触摸试验样品表面。

c) 初始检测：按 6.2、6.4.1、6.6.1.1 规定进行。

d) 样品的安装：按正常使用状态安装，样品之间不得互相接触其间隔距离应不影响盐雾能自由降落在样品上，以及一个样品上的盐溶液不得滴落到其他试验样品上。

e) 恢复：用蒸馏水将产品表面擦拭干净，然后在标准的恢复大气条件下恢复 2 h。

试验结束后进行 6.2、6.4.1、6.6.1.1 项检查，并符合标准中相关要求。

6.15 温度变化

6.15.1 技术要求

电动机构在温度变化范围为－25 ℃～＋50 ℃的环境下进行温度变化试验，试验后电动机构的外观、电气及机械性能检测应满足要求。

6.15.2 试验方法

按 GB/T 2423.22 试验 N：规定温度变化速率的温度变化，在高低温试验箱内进行。其要求如下：

a) 严酷程度：高温＋50 ℃，低温－25 ℃ ，循环次数 2 次 。

b) 初始检测：按 6.6.1.1、6.7、6.9 规定进行。

c) 条件试验：无包装水平安装、施加额定电压空载运行。

d) 中间检测：不得有停机现象。

e) 暴露时间：3 h。

f) 恢复条件：在 5.2.2 规定的条件下达到温度稳定。

g) 温度变化速率：(1±0.2) ℃/min。

试验结束后进行 6.6.1.1、6.7、6.9 项检查，并符合标准中相关要求。

6.16 防尘

6.16.1 技术要求

电动机构应能承受 IP5X 等级的防尘试验，进尘量不足以影响其正常运行。

6.16.2 试验方法

按 GB/T 2423.37—2006 中 6.2 试验 Lc2：自由吹沙尘规定的方法在试验箱内进行。其要求如下：

a) 沙尘类型：按 GB/T 2423.37—2006 中 6.1.4.1 试验用沙，粒子尺寸为<75 μm。

b) 严酷程度：

——沙尘浓度：(2±0.5)g/m³；

——气流速度：(3.0±0.3)m/s；

——持续试验时间：8 h；

——气压：标准大气压。

c) 预处理时间：样品置于正常的试验大气条件下 3 h。

d) 初始检测：按 6.7、6.9、6.10 规定进行。

e) 试验过程中样品状态：无包装、不通电、水平安装。

f) 中间检测：无。

g) 恢复条件：样品置于正常的试验大气条件下 2 h。

h) 样品的清洁：清理表面沙尘。

试验结束后进行 6.7、6.9、6.10 项检查，并符合标准中相关要求。

6.17 防水

6.17.1 技术要求

电动机构应能承受 IPX4 任何方向的滴水应无有害影响。

6.17.2 试验方法

按 GB/T 2423.38—2005 中 5.3 试验 Ra1：人造雨法规定的试验方法进行。其要求如下：

a) 严酷等级：

——降雨强度：(180±20)mm/h；

——水滴尺寸：(2.9±0.3)mm；

——持续时间：60 min；

——倾斜角度：45°。

b) 预处理：无。

c) 初始检测：按 6.4.1、6.6.1.1、6.9 规定进行。

d) 样品的安装：水平安装。

e) 试验过程中样品状态：无包装、不通电。

f) 中间检测：无。

g) 恢复：擦干表面水分。

试验结束后进行 6.4.1、6.6.1.1、6.9 项检查，并符合标准中相关要求。

6.18 跌落

6.18.1 技术要求

电动机构在最小包装(瓦楞纸箱)状态下应通过跌落试验。

6.18.2 试验方法

按 GB/T 4857.5 的规定进行跌落试验,将包装好的产品(见 8.3)提至 0.5 m 的高度,自由落于碰撞平面上,碰撞平面为平整、坚硬的水平面,其整体重量不小于所试包装件的 50 倍。

每件包装件连续跌落 7 次,跌落位置为一个角及组成该角的三个面和三条棱。

试验结束后进行 6.2、6.6.1.1、6.7、6.9、6.10 项检查,并符合相关要求。

6.19 水平冲击

6.19.1 技术要求

电动机构在最小包装(瓦楞纸箱)状态下,应能承受规定的水平冲击试验。

6.19.2 试验方法

按 GB/T 4857.11 规定进行水平冲击试验,将包装件(见 8.3)固定在冲击试验台面上。试验时,台面的冲击速度为 3.3 m/s,试验时每个包装件的连续冲击次数为 2 次。

试验结束后进行 6.2、6.6.1、6.7、6.9、6.10 项检查,并符合标准中相关要求。

6.20 振动

6.20.1 技术要求

a) 电动机构在无包装状态下,应能承受本标准规定的正弦振动试验。

b) 电动机构在最小包装(瓦楞纸箱)状态下,应能承受本标准规定的振动试验。

6.20.2 试验方法

6.20.2.1 按 GB/T 2423.10 规定在专用试验台面上进行正弦振动试验,其要求如下:

a) 样品的安装:将电动机构(无包装)水平固定。

b) 频率范围:10 Hz~55 Hz。

c) 振动幅值:1.5 mm。

d) 持续时间:2 h。

e) 初始检测:按 6.2、6.6.1.1、6.7、6.9、6.11 规定进行。

f) 试验的顺序:按 GB/T 2423.10 进行。

试验结束后进行 6.2、6.6.1.1、6.7、6.9、6.11 项检查,并符合标准中相关要求。

6.20.2.2 按 GB/T 4857.7 的规定进行振动试验,将包装件(见 8.3)固定在试验台面上。包装件的重心与振动试验台面的中心基本重合,试验时振动试验台面应保持水平。振动频率为 3 Hz~4 Hz,振动最大加速度为(0.75±0.25)g,垂直振动波形为近似正弦波,振动时间为 40 min。

试验后检查电动机构包装是否牢固。

6.21 工作期限

6.21.1 寿命检查

6.21.1.1 技术要求

电动机构在符合标准规定的条件下使用时，应能在工作期限 700 h(一副电刷)内可靠工作。电动机构在规定的试验期间内不得有漏油现象。

6.21.1.2 试验方法

电动机构施加额定电压、额定负载(按专用技术条件要求)下顺时针和逆时针方向连续(特殊情况时可以短时停止)运转，试验时间累计 700 h(顺、逆时针方向各 350 h)。

寿命试验完成后检测电动机构的额定数据应符合 6.6.1.1、6.7.1、6.9、6.10 项规定，其容差值为±5%。

6.21.2 离合器的寿命

6.21.2.1 技术要求

离合器的电器部分和手动部分必须分别通过 10 万次循环的脱开、制动寿命试验。

6.21.2.2 试验方法

a) 将电动机构固定在试验台面上，试验台应稳固，将离合器的手动部分在脱开、制动的位置上进行循环运动，累计 10 万次循环。
b) 将电动机构固定在试验车架上，在额定电压 24 V 下加额定负载(按配套车型)，进行通电(10 s)断电(5 s)循环 10 万次。

试验后电动机构的额定数据应符合 6.7.1、6.9 及其他基本参数的规定，其容差为±15%。

7 检验规则

7.1 验收检验规则及项目

7.1.1 验收检验规则

按 GB/T 2828.1 中规定一次抽样方案进行，一般检验水平Ⅱ，接收质量限(AQL)1，或按专用技术条件规定。

7.1.2 验收检验项目

检验项目及基本顺序按表 1 进行。

表 1 电动机构验收检验项目

序号	试验项目	验收项目条款	验收检验	鉴定试验
1	旋转方向	6.1	√	√
2	外观	6.2	√	√
3	外形及安装尺寸	6.3	√	√
4	绝缘电阻	6.4.1.1a)	√	√
		6.4.1.1b)	—	√
		6.4.1.1c)	—	√

表 1（续）

序号	试验项目	验收项目条款	验收检验	鉴定试验
5	介电强度	6.4.2	√	√
6	换向	6.5	—	√
7	性能	6.6	√	√
8	电磁制动器工作电压	6.7	√	√
9	磁稳定性	6.8	按磁钢批次抽查	√
10	制动力矩	6.9	√	√
11	噪声	6.10	√	√
12	引出线强度	6.11	√	√
13	温升	6.12	—	√
14	恒定湿热	6.13	—	√
15	盐雾	6.14	—	√
16	温度变化	6.15	—	√
17	防尘	6.16	—	√
18	防水	6.17	—	√
19	跌落	6.18	—	√
20	水平冲击	6.19	—	√
21	振动	6.20	—	√
22	工作期限	6.21	—	√

7.1.3 合格判定

出厂检验中，电动机构若有一项或一项以上表 1“验收检验”试验项目不合格的，则该电动机构为不合格。

7.2 鉴定检验规则

7.2.1 鉴定检验规则

有下列情况之一时，应进行鉴定检验：

a) 新产品试制和转、定型时；

b) 定型产品，当停产 3 个月后又继续生产和设计、工艺和材料的变更足以引起某些性能和参数变化时，则应进行鉴定检验的相关项目或全部项目；

c) 当验收检验结果与以前进行的鉴定检验结果发生不可容许的偏差时；

d) 批生产的产品，每两年至少进行一次。

7.2.2 鉴定试验抽样方法

7.2.2.1 每次抽样选取8台(4对)。

7.2.2.2 鉴定试验允许按试验项目分4组进行,表1中序号6,13,22为一组;序号14,16,15,17为一组;序号18,20为一组;序号21,19为一组。每组试验的电动机构应不少于2台。每组的鉴定试验前必须通过验收试验。

7.2.2.3 型式试验全部合格的电动机构,则认为该批产品型式试验合格。型式试验中若有任一项不合格时,则另取两倍于不合格数量的电动机构重复该项及与该项有关的试验项目,重复试验仍有一台任一项不合格,补足原样机数继续进行试验,继续试验仍有任一台任一项不合格,则认为该批产品型式试验不合格;继续试验全部合格者,则认为该批产品型式试验合格。

7.2.2.4 若型式试验不合格,生产单位应暂时停止生产,查找原因,以有效地消除产品质量缺陷,重新进行产品型式试验,试验合格后方可恢复正常生产。

8 交付准备

8.1 铭牌、标志

电动机构应有铭牌、标志,其字迹、图形应清楚无误,并保证在整个使用期内不脱落、内容仍清晰可见,铭牌内容至少应包括:

a) 制造商(商标);
b) 产品型号;
c) 使用电压;
d) 额定电流,额定转速;
e) 生产日期及批次号;
f) 或其他客户要求(条形码等)。

8.2 成套性

电动机构应按1对(左、右各1台)为单元,同时附有产品合格证,使用维护说明书或特殊要求配件(键或螺母等)。

8.3 包装

电动机构按1对(左、右各1台)为一箱包装。内包装,输出轴或其他易生锈的外部零件表面加防锈油保护后,每台产品应用塑料袋独立包装,并热压焊封。支撑物可按环保要求规定用纸制品或发泡塑料,外包装为瓦楞纸箱,箱体的4个侧面须标明厂商(商标)、产品型号、生产日期及批次号、重量、标识等。瓦楞纸箱和塑料袋的材料规格应按照GB/T 6544和GB/T 12339的要求同时应能承受6.18、6.19、6.20.2的试验。

8.4 运输

在运输时应保证不受碰伤、雨淋,以及化学腐蚀性药品和有害气体侵蚀。

8.5 贮存

包装后的电动机构应存放在环境空气温度−25 ℃～+50 ℃,相对湿度不大于90%,清洁、干燥、通风良好,空气中不得含有腐蚀性气体的库房内,堆码应符合各产品专用技术要求的规定。

8.6 质量保证期

用户按照产品使用说明书的规定，正确地使用与存放电动机构的情况下，电动机构质量保证期应为二年(自出厂之日起)，质量保证期内应能正常运行。若在此规定时间内，电动机构出现因制造质量不良而发生损坏或不能正常工作的情况时，制造厂应无偿地为用户修理或更换电动机构。

ICS 13.310
A 92

中华人民共和国国家标准

GB/T 29635—2013

疑似毒品中海洛因的气相色谱、气相色谱-质谱检验方法

GC and GC-MS examination methods for heroin in suspected drug

2013-07-19 发布　　2013-11-01 实施

中华人民共和国国家质量监督检验检疫总局
中国国家标准化管理委员会　发布

前　言

本标准按照 GB/T 1.1—2009 给出的规则起草。

请注意本文件的某些内容可能涉及专利。本文件的发布机构不承担识别这些专利的责任。

本标准由全国刑事技术标准化技术委员会毒物分析标准化分技术委员会(SAC/TC 179/SC 1)提出并归口。

本标准起草单位:公安部物证鉴定中心。

本标准主要起草人:高利生、张春水、郑珲、钱振华、徐鹏、黄星、王一、王蔚昕、常颖、刘克林。

疑似毒品中海洛因的气相色谱、气相色谱-质谱检验方法

1 范围

本标准规定了海洛因的气相色谱-质谱(GC-MS)定性分析和气相色谱(GC)定量分析。

本标准适用于毒品案件固体样品中海洛因的定性定量检验鉴定。

2 规范性引用文件

下列文件对于本文件的应用是必不可少的。凡是注日期的引用文件,仅注日期的版本适用于本文件。凡是不注日期的引用文件,其最新版本(包括所有的修改单)适用于本文件。

GA/T 122 毒物分析名词术语

JJF 1059.1—2012 测量不确定度评定与表示

3 术语和定义

GA/T 122 界定的术语和定义适用于本文件。

4 原理

本方法采用内标法或外标法进行质量控制,对疑似毒品固体样品中的海洛因进行有机溶剂提取,用气相色谱-质谱联用(GC-MS)进行定性分析,用气相色谱-氢火焰离子化检测器(GC-FID)对海洛因进行定量分析。

5 试剂及标准物质、仪器及量器具

5.1 试剂及标准物质

所用试剂均为分析纯,试剂及标准物质包括:

a) 氯仿。

b) 甲醇。

c) 提取试剂配制:将氯仿和甲醇以 9∶1 的比例混合,制备成提取试剂。

d) 可溯源标准物质:海洛因。

e) 外标定量用 1.0 mg/mL 海洛因标准储备液:称取海洛因标准物质(根据标准物质纯度和盐型换算后等于 50.0 mg 的海洛因),放入 50 mL 容量瓶中,加入 20 mL 提取溶剂振荡溶解后,用提取溶剂稀释至刻度,配制成 1.0 mg/mL 海洛因标准储备液,置冰箱冷冻保存,保存时间为 6 个月。

f) 外标定量用 0.1 mg/mL 海洛因标准工作液:移取 1.0 mg/mL 海洛因标准储备液 5 mL 加入到 50 mL 容量瓶中,用提取溶剂稀释至刻度,配制成 0.1 mg/mL 海洛因标准工作液,置冰箱

中冷藏保存，保存时间为3个月。

g) 外标定量用0.01 mg/mL海洛因标准工作液：移取0.1 mg/mL海洛因标准工作液1 mL加入到10 mL容量瓶中，用提取溶剂稀释至刻度，配制成0.01 mg/mL海洛因标准工作液，置冰箱中冷藏保存，保存时间为1个月。

h) 内标物：苯海拉明或丙基解痉素（SKF_{525A}）。

i) 内标物溶液：称取苯海拉明或SKF_{525A}（根据标准物质纯度换算后等于500.0 mg的苯海拉明或SKF_{525A}），放入50 mL容量瓶中，加入约20 mL提取溶剂，振摇至样品溶解，超声5 min，用提取溶剂定容至刻度，配制成10 mg/mL苯海拉明或SKF_{525A}内标储备液（置于冰箱中保存，保存时间为12个月）。使用时用提取溶剂逐级稀释到0.1 mg/mL。内标物溶液应置于冰箱中保存，使用前取出放至室温后方可使用，保存时间为2个月。

j) 内标法绘制标准工作曲线用标准工作液：称取海洛因标准物质（根据标准物质纯度和盐型换算后等于50.0 mg的海洛因），放入50 mL容量瓶中，加入0.1 mg/mL苯海拉明或SKF_{525A}溶液20 mL，振荡溶解后用0.1 mg/mL苯海拉明或SKF_{525A}溶液稀释至刻度，配制成1.0 mg/mL海洛因标准溶液，并依次用0.1 mg/mL苯海拉明或SKF_{525A}溶液稀释到0.5 mg/mL、0.1 mg/mL、0.05 mg/mL、0.01 mg/mL浓度。

5.2 仪器及量器具

仪器及量器具包括：

a) 气相色谱仪，配有火焰离子化检测器(FID)；

b) 气相色谱-质谱联用仪，配有电子轰击源(EI)；

c) 高速离心机，最大转速8 000 r/min；

d) 电子天平，实际分度值d=0.01 mg；

e) 电动振荡器；

f) 10 mL和1 mL移液器或移液管；

g) 10 mL瓶口移液器。

6 定性分析

6.1 样品制备

样品充分研磨混匀，称取约10 mg，加入10 mL提取溶剂，密封并振荡10 min，离心后取上清液，用GC-MS分析。如果样品溶液中目标物浓度过低，可适当增加样品称量量2倍～10倍。同时用GC-MS分析0.002 mg/mL的海洛因标准溶液进行质量控制。

6.2 气相色谱-质谱联用仪参考条件

以下为参考条件，可根据不同品牌仪器和不同样品等实际情况进行调整：

a) 离子源：EI；

b) 质量范围：40 amu～500 amu；

c) 采集方式：全扫描(Scan)；

d) 色谱柱类型：DB-5 MS石英玻璃毛细柱（5%苯基+95%聚二甲基硅氧烷）或其他等效柱；

e) 色谱柱参数：30 m×0.25 mm×0.25 μm；

f) 色谱柱温程：初始温度60 ℃，以15 ℃/min升温至280 ℃，保持15 min；

g) 进样口温度：280 ℃；

h) 传输线温度：250 ℃；

i） 离子源温度：230 ℃；

j） 分流比：20∶1；

k） 载气：高纯氦气（He）；

l） 柱流量（恒流）：1.0 mL/min；

m） 倍增器电压：参考调谐状况；

n） 溶剂切割：3 min。

7 定量分析

7.1 外标法

7.1.1 含量范围预分析

预分析的目的在于要对样品中的海洛因含量进行初测，以计算准确定量分析时所用样品的称量质量，从而保证准确定量时样品溶液中目标物的最终浓度尽可能接近所使用标准工作液的浓度。

称量约 10 mg 样品置于带盖试管中，加入 10 mL 提取溶剂振荡使其溶解，离心后取上清液，用 GC-FID 分析，采用 0.1 mg/mL 的海洛因标准工作液作为定量参照。

如果样品溶液中目标化合物的浓度过高，可适当减少样品称量质量，或将样品提取液用提取溶剂稀释后进行分析。

如果样品溶液中目标化合物的浓度过低，可适当增加样品称量质量，或将样品提取液挥干、定容后进行分析。

按式(1)计算样品中目标组分的含量。

$$w=\frac{C_0\times A\times V_1\times(V_2+V_3)}{A_0\times V_2\times m}\times 100\% \qquad \cdots\cdots(1)$$

式中：

w ——样品中海洛因的含量，%；

C_0——标准工作液中海洛因的浓度，单位为毫克每毫升（mg/mL）；

A ——样品溶液中海洛因的色谱峰面积值；

V_1——样品溶液初次定容体积，单位为毫升（mL）；

V_3——将 V_2 稀释时加入提取溶剂的体积，单位为毫升（mL）；

A_0——标准工作液中海洛因的色谱峰面积值；

V_2——从 V_1 中移取样品溶液的体积，单位为毫升（mL）；

m ——用于测定的样品的称量质量，单位为毫克（mg）。

7.1.2 准确定量

7.1.2.1 称量质量的计算

根据预分析中海洛因含量测定结果，选择合适的定容体积、稀释倍数（样品提取操作参数选择参见表 A.1），并按式(2)计算出样品称量质量（m）。

$$m=\frac{C_0\times V\times D}{w}\times 100 \qquad \cdots\cdots(2)$$

式中：

m ——称量质量，单位为毫克（mg）；

C_0——标准工作液中海洛因的浓度，单位为毫克每毫升（mg/mL）；

V ——初次定容体积，单位为毫升（mL）；

D——稀释倍数；

w——样品中海洛因的预分析含量，%。

7.1.2.2 样品提取

根据7.1.2.1计算结果，平行称取样品6份，根据预分析含量范围，加入相应初次定容体积的提取溶剂。密封并振荡10 min。如果样品溶液需要稀释，移取1 mL样品提取液至另一试管中，按照稀释倍数进行稀释定容，离心后取上清液用GC-FID分析。样品提取操作参数选择参见附录A中表A.1。

7.1.2.3 气相色谱仪参考条件

以下为参考条件，按照本法所获得的气相色谱图参见附录B中图B.1，可根据不同品牌仪器和不同样品等实际情况进行调整：

a) 检测器：FID；

b) 色谱柱型号：DB-5石英玻璃毛细柱（5%苯基+95%聚二甲基硅氧烷）或其他等效柱；

c) 色谱柱参数：30 m×0.25 mm×0.25 μm；

d) 色谱柱温程：初始温度180 ℃，以12 ℃/min升温至280 ℃，保持5 min；

e) 进样口温度：280 ℃；

f) 检测器温度：300 ℃；

g) 载气：高纯氮气（N_2）；

h) 分流比：20∶1；

i) 柱流速（恒流）：1 mL/min；

j) 燃烧气：H_2；

k) 燃烧气流速：按仪器默认值；

l) 助燃气：空气；

m) 助燃气流速：按仪器默认值。

7.1.2.4 含量计算

按式(1)计算样品中海洛因的含量。

7.2 内标法

7.2.1 标准工作曲线绘制及监测

7.2.1.1 标准工作曲线绘制

采用1.0 mg/mL、0.5 mg/mL、0.1 mg/mL、0.05 mg/mL、0.01 mg/mL等5个浓度绘制成线性范围为0.01 mg/mL～1.0 mg/mL的海洛因标准工作曲线。标准工作曲线应随内标储备液的更换而重新绘制。

7.2.1.2 标准工作曲线监测

采用5.1 j)中浓度为0.05 mg/mL和1.0 mg/mL的标准物质溶液作为监测样品，建立标准工作曲线时，每个监测样品各分析10次，计算海洛因与苯海拉明或SKF_{525A}峰面积比值的平均值及标准偏差(SD)。每次检验前先分析监测样品，若监测样品的结果在平均值±3SD之间，则标准工作曲线有效，否则，应重新绘制标准工作曲线。

7.2.2 内标定量

7.2.2.1 提取操作

平行称取样品2份各约30 mg,加入0.1 mg/mL内标溶液30 mL,充分振荡,离心后用GC-FID分析,采用7.2.1.1的标准工作曲线进行定量计算。

如样品溶液中目标物浓度低于0.01 mg/mL时,可适当增加样品称量质量2倍～10倍。

7.2.2.2 气相色谱仪参考条件

同7.1.2.3。

7.2.2.3 含量计算

根据7.2.1.1的标准工作曲线计算样品含量。

8 结果评价

8.1 定性结果评价

8.1.1 GC-MS分析0.002 mg/mL海洛因标准溶液,检测出海洛因m/z369特征离子峰,样品浓度10 mg/mL,未检测出海洛因m/z369特征离子峰,阴性结果可靠。检验结果表述为:样品中未检出海洛因成分。

8.1.2 如果样品出峰时间与海洛因标准物质保留时间一致,且质谱特征峰及其丰度比与海洛因标准物质一致[海洛因的特征离子:m/z327(基峰)、m/z369、m/z310、m/z268,海洛因的质谱图参见图B.2],阳性结果可靠。检验结果表述为:样品中检出海洛因成分。

8.2 定量结果评价

8.2.1 外标法

8.2.1.1 异常值检验

根据Grubbs方程,按式(3)对6份(5份)平行测定数据进行可疑值判别,如果$G_i < G_{n(95)}$,则数据有效,否则应剔除该数据,但只能剔除1个数据,否则本次测定无效,需要重新检验。

$$G_i = \frac{|x_i - x_0|}{s} \qquad \cdots\cdots(3)$$

式中:

x_i ——可疑值;

x_0 ——平均值;

s ——6个(或5个)数据的单次测定标准差。

当测定次数$n=6$时,$G_{6(95)}=1.822$;当测定次数$n=5$时,$G_{5(95)}=1.672$。

8.2.1.2 含量结果计算

以6份(5份)样品含量测定的平均值作为含量结果。

8.2.2 内标法

8.2.2.1 含量结果有效性

对两个平行测定数据按式(4)进行相对相差(RD)计算,RD 不超过 10%,数据有效;否则,应重新检验。

$$RD=\frac{|X_1-X_2|}{\overline{X}}\times 100\% \quad \cdots\cdots(4)$$

式中:

RD ——相对相差,%;

X_1、X_2——两个样品平行定量测定的含量数值;

$\overline{X}$ ——两个样品平行定量测定含量的平均值。

8.2.2.2 含量结果计算

以两份样品测定含量的平均值作为含量结果。

8.3 含量结果表述

定量检验完成后,检验结果应表述为:从样品中检出海洛因成分,其中海洛因含量为××.×%。

8.4 测量不确定度的评定与表述

如需提供测量不确定度,测定结果的不确定度评定与表述按 JJF 1059.1—2012 的规定执行。

附 录 A
（资料性附录）
外标定量法样品提取操作参数选择表

外标定量法样品提取操作参数选择见表 A.1。

表 A.1 外标定量法样品提取操作参数选择表

预分析含量/%	初次定容体积/mL	稀释倍数	标准溶液浓度/(mg/mL)
50～100	20	21	0.1
30～50	20	11	0.1
10～30	10	11	0.1
5～10	30	—	0.1
2～5	20	—	0.1
1～2	10	—	0.1
0.1～1	10	—	0.01

附 录 B
（资料性附录）
海洛因相关谱图

海洛因的色谱图及质谱图见图 B.1 和图 B.2。

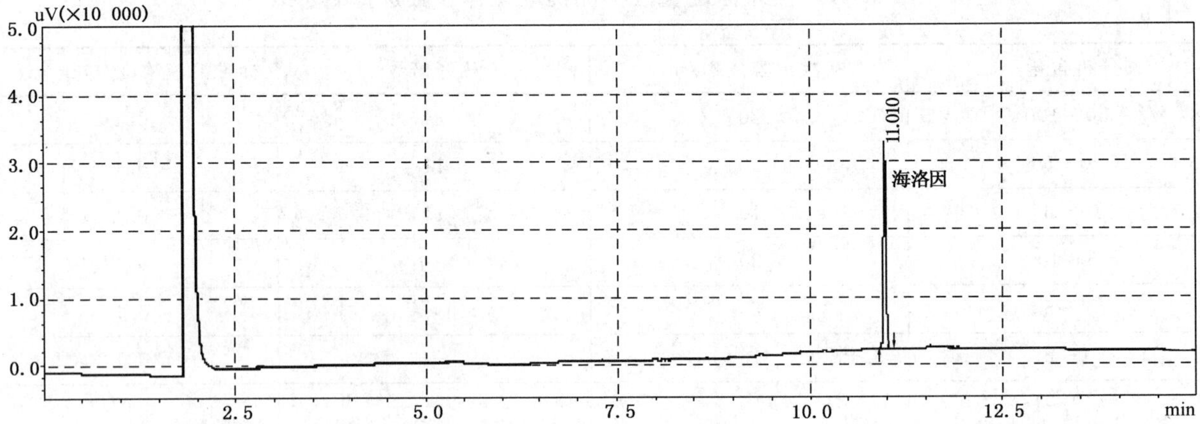

图 B.1 海洛因气相色谱图

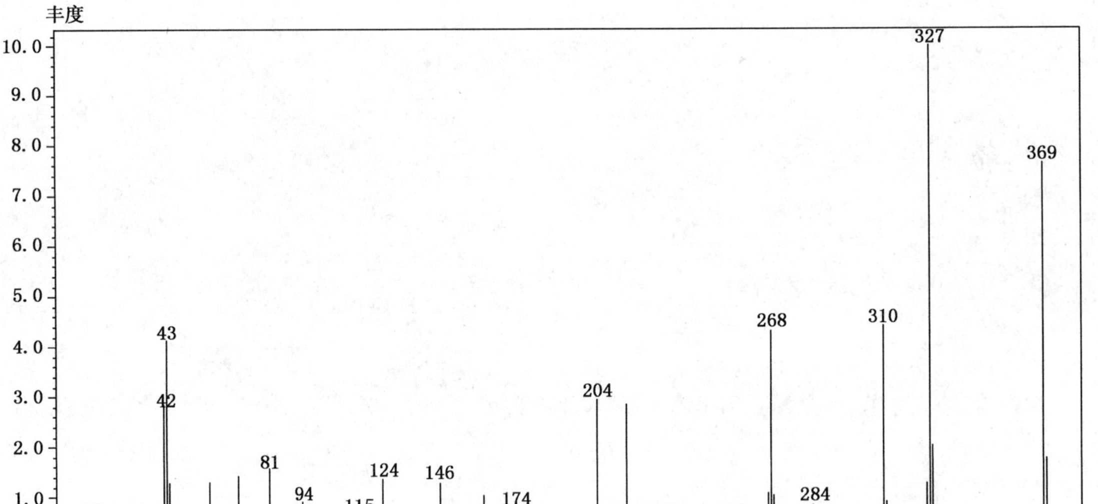

图 B.2 海洛因质谱图

ICS 13.310
A 92

中华人民共和国国家标准

GB/T 29636—2013

疑似毒品中甲基苯丙胺的气相色谱、高效液相色谱和气相色谱-质谱检验方法

GC, HPLC and GC-MS examination methods for methylamphetamine in suspected drug

2013-07-19 发布　　2013-11-01 实施

中华人民共和国国家质量监督检验检疫总局
中国国家标准化管理委员会　发布

前言

本标准按照 GB/T 1.1—2009 给出的规则起草。

请注意本文件的某些内容可能涉及专利。本文件的发布机构不承担识别这些专利的责任。

本标准由全国刑事技术标准化技术委员会毒物分析标准化分技术委员会(SAC/TC 179/SC 1)提出并归口。

本标准起草单位:公安部物证鉴定中心、上海市公安局物证鉴定中心。

本标准主要起草人:高利生、张玉荣、张春水、郑珲、王跨陡、张润生、钱振华、徐鹏、黄星、王一、汪蓉、王蔚昕、常颖、刘克林。

疑似毒品中甲基苯丙胺的气相色谱、高效液相色谱和气相色谱-质谱检验方法

1 范围

本标准规定了甲基苯丙胺的气相色谱-质谱(GC-MS)定性分析和气相色谱(GC)、高效液相色谱(HPLC)定量分析。

本标准适用于毒品案件固体样品中甲基苯丙胺的定性定量检验鉴定。

2 规范性引用文件

下列文件对于本文件的应用是必不可少的。凡是注日期的引用文件,仅注日期的版本适用于本文件。凡是不注日期的引用文件,其最新版本(包括所有的修改单)适用于本文件。

GA/T 122 毒物分析名词术语

JJF 1059.1—2012 测量不确定度评定与表示

3 术语和定义

GA/T 122 界定的术语和定义适用于本文件。

4 原理

本方法采用内标法或外标法进行质量控制,对疑似毒品固体样品中的甲基苯丙胺进行有机溶剂提取,用气相色谱-质谱联用(GC-MS)进行定性分析,用气相色谱-氢火焰离子化检测器(GC-FID)或高效液相色谱(HPLC)对甲基苯丙胺进行定量分析。

5 试剂及标准物质、仪器及量器具

5.1 试剂及标准物质

5.1.1 GC、GC-MS 分析用试剂及标准物质

所用试剂均为分析纯,分析用试剂及标准物质包括:

a) 甲醇;

b) 可溯源标准物质:甲基苯丙胺;

c) 外标定量用 1.0 mg/mL 甲基苯丙胺标准储备液:称取甲基苯丙胺标准物质(根据标准物质纯度和盐型换算后等于 50.0 mg 的甲基苯丙胺),放入 50 mL 容量瓶中,加入 20 mL 甲醇振荡溶解后,用甲醇稀释至刻度,配制成 1.0 mg/mL 甲基苯丙胺标准储备液,置冰箱冷冻保存,保存时间为 6 个月;

d) 外标定量用 0.1 mg/mL 甲基苯丙胺标准工作液:移取 1.0 mg/mL 甲基苯丙胺标准储备液 5 mL加入到 50 mL 容量瓶中,用甲醇稀释至刻度,配制成 0.1 mg/mL 甲基苯丙胺标准工作

液,置冰箱中冷藏保存,保存时间为 3 个月;

e) 外标定量用 0.01 mg/mL 甲基苯丙胺标准工作液:移取 0.1 mg/mL 甲基苯丙胺标准工作液 1 mL加入到 10 mL 容量瓶中,用甲醇稀释至刻度,配制成 0.01 mg/mL 甲基苯丙胺标准工作液,置冰箱中冷藏保存,保存时间为 1 个月;

f) 内标物:正十烷;

g) 内标物溶液:称取正十烷(根据标准物质纯度换算后等于 100.0 mg 的正十烷),放入 100 mL 容量瓶中,加入约 20 mL 甲醇,振摇至样品溶解,超声 5 min,用甲醇定容至刻度,配制成 1.0 mg/mL正十烷内标储备液(置于冰箱中冷冻保存,保存时间为 12 个月),使用时用甲醇稀释到 0.1 mg/mL,内标物溶液应置于冰箱中冷藏保存,使用前取出放至室温后方可使用,保存时间为 2 个月;

h) 内标法绘制标准工作曲线用标准工作液:称取甲基苯丙胺标准物质(根据标准物质纯度和盐型换算后等于 25.0 mg 的甲基苯丙胺),放入 50 mL 容量瓶中,加入 0.1 mg/mL 正十烷溶液 20 mL,振荡溶解后用 0.1 mg/mL 正十烷溶液稀释至刻度,配制成 0.5 mg/mL 甲基苯丙胺标准溶液,并依次用 0.1 mg/mL 正十烷溶液稀释到 0.2 mg/mL、0.1 mg/mL、0.05 mg/mL、0.01 mg/mL浓度。

5.1.2 HPLC 分析用试剂及标准物质

所用试剂均为色谱纯,实验用水为高纯水,分析用试剂及标准物质包括:

a) 甲醇。

b) 乙腈。

c) 水合磷酸二氢钠。

d) 浓磷酸。

e) 磷酸缓冲溶液(0.3 mol/L,pH=3):称取水合磷酸二氢钠固体 93.6 g,加入 200 mL 高纯水溶解;取浓磷酸 2 mL,稀释至 10 mL,配置成稀磷酸溶液;逐滴加入上述稀磷酸溶液调节 NaH_2PO_4 溶液的 pH 至 3.0(±0.2)(约加入 8 mL～9 mL),倒入 2 000 mL 的容量瓶中,加入高纯水稀释至刻度,摇匀。过滤、超声,即可使用。

f) 内标物:色胺。

g) 内标溶液配制:称取色胺粉末 51.03 mg,放入 500 mL 的容量瓶中,加入甲醇(色谱纯)稀释到刻度,振摇至样本溶解,超声 5 min,配制成 0.1 mg/mL 的色胺溶液。内标溶液应存放在冰箱中冷藏保存,使用前取出放至室温后方可使用,保存时间为 2 个月。

h) 可溯源标准物质:甲基苯丙胺。

i) 2.7 mg/mL 甲基苯丙胺标准溶液:称取盐酸甲基苯丙胺标准品粉末约 3.6 mg,放入 10 mL 的容量瓶中,加入内标溶液稀释到刻度,振摇至样本溶解,超声 5 min。按照实际称量质量。反算出溶液的浓度,贴上标签,存放在冰箱中冷藏保存,使用前取出放至室温后方可使用。保存时间为 2 个月。

j) 2.2 mg/mL 甲基苯丙胺标准溶液:取甲基苯丙胺浓度为 2.7 mg/mL 的标准溶液 4 mL,放入 5 mL的容量瓶中,加入内标溶液稀释到刻度,振摇至样本溶解,超声 5min。按照实际数值,反算出溶液的浓度,贴上标签,存放在冰箱冷藏中保存,使用前取出放至室温后方可使用。保存时间为 2 个月。

k) 1.24 mg/mL 甲基苯丙胺标准溶液:取甲基苯丙胺浓度为 2.7 mg/mL 的标准溶液 2.3 mL,放入 5 mL 的容量瓶中,加入内标溶液稀释到刻度,振摇至样本溶解,超声 5 min。按照实际数值,反算出溶液的浓度,贴上标签,存放在冰箱中冷藏保存,使用前取出放至室温后方可使用。保存时间为 2 个月。

l) 0.46 mg/mL 甲基苯丙胺标准溶液:取甲基苯丙胺浓度为 2.7 mg/mL 的标准溶液 0.85 mL,放入 5 mL 的容量瓶中,加入内标溶液稀释到刻度,振摇至样本溶解,超声 5 min。按照实际数值,反算出溶液的浓度,贴上标签,存放在冰箱中冷藏保存,使用前取出放至室温后方可使用。保存时间为 2 个月。

m) 0.06 mg/mL 甲基苯丙胺标准溶液:取甲基苯丙胺浓度为 0.46 mg/mL 的标准溶液 0.65 mL,放入 5 mL 的容量瓶中,加入内标溶液稀释到刻度,振摇至样本溶解,超声 5 min。按照实际数值,反算出溶液的浓度,贴上标签,存放在冰箱中冷藏保存,使用前取出放至室温后方可使用。保存时间为 2 个月。

n) 0.006 mg/mL 甲基苯丙胺标准溶液:取甲基苯丙胺浓度为 0.06 mg/mL 的标准溶液 1 mL,放入 10 mL 的容量瓶中,加入内标溶液稀释到刻度,振摇至样本溶解,超声 5 min。按照实际数值,反算出溶液的浓度,贴上标签,存放在冰箱中冷藏保存,使用前取出放至室温后方可使用。保存时间为 2 个月。

5.2 仪器及量器具

5.2.1 GC、GC-MS 分析用仪器及量器具

GC、GC-MS 分析用仪器及量器具包括:

a) 气相色谱仪,配有火焰离子化检测器(FID);
b) 气相色谱-质谱联用仪,配有电子轰击源(EI);
c) 高速离心机,最大转速 8 000 r/min;
d) 电子天平,实际分度值 d=0.01 mg;
e) 电动振荡器;
f) 10 mL 和 1 mL 移液器或移液管;
g) 10 mL 瓶口移液器。

5.2.2 HPLC 分析用仪器及量器具

HPLC 分析用仪器及量器具包括:

a) 液相色谱仪,配有二极管阵列检测器;
b) 电子天平,实际分度值 d=0.01 mg;
c) 2 000 mL 容量瓶;
d) 1 mL 移液器或移液管。

6 定性分析

6.1 样品制备

样品充分研磨混匀,称取约 10 mg,加入 10 mL 甲醇,密封并振荡 10 min,离心后取上清液,用 GC-MS 分析。如果样品溶液中目标物浓度过低,可适当增加样品称量量 2 倍~10 倍。同时用 GC-MS 分析 0.002 mg/mL 的甲基苯丙胺标准溶液进行质量控制。

6.2 气相色谱-质谱联用仪参考条件

以下为参考条件,可根据不同品牌仪器和不同样品等实际情况进行调整:

a) 离子源:EI;
b) 质量范围:40 amu~500 amu;

c) 采集方式:全扫描(Scan);

d) 色谱柱类型:DB-5 MS石英玻璃毛细柱(5%苯基+95%聚二甲基硅氧烷)或其他等效柱;

e) 色谱柱参数:30 m×0.25 mm×0.25 μm;

f) 色谱柱温程:初始温度60 ℃,以15 ℃/min升温至280 ℃,保持15 min;

g) 进样口温度:280 ℃;

h) 传输线温度:250 ℃;

i) 离子源温度:230 ℃;

j) 分流比:20∶1;

k) 载气:高纯氦气(He);

l) 柱流量(恒流):1.0 mL/min;

m) 倍增器电压:参考调谐状况;

n) 溶剂切割:3 min。

7 定量分析

7.1 气相色谱外标法

7.1.1 含量范围预分析

预分析的目的在于要对样品中的甲基苯丙胺含量进行初测,以计算准确定量分析时所用样品的称量质量,从而保证准确定量时样品溶液中目标物的最终浓度尽可能接近所使用标准工作液的浓度。

称量约10 mg样品置于带盖试管中,加入10 mL甲醇振荡使其溶解,离心后取上清液,用GC-FID分析,采用0.1 mg/mL的甲基苯丙胺标准工作液作为定量参照。

如果样品溶液中目标化合物的浓度过高,可适当减少样品称量质量,或将样品提取液用甲醇稀释后进行分析。

如果样品溶液中目标化合物的浓度过低,可适当增加样品称量质量,或将样品提取液挥干、定容后进行分析。

按式(1)计算样品中目标组分的含量。

$$w=\frac{C_0\times A\times V_1\times (V_2+V_3)}{A_0\times V_2\times m}\times 100\% \quad \cdots\cdots(1)$$

式中:

w ——样品中甲基苯丙胺的含量,%;

C_0——标准工作液中甲基苯丙胺的浓度,单位为毫克每毫升(mg/mL);

A ——样品溶液中甲基苯丙胺的色谱峰面积值;

V_1——样品溶液初次定容体积,单位为毫升(mL);

V_3——将V_2稀释时加入甲醇的体积,单位为毫升(mL);

A_0——标准工作液中甲基苯丙胺的色谱峰面积值;

V_2——从V_1中移取样品溶液的体积,单位为毫升(mL);

m ——用于测定的样品的称量质量,单位为毫克(mg)。

7.1.2 准确定量

7.1.2.1 称量质量的计算

根据预分析中甲基苯丙胺含量测定结果,选择合适的定容体积、稀释倍数(样品提取操作参数选择参见表A.1),并按式(2)计算出样品称量质量(m)。

$$m=\frac{C_0 \times V \times D}{w} \times 100 \qquad \cdots\cdots(2)$$

式中：

m ——称量质量，单位为毫克(mg)；

C_0——标准工作液中甲基苯丙胺的浓度，单位为毫克每毫升(mg/mL)；

V ——初次定容体积，单位为毫升(mL)；

D ——稀释倍数；

w ——样品中甲基苯丙胺的预分析含量，%。

7.1.2.2 样品提取

根据7.1.2.1计算结果，平行称取样品6份，根据预分析含量范围，加入相应初次定容体积的甲醇。密封并振荡10 min；如果样品溶液需要稀释，移取1 mL样品提取液至另一试管中，按照稀释倍数进行稀释定容，离心后取上清液用GC-FID分析。样品提取操作参数选择参见附录A中表A.1。

7.1.2.3 气相色谱仪参考条件

以下为参考条件，按照本法所获得的气相色谱图参见附录B中图B.1，可根据不同品牌仪器和不同样品等实际情况进行调整：

a) 检测器：FID；
b) 色谱柱型号：DB-5石英玻璃毛细柱(5%苯基+95%聚二甲基硅氧烷)或其他等效柱；
c) 色谱柱参数：30 m×0.25 mm×0.25 μm；
d) 色谱柱温程：初始温度80 ℃，以10 ℃/min升温至200 ℃，以40 ℃/min升温至280 ℃，保持3 min；
e) 进样口温度：280 ℃；
f) 检测器温度：300 ℃；
g) 载气：高纯氮气(N_2)；
h) 分流比：20∶1；
i) 柱流速(恒流)：1 mL/min；
j) 燃烧气：H_2；
k) 燃烧气流速：按仪器默认值；
l) 助燃气：空气；
m) 助燃气流速：按仪器默认值。

7.1.2.4 含量计算

按式(1)计算样品中甲基苯丙胺的含量。

7.2 气相色谱内标法

7.2.1 标准工作曲线绘制及监测

7.2.1.1 标准工作曲线绘制

采用0.5 mg/mL、0.2 mg/mL、0.1 mg/mL、0.05 mg/mL、0.01 mg/mL等5个浓度绘制成线性范围为0.01 mg/mL～0.5 mg/mL的甲基苯丙胺标准工作曲线。标准工作曲线应随内标储备液的更换而重新绘制。

7.2.1.2 标准工作曲线监测

采用5.1.1h)中浓度为0.05 mg/mL和0.5 mg/mL的标准物质溶液作为监测样品，建立标准工作曲线时，每个监测样品各分析10次，计算甲基苯丙胺与正十烷峰面积比值的平均值及标准偏差(SD)。每次检验前先分析监测样品，若监测样品的结果在平均值±3SD之间，则标准工作曲线有效，否则，应重新绘制标准工作曲线。

7.2.2 内标定量

7.2.2.1 提取操作

平行称取样品2份各约30 mg，加入0.1 mg/mL内标溶液60 mL，充分振荡，离心后用GC-FID分析，采用7.2.1.1的标准工作曲线进行定量计算。

如样品溶液中目标物浓度低于0.01 mg/mL时，可适当增加样品称量质量2倍～10倍。

7.2.2.2 气相色谱仪参考条件

同7.1.2.3。

7.2.2.3 含量计算

根据7.2.1.1的标准工作曲线计算样品含量。

7.3 液相色谱内标法

7.3.1 标准工作曲线绘制及监测

7.3.1.1 标准工作曲线绘制

采用0.06 mg/mL、0.46 mg/mL、1.24 mg/mL、2.2 mg/mL、2.7 mg/mL等5个浓度绘制成建立线性范围在0.06 mg/mL～2.7 mg/mL的标准工作曲线。标准工作曲线应随内标储备液的更换而重新绘制。

7.3.1.2 标准工作曲线监测

采用5.1.2i)中2.7 mg/mL的标准物质溶液和5.1.2m)中0.06 mg/mL的标准物质溶液作为监测样本，每次检验前先分析监测溶液。若监测样本的结果在±2SD之间，则工作曲线有效。

7.3.2 定量分析

7.3.2.1 提取操作

称取样本2份，每份2.3 mg～2.7 mg，分别放入自动进样器小瓶中，用移液器加入1 mL的内标溶液，振荡至样本充分溶解，过膜，装入自动进样小瓶，供液相色谱仪分析。

7.3.2.2 液相色谱仪参考条件

以下为参考条件，可根据不同品牌仪器和不同样品等实际情况进行调整：

a) 检测器：二极管阵列；
b) 色谱柱参数：5 μm ODS，250 mm×4.6 mm；
c) 柱温：35 ℃；
d) 进样体积：5.0 μL；

e) 流动相:缓冲液∶乙腈(87∶13);

f) 流速:1.0 mL/min;

g) 检测波长:250 nm,带宽为 4 nm,参比波长为 400 nm,参比带宽为 100 nm。

7.3.2.3 含量计算

根据 7.3.1.1 的标准工作曲线计算样本含量。

8 结果评价

8.1 定性结果评价

8.1.1 GC-MS 分析 0.002 mg/mL 甲基苯丙胺标准溶液,检测出甲基苯丙胺 m/z58 特征离子峰,样品浓度 10 mg/mL,未检测出甲基苯丙胺 m/z58 特征离子峰,阴性结果可靠。检验结果表述为:样品中未检出甲基苯丙胺成分。

8.1.2 如果样品出峰时间与甲基苯丙胺标准物质保留时间一致,且质谱特征峰及其丰度比与甲基苯丙胺标准物质一致(甲基苯丙胺的特征离子:m/z58(基峰)、m/z91、m/z134、m/z148,甲基苯丙胺的质谱图见图 B.2),阳性结果可靠。检验结果表述为:样品中检出甲基苯丙胺成分。

8.2 定量结果评价

8.2.1 气相色谱外标法

8.2.1.1 异常值检验

根据 Grubbs 方程,按式(3)对 6 份(或 5 份)平行测定数据进行可疑值判别,如果 $G_i < G_{n(95)}$,则数据有效,否则应剔除该数据,但只能剔除 1 个数据,否则本次测定无效,需要重新检验。

$$G_i = \frac{|x_i - x_0|}{s} \qquad \cdots\cdots (3)$$

式中:

x_i ——可疑值;

x_0 ——平均值;

s ——6 个(或 5 个)数据的单次测定标准差。

当测定次数 $n=6$ 时,$G_{6(95)}=1.822$;当测定次数 $n=5$ 时,$G_{5(95)}=1.672$。

8.2.1.2 含量结果计算

以 6 份(或 5 份)样品含量测定的平均值作为含量结果。

8.2.2 气相色谱内标法

8.2.2.1 含量结果有效性

对两个平行测定数据按式(4)进行相对相差(RD)计算,RD 不超过 10%,数据有效;否则,应重新检验。

$$RD = \frac{|X_1 - X_2|}{\overline{X}} \times 100\% \qquad \cdots\cdots (4)$$

式中:

RD ——相对相差,%;

X_1、X_2 ——两个样品平行定量测定的含量数值；

$\overline{X}$ ——两个样品平行定量测定含量的平均值。

8.2.2.2 含量结果计算

以两份样品测定含量的平均值作为含量结果。

8.2.3 液相色谱内标法

8.2.3.1 含量结果有效性

同8.2.2.1。

8.2.3.2 含量结果计算

同8.2.2.2。

8.3 含量结果表述

定量检验完成后，检验结果应表述为：从样品中检出甲基苯丙胺成分，其中甲基苯丙胺含量为××.×%。

8.4 测量不确定度的评定与表述

如需提供测量不确定度，测定结果的不确定度评定与表述应符合JJF 1059.1—2012的要求。

附 录 A
(资料性附录)
外标定量法样品提取操作参数选择表

外标定量法样品提取操作参数选择见表 A.1。

表 A.1 外标定量法样品提取操作参数选择表

预分析含量/%	初次定容体积/mL	稀释倍数	标准溶液浓度/(mg/mL)
50～100	20	21	0.1
30～50	20	11	0.1
10～30	10	11	0.1
5～10	30	—	0.1
2～5	20	—	0.1
1～2	10	—	0.1
0.1～1	10	—	0.01

附　录　B
（资料性附录）
甲基苯丙胺相关谱图

甲基苯丙胺的色谱图及质谱图见图 B.1 和图 B.2。

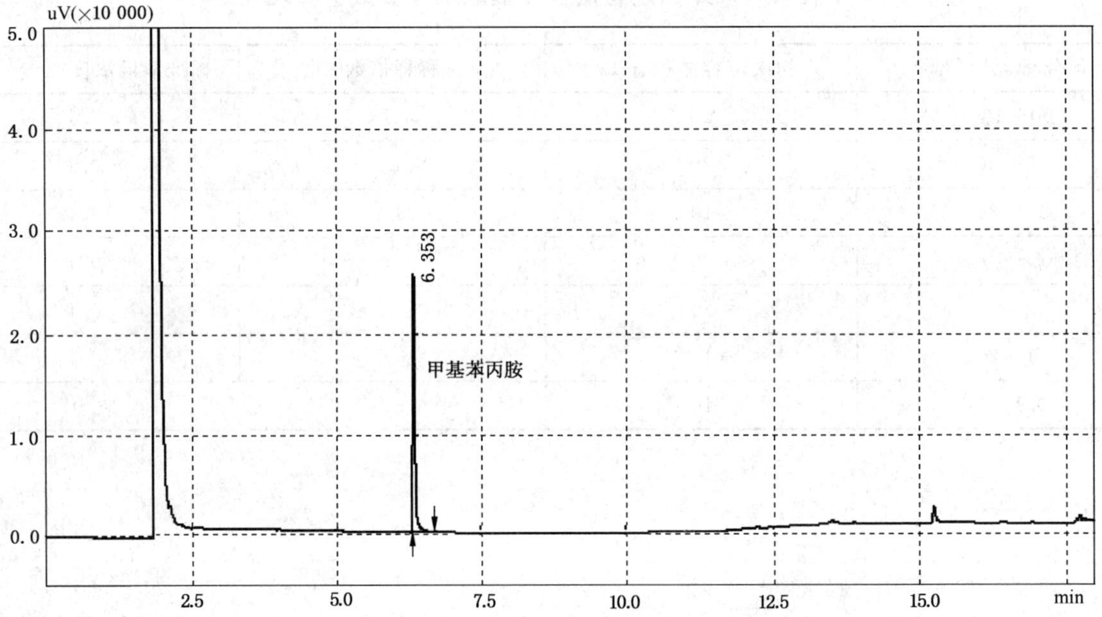

图 B.1　甲基苯丙胺气相色谱图

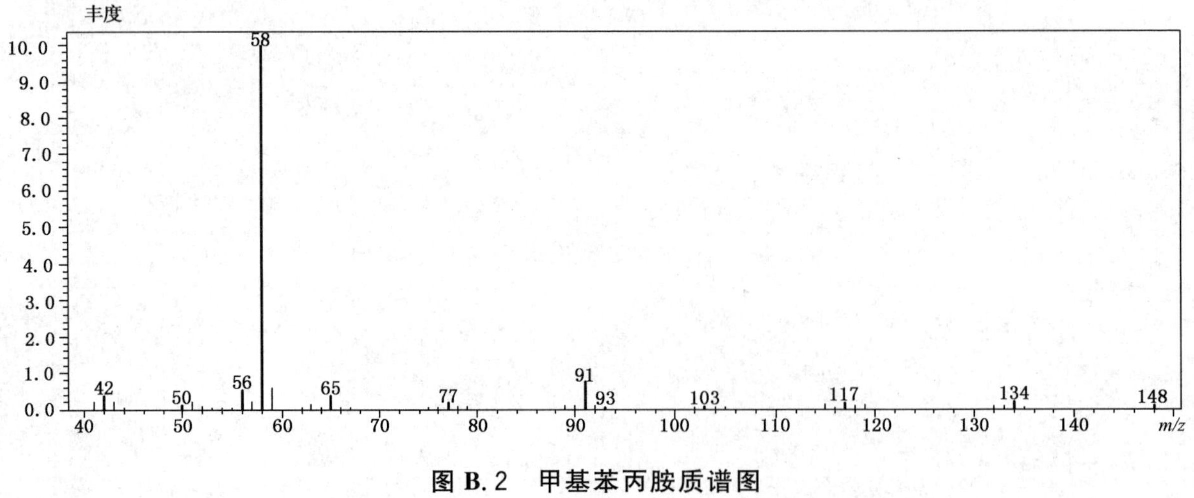

图 B.2　甲基苯丙胺质谱图

ICS 13.310
A 92

中华人民共和国国家标准

GB/T 29637—2013

疑似毒品中氯胺酮的气相色谱、气相色谱-质谱检验方法

GC and GC-MS examination methods for ketamine in suspected drug

2013-07-19 发布　　2013-11-01 实施

中华人民共和国国家质量监督检验检疫总局
中国国家标准化管理委员会　发布

前 言

本标准按照 GB/T 1.1—2009 给出的规则起草。

请注意本文件的某些内容可能涉及专利。本文件的发布机构不承担识别这些专利的责任。

本标准由全国刑事技术标准化技术委员会毒物分析标准化分技术委员会(SAC/TC 179/SC 1)提出并归口。

本标准起草单位:公安部物证鉴定中心。

本标准主要起草人:高利生、张春水、郑珲、钱振华、徐鹏、黄星、王一、王蔚昕、常颖、刘克林。

疑似毒品中氯胺酮的气相色谱、气相色谱-质谱检验方法

1 范围

本标准规定了氯胺酮的气相色谱-质谱(GC-MS)定性分析和气相色谱(GC)定量分析。

本标准适用于毒品案件固体样品中氯胺酮的定性定量检验鉴定。

2 规范性引用文件

下列文件对于本文件的应用是必不可少的。凡是注日期的引用文件,仅注日期的版本适用于本文件。凡是不注日期的引用文件,其最新版本(包括所有的修改单)适用于本文件。

GA/T 122 毒物分析名词术语

JJF 1059.1—2012 测量不确定度评定与表示

3 术语和定义

GA/T 122 界定的术语和定义适用于本文件。

4 原理

本方法采用内标法或外标法进行质量控制,对疑似毒品固体样品中的氯胺酮进行有机溶剂提取,用气相色谱-质谱联用(GC-MS)进行定性分析,用气相色谱-氢火焰离子化检测器(GC-FID)对氯胺酮进行定量分析。

5 试剂及标准物质、仪器及量器具

5.1 试剂及标准物质

所用试剂为分析纯,试剂及标准物质包括:

a) 甲醇。

b) 可溯源标准物质:氯胺酮。

c) 外标定量用 1.0 mg/mL 氯胺酮标准储备液:称取氯胺酮标准物质(根据标准物质纯度和盐型换算后等于 50.0 mg 的氯胺酮),放入 50 mL 容量瓶中,加入 20 mL 甲醇振荡溶解后,用甲醇稀释至刻度,配制成 1.0 mg/mL 氯胺酮标准储备液,置冰箱冷冻保存,保存时间为 6 个月。

d) 外标定量用 0.1 mg/mL 氯胺酮标准工作液:移取 1.0 mg/mL 氯胺酮标准储备液 5 mL 加入到 50 mL 容量瓶中,用甲醇稀释至刻度,配制成 0.1 mg/mL 氯胺酮标准工作液,置冰箱中冷藏保存,保存时间为 3 个月。

e) 外标定量用 0.01 mg/mL 氯胺酮标准工作液:移取 0.1 mg/mL 氯胺酮标准工作液 1 mL 加入到 10 mL 容量瓶中,用甲醇稀释至刻度,配制成 0.01 mg/mL 氯胺酮标准工作液,置冰箱中冷

藏保存,保存时间为 1 个月。

f) 内标物:正十烷。

g) 内标物溶液:称取正十烷(根据标准物质纯度换算后等于 100.0 mg 的正十烷),放入 100 mL 容量瓶中,加入约 20 mL 甲醇,振摇至样品溶解,超声 5min,用甲醇定容至刻度,配制成 1.0 mg/mL正十烷内标储备液(置于冰箱中冷冻保存,保存时间为 12 个月)。使用时用甲醇稀释到 0.1 mg/mL。内标物溶液应置于冰箱中冷藏保存,使用前取出放至室温后方可使用,保存时间为 2 个月。

h) 内标法绘制标准工作曲线用标准工作液:称取氯胺酮标准物质(根据标准物质纯度和盐型换算后等于 50.0 mg 的氯胺酮),放入 50 mL 容量瓶中,加入 0.1 mg/mL 正十烷溶液 20 mL,振荡溶解后用 0.1 mg/mL 正十烷溶液稀释至刻度,配制成 1.0 mg/mL 氯胺酮标准溶液,并依次用 0.1 mg/mL 正十烷溶液稀释到 0.5 mg/mL、0.1 mg/mL、0.05 mg/mL、0.01 mg/mL 浓度。

5.2 仪器及量器具

仪器及量器具包括:

a) 气相色谱仪,配有火焰离子化检测器(FID);

b) 气相色谱-质谱联用仪,配有电子轰击源(EI);

c) 高速离心机,最大转速 8 000 r/min;

d) 电子天平,实际分度值 d=0.01 mg;

e) 电动振荡器;

f) 10 mL 和 1 mL 移液器或移液管;

g) 10 mL 瓶口移液器。

6 定性分析

6.1 样品制备

样品充分研磨混匀,称取约 10 mg,加入 10 mL 甲醇,密封并振荡 10 min,离心后取上清液,用 GC-MS分析。如果样品溶液中目标物浓度过低,可适当增加样品称量量 2 倍~10 倍。同时用 GC-MS 分析 0.002 mg/mL 的氯胺酮标准溶液进行质量控制。

6.2 气相色谱-质谱联用仪参考条件

以下为参考条件,可根据不同品牌仪器和不同样品等实际情况进行调整:

a) 离子源:EI;

b) 质量范围:40 amu~500 amu;

c) 采集方式:全扫描(Scan);

d) 色谱柱类型:DB-5 MS石英玻璃毛细柱(5%苯基+95%聚二甲基硅氧烷)或其他等效柱;

e) 色谱柱参数:30 m×0.25 mm×0.25 μm;

f) 色谱柱温程:初始温度 60 ℃,以 15 ℃/min 升温至 280 ℃,保持 15 min;

g) 进样口温度:280 ℃;

h) 传输线温度:250 ℃;

i) 离子源温度:230 ℃;

j) 分流比:20∶1;

k) 载气:高纯氦气(He);

l） 柱流量(恒流)：1.0 mL/min；

m） 倍增器电压：参考调谐状况；

n） 溶剂切割：3 min。

7 定量分析

7.1 外标法

7.1.1 含量范围预分析

预分析的目的在于要对样品中的氯胺酮含量进行初测，以计算准确定量分析时所用样品的称量质量，从而保证准确定量时样品溶液中目标物的最终浓度尽可能接近所使用标准工作液的浓度。

称量约10 mg样品置于带盖试管中，加入10 mL甲醇振荡使其溶解，离心后取上清液，用GC-FID分析，采用0.1 mg/mL的氯胺酮标准工作液作为定量参照。

如果样品溶液中目标化合物的浓度过高，可适当减少样品称量质量，或将样品提取液用甲醇稀释后进行分析。

如果样品溶液中目标化合物的浓度过低，可适当增加样品称量质量，或将样品提取液挥干、定容后进行分析。

按式(1)计算样品中目标组分的含量。

$$w=\frac{C_0 \times A \times V_1 \times (V_2+V_3)}{A_0 \times V_2 \times m} \times 100\% \quad \cdots\cdots(1)$$

式中：

w——样品中氯胺酮的含量，%；

C_0——标准工作液中氯胺酮的浓度，单位为毫克每毫升(mg/mL)；

A——样品溶液中氯胺酮的色谱峰面积值；

V_1——样品溶液初次定容体积，单位为毫升(mL)；

V_3——将 V_2 稀释时加入甲醇的体积，单位为毫升(mL)；

A_0——标准工作液中氯胺酮的色谱峰面积值；

V_2——从 V_1 中移取样品溶液的体积，单位为毫升(mL)；

m——用于测定的样品的称量质量，单位为毫克(mg)。

7.1.2 准确定量

7.1.2.1 称量质量的计算

根据预分析中氯胺酮含量测定结果，选择合适的定容体积、稀释倍数(样品提取操作参数选择参见表A.1)，并按式(2)计算出样品称量质量(m)。

$$m=\frac{C_0 \times V \times D}{w} \times 100 \quad \cdots\cdots(2)$$

式中：

m——称量质量，单位为毫克(mg)；

C_0——标准工作液中氯胺酮的浓度，单位为毫克每毫升(mg/mL)；

V——初次定容体积，单位为毫升(mL)；

D——稀释倍数；

w——样品中氯胺酮的预分析含量，%。

7.1.2.2 样品提取

根据7.1.2.1计算结果，平行称取样品6份，根据预分析含量范围，加入相应初次定容体积的甲醇。密封并振荡10 min；如果样品溶液需要稀释，移取1 mL样品提取液至另一试管中，按照稀释倍数进行稀释定容，离心后取上清液用GC-FID分析。样品提取操作参数选择参见附录A中表A.1。

7.1.2.3 气相色谱仪参考条件

以下为参考条件，按照本法所获得的气相色谱图参见附录B中图B.1，可根据不同品牌仪器和不同样品等实际情况进行调整：

a) 检测器：FID；
b) 色谱柱型号：DB-5石英玻璃毛细柱（5％苯基＋95％聚二甲基硅氧烷）或其他等效柱；
c) 色谱柱参数：30 m×0.25 mm×0.25 μm；
d) 色谱柱温程：初始温度100 ℃，以15 ℃/min升温至280 ℃，保持3 min；
e) 进样口温度：280 ℃；
f) 检测器温度：300 ℃；
g) 载气：高纯氮气（N_2）；
h) 分流比：20∶1；
i) 柱流速（恒流）：1 mL/min；
j) 燃烧气：H_2；
k) 燃烧气流速：按仪器默认值；
l) 助燃气：空气；
m) 助燃气流速：按仪器默认值 。

7.1.2.4 含量计算

按式(1)计算样品中氯胺酮的含量。

7.2 内标法

7.2.1 标准工作曲线绘制及监测

7.2.1.1 标准工作曲线绘制

采用1.0 mg/mL、0.5 mg/mL、0.1 mg/mL、0.05 mg/mL、0.01 mg/mL等5个浓度绘制成线性范围为0.01 mg/mL～1.0 mg/mL的氯胺酮标准工作曲线。标准工作曲线应随内标储备液的更换而重新绘制。

7.2.1.2 标准工作曲线监测

采用5.1h)中浓度为0.05 mg/mL和1.0 mg/mL的标准物质溶液作为监测样品，建立标准工作曲线时，每个监测样品各分析10次，计算氯胺酮与正十烷峰面积比值的平均值及标准偏差(SD)。每次检验前先分析监测样品，若监测样品的结果在平均值±3SD之间，则标准工作曲线有效，否则，应重新绘制标准工作曲线。

7.2.2 内标定量

7.2.2.1 提取操作

平行称取样品2份各约30 mg,加入0.1 mg/mL内标溶液30 mL,充分振荡,离心后用气相色谱仪分析,采用7.2.1.1的标准工作曲线进行定量计算。

如样品溶液中目标物浓度低于0.01 mg/mL时,可适当增加样品称量质量2倍～10倍。

7.2.2.2 气相色谱仪参考条件

同7.1.2.3。

7.2.2.3 含量计算

根据7.2.1.1的标准工作曲线计算样品含量。

8 结果评价

8.1 定性结果评价

8.1.1 GC-MS分析0.002 mg/mL氯胺酮标准溶液,检测出氯胺酮 m/z180特征离子峰,样品浓度10 mg/mL,未检测出氯胺酮 m/z180特征离子峰,阴性结果可靠。检验结果表述为:样品中未检出氯胺酮成分。

8.1.2 如果样品出峰时间与氯胺酮标准物质保留时间一致,且质谱特征峰及其丰度比与氯胺酮标准物质一致(氯胺酮的特征离子:m/z180(基峰)、m/z237、m/z209、m/z152,氯胺酮的质谱图参见图B.2),阳性结果可靠。检验结果表述为:样品中检出氯胺酮成分。

8.2 定量结果评价

8.2.1 外标法

8.2.1.1 异常值检验

根据Grubbs方程,按式(3)对6份(5份)平行测定数据进行可疑值判别,如果 $G_i < G_{n(95)}$,则数据有效,否则应剔除该数据,但只能剔除1个数据,否则本次测定无效,需要重新检验。

$$G_i = \frac{|x_i - x_0|}{s} \qquad \cdots\cdots(3)$$

式中:

x_i ——可疑值;

x_0 ——平均值;

s ——6个(或5个)数据的单次测定标准差。

当测定次数 $n=6$ 时,$G_{6(95)}=1.822$;当测定次数 $n=5$ 时,$G_{5(95)}=1.672$。

8.2.1.2 含量结果计算

以6份(5份)样品测定含量的平均值作为含量结果。

8.2.2 内标法

8.2.2.1 含量结果有效性

对两个平行测定数据按式(4)进行相对相差(RD)计算,RD 不超过 10%,数据有效;否则,应重新检验。

$$RD=\frac{|X_1-X_2|}{\overline{X}}\times 100\% \quad \cdots\cdots\cdots(4)$$

式中:

RD ——相对相差,%;

X_1、X_2 ——两个样品平行定量测定的含量数值;

$\overline{X}$ ——两个样品平行定量测定含量的平均值。

8.2.2.2 含量结果计算

以两份样品测定含量的平均值作为含量结果。

8.3 含量结果表述

定量检验完成后,检验结果应表述为:从样品中检出氯胺酮成分,其中氯胺酮含量为××.×%。

8.4 测量不确定度的评定与表述

如需提供测量不确定度,测定结果的不确定度评定与表述应符合 JJF 1059.1—2012 的要求。

附 录 A
（资料性附录）
外标定量法样品提取操作参数选择表

外标定量法样品提取操作参数选择见表 A.1。

表 A.1 外标定量法样品提取操作参数选择表

预分析含量/%	初次定容体积/mL	稀释倍数	标准溶液浓度/(mg/mL)
50～100	20	21	0.1
30～50	20	11	0.1
10～30	10	11	0.1
5～10	30	—	0.1
2～5	20	—	0.1
1～2	10	—	0.1
0.1～1	10	—	0.01

附 录 B
（资料性附录）
氯胺酮相关谱图

氯胺酮的色谱图及质谱图见图 B.1 和图 B.2。

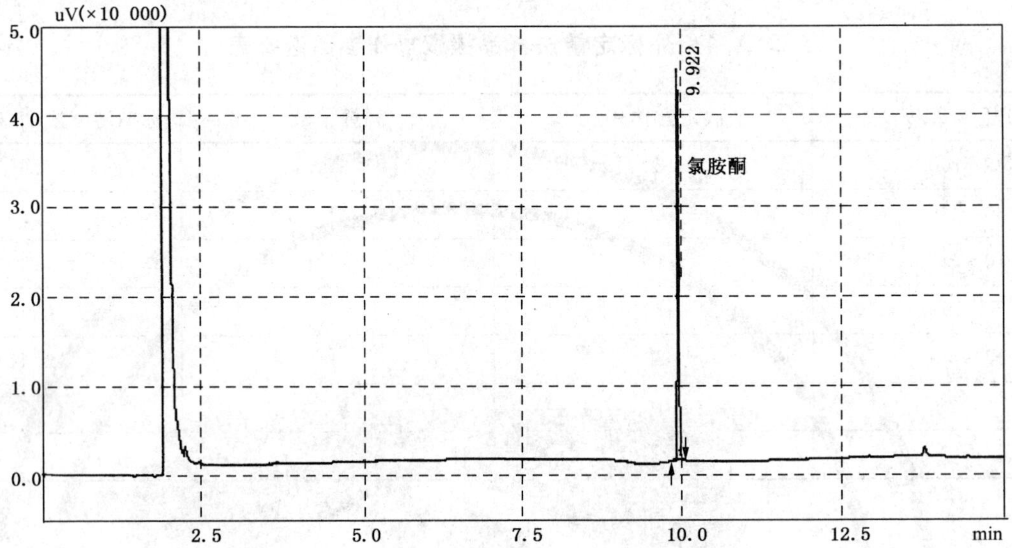

图 B.1 氯胺酮气相色谱图

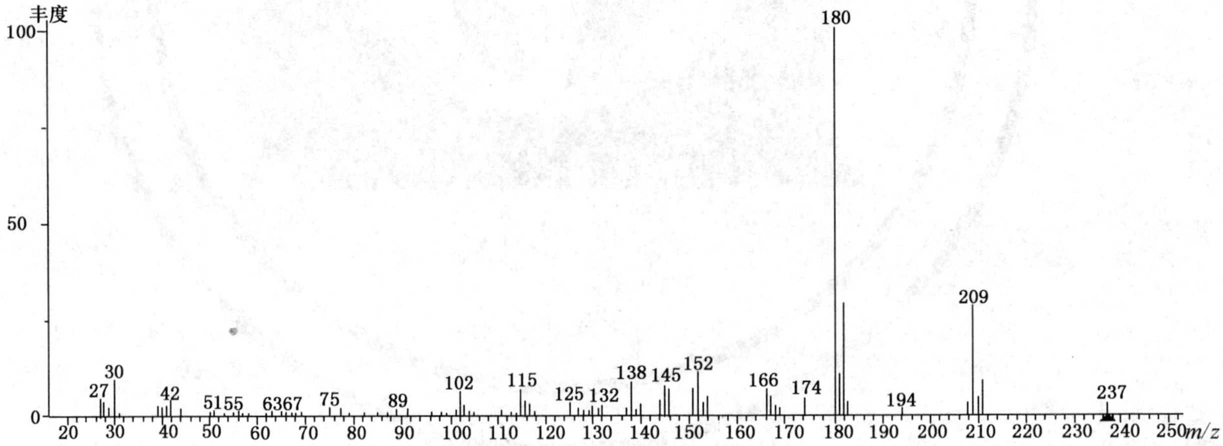

图 B.2 氯胺酮质谱图

ICS 25.040
N 10

中华人民共和国国家标准化指导性技术文件

GB/Z 29638—2013/IEC/TR 61508-0:2005

电气/电子/可编程电子安全相关系统的功能安全 功能安全概念及GB/T 20438系列概况

Functional safety of electrical/electronic/ programmable electronic safety-related systems—Functional safety and GB/T 20438

(IEC/TR 61508-0:2005,IDT)

2013-07-19 发布 2013-12-15 实施

中华人民共和国国家质量监督检验检疫总局
中国国家标准化管理委员会 发布

前　言

GB/T 20438《电气/电子/可编程电子安全相关系统的功能安全》由下列 7 个部分构成：

——第 1 部分：一般要求；

——第 2 部分：电气/电子/可编程电子安全相关系统的要求；

——第 3 部分：软件要求；

——第 4 部分：定义和缩略语；

——第 5 部分：确定安全完整性等级的方法示例；

——第 6 部分：GB/T 20438.2 和 GB/T 20438.3 的应用指南；

——第 7 部分：技术和措施概述。

本指导性技术文件，是对 GB/T 20438 标准的补充。它主要介绍功能安全的概念以及 GB/T 20438 系列标准的概况，本指导性技术文件可与 GB/T 20438 系列标准配套使用。

本指导性技术文件按照 GB/T 1.1—2009 给出的规则起草。

与本文件中规范性引用的国际文件有一致性对应关系的我国文件如下：

——GB/T 16499—2008　安全出版物的编写及基本安全出版物和多专业共用安全出版物的应用导则(IEC Guide 104:1997,NEQ)

——GB/T 20000.4—2003　标准化工作指南　第 4 部分：标准中涉及安全的内容(ISO/IEC Guide 51:1999,MOD)

本指导性技术文件等同采用 IEC/TR 61508-0:2005《电气/电子/可编程电子安全相关系统的功能安全　第 0 部分：功能安全概念及 IEC 61508 系列概况》。

本指导性技术文件的技术内容与 IEC/TR 61508-0:2005 等同，为了便于使用，做了如下编辑性修改：

——删除国际标准的前言，按 GB/T 1.1—2009 重新编写了本文件的前言；

——正文中，凡是出现“IEC 61508”之处均改为“GB/T 20438”；

——凡是出现“本技术报告”之处均改为“本文件”；

——根据 GB/T 1.1—2009 进行格式编辑性修改。

本指导性技术文件由中国机械工业联合会提出。

本指导性技术文件由全国工业过程测量和控制标准化技术委员会(SAC/TC 124)归口。

本指导性技术文件主要起草单位：机械工业仪器仪表综合技术经济研究所、上海自动化仪表股份有限公司、上海工业自动化仪表研究院、北京和利时系统工程有限公司、深圳市步科电气有限公司、北京市劳动保护科学研究所、斯堪伯奥科技(北京)有限公司、菲尼克斯电气(南京)研发工程中心有限公司、中国铁道科学研究院、中机生产力促进中心、浙江大学智能系统与控制研究所、皮尔磁工业自动化贸易(上海)有限公司、华中科技大学控制系、西门子(中国)有限公司。

本指导性技术文件主要起草人：丁露、王春喜、欧阳劲松、史学玲、孟邹清、包伟华、李佳嘉、罗安、池家武、靳江红、王海清、张龙、张萍、张晓飞、冯冬芹、褚卫中、周纯杰、李佳。

引　　言

本指导性技术文件的目的是介绍功能安全的概念，并提供 GB/T 20438 系列标准的概述。

当您有如下需求时可阅读本指导性技术文件：

——判断 GB/T 20438 是否适用于您；

——参与可能涉及安全的电气/电子/可编程电子系统的开发；

——起草功能安全相关的任何其他标准。

本指导性技术文件的第 3 章给出功能安全的非正式定义，描述了安全功能、安全完整性和安全相关系统之间的关系、给出如何得出功能安全要求的示例，并列出了一些用电气/电子/可编程电子系统实现功能安全将遇到的挑战。第 4 章介绍了 GB/T 20438 的具体内容，提供了实现功能安全的方法，并描述了 GB/T 20438 的目的、技术方法和框架。它阐述了 GB/T 20438 可广泛地用于不同行业，并可作为许多其他标准的基础。

电气/电子/可编程电子安全相关系统的功能安全 功能安全概念及GB/T 20438系列概况

1 范围

本指导性技术文件介绍了功能安全的概念及GB/T 20438系列的概况。

2 规范性引用文件

下列文件对于本文件的应用是必不可少的。凡是注日期的引用文件,仅注日期的版本适用于本文件。凡是不注日期的引用文件,其最新版本(包括所有的修改单)适用于本文件。

GB/T 20438.1—2006 电气/电子/可编程电子安全相关系统的功能安全 第1部分:一般要求(IEC 61508-1:1998,IDT)

GB/T 20438.2—2006 电气/电子/可编程电子安全相关系统的功能安全 第2部分:电气/电子/可编程电子安全相关系统的要求(IEC 61508-2:2000,IDT)

GB/T 20438.3—2006 电气/电子/可编程电子安全相关系统的功能安全 第3部分:软件要求(IEC 61508-3:1998,IDT)

GB/T 20438.4—2006 电气/电子/可编程电子安全相关系统的功能安全 第4部分:定义和缩略语(IEC 61508-4:1998,IDT)

GB/T 20438.5—2006 电气/电子/可编程电子安全相关系统的功能安全 第5部分:确定安全完整性等级的方法示例(IEC 61508-5:1998,IDT)

GB/T 20438.6—2006 电气/电子/可编程电子安全相关系统的功能安全 第6部分:GB/T 20438.2和GB/T 20438.3的应用指南(IEC 61508-6:2000,IDT)

GB/T 20438.7—2006 电气/电子/可编程电子安全相关系统的功能安全 第7部分:技术和措施概述(IEC 61508-7:2000,IDT)

IEC Guide 104 安全出版物的编写及基本安全出版物和多专业共用安全出版物的应用导则(The preparation of safety publications and the use of basic safety publications and group safety publications)

ISO/IEC Guide 51 安全方面 在标准中引入安全条款的指南(Safety aspects—Guidelines for their inclusion in standards)

3 功能安全

3.1 功能安全是什么

安全是指避免会造成人体健康损害或人身损伤的不可接受风险,而这种风险是由于对财产或环境的破坏而直接或间接地导致的。

功能安全是整体安全的一部分,它依赖于一个系统或设备对其输入的正确响应。

例如,在电机绕组上装一个热传感器,可以在电机过热前实现断电的过热保护装置是功能安全的一个例子。但用特殊的隔热材料来抵御高温就不是功能安全的例子(虽然这也是实现安全的一个例子,并能抵御同样的危险)。

安全或功能安全的确定需将各个系统视为一个整体,并且考虑各系统所处的交互环境。

3.2 安全功能及安全相关系统

一般来说,设备及相关的所有控制系统在特定环境下的重大危险必须由专业人员或开发人员通过危险分析来识别。该分析确定是否需要通过功能安全对每个重大危险提供足够的保护。如果需要,则应考虑在设计中采取适当方法实现。功能安全只是应对危险的方法之一,同时其他消除或降低危险的方法,如通过设计实现固有安全,是至关重要的。

术语"安全相关"用来描述这样的系统,该系统执行一个或多个特定功能以确保将风险保持在一个可接受的水平。根据定义,这样的功能就是安全功能。为实现功能安全,下面两种要求是必要的:

——安全功能要求(功能用来做什么);

——安全完整性要求(安全功能按要求执行的可能性)。

安全功能要求由危险分析确定,安全完整性要求由风险评估确定。安全完整性的等级越高,危险失效发生的可能性越低。

无论采用什么技术执行安全功能的系统,就是安全相关系统。安全相关系统可独立于设备控制系统,或者设备控制系统本身可实现安全功能。后者中,设备控制系统就是一个安全相关系统。安全完整性的等级越高,安全相关系统的工程实施要求越严格。

3.3 功能安全示例

设想一台机器,其旋转叶片由铰接硬质防护罩来保护。需要打开防护罩进行例行清洁时,可能触及叶片。防护罩是联锁的,在防护罩打开时电机断电、启动刹车,使叶片在可能伤害到操作员前停止旋转。

为了保证安全,有必要进行危险分析和风险评估。

a) 通过危险分析识别清洁叶片可能出现的危险。对此机器,在启动刹车并使叶片停止前,铰接防护罩的开度不能超过 5 mm。进一步分析显示,使叶片停止的时间不应超过 1 s。以上这些描述了安全功能的要求。

b) 通过风险评估确定安全功能的性能要求。其目的是保证安全功能的安全完整性足够保证危险事件不会使人处于不可接受的风险环境中。

安全功能失效导致的伤害可能是操作人员的手被切断或仅仅是擦伤。风险还取决于防护罩打开的频率,可能是一天多次或少于一月一次。所要求的安全完整性等级随着伤害的严重程度和暴露于危险环境频率的增加而提高。

安全功能的安全完整性取决于正确执行安全功能所需的所有设备,即联锁、相关电路、电机和刹车系统等。安全功能及其安全完整性规定了在特定环境下各系统作为一个整体所要求的行为。

总之,危险分析识别如何避免与叶片相关的危险事件发生。风险评估给出为使风险可接受的联锁系统所要求的安全完整性。如下两个因素:"哪些安全功能必须执行"即安全功能要求,和"执行安全功能所必需的确定性程度如何"即安全完整性要求,是功能安全的基础。总之,危险分析识别如何避免与叶片相关的危险事件发生。

3.4 实现功能安全的挑战

安全功能越来越多地由电气、电子或可编程电子系统执行。这些系统通常很复杂,不可能在实际中完全确定其每种失效模式或测试所有可能的行为。尽管测试是必要的,但很难预测其安全性能。

防止危险失效或出现危险失效时对其进行控制,是系统设计时面对的挑战。危险失效来自:

——错误的系统、硬件或软件规范;

——安全要求规范的遗漏(例如,未明确在不同操作模式下所有相关安全功能);

——随机硬件失效机制；
——系统硬件失效机制；
——软件错误；
——共因失效；
——人因错误；
——环境影响(例如电磁、温度、机械因素)；
——供电系统的电压扰动(例如断电、欠压、供电恢复)。

GB/T 20438 包括最大限度地减少这些失效的要求，详见第 4 章。

4 GB/T 20438 E/E/PE 安全相关系统的功能安全

4.1 目的

GB/T 20438 的目的是：
——发挥 E/E/PE 技术的潜在优势，提高安全性和经济性；
——在整体安全的框架内推动技术的发展；
——提供技术上完整的、基于系统的方法，为未来提供充分的灵活性；
——提供基于风险的方法，确定安全相关系统的性能要求；
——提供可以在工业中直接使用的通用标准，也可用来帮助制定各领域标准(例如机械、化工、医疗或铁路)或产品标准(例如动力驱动系统)；
——在使用基于计算机的技术时，为用户和管理当局提供一种增强信心的手段；
——提供基于共同基本原则的要求，以促进：
- 为不同领域的子系统和器件的供应商提高供应链效率；
- 改善交流和要求(更清晰地描述需要规定的内容)；
- 开发可跨领域使用的技术和措施，增加可用的资源；
- 需要的情况下，开发一致性评估服务。

GB/T 20438 不包括那些可能是必要的预防措施，这些措施用以防止未授权的人员对 E/E/PE 安全相关系统实现功能安全的破坏，和/或其他负面影响。

4.2 E/E/PE 安全相关系统

GB/T 20438 针对安全相关系统实现的功能安全，而这些系统主要采用电气/电子/可编程电子(E/E/PE)技术，即 E/E/PE 安全相关系统。GB/T 20438 适用于这些系统，而不考虑其应用。

GB/T 20438 的一些要求与开发活动相关，其中的实现技术可能尚未完全确定。这包括整体安全要求的开发(概念、范围定义、危险分析和风险评估)。如果可能用到 E/E/PE 技术，则应使用 GB/T 20438以一种系统的、基于风险的方式来确定所有 E/E/PE 安全相关系统的功能安全要求。

GB/T 20438 的其他要求，包括文档、功能安全管理、功能安全评估和资质，并非专用于 E/E/PE 技术。非技术特定的所有要求也可有效地应用于其他安全相关系统，但这些系统不在 GB/T 20438 的范围内。

下面是 E/E/PE 安全相关系统的示例：
——危险化工厂的紧急停车系统；
——起重机安全负载指示器；
——铁路信号系统；
——机械联锁防护和紧急停机系统；
——变速电机限速保护装置；

——医用放射性设备的辐射剂量联锁系统和控制系统；
——动态定位（接近海上平台时的船舶运动控制）；
——飞行器控制面的线控操作；
——汽车指示灯、防抱死刹车和发动机管理系统；
——通过网络对处理装置进行远程监视、操作或编程；
——错误结果会影响安全的信息决策支持工具。

一个E/E/PE安全相关系统涵盖执行安全功能所需的所有系统部件（即从传感器开始，通过控制逻辑和通信系统，到最终执行器，包括操作员的任何关键动作）。

由于E/E/PE安全相关系统的定义来自于安全的定义，所以它也涉及避免对人体健康造成损伤和伤害的不可接受的风险。伤害可能间接的来自财产或环境的破坏。但是，一些系统主要设计用于防止导致严重经济损失的失效。GB/T 20438可用于开发具有关键功能的E/E/PE系统，比如对设备或产品的保护。

4.3 技术方法

GB/T 20438

——采用基于风险的方法来确定E/E/PE安全相关系统的安全完整性要求，还包括大量的应用示例；
——对于确保E/E/PE安全相关系统实现功能安全所必要的活动，采用整体安全生命周期模型作为这些活动的技术框架；
——涵盖所有的安全生命周期活动，从初始概念、到危险分析和风险评估、制定安全要求、规范、设计和实现、操作与维护、改进，直到最后的停用和/或处置；
——涵盖系统（系统由执行安全功能的所有子系统构成，包括硬件和软件）和失效机制（随机硬件和系统）；
——包括防止失效的要求（避免故障的引入）和控制失效的要求（保证故障出现时的安全）；
——规定了达到要求的安全完整性所需的技术和措施。

4.4 安全完整性等级

GB/T 20438将安全功能的安全性能划分了4个等级，即安全完整性等级。SIL1是最低的等级，SIL4是最高的等级。GB/T 20438详细说明了实现每个安全完整性等级的要求。安全完整性等级越高，要求越严格，以达到所要求的更低的危险失效可能性。

一个E/E/PE安全相关系统通常执行多个安全功能。如果各安全功能的安全完整性要求不同，除非各安全功能的实现有充足的独立性，否则整个E/E/PE安全相关系统应采用相应最高的安全完整性等级。

如果一个单独的E/E/PE系统能提供所有要求的安全功能，而且要求的安全完整性等级低于SIL1，那么GB/T 20438不适用。

4.5 功能安全示例回顾

安全功能要求与安全完整性要求组成功能安全要求规范。这些要求必须在设计E/E/PE安全相关系统前全部确定。

在第3章所述示例中，对该特定危险事情的功能安全要求描述如下：

示例：当防护罩打开5 mm或更大开度时，电机应当断电，刹车制动，使叶片在1 s内停下，此安全功能的安全完整性等级应为SIL2。

功能安全要求规范关注安全相关系统作为一个整体在特定环境下的行为。在此例中，E/E/PE安全相关系统包括保护联锁开关、电路、接触器、电机和刹车。

4.6 GB/T 20438 框架

GB/T 20438 由以下部分组成：

GB/T 20438.1—2006，电气/电子/可编程电子安全相关系统的功能安全　第1部分：一般要求

GB/T 20438.2—2006，电气/电子/可编程电子安全相关系统的功能安全　第2部分：电气/电子/可编程电子安全相关系统的要求

GB/T 20438.3—2006，电气/电子/可编程电子安全相关系统的功能安全　第3部分：软件要求

GB/T 20438.4—2006，电气/电子/可编程电子安全相关系统的功能安全　第4部分：定义和缩略语

GB/T 20438.5—2006，电气/电子/可编程电子安全相关系统的功能安全　第5部分：确定安全完整性等级的方法示例

GB/T 20438.6—2006，电气/电子/可编程电子安全相关系统的功能安全　第6部分：GB/T 20438.2和 GB/T 20438.3 的应用指南

GB/T 20438.7—2006，电气/电子/可编程电子安全相关系统的功能安全　第7部分：技术和措施概述

GB/T 20438 各部分要求框图见图 1。

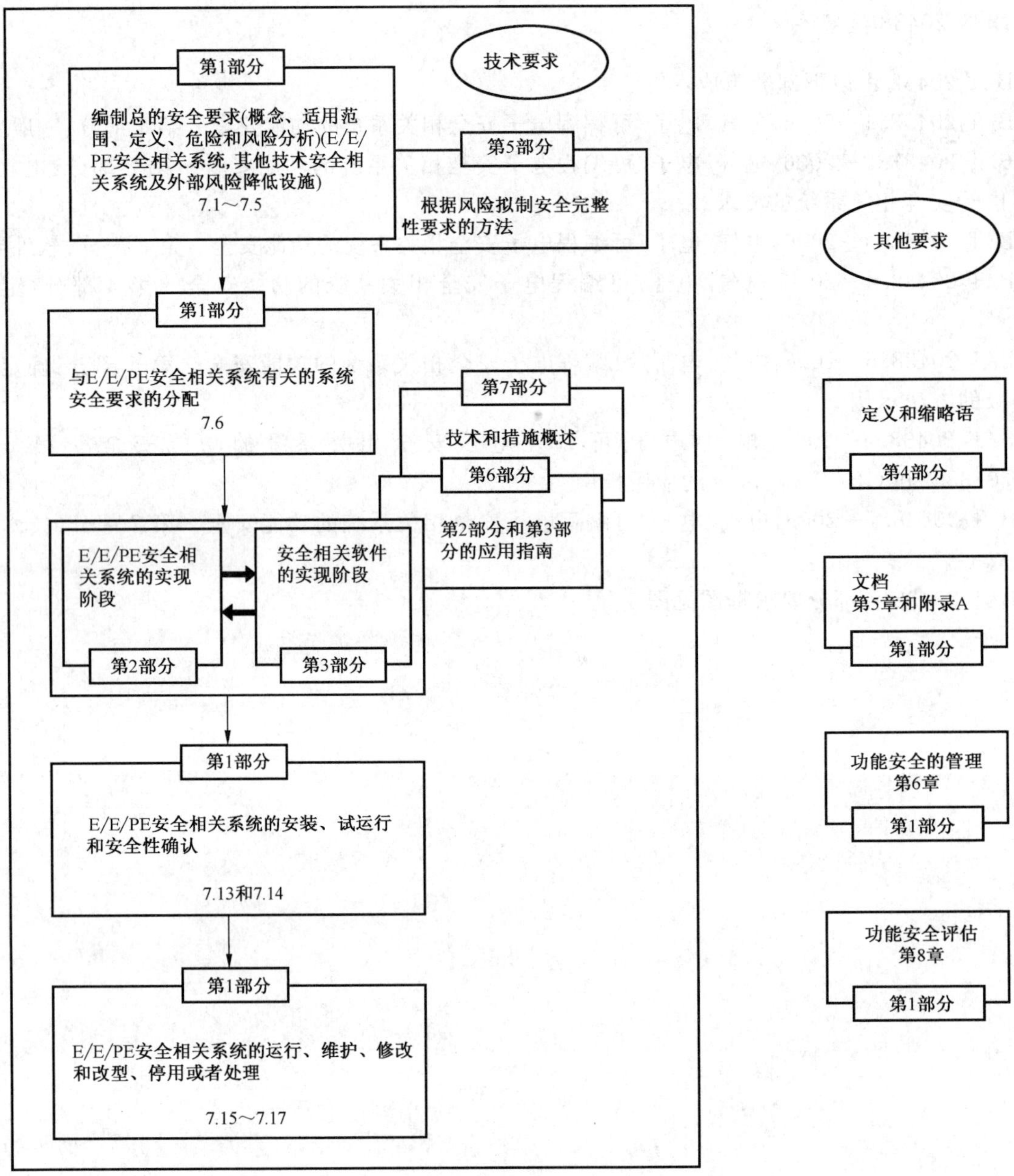

图 1 GB/T 20438 第 1～7 部分的要求的框图

4.7 GB/T 20438 作为其他标准的基础

如果某一技术委员会通过危险分析确定需要有足够的保护以应对重大危险或危险事件,则标准的制定者应在安全标准中考虑功能安全。

GB/T 20438 的第 1～4 部分是基本安全出版物。只要能适用,技术委员会的职责之一就是在其各自的领域标准或产品标准制定中使用 GB/T 20438 的这些部分(当 E/E/PE 安全相关系统在这些标准范围内)。更多的信息可见 GB/T 16499 和 GB/T 20000.4。

GB/T 20438 是各领域(如过程领域)已发布标准的基础,同时也是制定其他领域标准和产品标准的基础。因此,它将影响各领域的 E/E/PE 安全相关系统和产品的开发。

基于 GB/T 20438 的具体领域标准:

——针对系统设计者、系统集成商和用户；

——考虑到具体领域的实际情况，允许简化要求；

——使用行业术语使表达更清晰；

——可规定适用于该领域的特殊限制；

——按照 GB/T 20438 的要求进行子系统的详细设计；

——允许最终用户无需考虑 GB/T 20438 来实现功能安全。

GB/T 20438 作为基本安全出版物不适用于简单的 E/E/PE 安全相关系统(见 GB/T 20438.1 的 4.2)。此类 E/E/PE 安全相关系统中，很好地定义了每个独立元件的失效模式，而且能完全确定在故障状况下的系统行为。例如，包含一个或多个限位开关的系统，该系统操作一个或多个接触器，可能还要通过一些中间继电器来切断电机电源。

4.8 GB/T 20438 作为独立的标准

GB/T 20438 的所有部分可被工业界直接用作独立出版物。它可以如下使用：

——作为 E/E/PE 安全相关系统的一组通用要求，可以使用在没有领域标准和产品标准的地方或领域标准不适用的情况下；

——所有领域的 E/E/PE 部件和子系统的供货商使用(例如传感器的软件和硬件、智能执行器、可编程控制器、数据通信)；

——系统构建者用来满足用户对 E/E/PE 安全相关系统的规范要求；

——用户用来规定执行的安全功能的要求以及这些安全功能的性能要求；

——便于维护 E/E/PE 安全相关系统的“设计的”安全完整性；

——为一致性评估和认证服务提供技术框架；

——作为对安全生命周期活动进行评估的基础。

4.9 更多信息

关于功能安全的更多信息，包括常见问题(见附录 A)，可以在 IEC 网站的“功能安全”专区找到(http://www.iec.ch/functionalsafety)。

如果不熟悉标准内容，建议首先阅读以下内容：

——第 5 部分的附录 A(介绍了风险的概念和安全完整性)；

——第 1 部分的图 2 和表 1(图解说明了整体安全生命周期，并列出各生命周期阶段的目的。生命周期和阶段目的帮助理解第 1 部分第 7 章中要求)；

——第 1 部分的第 6 章和第 8 章(包括关于功能安全管理和评估的要求)；

——第 6 部分的附录 A(概述了第 2 部分和第 3 部分的要求)；

——第 2 部分的图 2 和表 1 以及第 3 部分的图 3 和表 1(帮助理解第 2 部分和第 3 部分的第 7 章)。

GB/T 20438 的特殊要求应当在生命周期的各阶段(适用时)和针对该阶段要求声明的目标中考虑，并在陈述该阶段要求前首先声明其目的。

附 录 A
（资料性附录）
IEC“功能安全”专区的常见问题列表

表 A.1 列出了常见问题，其回答见在 IEC 网站“功能安全”专区（http://www.iec.ch/functional-safety）。在本列表发布后，网站上可能增加了其他问题问答。

表 A.1 常见问题列表

部 分	常 见 问 题
范围	IEC 61508 与我有关吗？ IEC 61508 涵盖哪些系统？ 请给出实际例子 IEC 61508 如何应用在只有一小部分使用 E/E/PE 技术的安全相关系统中？ IEC 61508 如何应用在功能为避免环境破坏或严重经济损失的系统中？ IEC 61508 由哪几部分组成？ 标准可以免费获得吗，比如从互联网下载？ 我已获得一份标准，我应该如何阅读？
在国际标准框架中的位置	该标准如何在国际范围内发布？ IEC 61508 的国际地位如何？ IEC 61508 如何与各领域标准相配合？ 什么是基本安全出版物？ 基于 IEC 61508 的应用领域或子系统标准有哪些？ IEC 61508 中安全完整性的 1-4 级如何转化成 EN 954-1 中的等级或二者有何联系？ IEC 61508 能否独立使用？ 是否会修订 IEC 61508？ 在修订过程中是否可以提意见？
地区因素和技术解释	如何在 IEC 61508 中找到适合我国的信息？ IEC 61508 也是欧洲标准吗？ 是否按照某些欧盟指令强制使用 IEC 61508？ 如何获得标准特定子条款的技术解释？ 如何与我国的国家委员会联系？
符合标准	需要满足什么条件才能声明符合此标准？ IEC 61508 如何运用在低复杂性的 E/E/PE 安全相关系统中？ E/E/PE 安全相关系统中不同安全功能的安全完整性对应怎样的 IEC 61508 要求？ 是否有必要选用 IEC 61508-2 和 IEC 61508-3 的附录 A 和 B 建议的技术和措施以符合此标准？ 在 E/E/PE 安全相关系统中，我作为部分（不是全部）开发阶段的合同方。为了符合 IEC 61508，在建立文档时，我需要从其他参与方中得到哪些信息？ 供货商提出其产品符合 IEC 61508 的特定安全完整性等级。这是否意味着只要我使用这些产品就符合 IEC 61508？ 我提供将使用在安全相关系统中的子系统，如传感器或执行器。IEC 61508 对我来说意味着什么？

表 A.1（续）

部　分	常见问题
符合标准	为了符合 IEC 61508,是否需要使用经过第三方认证的部件？ 功能安全评估要求的独立性水平与第三方认证的需求之间有何联系？ 如何考虑人员活动对 E/E/PE 安全相关系统运行的影响？ E/E/PE 安全相关系统是否可包含没有按照 IEC 61508 生产的硬件和(或)软件,并仍然符合此标准？ 向安全相关系统发出命令的控制系统是否也被认为是安全相关系统？ 电磁抗扰性限值与安全完整性有怎样的关系？
重要概念	什么是功能安全？ 根据 IEC 61508,什么是安全相关系统？ E/E/PE 是什么意思？ 低复杂性的 E/E/PE 安全相关系统是什么？ 什么是安全完整性等级(SIL)？ 在安全完整性定义为失效率的情况下,软件安全完整性是什么意思？ SIL 系统、子系统或部件是什么意思？ 什么是功能安全评估？ 什么是操作模式？ 低要求操作模式与高要求或连续操作模式有什么不同？ 请给出不同操作模式的结构示例 操作模式是否影响安全完整性的确定？ 什么是受控设备(EUC)
危险与风险分析	IEC 61508 是否仅通过提高可靠性来保证安全？ IEC 61508 是否涵盖危险源的消除？ IEC 61508 是否要求执行定量风险分析来确定安全完整性等级？ 当使用风险图方法确定安全完整性等级时,需要考虑哪些因素？ 应该如何考虑由 E/E/PE 安全相关系统引入的危险？

ICS 13.200
C 78

中华人民共和国国家标准

GB/T 29639—2013

生产经营单位生产安全事故应急预案编制导则

Guidelines for enterprises to develop emergency response plan for work place accidents

2013-07-19 发布　　2013-10-01 实施

中华人民共和国国家质量监督检验检疫总局
中国国家标准化管理委员会　发布

前　言

本标准按照 GB/T 1.1—2009 给出的规则起草。

本标准由国家安全生产监督管理总局提出。

本标准由全国安全生产标准化技术委员会(SAC/TC 288)归口。

本标准起草单位:中国安全生产科学研究院、国家安全生产应急救援指挥中心、中国南方电网调峰调频发电公司。

本标准主要起草人:吴宗之、雷长群、孙庆云、时训先、多英全、曾明荣、石国领、张明、李继宝、曾广移、曹云鹏、蔡镇坤。

生产经营单位生产安全事故应急预案编制导则

1 范围

本标准规定了生产经营单位编制生产安全事故应急预案(以下简称应急预案)的编制程序、体系构成和综合应急预案、专项应急预案、现场处置方案以及附件。

本标准适用于生产经营单位的应急预案编制工作,其他社会组织和单位的应急预案编制可参照本标准执行。

2 规范性引用文件

下列文件对于本文件的应用是必不可少的。凡是注日期的引用文件,仅注日期的版本适用于本文件。凡是不注日期的引用文件,其最新版本(包括所有的修改单)适用于本文件。

GB/T 20000.4 标准化工作指南 第4部分:标准中涉及安全的内容

AQ/T 9007 生产安全事故应急演练指南

3 术语和定义

下列术语和定义适用于本文件。

3.1

应急预案 emergency plan

为有效预防和控制可能发生的事故,最大程度减少事故及其造成损害而预先制定的工作方案。

3.2

应急准备 emergency preparedness

针对可能发生的事故,为迅速、科学、有序地开展应急行动而预先进行的思想准备、组织准备和物资准备。

3.3

应急响应 emergency response

针对发生的事故,有关组织或人员采取的应急行动。

3.4

应急救援 emergency rescue

在应急响应过程中,为最大限度地降低事故造成的损失或危害,防止事故扩大,而采取的紧急措施或行动。

3.5

应急演练 emergency exercise

针对可能发生的事故情景,依据应急预案而模拟开展的应急活动。

4 应急预案编制程序

4.1 概述

生产经营单位应急预案编制程序包括成立应急预案编制工作组、资料收集、风险评估、应急能力评估、编制应急预案和应急预案评审6个步骤。

4.2 成立应急预案编制工作组

生产经营单位应结合本单位部门职能和分工，成立以单位主要负责人（或分管负责人）为组长，单位相关部门人员参加的应急预案编制工作组，明确工作职责和任务分工，制定工作计划，组织开展应急预案编制工作。

4.3 资料收集

应急预案编制工作组应收集与预案编制工作相关的法律法规、技术标准、应急预案、国内外同行业企业事故资料，同时收集本单位安全生产相关技术资料、周边环境影响、应急资源等有关资料。

4.4 风险评估

主要内容包括：

a） 分析生产经营单位存在的危险因素，确定事故危险源；

b） 分析可能发生的事故类型及后果，并指出可能产生的次生、衍生事故；

c） 评估事故的危害程度和影响范围，提出风险防控措施。

4.5 应急能力评估

在全面调查和客观分析生产经营单位应急队伍、装备、物资等应急资源状况基础上开展应急能力评估，并依据评估结果，完善应急保障措施。

4.6 编制应急预案

依据生产经营单位风险评估及应急能力评估结果，组织编制应急预案。应急预案编制应注重系统性和可操作性，做到与相关部门和单位应急预案相衔接。应急预案编制格式参见附录A。

4.7 应急预案评审

应急预案编制完成后，生产经营单位应组织评审。评审分为内部评审和外部评审，内部评审由生产经营单位主要负责人组织有关部门和人员进行。外部评审由生产经营单位组织外部有关专家和人员进行评审。应急预案评审合格后，由生产经营单位主要负责人（或分管负责人）签发实施，并进行备案管理。

5 应急预案体系

5.1 概述

生产经营单位的应急预案体系主要由综合应急预案、专项应急预案和现场处置方案构成。生产经营单位应根据本单位组织管理体系、生产规模、危险源的性质以及可能发生的事故类型确定应急预案体系，并可根据本单位的实际情况，确定是否编制专项应急预案。风险因素单一的小微型生产经营单位可只编写现场处置方案。

5.2 综合应急预案

综合应急预案是生产经营单位应急预案体系的总纲，主要从总体上阐述事故的应急工作原则，包括生产经营单位的应急组织机构及职责、应急预案体系、事故风险描述、预警及信息报告、应急响应、保障措施、应急预案管理等内容。

5.3 专项应急预案

专项应急预案是生产经营单位为应对某一类型或某几种类型事故，或者针对重要生产设施、重大危险源、重大活动等内容而制定的应急预案。专项应急预案主要包括事故风险分析、应急指挥机构及职责、处置程序和措施等内容。

5.4 现场处置方案

现场处置方案是生产经营单位根据不同事故类别，针对具体的场所、装置或设施所制定的应急处置措施，主要包括事故风险分析、应急工作职责、应急处置和注意事项等内容。生产经营单位应根据风险评估、岗位操作规程以及危险性控制措施，组织本单位现场作业人员及安全管理等专业人员共同编制现场处置方案。

6 综合应急预案主要内容

6.1 总则

6.1.1 编制目的

简述应急预案编制的目的。

6.1.2 编制依据

简述应急预案编制所依据的法律、法规、规章、标准和规范性文件以及相关应急预案等。

6.1.3 适用范围

说明应急预案适用的工作范围和事故类型、级别。

6.1.4 应急预案体系

说明生产经营单位应急预案体系的构成情况，可用框图形式表述。

6.1.5 应急工作原则

说明生产经营单位应急工作的原则，内容应简明扼要、明确具体。

6.2 事故风险描述

简述生产经营单位存在或可能发生的事故风险种类、发生的可能性以及严重程度及影响范围等。

6.3 应急组织机构及职责

明确生产经营单位的应急组织形式及组成单位或人员，可用结构图的形式表示，明确构成部门的职责。应急组织机构根据事故类型和应急工作需要，可设置相应的应急工作小组，并明确各小组的工作任务及职责。

6.4 预警及信息报告

6.4.1 预警

根据生产经营单位监测监控系统数据变化状况、事故险情紧急程度和发展势态或有关部门提供的预警信息进行预警，明确预警的条件、方式、方法和信息发布的程序。

6.4.2 信息报告

信息报告程序主要包括：

a) 信息接收与通报

明确 24 小时应急值守电话、事故信息接收、通报程序和责任人。

b) 信息上报

明确事故发生后向上级主管部门、上级单位报告事故信息的流程、内容、时限和责任人。

c) 信息传递

明确事故发生后向本单位以外的有关部门或单位通报事故信息的方法、程序和责任人。

6.5 应急响应

6.5.1 响应分级

针对事故危害程度、影响范围和生产经营单位控制事态的能力，对事故应急响应进行分级，明确分级响应的基本原则。

6.5.2 响应程序

根据事故级别和发展态势，描述应急指挥机构启动、应急资源调配、应急救援、扩大应急等响应程序。

6.5.3 处置措施

针对可能发生的事故风险、事故危害程度和影响范围，制定相应的应急处置措施，明确处置原则和具体要求。

6.5.4 应急结束

明确现场应急响应结束的基本条件和要求。

6.6 信息公开

明确向有关新闻媒体、社会公众通报事故信息的部门、负责人和程序以及通报原则。

6.7 后期处置

主要明确污染物处理、生产秩序恢复、医疗救治、人员安置、善后赔偿、应急救援评估等内容。

6.8 保障措施

6.8.1 通信与信息保障

明确可为生产经营单位提供应急保障的相关单位及人员通信联系方式和方法，并提供备用方案。同时，建立信息通信系统及维护方案，确保应急期间信息通畅。

6.8.2 应急队伍保障

明确应急响应的人力资源，包括应急专家、专业应急队伍、兼职应急队伍等。

6.8.3 物资装备保障

明确生产经营单位的应急物资和装备的类型、数量、性能、存放位置、运输及使用条件、管理责任人及其联系方式等内容。

6.8.4 其他保障

根据应急工作需求而确定的其他相关保障措施(如:经费保障、交通运输保障、治安保障、技术保障、医疗保障、后勤保障等)。

6.9 应急预案管理

6.9.1 应急预案培训

明确对生产经营单位人员开展的应急预案培训计划、方式和要求，使有关人员了解相关应急预案内容，熟悉应急职责、应急程序和现场处置方案。如果应急预案涉及到社区和居民，要做好宣传教育和告知等工作。

6.9.2 应急预案演练

明确生产经营单位不同类型应急预案演练的形式、范围、频次、内容以及演练评估、总结等要求。

6.9.3 应急预案修订

明确应急预案修订的基本要求，并定期进行评审，实现可持续改进。

6.9.4 应急预案备案

明确应急预案的报备部门，并进行备案。

6.9.5 应急预案实施

明确应急预案实施的具体时间、负责制定与解释的部门。

7 专项应急预案主要内容

7.1 事故风险分析

针对可能发生的事故风险，分析事故发生的可能性以及严重程度、影响范围等。

7.2 应急指挥机构及职责

根据事故类型，明确应急指挥机构总指挥、副总指挥以及各成员单位或人员的具体职责。应急指挥机构可以设置相应的应急救援工作小组，明确各小组的工作任务及主要负责人职责。

7.3 处置程序

明确事故及事故险情信息报告程序和内容、报告方式和责任人等内容。根据事故响应级别，具体描述事故接警报告和记录、应急指挥机构启动、应急指挥、资源调配、应急救援、扩大应急等应急响应程序。

7.4 处置措施

针对可能发生的事故风险、事故危害程度和影响范围，制定相应的应急处置措施，明确处置原则和具体要求。

8 现场处置方案主要内容

8.1 事故风险分析

主要包括：

a) 事故类型；

b) 事故发生的区域、地点或装置的名称；

c) 事故发生的可能时间、事故的危害严重程度及其影响范围；

d) 事故前可能出现的征兆；

e) 事故可能引发的次生、衍生事故。

8.2 应急工作职责

根据现场工作岗位、组织形式及人员构成，明确各岗位人员的应急工作分工和职责。

8.3 应急处置

主要包括以下内容：

a) 事故应急处置程序。根据可能发生的事故及现场情况，明确事故报警、各项应急措施启动、应急救护人员的引导、事故扩大及同生产经营单位应急预案的衔接的程序。

b) 现场应急处置措施。针对可能发生的火灾、爆炸、危险化学品泄漏、坍塌、水患、机动车辆伤害等，从人员救护、工艺操作、事故控制，消防、现场恢复等方面制定明确的应急处置措施。

c) 明确报警负责人以及报警电话及上级管理部门、相关应急救援单位联络方式和联系人员，事故报告基本要求和内容。

8.4 注意事项

主要包括：

a) 佩戴个人防护器具方面的注意事项；

b) 使用抢险救援器材方面的注意事项；

c) 采取救援对策或措施方面的注意事项；

d) 现场自救和互救注意事项；

e) 现场应急处置能力确认和人员安全防护等事项；

f) 应急救援结束后的注意事项；

g) 其他需要特别警示的事项。

9 附件

9.1 有关应急部门、机构或人员的联系方式

列出应急工作中需要联系的部门、机构或人员的多种联系方式，当发生变化时及时进行更新。

9.2 应急物资装备的名录或清单

列出应急预案涉及的主要物资和装备名称、型号、性能、数量、存放地点、运输和使用条件、管理责任人和联系电话等。

9.3 规范化格式文本

应急信息接报、处理、上报等规范化格式文本。

9.4 关键的路线、标识和图纸

主要包括：

a) 警报系统分布及覆盖范围；
b) 重要防护目标、危险源一览表、分布图；
c) 应急指挥部位置及救援队伍行动路线；
d) 疏散路线、警戒范围、重要地点等的标识；
e) 相关平面布置图纸、救援力量的分布图纸等。

9.5 有关协议或备忘录

列出与相关应急救援部门签订的应急救援协议或备忘录。

附　录　A
（资料性附录）
应急预案编制格式

A.1　封面

应急预案封面主要包括应急预案编号、应急预案版本号、生产经营单位名称、应急预案名称、编制单位名称、颁布日期等内容。

A.2　批准页

应急预案应经生产经营单位主要负责人(或分管负责人)批准方可发布。

A.3　目次

应急预案应设置目次,目次中所列的内容及次序如下:

——批准页;

——章的编号、标题;

——带有标题的条的编号、标题(需要时列出);

——附件,用序号表明其顺序。

A.4　印刷与装订

应急预案推荐采用 A4 版面印刷,活页装订。

ICS 83.080.20
G 32

中华人民共和国国家标准

GB/T 29640—2013

塑料　玻璃纤维增强聚对苯二甲酰癸二胺

Plastics—Glass fiber reinforced poly(decamethylene terephthalamide) compound

2013-09-06 发布　　2014-01-31 实施

中华人民共和国国家质量监督检验检疫总局
中国国家标准化管理委员会　发布

前　言

本标准按照GB/T 1.1—2009给出的规则起草。

本标准由中国石油和化学工业联合会提出。

本标准由全国塑料标准化技术委员会工程塑料分技术委员会(SAC/TC 15/SC 9)归口。

本标准负责起草单位:金发科技股份有限公司、中国蓝星(集团)股份有限公司、上海金发科技发展有限公司。

本标准参加起草单位:上海日之升新技术发展有限公司、浙江俊尔新材料有限公司、平顶山神马工程塑料有限责任公司、广东从化赛龙工程塑料有限公司、成都同明新材料技术有限公司。

本标准主要起草人:姜苏俊、陈健、易庆锋、袁绍彦、苏妤、曹民、曾祥斌、王建东、辛敏奇、黄志坚、曹应民、郝源增。

本标准为首次发布。

塑料　玻璃纤维增强聚对苯二甲酰癸二胺

1　范围

本标准规定了玻璃纤维增强聚对苯二甲酰癸二胺专用料的分类与命名、要求、试验方法、检验规则、标志、包装、运输和贮存等。

本标准适用于以聚对苯二甲酰癸二胺树脂为基体，加入玻璃纤维和(或)阻燃剂和(或)阻燃协效剂及其他加工助剂，通过熔融共混形成的玻璃纤维增强聚对苯二甲酰癸二胺本色材料。聚对苯二甲酰癸二胺树脂是指对苯二甲酸和癸二胺的均聚物或其与少量其他单体的共聚物。

本标准不适用于矿物填料等非玻璃纤维增强的改性聚对苯二甲酰癸二胺材料。

2　规范性引用文件

下列文件对于本文件的应用是必不可少的。凡是注日期的引用文件，仅注日期的版本适用于本文件。凡是不注日期的引用文件，其最新版本(包括所有的修改单)适用于本文件。

GB/T 1033.1—2008　塑料　非泡沫塑料密度的测定　第1部分：浸渍法、液体比重瓶法和滴定法(ISO 1183-1:2004,IDT)

GB/T 1034—2008　塑料　吸水性的测定(ISO 62:2008，IDT)

GB/T 1040.2—2006　塑料　拉伸性能的测定　第2部分：模塑和挤塑塑料的试验条件(ISO 527-2:1993，IDT)

GB/T 1408.1—2006　绝缘材料电气强度试验方法　第1部分：工频下试验(IEC 60243-1:1998，IDT)

GB/T 1634.2—2004　塑料　负荷变形温度的测定　第2部分：塑料、硬橡胶和长纤维增强复合材料(ISO 75-2:2003,IDT)

GB/T 1843—2008　塑料　悬臂梁冲击强度的测定(ISO 180:2000,IDT)

GB/T 1844.1—2008　塑料　符号和缩略语　第1部分：基础聚合物及其特征性能(ISO 1043-1:2001,IDT)

GB/T 1844.2—2008　塑料　符号和缩略语　第2部分：填充及增强材料(ISO 1043-2:2000,IDT)

GB/T 1844.4—2008　塑料　符号和缩略语　第4部分：阻燃剂(ISO 1043-4:1998,IDT)

GB/T 2408—2008　塑料　燃烧性能的测定　水平法和垂直法(IEC 60695-11-10:1999,IDT)

GB/T 2547—2008　塑料　取样方法

GB/T 2918—1998　塑料试样状态调节和试验的标准环境(ISO 291:1997,IDT)

GB/T 4207—2012　固体绝缘材料耐电痕化指数和相比电痕化指数的测定方法(IEC 60112:1979,IDT)

GB/T 8170　数值修约规则与极限数值的表示和判定

GB/T 9341—2008　塑料　弯曲性能的测定(ISO 178:2001,IDT)

GB/T 9345.4—2008　塑料　灰分的测定　第4部分：聚酰胺(ISO 3451-4:1998,IDT)

GB/T 12006.1—2009　塑料　聚酰胺　第1部分：黏数的测定(ISO 307:2007,IDT)

GB/T 17037.1—1997　热塑性塑料材料注塑试样的制备　第1部分：一般原理及多用途试样和长条试样的制备(idt ISO 294-1:1996)

GB/T 19466.2—2004 塑料 差示扫描量热法(DSC) 第2部分:玻璃化转变温度的测定(ISO 11357-2:1999,IDT)

GB/T 19466.3—2004 塑料 差示扫描量热法(DSC) 第3部分:熔融和结晶温度及热焓的测定(ISO 11357-3:1999,IDT)

GB/T 26125 电子电气产品 六种限用物质(铅、汞、镉、六价铬、多溴联苯和多溴二苯醚)的测定

GB/T 26572 电子电气产品中限用物质的限量要求

SH/T 1541—2006 热塑性塑料颗粒外观试验方法

3 分类与命名

3.1 总则

玻璃纤维增强聚对苯二甲酰癸二胺材料的分类与命名基于下列标准模式,如表1。

表1 命名模式

特征项目组			
字符组 1	字符组 2	字符组 3	字符组 4

命名由表示特征项目组的三个或四个字符组构成:

字符组1:按照GB/T 1844.1—2008规定聚对苯二甲酰癸二胺树脂代号(见3.2)。

字符组2:玻璃纤维增强材料标称含量(见3.3)。

字符组3:有关阻燃剂类型的信息(见3.4)。不含阻燃剂的产品,则不含本字符组。

字符组4:有关材料颜色的信息(见3.5)。

字符组之间用逗号隔开。

3.2 字符组1

该字符组是GB/T 1844.1—2008规定的聚对苯二甲酰癸二胺树脂代号“PA10T”。

3.3 字符组2

玻璃纤维增强材料的代号按GB/T 1844.2—2008规定。在这个字符组中,用两个字母代号“GF”表示增强材料的类型为玻璃纤维,紧接着字母(不空格)后用两个数字为代号表示其标称含量,误差范围为±3%,具体举例见表2。

表2 字符组2中玻璃纤维标称含量的代号及代表的质量分数范围

数字代号	玻璃纤维质量分数的范围/%
15	12.0～18.0
30	27.0～33.0
45	42.0～48.0

3.4 字符组3

玻璃纤维增强阻燃聚对苯二甲酰癸二胺材料按照所添加的阻燃剂类型进行分类:

a) 非多溴联苯/多溴联苯醚类(Non-PBBs/PBDEs):指采用除多溴联苯/多溴联苯醚类以外的其他卤系和锑类或者锌类协效剂复配阻燃体系为阻燃剂的玻璃纤维增强阻燃聚对苯二甲酰癸二胺材料。

b) 无卤类(Halogen-free):指采用无卤阻燃剂的玻璃纤维增强阻燃聚对苯二甲酰癸二胺材料。

按照 GB/T 1844.4—2008,阻燃剂类型代号的规定见表 3。

表 3 字符组 3 中阻燃剂类型的代号

代号	定　义
FR(16)	芳香族溴化合物(除溴化联苯醚和联苯)
FR(17)	除溴化联苯醚和联苯(Non-PBBs/PBDEs)以外的芳香族溴化合物和锑化合物
FR(40)	无卤(Halogen-free)有机磷化合物
FR(72)	硼酸锌

3.5 字符组 4

颜色的代号由两位字母组成,例如,NC 表示本色。

3.6 示例

某芳香族溴化合物(除溴化联苯醚和联苯之外)和锑化合物协效剂复配体系(FR(17))阻燃的玻璃纤维增强聚对苯二甲酰癸二胺材料(NC),玻璃纤维的质量分数为 30%(GF30)。该材料命名如下:

PA10T, GF30, FR(17), NC

字符组 1:聚对苯二甲酰癸二胺代号

字符组 2:玻璃纤维标称含量

字符组 3:阻燃剂类型代号

字符组 4:颜色

命名:PA10T,GF30,FR(17),NC。

4 技术要求

4.1 外观

玻璃纤维增强聚对苯二甲酰癸二胺材料为直径为 2.0 mm～3.5 mm、长度为直径的 1.0～1.5 倍、色泽均一的颗粒。

4.2 性能要求

4.2.1 聚对苯二甲酰癸二胺树脂的技术要求见表 4。

4.2.2 玻璃纤维增强卤素阻燃聚对苯二甲酰癸二胺材料的技术要求见表 5。

4.2.3 玻璃纤维增强无卤阻燃聚对苯二甲酰癸二胺材料的技术要求见表 6。

4.2.4 玻璃纤维增强聚对苯二甲酰癸二胺材料的技术要求见表 7。

表 4 聚对苯二甲酰癸二胺树脂的技术要求

序号	项目	单位	要求
1	熔融峰温度 T_{pm}	℃	285～325
2	玻璃化转变中点温度 T_{mg}	℃	100～130
3	特性黏数 η	dL/g	0.65～1.15

表 5 玻璃纤维增强卤素阻燃聚对苯二甲酰癸二胺本色材料的技术要求

序号	项目	单位	要求		
			PA10T,GF15, FR(*m*+*n*),NC	PA10T,GF30, FR(*m*+*n*),NC	PA10T,GF45, FR(*m*+*n*),NC
1	密度 ρ	g/cm^3	1.45～1.52	1.58～1.65	1.71～1.78
2	灰分含量	%	13～20	28～35	43～50
3	拉伸断裂应力 σ_B	MPa	≥90	≥145	≥165
4	弯曲强度 σ_{fM}	MPa	≥130	≥205	≥235
5	悬臂梁缺口冲击强度	kJ/m^2	≥4.5	≥7.5	≥10.5
6	负荷变形温度 (T_f=1.8)	℃	≥250	≥260	≥260
7	燃烧性 (B50/0.8)	—	V—0	V—0	V—0
8	电气强度	kV/mm	≥30	≥30	≥30
9	相比电痕化指数	V	≥400	≥400	≥400
10	吸水率 (水中 23 ℃/24 h)	%	≤0.25	≤0.20	≤0.17

注：*m* 和 *n* 为两位数字，表示阻燃剂类型，*n* 可能不包含。如：FR(17)表示芳香族溴化合物(除溴化联苯醚和联苯之外)和锑化合物复配的阻燃体系，FR(16+72)表示芳香族溴化合物(除溴化联苯醚和联苯之外)和硼酸锌。

表 6 玻璃纤维增强无卤阻燃聚对苯二甲酰癸二胺本色材料的技术要求

序号	项目	单位	要求		
			PA10T,GF15, FR(*p*+*q*),NC	PA10T,GF30, FR(*p*+*q*),NC	PA10T,GF45, FR(*p*+*q*),NC
1	密度 ρ	g/cm^3	1.25～1.32	1.39～1.46	1.54～1.61
2	灰分含量	%	15～22	30～36	45～50
3	拉伸断裂应力 σ_B	MPa	≥75	≥115	≥135

表 6（续）

序号	项目	单位	要求		
			PA10T,GF15,FR(p+q),NC	PA10T,GF30,FR(p+q),NC	PA10T,GF45,FR(p+q),NC
4	弯曲强度 σ_{fM}	MPa	≥110	≥160	≥190
5	悬臂梁缺口冲击强度	kJ/m²	≥5	≥7.5	≥8.5
6	负荷变形温度（T_f=1.8）	℃	≥250	≥260	≥260
7	燃烧性（B50/0.8）	—	V—0	V—0	V—0
8	电气强度	kV/mm	≥32	≥32	≥32
9	相比电痕化指数	V	≥600	≥600	≥600
10	吸水率（水中 23 ℃/24 h）	%	≤0.25	≤0.20	≤0.17
注：p 和 q 为两位数字，表示无卤阻燃剂类型，q 可能不包含。如：FR(40)表示无卤有机磷系阻燃剂，FR(40+72)表示无卤有机磷系阻燃剂和硼酸锌。					

表 7　玻璃纤维增强聚对苯二甲酰癸二胺本色材料的技术要求

序号	项目	单位	要求		
			PA10T,GF15,NC	PA10T,GF30,NC	PA10T,GF45,NC
1	密度 ρ	g/cm³	1.24～1.31	1.35～1.42	1.49～1.56
2	灰分含量	%	13～18	28～33	43～48
3	拉伸断裂应力 σ_B	MPa	≥120	≥160	≥190
4	弯曲强度 σ_{fM}	MPa	≥175	≥235	≥270
5	悬臂梁缺口冲击强度	kJ/m²	≥5	≥9	≥12
6	负荷变形温度（T_f=1.8）	℃	≥255	≥260	≥260
7	吸水率（水中 23 ℃/24 h）	%	≤0.30	≤0.25	≤0.20

4.3 限用物质

产品应满足 GB/T 26572 对限用物质的限量要求及其他规定要求。

5 试验方法

5.1 外观

按 SH/T 1541—2006 规定的热塑性塑料颗粒外观试验方法对本标准中材料的外观进行检验。

5.2 试样制备

注塑试样按 GB/T 17037.1—1997 规定进行，推荐使用表 8 规定的条件。注塑前，材料应在 120 ℃～140 ℃的温度下干燥 2 h～6 h，保证含水率不超过 0.1%。

表 8 试样的注塑条件

熔体温度/℃	模具温度/℃	注射速率/(mm/s)	保压时间/s	全循环时间/s
320±10	120±20	200±100	15±5	40±5

用 GB/T 17037.1—1997 标准中的 A 型模具制备符合 GB/T 1040.2—2006 中 1A 型试样，B 型模具制备 80 mm×10 mm×4 mm 长条试样。

用于测定燃烧性、电气强度、相比电痕化指数、吸水率的试样可用符合尺寸要求的模具注塑制备。

5.3 试样的状态调节

试样的状态调节应按 GB/T 2918—1998 的规定进行。状态调节的条件为温度(23±2) ℃，相对湿度(50±10)%，时间至少 16 h。

5.4 熔融峰温度

测试按照 GB/T 19466.3—2004 中规定进行，升温速率为 10 ℃/min，并取第二次升温过程中的熔融峰值温度。

5.5 玻璃化转变中点温度

测试按照 GB/T 19466.2—2004 中规定进行，升温速率为 20 ℃/min，并取第二次升温过程中的玻璃化转变中点温度。

5.6 特性黏数

测试按照 GB/T 12006.1—2009 中规定进行。

5.7 密度

试样截取按 5.2 制备的 A 型注塑试样的中间部分。

试样的状态调节按 5.3 规定进行。

按 GB/T 1033.1—2008 规定进行，采用 A 法。

5.8 灰分含量

测试按照 GB/T 9345.4—2008 中规定进行。

5.9 拉伸断裂应力

试样为按 5.2 制备的多用途试样。

试样的状态调节按 5.3 规定进行。

测试按 GB/T 1040.2—2006 规定进行，试验速度为 5 mm/min。

5.10 弯曲强度

试样为按 5.2 制备的 80 mm×10 mm×4 mm 长条注塑试样。

试样的状态调节按 5.3 规定进行。

测试按 GB/T 9341—2008 的规定进行，试验速度为 2 mm/min。

5.11 悬臂梁缺口冲击强度

试样为按 5.2 制备的 80 mm×10 mm×4 mm 长条注塑试样。

试样的状态调节按 5.3 规定进行。

测试按 GB/T 1843—2008 的规定进行，样条应在注塑后的 1 h～4 h 内加工缺口，缺口类型为 A 型，机加工样条应在规定环境中至少调节 16 h 后测试。

5.12 负荷变形温度

试样为按 5.2 制备的 80 mm×10 mm×4 mm 长条注塑试样。

试样的状态调节按 5.3 规定进行。

测试按 GB/T 1634.2—2004 中的 A 法（负荷为 1.80 MPa）规定进行。试验时，加热装置的起始温度应低于 27 ℃。加热升温速率为（120±10）℃/ h。

5.13 燃烧性

试样可为按 5.2 规定制备的推荐尺寸为≥125 mm×≥13 mm×0.8 mm 的注塑试样，也可按照需方要求的其他厚度的试样进行测试。仲裁时采用试样厚度为 0.8 mm。

测试按 GB/T 2408—2008 规定进行，采用 50 W 垂直火焰试验方法。

5.14 电气强度

试样为按 5.2 规定制备的推荐尺寸为≥60 mm×≥60 mm×0.8 mm 的注塑试样。

测试按 GB/T 1408.1—2006 中规定进行。

5.15 相比电痕化指数

试样为按 5.2 规定制备的推荐尺寸为≥15 mm×≥15 mm×≥3 mm 的试样。

测试按 GB/T 4207—2003 中规定进行。

5.16 吸水率

试样为按 5.2 规定制备的推荐尺寸为 ϕ50 mm×3 mm 的试样。

测试按 GB/T 1034—2008 中规定进行。

5.17 限用物质

按 GB/T 26125 规定的方法进行。

5.18 试验结果的判定

试验结果的修约应按 GB/T 8170 标准中规定进行。

6 检验规则

6.1 检验分类与检验项目

玻璃纤维增强聚对苯二甲酰癸二胺产品的检验可分为型式检验和出厂检验两类。

玻璃纤维增强聚对苯二甲酰癸二胺产品出厂检验至少应包含外观、密度、灰分含量、拉伸断裂应力、悬臂梁缺口冲击强度、弯曲强度、燃烧性、负荷变形温度和吸水率。

型式检验项目为颗粒外观、限用物质和表3、表4或表5或表6中的所有项目。在正常生产的情况下，每年至少进行一次型式检验。有下列情况之一时，也应进行型式检验：

a) 生产工艺发生变化；

b) 重要原料发生变化；

c) 停产超过半年后重新恢复生产；

d) 出厂检验结果与上次型式检验结果有较大差异。

6.2 组批规则与抽样方案

6.2.1 组批规则

玻璃纤维增强聚对苯二甲酰癸二胺材料以相同原料、相同工艺生产的同一规格的产品为一批。批次最大量不超过50 t。

产品以批为单位进行检验和验收。

6.2.2 抽样方案

产品抽样按GB/T 2547—2008规定进行。

6.3 判定规则和复验规则

6.3.1 判定规则

根据本标准规定方法进行检验，检验结果有一项不合格时判为不合格。

6.3.2 复验规则

检验结果不合格时，应从该批材料中另取双倍数量的试样对不合格的检验项目进行复验。若复验结果全部合格，则判该批材料合格；若复验结果仍有不合格项目，则该批材料为不合格。

7 标志、包装、运输和贮存

7.1 标志

本产品的包装袋上应有明显、清晰、牢固的标志，标明注册商标、生产商名称、产品名称、型号、批号、净含量、生产日期及本标准号。

7.2 包装

本产品采用内层为聚丙烯、外层为牛皮纸袋的双层包装袋或其他包装形式。包装袋的封口应保证产品在储存、运输时不被污染。包装袋要防尘、防潮。

7.3 运输

在运输和装卸过程中不应使用铁钩等锐利工具，切忌抛掷。不应暴晒或雨淋。

7.4 贮存

本产品应贮存在干燥、通风良好的仓库内。贮存期不应超过 2 年。

ICS 83.080.20
G 32

中华人民共和国国家标准

GB/T 29641—2013

浇铸型聚甲基丙烯酸甲酯声屏板

Poly(methyl methacrylate)(PMMA) cast noise barriers

2013-09-06 发布

2014-01-31 实施

中华人民共和国国家质量监督检验检疫总局
中国国家标准化管理委员会 发布

前言

本标准按照 GB/T 1.1—2009 给出的规则编写。

本标准由中国石油和化学工业联合会提出。

本标准由全国塑料标准化技术委员会工程塑料分技术委员会(SAC/TC 15/SC 9)归口。

本标准负责起草单位:江苏汤臣新材料科技有限公司、广州合成材料研究院有限公司、中国蓝星(集团)股份有限公司。

本标准参加起草单位:泰兴汤臣压克力有限公司、中国铁道科学研究院、锦西化工研究院、国家合成树脂质量监督检验中心、北京绿创声学工程股份有限公司、成都同明新材料技术有限公司、赢创德固赛特种化学(上海)有限公司。

本标准起草人:汤月生、汤宏强、朱正同、贺冰喆、杨育农、苏仕琼、徐立新、刘大光、肖建霞、赵杏南、李伟。

本标准为首次发布。

浇铸型聚甲基丙烯酸甲酯声屏板

1 范围

本标准规定了浇铸型聚甲基丙烯酸甲酯声屏板的术语和定义、要求、试验方法、检验规则、标志、包装、运输和贮存。

本标准适用于以甲基丙烯酸甲酯为原料，以浇铸形式进行本体聚合而成的、不嵌或嵌有加强筋聚甲基丙烯酸甲酯声屏板(以下简称浇铸型 PMMA 声屏板)。

2 规范性引用文件

下列文件对于本文件的应用是必不可少的。凡是注日期的引用文件，仅注日期的版本适用于本文件。凡是不注日期的引用文件，其最新版本(包括所有的修改单)适用于本文件。

GB/T 1040.2 塑料 拉伸性能的测定 第2部分:模塑和挤塑塑料的试验条件

GB/T 1043.1 塑料 简支梁冲击性能的测定 第1部分:非仪器化冲击试验

GB/T 1633—2000 热塑性塑料维卡软化温度(VST)的测定

GB/T 2410 透明塑料透光率和雾度的测定

GB/T 2918 塑料试样状态调节和试验的标准环境

GB/T 8624 建筑材料及制品燃烧性能分级

GB/T 8626 建筑材料可燃性试验方法

GB/T 9341 塑料弯曲性能的测定

GB/T 16422.2—1999 塑料实验室光源暴露试验方法 第2部分:氙弧灯

GB/T 19889.3 声学 建筑和建筑构件隔声测量 第3部分:建筑构件空气声隔声的实验室测量

ISO 2818 塑料 试样的机加工制备(Plastics—Preparation of test specimens by maching)

EN 1794.2 道路交通噪声降噪装置非声学性能 第2部分:一般安全性和环境要求(Road traffic noise reducing devices—Non-acoustic performance—Part 2: General safety and environmental requirements)

3 术语和定义

下列术语和定义适用于本文件。

3.1

加强筋 Reinforcing rib

以聚酰胺等为原材料，经纺丝制成的单丝，用于提高浇铸型 PMMA 声屏板的抗冲击强度。

4 要求

4.1 外观

4.1.1 表面缺陷

浇铸型 PMMA 声屏板的表面应平滑。声屏板中不应有大于 3 mm^2 的斑点、收缩痕或其他表面缺陷。

4.1.2 内部缺陷

浇铸型 PMMA 声屏板中不应有大于 3 mm^2 的气泡、杂质或其他对声屏板预期应用性能可能产生不利影响的缺陷。

4.1.3 缺陷的分类

浇铸型 PMMA 声屏板缺陷的面积按表 1 的规定分类。每一缺陷应分别考虑。

表 1 缺陷的分类 单位为平方毫米

类别	表面缺陷的面积	内部缺陷的面积
可忽略	小于 1	小于 1
可接受	1～3	1～3

4.1.4 缺陷的分布

4.1.4.1 浇铸型 PMMA 声屏板不应有大量影响使用的表 1 确定为可忽略的小于 1 mm^2 的缺陷，此数目的构成应由各相关方商定。

4.1.4.2 浇铸型 PMMA 声屏板表面上和内部存在的表 1 确定为可接受的缺陷的间距应大于 500 mm。

4.2 尺寸

4.2.1 长度和宽度公差

浇铸型 PMMA 声屏板的长度和宽度由供需双方商定。对于需裁切的，其公差应符合表 2 的规定。

表 2 浇铸型 PMMA 声屏板的长度和宽度公差 单位为毫米

长度或宽度	公差
≤1 000	$^{+3}_{0}$
1 001～2 000	$^{+6}_{0}$
2 001～3 000	$^{+9}_{0}$
≥3 001	$^{+0.3\%}_{0}$

4.2.2 厚度公差

浇铸型 PMMA 声屏板厚度公差应符合表 3 规定。

表 3　浇铸型 PMMA 声屏板厚度公差

单位为毫米

厚度	公差	厚度	公差
10.0	±0.6	18.0	±1.0
11.0	±0.7	20.0	±1.5
12.0	±0.7	25.0	±1.5
13.0	±0.8	30.0	±1.7
15.0	±1.0	35.0	±1.7
16.0	±1.0	40.0	±2.0
注：浇铸型 PMMA 声屏板幅面尺寸在(1 700 mm×1 900 mm)～(2 000 mm×3 000 mm)时，厚度公差允许增加 20%，幅面尺寸大于 2 000 mm×3 000 mm 时，厚度公差可增加 30 %。			

4.3　浇铸型 PMMA 声屏板性能

浇铸型 PMMA 声屏板性能应符合表 2 的规定。

表 4　浇铸型 PMMA 声屏板性能指标

序号	项　目		指　标			
			无加强筋	有加强筋		
1	简支梁无缺口冲击强度/(kJ/m^2)		≥17	≥17		
2	拉伸强度/MPa		≥70	≥70		
3	弯曲强度/MPa		≥98	≥98		
4	弯曲弹性模量/MPa		≥3 100	≥3 100		
5	维卡软化温度/℃		≥100	≥100		
6	透光率/%		≥90	≥90		
7	计权隔声量/(Rw/dB)		≥25	≥25		
8	阻燃性(GB/T8624 规定)		E 级及以上	E 级及以上		
9	抗冲击性能(重锤 400 kg，冲击力 6 000 J)		—	1)	cm^2	碎片不大于 25
					g	碎片质量不应超过 100
					(°)	碎片角度大于 15
					mm	碎片不薄于 1
				2)	g	碎片质量不应超过 400
				3)	cm	碎片不长于 15
10	老化性能(氙弧灯照射 6 000 h 之后)	简支梁无缺口冲击强度下降率/%	≤30	≤30		
		透光率下降率/%	≤10	≤10		

5 试验方法

5.1 试验条件

5.1.1 取样

除抗冲击性能检测取样外，取样的方法应避开浇铸型 PMMA 声屏板内嵌的加强筋。

5.1.2 状态调节

除了维卡软化温度试验外，试样应按照 GB/T 2918 在温度为 23 ℃±2 ℃和相对湿度(50±10) % 下进行状态调节。

5.1.3 试样的制备

试样的制备应按 ISO 2818 规定的程序进行。对制样毛坯，选择钻石抛光机、加湿打磨机或其他方法对制样进行抛光、打磨，使制样达到长 120 mm，宽 16 mm，厚 5 mm 的试样尺寸。简支梁冲击试样棱角不能有豁口，必要时可对棱角湿打磨以除去豁口。

5.2 外观

缺陷及其分布的检查应在自然光充足的室内或用额定功率不小于 40 W、色温为 6 500 K±650 K 的日光型荧光灯照射检测，采用精度为 0.02 mm 的量具进行测量。

5.3 尺寸

5.3.1 尺寸的测量应在室温下进行，若发生争议，则应按 GB/T 2918 规定的标准条件下进行。允许由于测量场所的温度和相对湿度的差异而引起的尺寸变化。

5.3.2 长度与宽度采用精度为 1 mm 的量具进行测量。

5.3.3 厚度采用精度为 0.02 mm 的量具进行测量。测量应在浇铸型 PMMA 声屏板边缘不小于 100 mm处进行。

5.4 简支梁无缺口冲击强度

按 GB/T 1043.1 的规定进行测定。

5.5 拉伸强度

按 GB/T 1040.2 的规定进行测定，使用 1B 试样。拉伸速度为 5(mm/min)±1(mm/min)。

5.6 弯曲强度

按 GB/T 9341 的规定进行测定，尽可能使用加工成厚度为 4 mm 的试样。

5.7 维卡软化温度

按 GB/T 1633—2000 中 B_{50} 法进行测定。样品测试前应放在 80 ℃±2 ℃的温度下，处理 16 h 后置于干燥器内冷却至室温。

5.8 透光率

按 GB/T 2410 的规定进行测定。

5.9 隔声性能

隔声性能的检测按 GB/T 19889.3 的规定进行测定。

5.10 阻燃性能

按 GB/T 8626 的规定进行测定。

5.11 抗冲击性能

按 EN 1794.2 的规定进行测定。

本测试方法适用于嵌有加强筋的浇铸型 PMMA 声屏板受固定冲击能影响的脱落碎片的特性。测试设备包括：

a) 固定试样的结构件和用于产生冲击力的结构。冲击锤为旋转对称全钢对顶锥组成，其密度为 7 700(钢)，质量 400 kg。

b) 试样：包括尺寸、固定件、密封及连接件。

c) 冲击结构：冲击由冲击摆产生。冲击锤应在试样固定结构上的两点进行的两根连线上摆动。为了取得 6.0 kJ 的冲击能，400 kg 冲击机下落的高度应为 1.50 m，下落速度为 19.5 km/h。摆的半径最小应为 4 m。具体形式参见附录 A。

5.12 老化性能

按 GB/T 16422.2—1999 中方法 A 进行，采用 420 nm 氙灯人工加速老化暴露试验 6 000 h。试样厚度为 1.5 mm～5 mm。氙灯人工加速老化对样品的辐照能量以 550 W/m^2 计，经 6 000 h 的氙灯辐照试验，以透光率为评价指标。

报告时，应附上样品初时透光率和氙灯人工加速老化 6 000 h 后的透光率，以及相应的参考资料。

简支梁无缺口冲击强度老化性能的测定。选用初始同等厚度的样品，经 6 000 h 的氙灯辐照试验后，对样品外表进行老化层面的处理，制备成长度为 80 mm，宽度为 10 mm，厚度为 4 mm 的试样，按 GB/T 1043.1 的规定进行测定。

简支梁无缺口冲击强度的下降率(%)按式(1)计算：

$$X=\frac{Z_1-Z_2}{Z_1}\times 100 \qquad (1)$$

式中：

X ——表示下降率，%；

Z_1 ——样品初始冲击强度，单位千焦每平方米(KJ/m^2)；

Z_2 ——6 000 h 氙灯辐照试验后的冲击强度，单位千焦每平方米(KJ/m^2)。

6 检验规则

6.1 组批

浇铸型 PMMA 声屏板以同一批原料、同一规格、同一配方、同一聚合条件不超过 2 000 m^2 为一批。

6.2 出厂检验

外观、尺寸公差、简支梁无缺口、冲击强度、拉伸强度、弯曲强度、弯曲弹性模量、透光率、维卡软化温度为出厂检验项目。外观应每件进行检验，其余出厂检验指标每批随机抽取 1 张进行试验。检验结果有某项不符合规定要求，则从该批产品中重新抽取双倍试样对不合格项目进行复验。根据复验结果判定。若复验结果仍不符合本标准指标要求，应作为不合格品处理。

抗冲击性能指标的检验参照附录A评判。

6.3 型式试验

本标准中规定的全部指标为型式试验项目。下列情况之一时应进行型式检验：

a) 新产品试制的定型鉴定；

b) 正常生产后产品结构、材料、工艺有较大改变并可能影响产品的性能时；

c) 产品停产半年以上重新恢复生产时；

d) 国家质量监督机构提出进行型式检验要求时。

7 标志、包装、运输和贮存

7.1 标志

每一包装件上应有清晰、牢固的标志，表明产品的名称、规格、商标、批号、生产日期、生产厂名、执行标准等。在包装箱上应注明制造厂名字样。

7.2 包装

交付时浇铸型PMMA声屏板的表面应用适当的材料保护，采用聚乙烯薄膜、板箱或其他材料进行包装。用于表面防护的聚乙烯薄膜应易于除去而不会引起表面污染或损坏。

7.3 运输

浇铸型PMMA声屏板在运输时应保持清洁，不应与有机溶剂存放接触，搬运时应小心轻放，避免损坏包装，损伤产品。

7.4 贮存

浇铸型PMMA声屏板应存放在通风干燥的室内，不应与有机溶剂存放在一起。

附 录 A
（资料性附录）
抗冲击性能试验方法

A.1 概述

本方法参照 EN 1794-2:2003 测试浇铸型 PMMA 声屏板的抗冲击性能。

A.2 原理

使用质量物体对试样或其他受测元件或系统的中心或其最敏感的部位进行正常撞击以破坏试样或将其击出其固定结构，或显示其在测试中所表现的行为。

用已知能量的重锤冲击支承成垂直的试样，由重锤一次冲击使试样破坏，检验其产生的脱落碎片。

A.3 设备

A.3.1 冲击锤

冲击锤由旋转对称全钢对顶锥组成，产生冲击力的冲击机（见图 A.1）。冲击锤质量 400 kg（见图 A.2）。

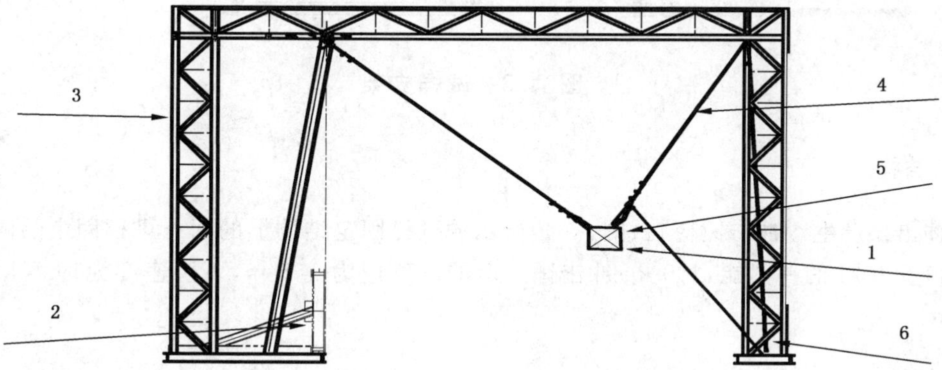

说明：

1——400 kg 重锤；

2——试样支架；

3——钢架；

4——钢丝绳；

5——挂钩；

6——滑轮。

图 A.1 重锤冲击试验机

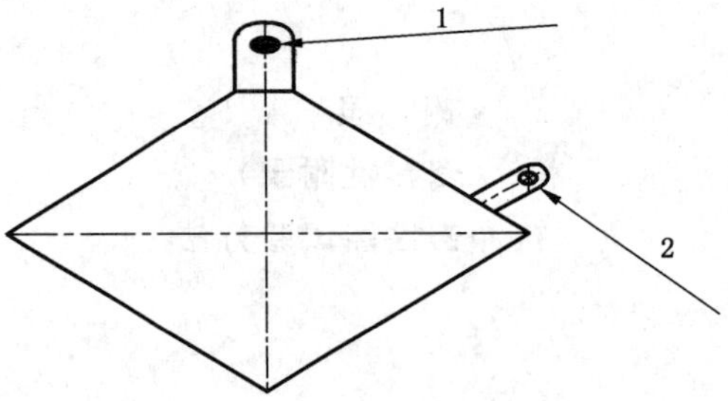

说明：

1——吊环；

2——卸扣。

图 A.2　400 kg 冲击锤

A.3.2　试样固定结构

试样固定结构应能承受 6.0 kJ 的冲击能，(见图 A.3)，无论在何种情况下，应进行摄像(照相)进行适当的文件记录。

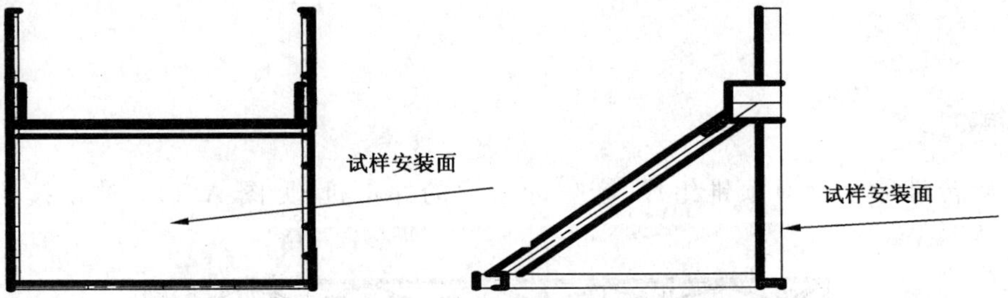

图 A.3　试样支架

A.3.3　冲击结构

冲击由冲击摆产生。冲击锤应在(图 A.4)所示的试样固定结构上的两点进行固定的两根连线上摆动。为了取得 6.0 kJ 的冲击能，400 kg 冲击锤下落的高度应为 1.5 m，下落速度为19.5 km/h，摆的半径最小为 4 m。

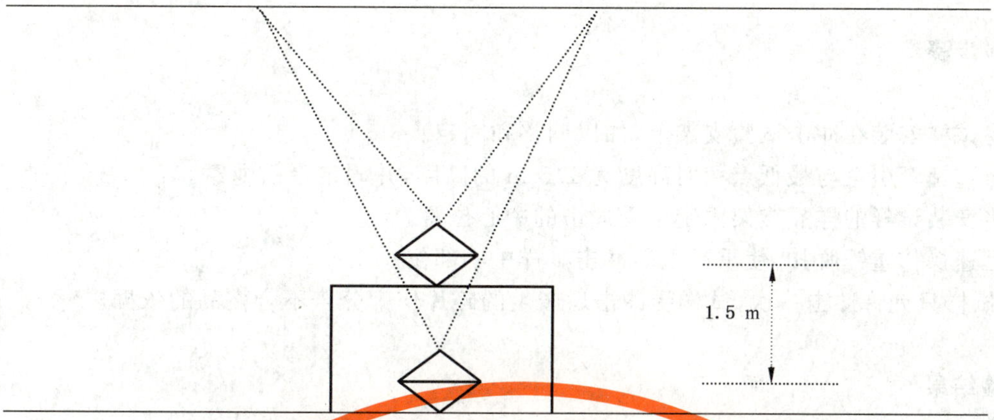

a)

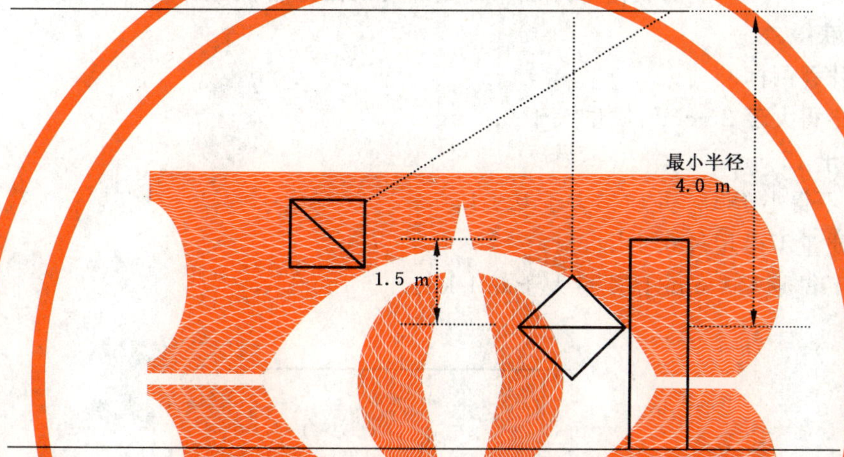

b)

图 A.4 试样固定结构

A.4 试样

A.4.1 试样尺寸及固定方式

试样尺寸及固定方式尽可能与实际工程尺寸及固定方式一致。

A.4.2 试样外观

试样表面应平整、无气泡、裂纹和分层。

A.4.3 试样数量

除受试材料的产品标准另有规定外,每组试样应不少于2个。

A.5 试样状态调节与试验环境

A.5.1 按GB 2918中规定的标准环境进行状态调节试验。

A.5.2 试验应对损坏过程中潜在的后果提供相应的防护措施。另外,可对无保护措施的冲击损坏产生的碎片捕获的方法加以规定。

A.6 试验步骤

A.6.1 将试样安装在冲击试验支架上，加以调整和固定。

A.6.2 将重锤牵引至与最低点相对高度为 1.5 m 的高度，并固定牵引绳索。

A.6.3 将安装试样的样品支架固定于受冲击的中心位置。

A.6.4 迅速操作重锤脱扣，使重锤下落冲击试样中心部位。

每个试样只允许冲击一次，试样受冲击后产生的碎片作为分辨不合格品的依据。

A.7 试验结果

A.7.1 只对首次撞击所产生的脱落碎片加以评定。可以固定首次撞击后冲击锤而获得或通过对录像记录文件的分析获得。

A.7.2 脱落碎片评测标准

A.7.2.1 碎片不得大于 25 cm^2，质量大于 0.1 kg；

碎片不得长于 15 cm；

碎片的角度不得小于 15°并质量大于 0.1 kg。

A.7.2.2 碎片质量不得超过 0.4 kg。

A.7.2.3 碎片不得薄于 1 mm 且质量大于 0.1 kg。

ICS 83.140.50
G 43

中华人民共和国国家标准

GB/T 29642—2013

橡胶密封制品　水浸出液的制备方法

Rubber seals—Method for extraction by using water

2013-09-06 发布　　2014-01-31 实施

中华人民共和国国家质量监督检验检疫总局
中国国家标准化管理委员会　发布

前　言

本标准按照 GB/T 1.1—2009 给出的规则起草。

本标准由中国石油和化学工业联合会提出。

本标准由全国橡胶与橡胶制品标准化技术委员会(SAC/TC 35)归口。

本标准主要起草单位:西北橡胶塑料研究设计院、中华人民共和国莆田出入境检验检疫局。

本标准主要起草人:童玉贵、陈勤建、曹元礼、林中、傅俊渊、方光伟、黄萍、严志华、郑志明。

橡胶密封制品　水浸出液的制备方法

1　范围

本标准规定了与水接触面积比在 20 cm^2/L 以下的橡胶密封制品的水浸出液的制备方法。

本标准适用于给水管道橡胶密封制品进行水质理化检验用的水浸出液的制备。

2　规范性引用文件

下列文件对于本文件的应用是必不可少的。凡是注日期的引用文件，仅注日期的版本适用于本文件。凡是不注日期的引用文件，其最新版本(包括所有的修改单)适用于本文件。

GB/T 5750.11—2006　生活饮用水标准检验方法　消毒剂指标

GB/T 6682　分析实验室用水规格和试验方法

GB 9985　手洗餐具用洗涤剂

3　术语和定义

下列术语和定义适用于本文件。

3.1

浸泡水　aqueous solution for extraction test

按规定方法要求配制成的水溶液，用于对样品进行水浸出试验。

3.2

浸出液　extract solution

样品经水浸出试验后得到的试液。

4　试剂与仪器

4.1　概述：除另有规定外，水为 GB/T 6682 规定的一级水，试剂均为分析纯。试验用器具应按测试项目的要求清洗干净；微生物试验所用器皿必须预先灭菌，试验过程应注意防止微生物污染。

4.2　具塞三角烧瓶，1 000 mL。

4.3　量筒，500 mL。

4.4　水浴恒温振荡器，控温精度 1 ℃，可回旋振荡，带盖。

4.5　玻璃漏斗，100 mL。

4.6　氯贮备液：取 7.3 mL 次氯酸钠溶液(5%NaClO)，用水稀释至 200 mL，贮存于密闭的具塞棕色瓶中，20 ℃避光保存。按 GB/T 5750.11—2006 中的 2.1.5.3～2.1.6 步骤进行标定并计算有效氯含量，值定为“A”。有效期一周。

注：按此方法配制的氯贮备液的有效氯含量约为 0.086%（0.86 mg/mL）。

4.7　氯水(2.0 mg/L)：取适量体积的氯贮备液(4.6)，用水稀释至所需要的体积。需要取用的氯贮备液的量，按式(1)计算：

$$V = 2.0 \times B / A \quad \cdots\cdots (1)$$

式中：

V ——取用的氯贮备液的体积，单位为毫升(mL)；

B ——要稀释得到的氯水体积，单位为升(L)；

A ——氯贮备液的浓度，单位为毫克每毫升(mg/mL)。

5 试样的制备

随机选取用于试验的完整、无变形样品。面积大于 20 cm^2 的样品，等分裁切成表面积在 10 cm^2～20 cm^2 若干份，随机选取一份作为试样；面积小于 10 cm^2 的样品，随机选取若干份(总表面积在 10 cm^2～20 cm^2 之间)作为试样。每份试样均应仔细测量并计算样品的表面积。

6 试样的清洗

6.1 用不锈钢或塑料镊子夹住试样，用自来水流对着试样冲洗 3 min，同时用柔软毛刷轻轻刷洗表面，在表面观察不到其他附着物后，再用一级水冲洗试样 3 次，晾干，待测试。需要时可用洁净的滤纸将橡胶表面水分揩吸干净，但纸纤维不得存留橡胶表面。清洗过的试样应防止灰尘污染，并且清洁的表面也不应再直接用手触摸。

6.2 如果原试样表面沾有油污，用符合 GB 9985 规定的餐具洗涤剂清洗后，马上再用自来水反复冲洗干净，然后按 6.1 进行后续清洗操作。

7 水浸出液的制备

7.1 试验环境

本试验要求在实验室环境温度 23 ℃±2 ℃下进行。

7.2 浸泡水

重金属项目、蒸发残渣、微生物指标的浸泡水为 2.0 mg/L 的氯水(4.7)，其他水质项目的浸泡水为一级水。

7.3 制备方法

7.3.1 冷水浸出条件

取适量清洗后的试样于具塞三角烧瓶(4.2)中，按每平方厘米表面积加入 50 mL 水的比例，用量筒(4.3)加入浸泡水，置于水浴恒温振荡器(4.4)中，控温 25 ℃±2 ℃，150 r/min 回旋振荡 24 h±0.5 h。

不加试样，同法进行空白试验。

7.3.2 热水浸出条件

取适量清洗后的试样于具塞三角烧瓶中，按每平方厘米表面积加入 50 mL 水的比例，加入已加温至 85 ℃的浸泡水，静置放冷至室温。

不加试样，同法进行空白试验。

7.3.3 沸水浸出条件

按每平方厘米试样表面积加入 50 mL 水的比例，量取适量的浸泡水于具塞三角烧瓶中，置于电热板上,加热至沸。把清洗后的试样放入具塞三角烧瓶中,煮沸 5 min,取下静置放冷至室温,整个过程注意保持样品浸没于浸泡水中。

不加试样,同法进行空白试验。

7.3.4 浸出液水质项目的测定

浸出试验完成后,立即用玻璃漏斗(4.5)将浸出液过滤到测定方法要求的适当容器中,水质项目的测定方法参见附录 A。

附 录 A
（资料性附录）
浸出液水质项目的测定方法

A.1 蒸发残渣项目按 GB/T 17219—1998 的 A.2.15 进行测定。

A.2 色度、浑浊度、臭和味、肉眼可见物、挥发酚类等项目按 GB/T 5750.4—2006 进行测定。

A.3 硝酸盐氮、亚硝酸盐氮、氨氮、氟化物等无机非金属项目按 GB/T 5750.5—2006 进行测定。

A.4 汞、铅、镉、铜、锌、镍、铁、锰、六价铬、砷、硒、银、铝、钡、钠等金属类项目按 GB/T 5750.6—2006 进行测定。

A.5 耗氧量项目按 GB/T 5750.7—2006 的第 1 章进行测定。

A.6 丙烯腈、苯乙烯、苯、甲苯、二甲苯、乙苯、苯并芘、三氯甲烷、四氯化碳、邻苯二甲酸酯和多环芳烃等项目按 GB/T 5750.8—2006 进行测定。

A.7 甲醛按 GB/T 5750.10—2006 进行测定。

A.8 微生物项目按 GB/T 5750.12—2006 进行测定。

参 考 文 献

[1] GB/T 5750.4—2006 生活饮用水标准检验方法 感观性状和物理指标
[2] GB/T 5750.5—2006 生活饮用水标准检验方法 无机非金属指标
[3] GB/T 5750.6—2006 生活饮用水标准检验方法 金属指标
[4] GB/T 5750.7—2006 生活饮用水标准检验方法 有机物综合指标
[5] GB/T 5750.8—2006 生活饮用水标准检验方法 有机物指标
[6] GB/T 5750.10—2006 生活饮用水标准检验方法 消毒副产物指标
[7] GB/T 5750.12—2006 生活饮用水标准检验方法 微生物指标
[8] GB/T 17219—1998 生活饮用水输配水设备及防护材料安全性评价标准

ICS 71.060.40
G 11

中华人民共和国国家标准

GB/T 29643—2013

工业用氢氧化钠　实验室样品和进行项目测定用主溶液的制备

Sodium hydroxide for industrial use—Laboratory sample—Preparation of the main solution for carrying out certain determinations

[ISO 3195：1975(2002),Sodium hydroxide for industrial use—Sample—Test sample—Preparation of the main solution for carrying out certain determinations,NEQ]

2013-09-06 发布　　　　2014-01-31 实施

中华人民共和国国家质量监督检验检疫总局
中国国家标准化管理委员会　发布

前　言

本标准按照 GB/T 1.1—2009 给出的规则起草。

本标准使用重新起草法参考 ISO 3195:1975(2002)《工业用氢氧化钠 取样、试样和进行项目测定用溶液的制备》编制。与 ISO 3195:1975(2002)的一致性程度为非等效。

请注意本文件的某些内容可能涉及专利。本文件的发布机构不承担识别这些专利的责任。

本标准由中国石油和化学工业联合会提出。

本标准由全国化学标准化技术委员会氯碱分会(SAC/TC 63/SC 6)归口。

本标准起草单位:杭州电化集团有限公司、浙江巨化股份有限公司电化厂、青岛海晶化工集团有限公司和锦西化工研究院。

本标准主要起草人:陈沛云、许群立、程治平、张英民、李富荣、胡立明、田友利。

工业用氢氧化钠　实验室样品和进行项目测定用主溶液的制备

警告：氢氧化钠产品具有强腐蚀性，使用者有责任采取适当的安全和健康措施，接触人员应佩戴防护眼镜和胶皮手套等劳动保护用具。

1　范围

本标准规定了工业用氢氧化钠的采样说明、实验室样品和进行项目测定用主溶液的制备。

2　规范性引用文件

下列文件对于本文件的应用是必不可少的。凡是注日期的引用文件，仅注日期的版本适用于本文件。凡是不注日期的引用文件，其最新版本(包括所有的修改单)适用于本文件。

GB/T 6682　分析实验室用水规格和试验方法(GB/T 6682—2008，ISO 3696:1987，MOD)

3　采样说明

因氢氧化钠具有吸湿、吸收二氧化碳和腐蚀容器等性质，故要有特殊的预防措施。为此，应做到：

——在干燥的空气中迅速采样；

——实验室样品应贮存在密闭样品瓶内，以防止与空气接触；

——样品瓶应由对样品被测项目没有污染的材料制成。

4　实验室样品

4.1　应防止实验室样品与空气接触，采样时尽可能不吸收水分和二氧化碳。

4.2　对于固体样品，必要时，在研钵中压碎或碾碎，以确保其最大颗粒尺寸不超过 6 mm，该项操作应在操作箱中进行。操作箱中放置分别盛有五氧化二磷和氢氧化钾颗粒的平盘，干燥至少 1 h，以除去操作箱内水分和二氧化碳(或向操作箱内通入干燥的氮气充分置换)，之后再进行样品处理。

4.3　采取 300 g～500 g 实验室样品，贮存于对样品被测项目没有污染的材料制成的密闭样品瓶中。样品瓶尽可能装满样品。

4.4　样品瓶上应贴上标签，注明：生产企业名称、产品名称、型号规格、批号或生产日期、采样日期、采样人等。

5　试样溶液制备

5.1　试剂

制备试样溶液所用的水指 GB/T 6682 中规定的三级水(不含二氧化碳)或相当纯度的水。

5.2 试样

用干燥、洁净的称量瓶，迅速称取固体氢氧化钠试样 36 g±1 g 或液体氢氧化钠试样 50 g±1 g（精确至 0.01 g）。

5.3 试样溶液制备

将试样（5.2）移入已盛有约 300 mL 水的 1 000 mL 容量瓶中，稀释或溶解至近刻度，冷却至室温后再稀释至刻度，摇匀。

若试样溶液也用于硅含量测定，将试样（5.2）移入已盛有约 300 mL 水的由无硅材料制成的 1 000 mL 容器中，稀释或溶解。若容器由无硅的聚乙烯材料制成，用流动的水冷却盛有试样溶液容器的外壁，以防止容器因热变软。之后将试样溶液移入干燥的、密闭的、由无硅材料制成的 1 000 mL 容量瓶中，稀释至近刻度，冷却至室温后再稀释至刻度，摇匀。

ICS 83.060
G 40

中华人民共和国国家标准

GB/T 29644—2013

硫化橡胶 N-苯基-β-萘胺含量的测定 高效液相色谱法

Rubber, vulcanized—Determination the content of N- phenyl-β-naphthylamine—High performance liquid chromatogramic method

2013-09-06 发布　　　　2014-01-31 实施

中华人民共和国国家质量监督检验检疫总局
中国国家标准化管理委员会　发布

前　言

本标准按照 GB/T 1.1—2009 给出的规则进行起草。

本标准由中国石油和化学工业联合会提出。

本标准由全国橡胶与橡胶制品标准化技术委员会通用试验方法分会(SAC/TC 35/SC 2)归口。

本标准起草单位:贵州轮胎股份有限公司、山东玲珑轮胎有限公司、厦门正新橡胶工业有限公司、北京橡胶工业研究设计院、北京市理化分析测试中心。

本标准主要起草人:周吉、何仙、陈少梅、杨一杰、卞晓婷、丁晓英、谢君芳、陈敢荣、刘希诺。

硫化橡胶 N-苯基-β-萘胺含量的测定 高效液相色谱法

警告——使用本标准的人员应有正规实验室工作的实践经验。本标准并未指出所有可能的安全问题,使用者有责任采取适当的安全和健康措施,并保证符合国家有关法规规定的条件。

1 范围

本标准规定了使用高效液相色谱仪对硫化橡胶中 N-苯基-β-萘胺含量的测定方法。

本标准适用于硫化橡胶中 N-苯基-β-萘胺含量的测定。

2 原理

从硫化橡胶中定量抽提 N-苯基-β-萘胺,用高效液相色谱(HPLC)将其与抽提的其余组分分离,并检测其组分峰,测量出峰面积。在相同条件下测定已知量的 N-苯基-β-萘胺组分峰面积。计算硫化橡胶中 N-苯基-β-萘胺的含量。

3 试剂

3.1 洗脱剂 A:甲醇(HPLC 级)和 0.01 mol/L 乙酸铵(分析纯)水溶液 1∶1(体积比)的混合物。

3.2 洗脱剂 B:甲醇(HPLC 级)。

3.3 抽提剂:异丙醇(HPLC 级)和二氯甲烷(HPLC 级)2∶1(体积比)的混合物。

4 仪器

4.1 高效液相色谱仪:具有梯度洗脱能力,由一个 10 μL 固定回路进样器、一个可变波长的紫外—可见检测器及一个记录—积分数据系统组成。

4.2 高效液相色谱柱:反相型,粒子大小 5 μm 的 HYPERSIL ODS 或 SPHERI 5 ODS 柱。若使用其他规格的色谱柱时,应修改洗脱程序。

4.3 超声波浴:容量约 2 L、频率 47.6 kHz±4.8 kHz。

只要能完全抽提出防老剂,可用不同容量和操作频率的超声波浴。

4.4 分析天平:精确至 0.01 mg。

5 色谱条件

5.1 A 泵:输送洗脱剂 A(3.1)。

5.2 B 泵:输送洗脱剂 B(3.2)。

5.3 流速:0.25 mL/min。

5.4 柱温:40 ℃。

5.5 进样体积：10 μL。
5.6 检测器波长：295 nm。
5.7 参比波长：550 nm。
5.8 洗脱程序：见表1。

表1 洗脱程序

时间/min	洗脱剂 A/%	洗脱剂 B/%
0	100	0
20	0	100
40	0	100
50	100	0
55	结束	

6 操作步骤

6.1 将胶样制成厚 0.25 mm～0.50 mm 的胶片，取约 1 g 胶片剪成约表面积为 5 mm^2 的小颗粒备用。
6.2 称取约 200 mg 样品颗粒，精确至 0.1 mg，放入 20 mL 烧瓶中，加盖。
6.3 用移液管准确移取 10 mL 抽提剂(3.3)加入上述烧瓶中，加盖。
6.4 在超声波浴(4.3)中抽提 3 h，温度不应超过 30 ℃。然后过滤抽提液，将其封存于样品瓶中。
6.5 将 10 μL 抽提液(6.4)注入高效液相色谱柱 (4.2)中，按 5.8 程序洗脱。
6.6 记录试样 N-苯基-β-萘胺的峰面积。
6.7 称取与试样中所含 N-苯基-β-萘胺估计量相近的基准 N-苯基-β-萘胺，精确至 0.01 mg，放入20 mL 烧瓶中。
6.8 用移液管准确移取 10 mL 抽提剂，加入烧瓶中，溶解基准 N-苯基-β-萘胺，溶解后过滤，溶解基准 N-苯基-β-萘胺溶液，封存于另一样品瓶中。如果需要，溶解过程可使用温度低于 30 ℃的超声波浴。
6.9 将 10 μL 基准 N-苯基-β-萘胺溶液(6.8)注入 HPLC 柱中，按 5.8 程序洗脱。
6.10 记录基准 N-苯基-β-萘胺的峰面积。

7 结果的计算

试样中 N-苯基-β-萘胺的含量以质量分数(w)表示，由计算式(1)给出：

$$w=\frac{A_c m_s}{A_s m_c}\times 100\% \qquad \cdots\cdots(1)$$

式中：
m_s——基准 N-苯基-β-萘胺的质量，单位为毫克(mg)；
m_c——试样的质量，单位为毫克(mg)；
A_s——基准 N-苯基-β-萘胺的峰面积；
A_c——试样 N-苯基-β-萘胺的峰面积。
所得结果应保留一位小数。试验结果取两次测定结果的平均值。

8 试验报告

试验报告应包括下列内容：

a） 采用的标准编号及名称；

b） 测试样品来历的详细说明；

c） 测试中出现的异常现象；

d） 试验结果；

e） 试验日期。

ICS 83.080.20
G 32

中华人民共和国国家标准

GB/T 29645—2013

塑料 聚苯乙烯再生改性专用料

Plastics—Recycled polystyrene compound

2013-09-06 发布 2014-01-31 实施

中华人民共和国国家质量监督检验检疫总局
中国国家标准化管理委员会 发布

前　言

本标准按照 GB/T 1.1—2009 给出的规则起草。

本标准由中国石油和化学工业联合会提出。

本标准由全国塑料标准化技术委员会改性塑料分技术委员会(SAC/TC 15/SC 10)归口。

本标准负责起草单位:金发科技股份有限公司、江苏金发科技新材料有限公司、天津金发新材料有限公司。

本标准参加起草单位:中蓝晨光化工研究设计院有限公司、上海金发科技发展有限公司、广州毅昌科技股份有限公司、广州进出口商品检验技术研究所、上海英科实业有限公司、TCL 汤姆逊电子有限公司、上海金玺实验室有限公司、成都高洁达实业有限公司。

本标准主要起草人:程庆、宁凯军、袁绍彦、蔡彤旻、胡志华、刘奇祥、王林、叶南飚、叶晓光、王建东、夏建盟、陶四平、吴春明、王代青、陈平、李浩杰、李志杰、陈广强、石鑫。

引 言

回收聚苯乙烯类材料按照材料来源可以分为消费后聚苯乙烯类材料和消费前聚苯乙烯类材料。本标准中的回收聚苯乙烯类材料，包括消费后聚苯乙烯类材料、消费前聚苯乙烯类材料，或者二者的共混物。聚苯乙烯类材料包括无定形聚苯乙烯均聚物和橡胶改性的聚苯乙烯。

本标准的目的是提倡在最终用户产品中使用回收聚苯乙烯类材料，材料的选择应由塑料领域的专业人士根据最终用户产品的设计、功能、使用环境、材料特性等因素，经过慎重分析而决定。

塑料 聚苯乙烯再生改性专用料

1 范围

本标准规定了聚苯乙烯再生改性专用料的分类与命名、要求、试验方法、检验规则、标志、包装、运输和贮存。

本标准适用于以回收聚苯乙烯类材料为主要成分，通过改性得到的增韧、阻燃聚苯乙烯再生改性专用料。

2 规范性引用文件

下列文件对于本文件的应用是必不可少的。凡是注日期的引用文件，仅注日期的版本适用于本文件。凡是不注日期的引用文件，其最新版本(包括所有的修改单)适用于本文件。

GB/T 1033.1—2008 塑料 非泡沫塑料密度的测定 第1部分：浸渍法、液体比重瓶法和滴定法

GB/T 1040.2—2006 塑料 拉伸性能的测定 第2部分：模塑和挤塑塑料的试验条件

GB/T 1634.2—2004 塑料 负荷变形温度的测定 第2部分：塑料、硬橡胶和长纤维增强复合材料

GB/T 1843 塑料 悬臂梁冲击强度的测定

GB/T 1844.1 塑料 符号和缩略语 第1部分：基础聚合物及其特征性能

GB/T 2035 塑料术语及其定义

GB/T 2547 塑料 取样方法

GB/T 2918 塑料试样状态调节和试验的标准环境

GB/T 3682—2000 热塑性塑料熔体质量流动速率和熔体体积流动速率的测定

GB/T 5169.16 电工电子产品着火危险试验 第16部分：试验火焰 50 W水平与垂直火焰试验方法

GB/T 8170 数值修约规则与极限数值的表示和判定

GB/T 9341 塑料 弯曲性能的测定

GB/T 17037.1—1997 热塑性塑料材料注塑试样的制备 第1部分：一般原理及多用途试样和长条试样的制备

GB/T 18964.2—2003 塑料 抗冲击聚苯乙烯(PS-I)模塑和挤出材料 第2部分：试样制备和性能测定

GB/T 26125 电子电气产品 六种限用物质(铅、汞、镉、六价铬、多溴联苯和多溴二苯醚)的测定

GB/T 26572 电子电气产品中限用物质的限量要求

SH/T 1541 热塑性塑料颗粒外观试验方法

3 术语和定义

GB/T 2035界定的以及下列术语和定义适用于本文件。

3.1

聚苯乙烯　polystyrene

由苯乙烯制得的聚合物。

[GB/T 2035,定义 2.760]

3.2

材料回收　material recovery

包括机械式再生、给料式(化学式)再生和有机再生在内的材料加工操作,但不包括能量回收。

3.3

消费后材料　postconsumer

产生于最终用户产品的材料,这些材料已经实现其设计目标或不能再使用(包括从销售链中返回的材料)。

3.4

消费前材料　preconsumer

制造过程中成为废品转移来的材料。

注 1:这一术语不包括再利用的材料,如在给定加工过程中产生,并在同一加工过程中能够回收的再加工料、碎料。

注 2:同义语:工业后材料。

3.5

聚苯乙烯再生改性专用料　recycled polystyrene compound

以回收聚苯乙烯类材料为主要成分,以能改善回收聚苯乙烯类材料的力学、流变、燃烧性、使用寿命等某一方面或某几个方面性能的添加剂或其他树脂等为辅助成分,通过填充、共混、合金化等技术手段得到的具有均一外观和性能的材料。

4　分类与命名

聚苯乙烯再生改性专用料的分类与命名见附录 A。

5　要求

5.1　外观要求

聚苯乙烯再生改性专用料应粒径均匀、无污染粒。

5.2　环保要求

产品的环保要求应满足 GB/T 26572 的规定。

5.3　技术要求

5.3.1　对于增韧级聚苯乙烯再生改性专用料,回收聚苯乙烯类材料含量不低于 50%(提供自我声明),其他技术要求见表 1。

5.3.2　对于阻燃级聚苯乙烯再生改性专用料,回收聚苯乙烯类材料含量不低于 25%(提供自我声明),其他技术要求见表 2。

表 1 增韧级聚苯乙烯再生改性专用料的技术要求

项　　目	优等品	一级品	合格品
密度 ρ/(g/cm^3)	1.03～1.04	1.03～1.05	1.03～1.07
熔体质量流动速率(MFR)/(g/10 min)	3～10	3～10	3～10
拉伸屈服应力 σ_y/MPa	≥25	≥23	≥20
拉伸断裂应变 ε_B/%	≥30	≥20	≥15
弯曲强度 σ_{fM}/MPa	≥38	≥35	≥32
弯曲模量 E_f/MPa	≥2 000	≥1 900	≥1 800
悬臂梁缺口冲击强度/(kJ/m^2)	≥9.5	≥8.5	≥7.0
负荷变形温度(未退火)(T_f=1.8)/℃	≥70	≥68	≥66
燃烧性(B50/3)	HB	HB	HB

表 2 阻燃级聚苯乙烯再生改性专用料的技术要求

项目	优等品	一级品	合格品
密度 ρ/(g/cm^3)	1.06～1.20	1.06～1.20	1.06～1.20
熔体质量流动速率 MFR/(g/10 min)	5～15	5～15	5～15
拉伸屈服应力 σ_y/MPa	≥22	≥20	≥18
拉伸断裂应变 ε_B/%	≥30	≥20	≥15
弯曲强度 σ_{fM}/MPa	≥38	≥32	≥28
弯曲模量 E_f/MPa	≥2 000	≥1 800	≥1 700
悬臂梁缺口冲击强度/(kJ/m^2)	≥8.5	≥7.0	≥6.0
负荷变形温度(未退火)(T_f=1.8)/℃	≥70	≥67	≥65
燃烧性(B50/3)	需方提供		

6 试验方法

6.1 试验结果的判定

试验结果采用修约值判定法，应按 GB/T 8170 规定进行。

6.2 试样制备

试样的注塑条件见 GB/T 18964.2—2003 中 3.2 的规定。

用 GB/T 17037.1—1997 中的 A 型模具制备符合 GB/T 1040.2—2006 中 1A 型试样，B 型模具制备 80 mm×10 mm×4 mm 的长条试样。

用于测试燃烧性的试样可用符合尺寸要求的模具制备注塑试样。

6.3 试样的状态调节和试验的标准环境

试样的状态调节应按 GB/T 2918 的规定进行。状态调节的条件为温度 23 ℃±2 ℃，相对湿度(50±10)%，时间至少 16 h。

所有试验都应在 GB/T 2918 规定的标准试验环境下进行，温度为 23 ℃±2 ℃，相对湿度为(50±10)%。

6.4 颗粒外观

按 SH/T 1541 中的规定进行。

6.5 熔体质量流动速率(MFR)

按 GB/T 3682—2000 中 A 法或 B 法规定进行。试验条件 H(温度:200 ℃、负荷:5 kg)。

6.6 拉伸试验

试样为按 6.2 制备的 1A 型试样。

试样的状态调节按 6.3 规定进行。

测试按 GB/T 1040.2—2006 规定进行，试验速度为 50 mm/min。

6.7 弯曲试验

试样为按 6.2 规定制备的 80 mm×10 mm×4 mm 长条试样。

试样的状态调节按 6.3 规定进行。

测试按 GB/T 9341 的规定进行，试验速度为 2 mm/min。

6.8 悬臂梁缺口冲击强度

试样为按 6.2 规定制备的 80 mm×10 mm×4 mm 长条试样。

测试按 GB/T 1843 的规定进行，样条应在注塑 1 h 后加工缺口，缺口类型为 A 型。

试样的状态调节按 6.3 规定进行。

6.9 负荷变形温度

试样为按 6.2 规定制备的 80 mm×10 mm×4 mm 长条试样。

试样的状态调节按 6.3 规定进行。

测试按 GB/T 1634.2—2004 中的 A 法(负荷为 1.80 MPa)规定进行。加热升温速率为(120±10)℃/ h。

6.10 密度

试样取自按 6.2 制备的 1A 型注塑试样的中间部分。

试样的状态调节按 6.3 规定进行。

测试按 GB/T 1033.1—2008 中 A 法规定进行，测试温度 23 ℃±0.5 ℃。

6.11 燃烧性

试样为按 6.2 制备的试样，推荐尺寸 125 mm×13 mm×3 mm。也可按照需方要求的其他尺寸的试样进行测试。仲裁时采用试样厚度为 3.0 mm。

试样的状态调节按 6.3 规定进行。

按 GB/T 5169.16 的规定进行。

6.12 有毒有害物质

按 GB/T 26125 规定的方法进行。

7 检验规则

7.1 检验分类与出厂检验项目

聚苯乙烯再生改性专用料产品的检验可分为型式检验和出厂检验。

各类聚苯乙烯再生改性专用料出厂检验至少应包括：

a) 熔体质量流动速率；

b) 悬臂梁缺口冲击强度；

c) 密度。

7.2 出厂检验

7.2.1 组批规则

以同一生产线上、相同原料、相同工艺所生产的同一牌号的产品组批，生产厂也可按一定生产周期或储存料仓为一批对产品进行组批。

产品以批为单位进行检验和验收。

7.2.2 抽样方案

可在料仓的下料口抽样，也可按生产周期等实际情况确定具体的抽样方案。

包装后产品的取样应按 GB/T 2547 规定进行。

7.2.3 判定规则

应由生产厂的质量检验部门按照本标准规定进行检验，依据检验结果对产品作出质量判定，并提出证明。

产品出厂时，每批产品应附有产品质量检验合格证。合格证上应注明：

a) 产品名称、牌号及批号；

b) 生产厂名称；

c) 产品执行标准；

d) 应盖有质检专用章和检验员章。

7.2.4 复验规则

检验结果不合格时，应从该批材料中另取双倍数量的试样对不合格的检验项目进行复验。若复验结果全部合格，则判该批材料合格；若复验结果仍有不合格项目，则判该批材料为不合格。

7.3 型式检验

7.3.1 检验要求

有如下情况之一时应进行型式检验：

a) 新产品定型正式投产时；

b) 如材料、工艺有较大改变，可能影响产品性能时；

c) 停产半年后，重新恢复生产时；

d) 正常生产每年进行一次；

e) 用户或质量监督部门提出进行型式检验要求时。

7.3.2 检验项目

型式检验应符合本标准第5章规定。

7.3.3 抽样

按7.2.2抽样方案进行。

7.3.4 判定规则

检验项目不合格时，可加倍抽样复检，复检后仍不合格，则判该批材料为不合格。

8 标志

聚苯乙烯再生改性专用料的外包装袋上应有明显的、清晰的、牢固的标志。标志内容可包括：商标、生产厂名称、标准号、产品名称、牌号、生产日期、批号和净含量等。

9 包装、运输及贮存

9.1 包装

聚苯乙烯再生改性专用料包装要求：

a) 采用双层包装袋，外层为牛皮纸袋或聚丙烯编织袋，内层用聚乙烯包装袋或其他包装形式；
b) 包装袋的封口应保证产品在储存、运输时不被污染；
c) 包装袋要防尘、防潮，包装上应有不易脱落的符合第8章规定的标志；
d) 每袋产品的净含量宜为25 kg。

9.2 运输

聚苯乙烯再生改性专用料运输要求：

a) 在运输和装卸过程中严禁使用铁钩等锐利工具，切忌抛掷；
b) 运输工具应保持清洁、干燥并备有厢棚或苫布；
c) 运输时不应与其他物品及有毒、易燃或腐蚀性物品混装运输。

9.3 贮存

聚苯乙烯再生改性专用料贮存条件：

a) 应贮存在干燥、通风良好的仓库内，不应露天堆放；
b) 不应与有毒、易燃或腐蚀性物品一起贮存，且堆放平整；
c) 贮存时应远离热源，并防止阳光直接照射；
d) 从生产之日起，贮存期限一般不超过12个月。

附 录 A
(规范性附录)
分类与命名

A.1 总则

聚苯乙烯再生改性专用料的分类与命名基于下列标准模式：

命名			
特征项目组			
字符组 1	字符组 2	字符组 3	字符组 4

命名由表示特征项目组的四个字符组构成：

字符组 1：再生改性聚苯乙烯代号(见 A.2)。

字符组 2：回收聚苯乙烯类材料的来源信息(见 A.3)。

字符组 3：回收聚苯乙烯类材料的含量(见 A.4)。

字符组 4：苯乙烯再生改性专用料的改性技术特征(见 A.5)。

字符组之间用逗号隔开。

A.2 字符组 1

该字符组综合 GB/T 1844.1 的规定，再生改性聚苯乙烯代号为 PS-RC。

A.3 字符组 2

回收聚苯乙烯类材料具有不同的来源，每个来源用两个数字组成的数字代号表示，见表 A.1。如果回收聚苯乙烯类材料有两个来源，可以用非 0 数字代号组合而成的代号表示，含量高的来源代号放在前面。例如，电子电器/PS-E，可用 32 表示。

表 A.1 字符组 2 中不同来源的回收聚苯乙烯类材料使用的代号

代号	回收聚苯乙烯类材料来源
01	包装材料(不包括 PS-E)
02	PS-E
03	电子电器
04	其他

A.4 字符组 3

按照可能出现的数值，将回收聚苯乙烯类材料的含量(质量分数)分为九个范围，每个范围用一个数字组成的数字代号表示，见表 A.2。

表 A.2 字符组 3 中回收聚苯乙烯类材料含量的代号及范围

代号	回收聚苯乙烯类材料的含量
1	10%～20%
2	>20%～30%
3	>30%～40%
4	>40%～50%
5	>50%～60%
6	>60%～70%
7	>70%～80%
8	>80%～90%
9	>90%
注 1：回收聚苯乙烯类材料的含量小于 10%，作为辅助成分。 注 2：回收聚苯乙烯类材料的含量的计算公式：回收聚苯乙烯类材料质量分数＝(回收聚苯乙烯类材料质量/基体树脂质量)＝(消费后回收聚苯乙烯类材料质量＋消费前回收聚苯乙烯类材料质量)/基体树脂质量。 注 3：基体树脂质量包括回收聚苯乙烯类材料及其与初级原生聚苯乙烯的共混物质量，不包括改性添加剂的质量。	

A.5 字符组 4

聚苯乙烯再生改性专用料按照不同的改性技术特征进行分类，每种改性技术特征用一个或两个英文字母组成的字符代号表示，见表 A.3。

表 A.3 字符组 3 中聚苯乙烯再生改性专用料的改性技术特征代号

代号	改性技术特征
FR	阻燃
T	增韧
R	填充或增强
X	其他

A.6 示例

某阻燃等级的聚苯乙烯再生改性专用料，回收来源于电子电器外壳的聚苯乙烯且含量为 55%，该材料命名如下：

PS-RC,03,5,FR

字符组 1:再生改性聚苯乙烯树脂代号

字符组 2:回收聚苯乙烯类材料来源代号

字符组 3:回收聚苯乙烯类材料含量代号

字符组 4:聚苯乙烯再生改性专用料的改性技术特征代号

命名:PS-RC,03,5,FR

ICS 83.080.20
G 32

中华人民共和国国家标准

GB/T 29646—2013

吹塑薄膜用改性聚酯类生物降解塑料

Modified biodegradable polyester used for blown film

2013-09-06 发布　　2014-01-31 实施

中华人民共和国国家质量监督检验检疫总局
中国国家标准化管理委员会　发布

前　言

本标准按照 GB/T 1.1—2009 给出的规则起草。

本标准由中国石油和化学工业联合会提出。

本标准由全国塑料标准化技术委员会改性塑料分技术委员会(SAC/TC 15/SC 10)归口。

本标准负责起草单位:金发科技股份有限公司、珠海万通化工有限公司、江苏金发科技新材料有限公司。

本标准参加起草单位:中蓝晨光化工研究设计院有限公司、广州毅昌科技股份有限公司、广州进出口商品检验技术研究所、上海金玺实验室有限公司、成都高洁达实业有限公司。

本标准主要起草人:徐依斌、曾祥斌、蔡彤旻、袁绍彦、宁凯军、黄险波、刘奇祥、焦建、苑仁旭、王建东、夏建盟、谢飞鹏、陈平、卢焯冬、陈广强、石鑫。

吹塑薄膜用改性聚酯类生物降解塑料

1 范围

本标准规定了吹塑薄膜用改性聚酯类生物降解塑料的术语和定义、要求、试验方法、检验规则、标志、包装、运输与贮存。

本标准适用于由一种或一种以上具备生物降解能力的聚酯树脂经由塑料改性制备的、可用于吹塑薄膜的生物降解塑料(简称为生物降解塑料)。常见的聚酯树脂主要有聚乳酸、聚 α-羟基烷基酸酯、聚丁二酸丁二醇酯、脂肪族芳香族共聚酯等。

2 规范性引用文件

下列文件对于本文件的应用是必不可少的。凡是注日期的引用文件,仅注日期的版本适用于本文件。凡是不注日期的引用文件,其最新版本(包括所有的修改单)适用于本文件。

GB/T 1040.2—2006 塑料 拉伸性能的测定 第2部分:模塑和挤塑塑料的试验条件

GB/T 2035 塑料术语及其定义

GB/T 2547 塑料 取样方法

GB/T 2918 塑料试样状态调节和试验的标准环境

GB/T 3682—2000 热塑性塑料熔体质量流动速率和熔体体积流动速率的测定

GB/T 6040 红外光谱分析方法通则

GB/T 8170 数值修约规则与极限数值的表示和判定

GB/T 9345.1 塑料 灰分的测定 第1部分:通用方法

GB/T 17037.1—1997 热塑性塑料材料注塑试样的制备 第1部分:一般原理及多用途试样和长条试样的制备

GB/T 19276.1 水性培养液中材料最终需氧生物分解能力的测定 采用测定密闭呼吸计中需氧量的方法

GB/T 19276.2 水性培养液中材料最终需氧生物分解能力的测定 采用测定释放的二氧化碳的方法

GB/T 19277.1 受控堆肥条件下材料最终需氧生物分解能力的测定 采用测定释放的二氧化碳的方法 第1部分:通用方法

GB/T 23942 化学试剂 电感耦合等离子体原子发射光谱法通则

SH/T 1541 热塑性塑料颗粒外观试验方法

ISO 10359-1 水质 氟化物测定 第1部分:用电化学探头法测定饮用水和轻度污染的水(Water quality—Determination of fluoride—Part 1:Electrochemical probe method for potable and lightly polluted water)

ISO 14853 塑料 含水系统中塑料材料最终厌氧生物降解性的测定 生物气产生的测量方法(Plastics—Determination of the ultimate anaerobic biodegradation of plastic materials in an aqueous system—Method by measurement of biogas production)

ISO 15985 塑料 在高固相厌氧消化条件下测定最终厌氧生物降解和分解作用 释放的生物气分析法(Plastics—Determination of the ultimate anaerobic biodegradation and disintegration under high-solids anaerobic-digestion conditions—Method by analysis of released biogas)

ISO 17294-2 水质 感应耦合等离子体质谱法(ICP-MS)的应用 第2部分:62种元素的测定(Water quality—Application of inductively coupled plasma mass spectrometry(ICP-MS)—Part 2: Determination of 62 elements)

EN 13656 废弃物的特征 氢氟酸、硝酸和盐酸混合物微波消解法测定废弃物中元素[Characterization of waste—Microwave assisted digestion with hydrofluoric (HF), nitric (HNO_3) and hydrochloric (HCl) acid mixture for subsequent determination of elements]

UL 746A 聚合物短期性能评定 附录A 红外(IR)分析一致性标准(Polymeric materials—Short term property evaluations—Appendix A—Infrared analysis conformance criteria)

3 术语和定义

GB/T 2035 界定的以及下列术语和定义适用于本文件。

3.1

吹塑薄膜 blown film

经由吹塑工艺制得的膜状材料。

3.2

生物降解塑料 biodegradable plastic

由自然界存在的微生物,如细菌、霉菌和藻类等作用引起降解的塑料。

[GB/T 2035,定义 2.68]

3.3

聚酯 polyester

分子链的重复结构单元是酯型的聚合物。

[GB/T 2035,定义 2.724]

3.4

改性聚酯 modified polyester

以聚酯为主要成分,以能改善聚酯在力学、流变、使用寿命等某一方面或某几个方面性能的添加剂或其他树脂等为辅助成分,通过填充、共混、合金化等技术手段得到的具有均一外观的材料。

3.5

组分 ingredient

构成改性聚酯类生物降解塑料的所有纯化学原料和物质。

3.6

总干固体 total dry solid

样品在80 ℃下干燥至恒重时所剩的固体物质。

3.7

挥发性固体 volatile solid

总干固体中能在550 ℃下失重的那部分固体物质。

注:挥发性固体含量可以用来表征试样中有机物质的含量。

3.8

二氧化碳理论释放量 theoretical amount of evolved carbon dioxide

试验材料完全氧化时所能生成的二氧化碳理论最大值,可由分子式计算得到,以每克或每毫克试验材料释放出的二氧化碳的毫克数表示。

4 要求

4.1 基本性能要求

4.1.1 生物降解塑料的外观应粒径均匀、无杂色粒、无污染粒。

4.1.2 基本性能要求见表1。

表1 基本性能要求

序号	项目		要求
1	有机物含量/%		≥50
2	水分/%		≤0.05
3	熔体质量流动速率(*MFR*)的偏差/(g/10 min)	*MFR*<5	M_1±0.5
		5≤*MFR*<10	M_2±2.0
		10≤*MFR*<20	M_3±3.0
		MFR≥20	M_4±5.0
4	拉伸屈服应力 σ_y/MPa		≥13
5	拉伸断裂应变 ε_B/%		≥200
6	乙醇-水溶液提取物含量/%		≤0.1
7	正己烷提取物含量/%		≤0.1
注：表中 M_1、M_2、M_3 和 M_4 分别代表不同范围 *MFR* 的标称值。			

4.2 性能要求

4.2.1 组分要求

含量不大于1%的组分不需测试生物降解能力，其组分的总量不应超过5%。

4.2.2 有氧生物降解要求

含量(总干固体含量)超过1%的各种有机成分应测定最终需氧生物降解能力。

样品的生物降解率应不小于90%，或相对于到达测试平稳期后的参照材料(微晶纤维素)最大生物降解率的90%。

4.2.3 厌氧生物降解要求

厌氧生物降解的测试时间最多为60 d。厌氧生物降解率经过规定时间测试后，生物降解百分比应不低于测试材料理论值的50%。

生物降解性能要求应满足4.2.2及4.2.3中的至少一项。

4.3 重金属及其他有毒有害物质要求

重金属及其他有毒有害元素的含量要求见表2。

表 2　元素的含量要求

单位为毫克每千克

元素名称	含量	元素名称	含量
Zn(锌)	≤150	Cr(铬)	≤50
Cu(铜)	≤50	Mo(钼)	≤1
Ni(镍)	≤25	Se(硒)	≤0.75
Cd(镉)	≤0.5	As(砷)	≤5
Pb(铅)	≤50	F (氟)	≤100
Hg(汞)	≤0.5		

4.4　一致性要求

同一批次或者同一牌号的生物降解塑料样品的红外谱图应具有一致性。

5　试验方法

5.1　试验结果的判定

试验结果采用修约值判定法,应按 GB/T 8170 的规定进行。

5.2　外观

按 SH/T 1541 中的规定进行。

5.3　试样的制备

在 70 ℃下用真空干燥箱干燥测试物料,水分应≤0.05%。

测试物料采用注塑工艺得到相应的测试样件时,用 GB/T 17037.1—1997 中的 A 型模具制备符合 GB/T 1040.2—2006 中 1A 型试样。模塑温度可以根据测试物料自身熔体状态进行设定,推荐选用 190 ℃。

5.4　试样状态调节和试验的标准环境

试样状态调节应按 GB/T 2918 中的规定进行。状态调节的条件为温度 23 ℃±2 ℃,相对湿度 (50±10)%,调节时间大于 24 h。

5.5　有机物含量的测定

取适量 5.3 规定的已进行干燥的测试物料,按照 GB/T 9345.1 规定进行测试。马弗炉灼烧温度为 550 ℃±20 ℃,灼烧时间 1 h。计算见式(1):

$$w_1 = \frac{m - m_1}{m} \times 100\% \qquad \cdots\cdots(1)$$

式中:

w_1——有机物含量;

m ——称取的测试物料质量,单位为克(g);

m_1——测试物料经灼烧后的残余物料质量,单位为克(g)。

5.6 重金属及其他元素的测定

测试物料的消解按 EN 13656 的规定进行。

测试物料中元素 Zn、Cu、Ni、Cr、Mo、Co、Hg 的含量测定按 GB/T 23942 的规定进行。

测试物料中元素 As、Cd、Pb、Se 的含量测定按 ISO 17294-2 的规定进行。

测试物料中元素 F 的含量测定按 ISO 10359－1 的规定进行。

5.7 红外测试与一致性评价

样品的红外测定依据 GB/T 6040 进行。

一致性评价依据标准 UL 746A 进行。

5.8 生物降解率的测定

测试样品的有氧生物降解率按 GB/T 19277.1 规定的生物分解百分率的测试进行。

如果测试样品不适用于 GB/T 19277.1，按 GB/T 19276.1 或 GB/T 19276.2 的规定进行。

有氧生物降解率用规定时间内的二氧化碳转化率(即规定时间内测试物料释放出的二氧化碳数量与其二氧化碳理论释放量的比值)表示。

厌氧生物降解率按 ISO 14853 或 ISO 15985 的规定进行。厌氧生物降解率的计算按照测试物料在厌氧生物降解测试过程中产生的生物气产物占理论产出率的百分比进行计算。

5.9 水分含量

称取 10 g 测试物料(精确至 0.1 mg)，放入 90 ℃烘干至恒量的称量瓶内，在 70 ℃真空干燥箱内放置至少 4 h 后，放入干燥器中冷却至室温后称量，再放入上述真空干燥箱内烘干 0.5 h，冷却后称量，直至前后两次称量之差不大于 0.3 mg，即为恒量。

结果按式(2)计算：

$$w_2 = \frac{m_1 - m_2}{m} \times 100\% \qquad \cdots\cdots(2)$$

式中：

w_2——水分含量，以%表示；

m ——称取的测试物料的质量，单位为克(g)；

m_1——恒重后测试物料和称量瓶的总质量，单位为克(g)；

m_2——称量瓶质量，单位为克(g)。

5.10 熔体质量流动速率(*MFR*)的偏差

测试按 GB/T 3682—2000 中 A 法规定进行。物料的测试温度与标称负荷可以根据物料的自身熔融特征选定，推荐测试温度为 190 ℃，推荐测试标称负荷为 2.16 kg。共测试 3 次，计算算术平均值。

按式(3)计算熔体质量流动速率的偏差：

$$\varepsilon = MFR_1 - MFR_0 \qquad \cdots\cdots(3)$$

式中：

ε ——熔体质量流动速率偏差，单位是克每 10 分钟(g/10min)；

MFR_1——熔体质量流动速率测试算术平均值，单位是克每 10 分钟(g/10min)；

MFR_0——标称熔体质量流动速率，单位是克每 10 分钟(g/10min)。

5.11 拉伸性能

用 5.3 规定所制得的测试试样，按 GB/T 1040.2—2006 规定进行拉伸性能测试，试验速度为50 mm/min。

5.12 乙醇-水溶液提取物

称取按5.3条件下干燥得到的测试样品约1.00 g～2.00 g，装入250 mL回流冷凝器的烧瓶中，加入含8%乙醇的蒸馏水溶液100 mL，接好冷凝管，于水浴中加热回流24 h，回流温度50 ℃，立即用快速定性滤纸过滤，用少量含8%乙醇的蒸馏水溶液洗涤滤器及样品，洗液与滤液合并。加入与所用含8%乙醇的蒸馏水溶液等体积的氯仿，萃取。将萃取液放入已恒量的浓缩器的小瓶中，浓缩并回收氯仿，残渣于70 ℃干燥2 h，在干燥器中冷却30 min，称量。

按式(4)计算结果：

$$w_3 = \frac{m_1 - m_2}{m_3} \times 100\% \qquad (4)$$

式中：

w_3——测试物料中乙醇-水溶液的提取物的含量，以%表示；

m_1——残渣加浓缩器小瓶的总质量，单位为克(g)；

m_2——浓缩器小瓶的质量，单位为克(g)；

m_3——测试物料质量，单位为克(g)。

5.13 正己烷提取物

称取按5.3条件下干燥得到的测试样品约1.00 g～2.00 g，装入250 mL回流冷凝器的烧瓶中，加入100 mL正己烷，接好冷凝管，于水浴中加热回流2 h，立即用快速定性滤纸过滤，用正己烷洗涤滤器及样品，洗液与滤液合并。将混合液放入已恒量的浓缩器的小瓶中，浓缩并回收正己烷，残渣于70 ℃干燥2 h，在干燥器中冷却30 min，称量。

按式(5)计算结果：

$$w_4 = \frac{m_1 - m_2}{m_3} \times 100\% \qquad (5)$$

式中：

w_4——测试物料中正己烷的提取物的含量，以%表示；

m_1——残渣加浓缩器小瓶的总质量，单位为克(g)；

m_2——浓缩器小瓶的质量，单位为克(g)；

m_3——测试物料质量，单位为克(g)。

6 检验规则

6.1 检验分类与检验项目

生物降解塑料的检验可分为型式检验和出厂检验两类。

型式检验为全部项目。型式检验应一年进行一次。若有以下情况之一，应进行型式检验：

a) 新产品试制和生产定型；

b) 原料及生产工艺有较大变动可能影响产品性能；

c) 产品生产装置检修后恢复生产；

d) 出厂检验结果和上次型式检验结果有较大差异；

e) 国家质量技术监督部门有要求。

出厂检验项目至少为外观、水分、熔体质量流动速率、拉伸屈服应力、拉伸断裂应变。

6.2 组批规则

生物降解塑料以同一生产线上、相同原料、相同工艺所生产的同一牌号的产品组批，生产厂也可按一定生产周期或储存料仓为一批对产品进行组批。产品以批为单位进行检验和验收。

6.3 抽样方案

未包装生物降解塑料可在料仓的下料口抽样，也可按生产周期等实际情况确定具体的抽样方案。包装后产品的取样应按 GB/T 2547 的规定进行。

6.4 判定规则

生产厂质量检验部门应按照本标准规定进行检验，依据检验结果对产品质量作出质量判定，并提出证明。

产品出厂时，每批产品应附有产品质量检验合格证。合格证上应注明：

a) 产品名称、牌号及批号；

b) 生产厂名称；

c) 产品执行标准；

d) 应盖有质检专用章和检验员章。

6.5 复验规则

检验结果不合格时，应从该批材料中另取双倍数量的试样对不合格的检验项目进行复验。若复验结果全部合格，则判该批材料合格；若复验结果仍有不合格项目，则判该批材料为不合格。

7 标志

生物降解塑料的外包装袋上应有明显的标志，标志内容可包括：

a) 产品名称、商标及牌号；

b) 生产厂名称和地址；

c) 产品执行标准编号；

d) “生物降解塑料”或相应的英文(包括缩写)；

e) 产品批次号(含生产日期)；

f) 产品净含量。

8 包装、运输与贮存

8.1 包装

生物降解塑料包装要求：

a) 应密封包装，宜充氮气保护；

b) 包装应能防尘、防潮并保证产品在贮存、运输过程不被污染；

c) 内包装应采用铝塑复合或塑料袋，外包装应采用纸袋或编织袋等。

8.2 运输

生物降解塑料运输要求：

a) 在运输和装卸过程中严禁使用铁钩等锐利工具，切忌抛掷；

b) 运输工具应保持清洁、干燥并备有厢棚或篷布；

c) 运输时不应与其他物品及有毒、易燃或腐蚀性物品混装运输；

d) 运输时应有防曝晒、雨淋措施。

8.3 贮存

生物降解塑料贮存要求：

a) 应存放在干燥、通风良好的仓库内，不应露天堆放；

b) 不应与有毒、易燃或腐蚀性物品一起贮存，且堆放应平整；

c) 贮存时应远离火源，防止阳光直接照射；

d) 从生产之日起，贮存期限一般不超过12个月。

ICS 67.080.10
X 24

中华人民共和国国家标准

GB/T 29647—2013

坚果与籽类炒货食品良好生产规范

Good manufacturing practice of roasted nuts and seeds

2013-09-06 发布　　　　2014-02-01 实施

中华人民共和国国家质量监督检验检疫总局
中国国家标准化管理委员会　发布

前言

本标准按照GB/T 1.1—2009给出的规则起草。

本标准由中华人民共和国商务部提出并归口。

本标准主要起草单位:中国食品工业协会坚果炒货专业委员会、安徽真心食品有限公司。

本标准参与起草单位:洽洽食品股份有限公司、江苏阿里山食品有限公司、浙江大好大食品有限公司、杭州姚生记食品有限公司、山东中粮花生制品进出口有限公司、宁波恒康食品有限公司、咸阳市彩虹商贸食品有限公司、四川徽记食品产业有限公司、宁夏厚生记食品有限公司、福建百联实业有限公司、武汉旭东食品有限公司、苏州口水娃食品有限公司、新疆金百岁农庄食品有限公司上海分公司、上海来伊份股份有限公司。

本标准主要起草人:翁洋洋、孙国升、朱永涛、孙美、谭海波、余瑞芳、赵文革、陈居立、毕守英、何旭东、朱迪刚、梁晓鹏、阮世忠、陈黎英、刁文英、林晓红。

坚果与籽类炒货食品良好生产规范

1 范围

本标准规定了坚果与籽类炒货食品生产企业的选址及厂区环境、厂房与车间、卫生管理、原辅料和包装材料的要求、生产过程的食品安全控制、检验、产品的贮存和运输、产品追溯和召回，教育与培训、管理机构和人员、文件及记录管理。

本标准适用于坚果与籽类炒货食品生产企业的设计、建造(改扩建)、生产管理和质量管理。

2 规范性引用文件

下列文件对于本标准的应用是必不可少的。凡是注日期的引用文件，仅注日期的版本适用于本文件。凡是不注日期的引用文件，其最新版本(包括所有的修改单)适用于本文件。

GB 2760　食品安全国家标准　食品添加剂使用标准

GB 5749　生活饮用水卫生标准

GB 7718　食品安全国家标准　预包装食品标签通则

GB 8978　污水综合排放标准

GB 13271　锅炉大气污染物排放标准

GB 14881　食品企业通用卫生规范

GB 28050　食品安全国家标准　预包装食品营养标签通则

《出口食品生产企业备案管理规定》　国家质检总局第142号令

3 选址及厂区环境

按照GB 14881有关规定执行。

4 厂房和车间

4.1 设计和布局

4.1.1　凡新建、扩建、改建的工程项目均应按照国家相关规定进行设计和施工。

4.1.2　厂房和车间的布局应能防止坚果与籽类炒货食品加工过程中的交叉污染。

4.2 内部建筑结构

4.2.1　车间地面、墙壁、顶部的覆盖材料使用无毒、耐用、平整、易清洗的材料；墙角、地角、顶角接缝良好，光滑易清洗；顶部应防止结露和冷凝水滴落。

4.2.2　车间的门窗用易清洗、不透水、耐腐蚀、防吸附的坚固材料制作，结构严密，有防蚊、虫设施；内窗台有倾斜度或采用无窗台结构。

4.2.3　车间应根据生产工艺流程、生产操作需要和生产操作区域清洁度的要求进行隔离，以防止相互污染。

4.2.4　为防止交叉污染，应分别设置人员通道及物料运输通道，各通道应装有空气幕(即风幕)或水幕、塑料门帘或双向弹簧门。清洁度不同区域之间人员通道和物料运输应有缓冲室。

4.3 设施

4.3.1 卫生设施

4.3.1.1 生产车间的人员入口处和车间内的适当位置设置洗手、消毒以及干手设施，应采用非手动式水龙头。

4.3.1.2 清洁度要求较高的车间入口处应设置鞋靴消毒池或鞋底清洁设施。

4.3.2 采光及照明设施

采光及照明按照 GB 14881 的规定执行。

4.3.3 通风、除湿、空调设施

4.3.3.1 产生粉尘、大量热能及水蒸气的车间，在其上方应安装有防停机倒灌装置的排风设施。

4.3.3.2 加工、包装及贮存等场所应保持通风良好，防止室内温度过高、蒸汽凝结或产生异味。

4.3.3.3 油炸设备上应安装排烟罩，并对油烟、水蒸气有足够排除能力，防止油滴落，油烟机入口应安装易于清洗的耐腐蚀网罩。

4.3.3.4 工艺上有温、湿度控制要求的场所应配备空调、除湿装置。

4.3.3.5 通风排气装置应易于拆卸清洗、维修或更换，进气口应距地面 2 m 以上，并远离污染源和排气口。

4.3.3.6 设施的出入口应装设防止外来污染装置，根据不同的洁净要求，进气口应有相应空气过滤设备，并易于拆下清洗。

4.3.4 供水设施

4.3.4.1 生产用水的水质应符合 GB 5749 的规定，压力、水量等符合生产需要。

4.3.4.2 各种与水直接接触的供水管道、器具应采用无毒、无异味、防腐等材料制成，并以颜色明显区分。

4.3.4.3 供水设施出入口应增设安全卫生设施，防止外来污染。

4.3.5 排水设施

4.3.5.1 车间内有畅通的排水系统，水流从高清洁区域流向低清洁区域；排水沟底部为圆弧形，有适当的坡度，排水口不得直接设在生产设备的下方，所有排水口均应设置存水弯头，并配有相应大小的滤网，以防产生异味及固体废弃物堵塞排水管道。

4.3.5.2 排水系统应设油水分离装置和防止固体废弃物泄入的装置。污水的排放应符合 GB 8978 的规定。

4.3.5.3 排水口应有可靠的水封式或其他密封设施，排水出口应防止外来污染。

4.3.6 供电设施

4.3.6.1 应确保充足的电力的供应。

4.3.6.2 车间或工作场所应有充足的自然采光或人工照明，位于工作台、食品和原辅料上方的照明设备应加防护罩。

4.3.7 锅炉房

4.3.7.1 燃煤锅炉房设置在生产区、生活区全年最小频率风向的上风侧。

4.3.7.2 各种蒸汽管道采用无毒、防腐材料，以防污染蒸汽品质并造成对食品污染。气体的排放应符合 GB 13271 的规定。

4.3.8 仓储设施

4.3.8.1 企业具有与生产经营的坚果和籽类炒货食品品种、数量相适应的仓储设施，必要时设置冷(冻)藏库。

4.3.8.2 仓库以无毒、坚固的材料建成，其大小应足以使作业顺畅进行并易于维持整洁，构造防止污染，且有防止外来污染侵入的装置。

4.3.8.3 冷(冻)藏库，应设有温湿度计、温度测定器或温度自动记录仪。

4.3.8.4 应设置危险品专门贮存区。

4.3.9 生产设备

4.3.9.1 根据生产工艺和产品的实际需要设置必要的、数量相适应的设备和工具，且各个设备的能力可相互匹配。

4.3.9.2 与原辅料、半成品、成品直接或间接接触的所有设备与用具，材质应符合食品相关产品的有关标准。

4.3.9.3 加工用设备和工具的构造应有利于保证食品卫生、易于清洗消毒、易于检查。食品容器、工具和设备与食品的接触面平滑、无凹陷或裂缝，设备内部角落部位避免有尖角。

4.3.9.4 各种设备的管道应明显区分，且不宜架设于暴露的食品、食品接触面的上方；食品输送带上方应安设输送带防护罩等设施。

4.3.9.5 应制定设备、设施维修保养计划，保证其正常运转和使用。对于关键部件应制订强制保养和更换计划，保证生产正常进行。

4.3.9.6 与食品接触的设备所用润滑剂应为食品级。

5 卫生管理

5.1 应符合 GB 14881 及相关规定。

5.2 出口产品生产条件应符合《出口食品生产企业备案管理规定》的规定。

6 原辅料和包装材料的要求

6.1 一般要求

企业应建立与原辅料和包装材料的采购、验收、运输和贮存相关的管理制度，确保所用的原辅料和包装材料符合法律法规的要求。

6.2 原辅料和包装材料的采购和验收要求

6.2.1 企业应建立供应商管理制度，规定供应商的选择、审核、评估程序。

6.2.2 企业应建立原辅料和包装材料进货查验制度。

6.2.3 原辅料和包装材料验收时，应查验该批原辅料和包装材料的合格证明文件(企业自检报告或第三方出具的检验报告)。

6.2.4 对所购原辅料和包装材料进行检验，合格后方可接收与使用。应如实记录原辅料和包装材料的相关信息。

6.2.5 经判定拒收的原辅料和包装材料应予以标识，单独存放，便于追溯和处理。

6.3 原辅料和包装材料的运输和贮存

6.3.1 原辅料和包装材料在运输和贮存过程应避免太阳直射、雨淋、强烈的温度、湿度变化与撞击等，不应与有毒、有害物品混装、混运。

6.3.2 在运输和贮存过程中，应避免原辅料和包装材料受到污染及损坏，对有温度、湿度及其他特殊要求的原辅料和包装材料应按规定条件运输和贮存。

6.3.3 在贮存期间应按照不同原辅料和包装材料的特点分区存放，并建立标识，标明相关信息和质量状态。

6.3.4 应定期检查库存原辅料和包装材料，对贮存时间较长，品质有可能发生变化的原辅料和包装材料，应定期抽样确认品质；及时清理变质或者超过保质期的原辅料和包装材料。

6.3.5 合格原辅料和包装材料使用时应遵照“先进先出”或“近效期先出”的原则，合理安排使用。

6.3.6 保存原辅料和包装材料采购、验收、贮存和运输记录。

7 生产过程的食品安全控制

7.1 原辅料处理工序的控制

7.1.1 按照生产工艺要求，实施处理原辅料的监控项目及限值、监控频率、监控人员、纠正和预防措施等，并形成记录。

7.1.2 原料筛选时，去除外来杂物及粉尘并妥善收集处理。

7.1.3 辅料要自行加工的，应在专用辅料加工间进行。

7.2 微生物控制

7.2.1 温度和时间

7.2.1.1 应根据产品工艺的特点，采用适宜的温度、时间杀灭微生物或抑制微生物生长繁殖。

7.2.1.2 应建立温度、时间控制措施和纠偏措施，并保持监控纪录。

7.2.2 湿度

7.2.2.1 应根据产品和工艺特点，对需要进行湿度控制区域的空气湿度进行控制。

7.2.2.2 应制定空气湿度关键限值，并有效实施，并进行纪录。

7.2.3 防止微生物污染

7.2.3.1 应对从原辅料和包装材料进厂到成品出厂的全过程采取必要的措施，防止微生物的污染。

7.2.3.2 用于输送、装载或贮存原料、半成品、成品的设备、容器及用具，其操作、使用与维护应避免对加工或贮存中的食品造成污染。

7.2.3.3 加工中与食品直接接触的冰块和蒸汽，其用水应符合 GB 5749 的规定。

7.3 化学污染的控制

7.3.1 应建立防止化学污染的管理制度，分析可能的污染源和污染途径，并提出控制措施。

7.3.2 应选择符合要求的洗涤剂、消毒剂、润滑油，并按照产品说明书的要求使用；对其使用应做登记，并保存好使用记录，避免污染食品的危害发生。

7.3.3 与食品分开贮存，明确标识，并应有专人对其保管。

7.4 物理污染的控制

7.4.1 应通过采取设备维护、卫生管理、现场管理、外来人员管理及加工过程监督等措施，确保产品免受外来物的污染。

7.4.2 应采取有效措施防止金属或其他外来杂物混入产品中。

7.4.3 不应在生产过程中进行电焊、切割、打磨等工作，以免产生异味、碎屑。

7.5 生产工序的控制

按照生产工艺要求，制订清洗浸泡、熟制加工（炒制、烘烤、水煮、或油炸等）、冷却（或拌料、或裹粉）、包装等各工序实施控制细则，并做好生产监控记录。

7.6 食品添加剂的控制

7.6.1 食品添加剂的使用应符合 GB 2760 的规定。

7.6.2 食品添加剂应设专门场所贮放，由专人负责管理，注意领料正确及有效期限等，并记录使用的种类、许可证号、进货量及使用量等。

7.7 产品标识的控制

7.7.1 建立文件化的产品标识程序。

7.7.2 产品包装标签应符合 GB 7718 和 GB 28050 的要求及其他相关规定。

8 检验

8.1 企业可对原料和产品自行检验，也可委托获得食品检验机构资质的检验机构进行检验。

8.2 按相关标准对每批产品进行检验，并留样。

8.3 确保检验结果的准确性和真实性。

8.4 完整保存各项检验记录和检验报告。

9 运输和贮存的控制

9.1 建立食品贮存制度。

9.2 按照保证质量安全的要求运输和贮存原辅料、包装材料和成品。

9.3 贮存期间按照不同原辅料和包装材料的特点分区存放，并建立标识，标明相关信息和质量状态。

9.4 产品出入仓库遵循先进先出的原则，定期检查库存食品的质量和数量，及时清理变质或超过保质期的食品。

9.5 仓库应有存货、出货、运输记录，内容应包括批号、出货时间、地点、时间、对象、数量等。

10 产品追溯与召回

10.1 建立产品追溯制度，确保从采购、运输、贮存、销售各环节都可进行有效追溯，并做好记录。

10.2 当发现含有或可能含有对消费者健康造成危害的因素时，应按照国家相关规定启动产品召回程序，及时向相关部门通告，并做好相关记录。

11 教育与培训

11.1 根据岗位的不同需求制定年度培训计划，进行相应培训，特殊工种应持证上岗。

11.2 对新上岗人员进行食品安全、卫生教育，考核合格后方可上岗工作。

11.3 定期组织全企业职工学习相关法律法规；在职员工应每年至少进行一次食品安全知识培训，熟悉并遵守相关要求和规定。

12 管理机构、人员和职责

12.1 应建立健全本单位的食品安全管理制度，采取相应管理措施，对坚果和籽类炒货食品生产实施从原辅料进厂到成品出厂全过程的安全质量控制，保证产品符合法律法规和相关标准的要求。

12.2 应建立食品安全管理机构，负责企业的食品安全管理。

12.3 食品安全管理机构负责人应是企业法人代表或企业法人授权的负责人。

12.4 机构中的各部门应有明确的管理职责，并确保与质量、安全相关的管理职责落实到位。对厂区内外环境、厂房设施和设备的维护和管理、生产过程质量安全管理、卫生管理、品质追踪等制定相应管理制度，并明确管理负责人与职责。

12.5 食品安全管理机构中各部门应配备经专业培训的专职或兼职的食品安全管理人员，宣传贯彻食品安全法规及有关规章制度，负责督查执行的情况并做好有关记录。

13 文件及记录管理

13.1 文件管理

13.1.1 建立文件管理制度，确保各相关场所使用的文件均为有效版本。

13.1.2 鼓励企业采用先进技术手段(如电子计算机信息系统)，进行文件记录的管理。

13.2 记录管理

13.2.1 建立相应的记录管理制度，对采购、贮存、加工、生产、检验、销售等环节详细记录，以增加食品安全管理体系的可信性和有效性。

13.2.2 各项记录均由执行人员和有关督导人员复核签名或签章，记录内容完整、真实。

13.2.3 对本标准所规定的有关记录，保存期不少于二年。

ICS 55.200
J 83

中华人民共和国国家标准

GB/T 29648—2013

全自动旋转式 PET 瓶吹瓶机

Automatic rotary PET bottle blow molding machine

2013-09-06 发布 2014-04-01 实施

中华人民共和国国家质量监督检验检疫总局
中国国家标准化管理委员会 发布

前　言

本标准按照 GB/T 1.1—2009 给出的规则起草。

本标准由中国工业机械联合会提出。

本标准由全国食品包装机械标准化技术委员会(SAC/TC 494)归口。

本标准负责起草单位:广州达意隆包装机械股份有限公司、江苏新美星包装机械有限公司、杭州中亚机械股份有限公司、广东星联精密机械有限公司、欧姆龙自动化(中国)有限公司、合肥通用机电产品检测院。

本标准参加起草单位:可口可乐饮料(上海)有限公司、广东太古可口可乐有限公司、厦门银鹭食品有限公司、珠海中富实业股份有限公司、中国食品发酵工业研究院、华南理工大学、武汉工业学院、广州信联智通实业股份有限公司。

本标准主要起草人:张颂明、何德平、史正、姜晓平、邹大群、董海龙、李春林、胡青春、李立言、宋奎伟、印刚、罗广、谢国基、刘勇、张洁生、陈润洁。

本标准参加起草人:叶晖、区建伟、杨宁、孔德山、蔡林昌、唐伟强、张国全、曾小斌、吴德林、黄国强。

全自动旋转式 PET 瓶吹瓶机

1 范围

本标准规定了全自动旋转式聚对苯二甲酸乙二醇酯(PET)瓶吹瓶机的术语和定义、型号、型式、基本参数及工作条件、技术要求、试验方法、检验规则、标志、包装、运输与贮存。

本标准适用于采用二步法制瓶工艺吹制饮料、酒类、调味品、食品、日化、医药等领域包装用 PET 瓶的全自动旋转式 PET 瓶吹瓶机(以下简称吹瓶机)。

2 规范性引用文件

下列文件对于本文件的应用是必不可少的。凡是注日期的引用文件,仅注日期的版本适用于本文件。凡是不注日期的引用文件,其最新版本(包括所有的修改单)适用于本文件。

GB/T 191 包装储运图示标志

GB/T 2828.1 计数抽样检验程序 第1部分:按接收质量限(AQL)检索的逐批检验抽样计划

GB 2894 安全标志及其使用导则

GB/T 3766 液压系统通用技术条件

GB 4806.1 食品用橡胶制品卫生标准

GB 5226.1—2008 机械电气安全 机械电气设备 第1部分:通用技术条件

GB/T 7311 包装机械分类与型号编制方法

GB/T 7932 气动系统通用技术条件

GB/T 9969 工业产品使用说明书 总则

GB 13113 食品容器及包装材料用聚对苯二甲酸乙二醇酯成型品卫生标准

GB 13114 食品容器及包装材料用聚对苯二甲酸乙二醇酯树脂卫生标准

GB/T 13277.1—2008 压缩空气 第1部分:污染物净化等级

GB/T 13306 标牌

GB/T 13384 机电产品包装通用技术条件

GB/T 14253 轻工机械通用技术条件

GB 16798 食品机械安全卫生

GB/T 16855.1 机械安全 机械控制系统有关安全部件 第1部分:设计通则

GB 19891 机械安全 机械设计的卫生要求

JB/T 7232 包装机械 噪声声功率级的测定简易法

JB 7233 包装机械安全要求

QB/T 1868 聚对苯二甲酸乙二醇酯(PET)碳酸饮料瓶

QB 2357 聚酯(PET)无汽饮料瓶

QB/T 2665 热灌装用聚对苯二甲酸乙二醇酯(PET)瓶

3 术语和定义

下列术语和定义适用于本文件。

3.1

理坯　unscrambling preform

将瓶坯从料仓整齐且有规律地排列到吹瓶加温机供坯轨道上的过程。

3.2

卡坯　preform block

瓶坯在传输过程中出现卡死的现象。

3.3

吹塑站　blowing station

可以完成拉伸、吹瓶功能的单元，由拉伸机构、模具、模架装置组成。

3.4

吹瓶　blow molding bottle

预热的瓶坯进入模腔内，通过拉伸并用压缩空气吹制成成品瓶的过程。

3.5

二步法　two stage

把成品瓶的制作分为制坯和吹制成品瓶两个独立过程的方法。

3.6

瓶坯损耗率　preform damaged ratio

吹瓶机在正常生产过程中，损耗的瓶坯数量与投入的合格瓶坯总数量的百分比。

3.7

吹瓶合格率　qualified blow molding bottle ratio

吹瓶机在正常生产过程中，合格的样瓶数量与样瓶总数量的百分比。

4　型号、型式、基本参数及工作条件

4.1　型号

吹瓶机的型号编制按 GB/T 7311 的规定。

ZPX □ □ □ □

- □（第4位）——改进设计顺序代号：依次用英文字母 A、B、C…表示。第一次设计的产品无顺序代号
- □（第3位）——主要技术参数：吹塑站数量，单位为个
- □（第2位）——模腔类型：小模腔（用“X”表示）；大模腔（用“D”表示）；标准模腔（不表示）
- □（第1位）——成品瓶适用的灌装温度：热灌装（用“H”表示）、冷灌装（不表示）
- ZPX——全自动旋转式 PET 瓶吹瓶机

示例：

ZPXHD20 表示吹塑站数量为 20 个，成品瓶适用于热灌装的大模腔全自动旋转式 PET 瓶吹瓶机，第一次设计。

4.2　型式与基本参数

4.2.1　吹瓶机型式：

a)　按成品瓶适用的灌装温度分为：热灌装（用“H”表示），冷灌装（不表示）；

b)　按模腔类型分为：小模腔（吹瓶直径小于 75 mm，用“X”表示）；大模腔（吹瓶直径大于120 mm，

用“D”表示)；标准模腔(吹瓶直径范围为 75 mm～120 mm,不表示)。

4.2.2 吹瓶机主要结构：

a) 瓶坯储存及输送装置；

b) 瓶坯加热装置；

c) 模具装置；

d) 吹瓶装置。

4.2.3 吹瓶机基本参数：

a) 额定生产能力：瓶/h；

b) 吹塑站数量：个；

c) 电压、频率：V、Hz；

d) 功率：kW；

e) 外形尺寸：(长×宽×高)mm；

f) 质量：kg；

g) 最大吹瓶直径：mm；

h) 最大吹瓶高度：mm；

i) 最大工作压力：MPa。

4.3 工作条件

4.3.1 瓶坯的规格应一致,瓶坯的材料、瓶坯口部尺寸等应符合相关标准的规定。瓶坯应满足吹瓶机生产技术要求和成品瓶吹制要求。

4.3.2 吹瓶压缩空气分为低压运行压缩空气和工艺压缩空气(包括预吹气和主吹气),气源压力波动不超过±0.1 MPa,压缩空气所含的颗粒、水、油应符合 GB/T 13277.1—2008 的相关规定,并应符合表 1 的规定。

表 1 压缩空气质量要求

压缩空气所含物质	低压运行压缩空气	工艺压缩空气
颗粒	≤5 级 最大尺寸 5.0 μm	≤1 级 最大尺寸 1.0 μm
水	≤4 级 最高压力下的露点 3 ℃	≤4 级 最高压力下的露点 3 ℃
油	≤2 级 最大含量 0.1 mg/m³	≤1 级 最大含量 0.01 mg/m³

4.3.3 冷却系统使用的冷却水可循环使用,冷却水应符合下列规定：

a) pH 值为 7～8；

b) 总硬度(以 $CaCO_3$ 计)低于 140 mg/L；

c) 污染物颗粒尺寸不大于 0.1 mm；

d) 需加入适量的防冻防腐剂。

4.3.4 模具若采用油加温方式,加热油应使用可升温至 180 ℃的专用热传导油。

4.3.5 吹瓶机电源电压与额定电压的偏差应保持在±7%的范围内。

4.3.6 工作室内应无影响吹瓶质量的外界气流和热辐射,工作时环境温度为 15 ℃～35 ℃(波动范围为±3 ℃),空气经初效和中效过滤。

5 技术要求

5.1 一般要求

5.1.1 吹瓶机应按经规定程序批准的图样及技术文件制造。

5.1.2 吹瓶机运转应平稳，运动零、部件动作应灵敏、协调、准确，无卡阻和异常声响。

5.1.3 吹瓶机气路、液路、润滑系统应畅通，无阻塞、无泄漏。

5.1.4 瓶坯进入加热装置前不应有卡坯现象。

5.2 性能要求

5.2.1 吹瓶机的生产能力应达到额定生产能力要求，连续生产时生产效率应不低于96%。

5.2.2 正常工作状态下，吹瓶机外部与人体接触部位的表面温度应不高于50 ℃。

5.2.3 吹瓶机瓶坯损耗率应不大于0.3%。

5.2.4 冷灌装用成品瓶应符合QB/T 1868、QB 2357的有关规定，热灌装用成品瓶应符合QB/T 2665的有关规定。

5.2.5 吹制过程中瓶体应不被污染，成品瓶的卫生要求应符合GB 13113的规定。

5.2.6 吹瓶机正常工作时，噪声声压级应不大于85 dB(A)。

5.2.7 模具的加热和冷却装置应能满足模具对温度的要求，用流体介质时应保证压力、流量的稳定性。

5.2.8 吹瓶机左、右半模及底模与瓶体接触的表面温度偏差应不超过5 ℃。

5.2.9 热灌装模具模身工作温度应不高于170 ℃，各工位模具同一位置的温度偏差应为±1.5 ℃。

5.2.10 吹瓶机应具备单模吹瓶测试功能和多工位预吹瓶测试功能，满足单模和多工位吹瓶测试需要。多工位预吹吹制的瓶子最大直径和高度偏差应不超过±5 mm。

5.2.11 各工位的预吹气压力应保持一致，偏差为±0.01 MPa，高压吹气压力偏差为±0.1 MPa。

5.3 模具装配技术条件

5.3.1 吹制不同的成品瓶时，模具应便于更换，各工位的安装尺寸应确保模具能通用互换。

5.3.2 模具安装时应保证结合面完全贴合，螺栓连接牢固可靠。

5.3.3 模具安装后检查安装高度，各工位上模具基准面高度偏差为±0.05 mm，对开的两半模水平高度公差不大于0.1 mm，开合模凸轮与底模升降凸轮运动行程极点的偏差为0.03 mm～0.05 mm。

5.3.4 合模间隙应控制在0.1 mm～0.15 mm范围内(热灌装模具的合模间隙为达到模温时的间隙)。

5.4 电气安全要求

5.4.1 吹瓶机各电路控制系统应安全可靠、控制准确，符合GB 5226.1的要求：

a) 各电器接头连接牢固并加以编号；

b) 操作按钮应灵活，指示灯显示应正常；

c) 应有急停装置，急停操动器的有效操作中止了后续命令，该操作命令在其复位前一直有效。复位应只能在引发紧急操作命令的位置用手动操作。命令的复位不应重新启动机械，而只是允许再启动。

5.4.2 电气柜防护等级应达到IP54。

5.4.3 动力电路导线和保护联结电路间施加500 Vd.c.时测得的绝缘电阻应不小于1 MΩ。

5.4.4 吹瓶机所有外露可导电部分应按GB 5226.1—2008中8.2.1要求连接到保护联结电路上。接地端子或接地触点与接地金属部件之间的连接，应具有低电阻值，其电阻值应不超过0.1 Ω。

5.4.5 吹瓶机的动力电路导线和保护联结电路之间应经受至少1 s时间的耐压试验。

5.4.6 吹瓶机应设置机械式紧急制动装置,断电时制动装置处于制动状态,制动装置须设置手动复位开关。

5.4.7 吹瓶机应设置压缩空气自动卸压装置,当按下紧急制动按钮或安全门处于开启状态时,应自动启动压缩空气自动卸压装置,迅速卸压。

5.4.8 吹瓶机应具备模腔屏蔽功能,模腔被屏蔽时自动停止该模进坯。

5.5 安全卫生要求

5.5.1 吹瓶机的安全防护应符合下列规定:

a) 吹瓶机的安全防护应符合 JB 7233 的规定;并应设有安全防护装置,其安全等级应符合 GB/T 16855.1 的规定。

b) 吹瓶机上应有清晰醒目的操纵、润滑、防烫等安全警示标志,安全标志应符合 GB 2894 的规定。

c) 吹瓶机应设有保障人员、物料及设备安全的联锁保护。吹制热灌装瓶时,模具恒温机及加热油路周围应设安全防护栅栏。

d) 吹瓶机上的螺栓、螺母等紧固件及各零件应可靠固定,防止松动,不应因震动而脱落。

e) 吹瓶机气动系统安全性能应符合 GB/T 7932 的规定,液路系统安全性能应符合 GB/T 3766 的规定。

5.5.2 吹瓶机所用的原材料、外购配套零部件应有生产厂的质量合格证明书。

5.5.3 吹瓶机的橡胶密封件应符合 GB 4806.1 的规定。

5.5.4 应用于食品行业的吹瓶机,其材料选用、设计、制造、配置原则的安全卫生要求应符合 GB 16798 的规定。吹瓶机机械设计安全卫生要求应符合 GB 19891 的规定。

5.6 外观质量和说明书要求

5.6.1 吹瓶机的加工、装配及外观质量应符合 GB/T 14253 的有关规定。

5.6.2 吹瓶机非加工表面的涂漆和喷塑层应平整光滑、色泽均匀,无明显的污浊、流痕、起泡等缺陷。

5.6.3 吹瓶机经表面处理的零件应色泽均匀,无起泡、起层、锈蚀等缺陷。

5.6.4 吹瓶机使用说明书编写应符合 GB/T 9969 的规定,使用说明书应规定吹瓶机传动部位加油周期。

6 试验方法

6.1 试验条件

6.1.1 试验环境温度应为 15 ℃～35 ℃。

6.1.2 试验时采用的聚对苯二甲酸乙二醇酯树脂应符合 GB 13114 的规定。

6.2 一般要求检查

6.2.1 空运转试验

每台吹瓶机装配完成后,应做空运转试验,连续空运转时间应不小于 48 h,检查吹瓶运行情况,应符合 5.1.2、5.4.1、5.4.6 和 5.4.7 的规定。

6.2.2 气路、液路及润滑系统密封性检查

吹瓶机的气路、液路及润滑系统可采用下列方法进行密封性检查:

a) 用脱脂棉在气动元件、润滑系统的密封件周围轻轻擦拭，观察脱脂棉上有无油渍；

b) 用高泡洗涤剂水涂抹在气动元件的密封处，观察是否漏气；

c) 液路系统装配后应以 1.25 倍的额定压力，历时 30 min 做耐压试验，不应有渗漏，压降应不大于 5%。

6.3 性能试验

6.3.1 生产能力试验

吹瓶机正常生产条件下，以额定速度连续运行 10 min，统计吹制完成的成品瓶总数量，共进行两次，按式(1)计算生产能力，两次计算结果均应符合 5.2.1 的规定。

$$V=\frac{M_1}{10}\times 60 \qquad \cdots\cdots(1)$$

式中：

V ——生产能力，单位为瓶每小时(瓶/h)；

M_1——成品瓶总数量，单位为瓶。

6.3.2 生产效率试验

试验可在用户生产现场进行，吹瓶机正常生产条件下，每次以额定速度连续运行 8 h，一周内共进行三次，统计吹制完成的成品瓶总数量，按式(2)计算生产效率，三次的平均值应符合 5.2.1 的规定。

$$\eta=\frac{M_2}{F\times T}\times 100\% \qquad \cdots\cdots(2)$$

式中：

η ——生产效率，%；

F ——额定生产能力，单位为瓶每小时(瓶/h)；

T ——有效时间，单位为小时(h)；

M_2——成品瓶总数，单位为瓶。

有效时间 T 为：测试时间 8 h 减去在测试时间内任一机构非因吹瓶机本身故障而造成的一切停机时间的总和($\sum t$)按式(3)计算：

$$T=8-\sum t \qquad \cdots\cdots(3)$$

式中：

T ——有效时间，单位为小时(h)；

$\sum t$ ——任一机构非因吹瓶机本身故障而造成的一切停机时间的总和，单位为小时(h)。

6.3.3 吹瓶机表面温度的测定

用精度为 0.1 ℃测温仪，测量吹瓶机外部与人体接触部位的表面温度，应符合 5.2.2 的规定。

6.3.4 瓶坯损耗率试验

吹瓶机正常生产条件下，以额定速度连续运行不小于 60 min，统计试验过程中投入的合格瓶坯总数量和成品瓶数量，按式(4)计算瓶坯损耗率。

$$L=(1-\frac{m}{q})\times 100\% \qquad \cdots\cdots(4)$$

式中：

L ——瓶坯损耗率，%；

m ——成品瓶数量，单位为瓶；

q ——合格瓶坯总数量，单位为瓶。

6.3.5 吹瓶合格率试验

吹瓶机正常生产条件下，以额定速度连续运行不小于60 min，按GB/T 2828.1规定的方法在生产出的瓶子中抽样，采用正常检验一次抽样方案，一般检验水平Ⅱ级，按AQL＝0.25判定，并按5.2.4、5.2.5的规定检验样瓶质量。

6.3.6 噪声测试

在连续工作过程中，吹瓶机的噪声宜采用JB/T 7232规定的方法进行测量，还可采用如下方法：噪声值采用A计权声压级时，其环境背景噪声值与被测吹瓶机的工作噪声值之差大于10 dB(A)时，用精密声级计测量吹瓶机前、后、左、右四个方向正中，距吹瓶机1 m、距操作平台1.5 m处的噪声，以测得的噪声值的最大值作为吹瓶机的噪声值。

6.3.7 模具预热温度的测定

吹瓶机各工位分别安装模具后，开启模温机，将模身、底模油温设定为合适的温度，用精度为0.1 ℃测温仪，分别测量左、右半模及底模与瓶体接触的表面温度，温差应符合5.2.8的规定。

6.3.8 模具温度偏差试验

将模温机温度设定为150 ℃，加热50 min后，用精度0.1 ℃的测温仪分别测量各工位模具同一位置的表面温度。

6.3.9 单模吹瓶测试功能和多工位预吹瓶测试功能试验

6.3.9.1 单模吹瓶测试功能试验

关闭不吹瓶的工位，只开启需测试的工位，然后进入正常生产状态，检查吹瓶机吹制完成的瓶子模号是否与设定工位模号一致，并对其他不同的工位依次进行测试。

6.3.9.2 多工位预吹瓶测试功能试验

关闭高压吹气功能，只开启预吹气功能，吹制一整模的瓶子，吹瓶机预吹吹制完成的瓶子应符合5.2.10的规定。

6.3.10 预吹压力和高压吹气压力偏差试验

6.3.10.1 预吹压力偏差测试

手动开启预吹气测试功能，对每个工位分别进行对空吹气测试，记录各工位的压力。各工位实际压力偏差应符合5.2.11的规定。

6.3.10.2 高压吹气压力偏差测试

在正常工作状态下，检查各工位的高压吹气压力。每个工位实际压力偏差应符合5.2.11的规定。

6.4 电气安全试验

6.4.1 用绝缘电阻表按GB 5226.1—2008中18.3的规定测量其绝缘电阻，应符合5.4.3的规定。

6.4.2 在切断电气装置电源，从空载电压不超过12 V(交流或直流)的电源取得电流，且该电流等于额定电流的1.5倍或25 A(取二者中较大者)的情况下，让该电流轮流在接地端子与每个易触及金属部件之间通过。测量接地端子与每个易触及金属部件之间的电压降，由电流和电压降计算出电阻值，应符合5.4.4的规定。

6.4.3 用耐压测试仪按 GB 5226.1—2008 中 18.4 的规定做耐压试验，应符合 5.4.5 的规定。

6.5 安全卫生要求检查

6.5.1 检查吹瓶机的安全防护，应符合 5.5.1 的规定。

6.5.2 检查吹瓶机材质报告和质量合格证明书，应符合 5.5.2～5.5.4 的规定。

6.6 外观质量检查

目测检查吹瓶机外观质量，应符合 5.6.1～5.6.3 的规定。

7 检验规则

7.1 检验分类

吹瓶机的检验分为出厂检验和型式检验，检验项目、要求、试验方法按表 2 的规定。

表 2 检验项目

<table>
<tr><th rowspan="2">序号</th><th rowspan="2">检验项目</th><th colspan="2">检验类别</th><th rowspan="2">要求</th><th rowspan="2">试验方法</th></tr>
<tr><th>型式检验</th><th>出厂检验</th></tr>
<tr><td>1</td><td>电气安全试验</td><td rowspan="17">√</td><td rowspan="4">√</td><td>5.4.3～5.4.5</td><td>6.4</td></tr>
<tr><td>2</td><td>空运转试验</td><td>5.1.2、5.4.1、
5.4.6、5.4.7</td><td>6.2.1</td></tr>
<tr><td>3</td><td>气路、液路及润滑系统密封性检查</td><td>5.1.3</td><td>6.2.2</td></tr>
<tr><td>4</td><td>生产能力试验</td><td>5.2.1</td><td>6.3.1</td></tr>
<tr><td>5</td><td>生产效率试验</td><td>—</td><td>5.2.1</td><td>6.3.2</td></tr>
<tr><td>6</td><td>吹瓶机表面温度的测定</td><td rowspan="12">√</td><td>5.2.2</td><td>6.3.3</td></tr>
<tr><td>7</td><td>瓶坯损耗率试验</td><td>5.2.3</td><td>6.3.4</td></tr>
<tr><td>8</td><td>吹瓶合格率试验</td><td>5.2.4～5.2.5</td><td>6.3.5</td></tr>
<tr><td>9</td><td>噪声测试</td><td>5.2.6</td><td>6.3.6</td></tr>
<tr><td>10</td><td>模具预热温度的测定</td><td>5.2.8</td><td>6.3.7</td></tr>
<tr><td>11</td><td>模具温度偏差试验</td><td>5.2.9</td><td>6.3.8</td></tr>
<tr><td>12</td><td>单模吹瓶测试功能和多工位
预吹瓶测试功能试验</td><td>5.2.10</td><td>6.3.9</td></tr>
<tr><td>13</td><td>预吹压力和高压吹气压力偏差试验</td><td>5.2.11</td><td>6.3.10</td></tr>
<tr><td>14</td><td>安全防护检查</td><td>5.5.1</td><td>6.5.1</td></tr>
<tr><td>15</td><td>材质检查</td><td>5.5.2～5.5.4</td><td>6.5.2</td></tr>
<tr><td>16</td><td>外观质量检查</td><td>5.6.1～5.6.3</td><td>6.6</td></tr>
<tr><td>17</td><td>产品标牌及技术文件</td><td>5.6.4</td><td>8.1、8.2.5</td></tr>
</table>

7.2 出厂检验

每台吹瓶机均应做出厂检验，检验合格后方可出厂。

7.3 型式检验

7.3.1 有下列情况之一时，应进行型式检验：

——老产品转厂生产或新产品试制定型鉴定；

——正式生产后，如材料、结构、工艺有较大变动，可能影响吹瓶机性能；

——正常生产时，积累一定产量后或每年定期进行一次检验；

——长期停产后恢复生产；

——出厂检验结果与上次型式检验有较大差异；

——国家质量监督机构提出型式检验要求。

7.3.2 型式检验应符合第5章的规定，检验项目见表2。检验项目全部合格为型式检验合格。在型式检验中，若电气安全试验中的保护联结电路的连续性、绝缘电阻、耐压试验有一项不合格，即判定为型式检验不合格。其他项目有一项不合格，应加倍复测不合格项目，仍不合格的，则判定该吹瓶机型式检验不合格。

8 标志、包装、运输与贮存

8.1 标志

吹瓶机应在明显的部位固定标牌，标牌尺寸和技术要求按 GB/T 13306 的规定。标牌上至少应标出下列内容：

——产品型号；

——产品名称；

——产品执行标准；

——产品主要技术参数；

——制造日期和出厂编号；

——制造厂名称及所在地。

8.2 包装

8.2.1 吹瓶机的运输包装应符合 GB/T 13384 的规定。

8.2.2 吹瓶机包装前，外露加工表面应进行防锈处理。

8.2.3 吹瓶机包装箱应有可靠的防潮措施，并应牢固可靠，适应运输装卸的要求。

8.2.4 吹瓶机随机专用工具及易损件应包装并固定在包装箱中。

8.2.5 技术文件应妥善包装放在包装箱内，并应包括下列内容：

——产品合格证；

——产品使用说明书；

——装箱单。

8.2.6 包装箱外表面应清晰标出发货和运输作业标志，并应符合 GB/T 191 的有关规定。

8.3 运输与贮存

8.3.1 吹瓶机在运输过程中应小心轻放，不允许倒置和碰撞。

8.3.2 吹瓶机应贮存于干燥通风、无腐蚀性气体的场所。

ICS 83.080.01
G 31

中华人民共和国国家标准

GB/T 29649—2013

生物基材料中生物基含量测定 液闪计数器法

Determining the biobased content of biobased materials—Liquid scintillation counters (LSC) method

2013-09-06 发布

2014-01-31 实施

中华人民共和国国家质量监督检验检疫总局
中国国家标准化管理委员会 发布

前　言

本标准按照 GB/T 1.1—2009 给出的规则起草。

本标准由国家标准化管理委员会提出。

本标准由全国生物基材料及降解制品标准化技术委员会(SAC/TC 380)归口。

本标准起草单位:武汉华丽环保科技有限公司、北京工商大学轻工业塑料加工应用研究所、深圳市佳发塑料制品有限公司、国家塑料制品质量监督检验中心(北京)、四川大学。

本标准主要起草人:翁云宣、张立斌、白娟、郑洪标、靳玉娟、王玉忠。

生物基材料中生物基含量测定 液闪计数器法

1 范围

本标准规定了利用液闪计数器测定生物基材料中生物基含量的仪器和试剂、试验步骤和结果计算。

本标准适用于生物基材料如生物基塑料等，且这些材料中的有机碳可以被氧化成二氧化碳气体。

2 规范性引用文件

下列文件对于本文件的应用是必不可少的。凡是注日期的引用文件，仅注日期的版本适用于本文件。凡是不注日期的引用文件，其最新版本(包括所有的修改单)适用于本文件。

ISO 8245:1999 水质 总有机碳(TOC)和溶解有机碳(DOC)的测定指南[Water quality—Guidelines for the determination of total organic carbon (TOC) and dissolved organic carbon (DOC)]

3 术语和定义

下列术语和定义适用于本文件。

3.1

生物基材料 biobased material

利用生物质为原料制造的新型材料和化学品等，包括生物基塑料、生物基化学品、糖工程产品、以及以可再生生物资源如谷物、豆科、棉花及秸秆和木质纤维素等生物质为原料或其与塑料复合的材料等。

3.2

化石碳 fossil carbon

基本上不含放射性碳的碳，其年龄远大于^{14}C的半衰期(5730年)。

3.3

现代碳 modern carbon

现代的碳。1959年国际会议确认美国国家标准局制定的草酸(SRM 4990b)作为现代碳的标准物质，并以其1950年时放射性活度的95%作为现代碳的标准放射性活度。

3.4

生物基含量 biobased content

每克样品有机碳放射性活度和每克现代碳参比材料有机碳放射性活度比值的百分数。其代表的意思是样品中可再生资源得到的现代有机碳占总的有机碳的百分含量，而不是指样品总质量的百分数。

3.5

计数效率 efficiency

测量到的观察结果或计数结果与在测量时间段内发生的衰变活动的数量的比率，用百分数表示。

4 原理

活的生物体一旦死亡，就会停止摄取新的碳。所有生物体死亡时碳十二同位素(^{12}C)和碳十四同位素(^{14}C)的比例都是一样的,但^{14}C会继续衰变,而且不会得到补充。^{14}C按半衰期为5730年的速度衰变,而样本中^{12}C的数量仍然保持不变。可再生资源得到的生物基材料,其^{12}C和^{14}C的比例和生物体死亡那一刻也是一样的,而以石油为基础的石化基材料,由于石油是生物体经过几百万年演变得到,其所含的化石碳的^{14}C含量几乎已经为零,因此可以通过比较材料中同位素^{14}C含量来确定其现代碳比例,即来计算生物基含量。

利用液体闪烁计数器(LSC)测定^{14}C放射性元素技术,来计数样品中^{14}C衰变发射出的β粒子的办法来测定^{14}C含量。由于大多聚合物都是固体形态,用液体闪烁法测定时,首先将固体形态材料中的碳转化为可以测定的液态碳。将材料在氧气条件下氧化成CO_2,然后用CO_2吸收剂吸收变成溶液,加入闪烁剂,用液体闪烁器进行计数。样品中^{14}C含量与等量有机碳含量的参比物质的^{14}C含量的百分比,即为生物基含量。

5 仪器和试剂

5.1 焚烧炉

将样品中的有机碳在有氧条件下焚烧转化为二氧化碳,并用装有吸收液和闪烁液的吸收瓶吸收,吸收液吸收的二氧化碳的样品碳回收率应≥98%。

5.2 低本底液体闪烁计数器

液闪计数器应具有低本底的铅屏蔽、独立于样品检测器的防护计数器、光密封的样品测量室和送样器、高效低本底和谱稳定性光电倍增管、自动连续谱稳定器,能很好屏蔽宇宙射线和环境中的伽码(GAMMA)射线,有屏蔽监测功能。

液闪计数器的本底[cpm(B)]为0.32~0.5 (0.5 KeV~156 KeV 测量窗口),品质因子(E^2/B)为10 000 beta~16 000 beta,效率(标准源)>75%,测定稳定性:测定变异小于0.2%/24 h(不含随机误差),测定能量范围:1 KeV(beta)~2 000 KeV(beta)。

5.3 吸收闪烁瓶

20 mL 低钾玻璃瓶。

5.4 二氧化碳吸收液与闪烁液

用于吸收焚烧产生二氧化碳的吸收液。

用于液体闪烁计数测量的闪烁剂液。

6 试验步骤

6.1 样品准备

按照ISO 8245:1999测定样品的有机碳含量。三组样品的有机碳含量分别记为C_{s1}、C_{s2}、C_{s3}。

测定参比材料的有机碳含量。三组参比材料的有机碳含量分别记为C_{r1}、C_{r2}、C_{r3}。当年生的竹纤维素可以用作参比材料。

将样品粉碎(必要时可以冷冻处理),装入低钾玻璃瓶中,密封保存。如样品含碳酸盐,应先除去碳酸盐。例如可以采用酸浸泡的方法。

6.2 将有机碳转化为二氧化碳

6.2.1 空白试验

将称量的焚烧杯，置入铂金环中并放入至焚烧石英管炉中，通以氧气，点火使其充分燃烧，在焚烧炉末端用 10 mL 二氧化碳吸收液吸收二氧化碳，同时加入 10 mL 闪烁液，混合液装入 20 mL 低钾玻璃瓶中。盖上瓶盖，拧紧，摇匀。

6.2.2 样品

称取 0.500 g～1.000 g 样品。样品的质量分别记为 M_{s1}、M_{s2}、M_{s3}。

将称量的样品，放入焚烧杯后，置入铂金环中并放入至焚烧石英管炉中，通以氧气，点火使其充分燃烧，在焚烧炉末端用 10 mL 二氧化碳吸收液吸收二氧化碳，同时加入 10 mL 闪烁液，混合液装入 20 mL 低钾玻璃瓶中。盖上瓶盖，拧紧，摇匀。

6.2.3 参比材料

称取 0.500 g～1.000 g 参比材料。参比材料的质量分别记为 M_{r1}、M_{r2}、M_{r3}。

放入焚烧杯后，置入铂金环中并放入至焚烧石英管炉中，通以氧气，点火使其充分燃烧，在焚烧炉末端用 10 mL 二氧化碳吸收液吸收二氧化碳，同时加入 10 mL 闪烁液，混合液装入 20 mL 低钾玻璃瓶中。盖上瓶盖，拧紧，摇匀。

6.2.4 计数前准备

空白试验、样品和参比材料各三组。

将吸收二氧化碳的吸收瓶在计数前静置 8 h，检查吸收瓶中分层情况，在没有发生分层情况下进行计数测试。

6.3 计数

6.3.1 工作环境

环境温度：15 ℃～28 ℃；相对湿度：＜75％。

6.3.2 测试

将闪烁测量瓶放于液体闪烁器中进行液闪计数，得到空白组、样品组和参比材料 ^{14}C 计数。每瓶计数时间至少 20 h。

测得每瓶的放射性活度。分别记为 BQ_{b1}、BQ_{b2}、BQ_{b3}；BQ_{s1}、BQ_{s2}、BQ_{s3}；BQ_{r1}、BQ_{r2} 和 BQ_{r3}。

7 结果计算

7.1 空白试验放射性活度

空白试验放射性活度，取三个瓶子结果的平均值，按式(1)计算 BQ_b。结果保留小数点后三位有效数字。

$$BQ_b = \frac{BQ_{b1} + BQ_{b2} + BQ_{b3}}{3} \qquad \cdots\cdots(1)$$

式中，

BQ_b ——空白试验平均放射性活度；

BQ_{b1}、BQ_{b2}、BQ_{b3} ——三次平行试验样品瓶子放射性活度。

7.2 样品的每克有机碳放射性活度

样品放射性活动为样品瓶子放射性活动减去空白试验放射性活动，三次测试值分别为($BQ_{s1}-BQ_b$)、($BQ_{s2}-BQ_b$)、($BQ_{s3}-BQ_b$)

按式(2)、式(3)和式(4)分别计算三个样品的每克有机碳放射性活度 E_{s1}、E_{s2}、E_{s3}。

$$E_{s1}=\frac{(BQ_{s1}-BQ_b)}{M_{s1}\times C_{s1}} \quad \cdots\cdots(2)$$

$$E_{s2}=\frac{(BQ_{s2}-BQ_b)}{M_{s2}\times C_{s2}} \quad \cdots\cdots(3)$$

$$E_{s3}=\frac{(BQ_{s3}-BQ_b)}{M_{s3}\times C_{s3}} \quad \cdots\cdots(4)$$

式中：

BQ_b ——空白试验平均放射性活度；

BQ_{s1}、BQ_{s2}、BQ_{s3} ——三次平行试验样品瓶子放射性活度；

M_{s1}、M_{s2}、M_{s3} ——三次平行试验样品质量；

C_{s1}、C_{s2}、C_{s3} ——三次平行试验样品有机碳含量。

样品的平均每克有机碳放射性活度(E_s)取三次测试平均值，按式(5)计算。

$$E_s=\frac{E_{s1}+E_{s2}+E_{s3}}{3} \quad \cdots\cdots(5)$$

式中：

E_s ——样品的平均每克有机碳放射性活度；

E_{s1}、E_{s2}、E_{s3} ——三次平行试验样品的每克有机碳放射性活度。

7.3 参比材料的每克有机碳放射性活度

参比材料放射性活度为参比材料瓶子放射性活度减去空白试验放射性活度，三次测试值分别为($BQ_{r1}-BQ_b$)、($BQ_{r2}-BQ_b$)、($BQ_{r3}-BQ_b$)。

按式(6)、式(7)和式(8)分别计算三个样品每克有机碳放射性活度 E_{r1}、E_{r2}、E_{r3}。

$$E_{r1}=\frac{(BQ_{r1}-BQ_b)}{M_{r1}\times C_{r1}} \quad \cdots\cdots(6)$$

$$E_{r2}=\frac{(BQ_{r2}-BQ_b)}{M_{r2}\times C_{r2}} \quad \cdots\cdots(7)$$

$$E_{r3}=\frac{(BQ_{r3}-BQ_b)}{M_{r3}\times C_{r3}} \quad \cdots\cdots(8)$$

式中：

BQ_b ——空白试验平均放射性活度；

BQ_{r1}、BQ_{r2}、BQ_{r3} ——三次平行试验参比材料瓶子放射性活度；

M_{r1}、M_{r2}、M_{r3} ——三次平行试验参比材料质量；

C_{r1}、C_{r2}、C_{r3} ——三次平行试验参比材料有机碳含量。

参比材料的平均每克有机碳放射性活度(E_r)取三次测试平均值，按式(9)计算。

$$E_r=\frac{E_{r1}+E_{r2}+E_{r3}}{3} \quad \cdots\cdots(9)$$

式中：

E_r ——参比材料的平均每克有机碳放射性活度；

E_{r1}、E_{r2}、E_{r3} ——三次平行试验参比材料的每克有机碳放射性活度。

7.4 生物基含量

按式(10)计算样品中生物基含量 C_t。

$$C_t = \frac{E_s}{E_r} \times 100\% \qquad \cdots\cdots(10)$$

式中：

C_t ——样品中生物基含量；

E_s ——样品的平均每克有机碳放射性活度；

E_r ——参比材料的平均每克有机碳放射性活度。

结果取小数点后一位有效数字。

8 结果有效性

试验符合以下条件时，结果有效，否则重新试验。

a) 平行样测试结果相互偏差≤20%；

b) 每组样品测试计数效率均应≥60%。

9 报告

试验报告应当列出所有有关资料，至少包括下列内容：

a) 引用的标准(即本标准的编号)；

b) 试验材料有机碳含量；

c) 参比材料种类及其有机碳含量；

d) 液闪计数器厂家、型号；

e) 焚烧炉厂家、型号；

f) 计数效率。

ICS 81.080
Q 40

中华人民共和国国家标准

GB/T 29650—2013

耐火材料　抗一氧化碳性试验方法

Refractory products—Determination of resistance to carbon monoxide

(ISO 12676:2000,MOD)

2013-09-06 发布　　　　2014-05-01 实施

中华人民共和国国家质量监督检验检疫总局
中国国家标准化管理委员会　发布

前　言

本标准按照 GB/T 1.1—2009 给出的规则起草。

本标准使用重新起草法修改采用 ISO 12676:2000《耐火制品　抗一氧化碳性试验方法》。

本标准与 ISO 12676:2000 相比在结构上有较多调整，附录 A 中列出了本标准与 ISO 12676:2000 的章条编号对照一览表。

本标准与 ISO 12676:2000 的技术性差异如下，这些差异涉及的条款已通过在其外侧页边空白位置的垂直单线(|)进行了标示。

——扩大标准适用范围；

——引用文件改用了我国标准；

——将试样尺寸断面为 50 mm±2 mm、60 mm±2 mm、76 mm±2 mm 见方的长方体修改为断面 50 mm±2 mm、65 mm±2 mm、75 mm±2 mm 见方的长方体；

——增加不定形耐火材料的制样和热处理；

——增加了对试样数量的规定。

本标准由全国耐火材料标准化技术委员会(SAC/TC 193)提出并归口。

本标准起草单位：中钢集团洛阳耐火材料研究院有限公司、北京瑞普同创科技发展有限公司。

本标准主要起草人：王秀芳、杨林、张周明、彭西高、刘运政、郭腾飞。

耐火材料　抗一氧化碳性试验方法

1　范围

本标准规定了耐火材料抗一氧化碳性试验方法的原理、设备、试样、试验步骤、试验结果及试验报告。

本标准适用于耐火材料抗一氧化碳性的测定。

2　规范性引用文件

下列文件对于本文件的应用是必不可少的。凡是注日期的引用文件，仅注日期的版本适用于本文件。凡是不注日期的引用文件，其最新版本(包括所有的修改单)适用于本文件。

GB/T 10325　定形耐火制品验收抽样检验规则

GB/T 17617　耐火原料和不定形耐火材料　取样

GB/T 18930　耐火材料术语(GB/T 18930—2002，ISO 836：2001，MOD)

3　术语和定义

GB/T 18930 所界定的术语和定义适用于本文件。

4　原理

将试样暴露于试验温度下特定的一氧化碳气氛中，经过一定的时间，观察试样的破坏程度。

注：一氧化碳为有毒气体，应设置适当的安全措施，例如检测设备周围的气氛以检查试验时一氧化碳的泄漏量。

5　设备

5.1　试验炉

试验设备的示意图见图 1。

具有足够的尺寸，能容纳反应室及其内的试验区，500 ℃时，试验区温差在±10 ℃之内。

注：当使用玻璃反应室时，试验炉可以由 1 个或多个观察孔，以便在试验过程中能直接观察到试样。

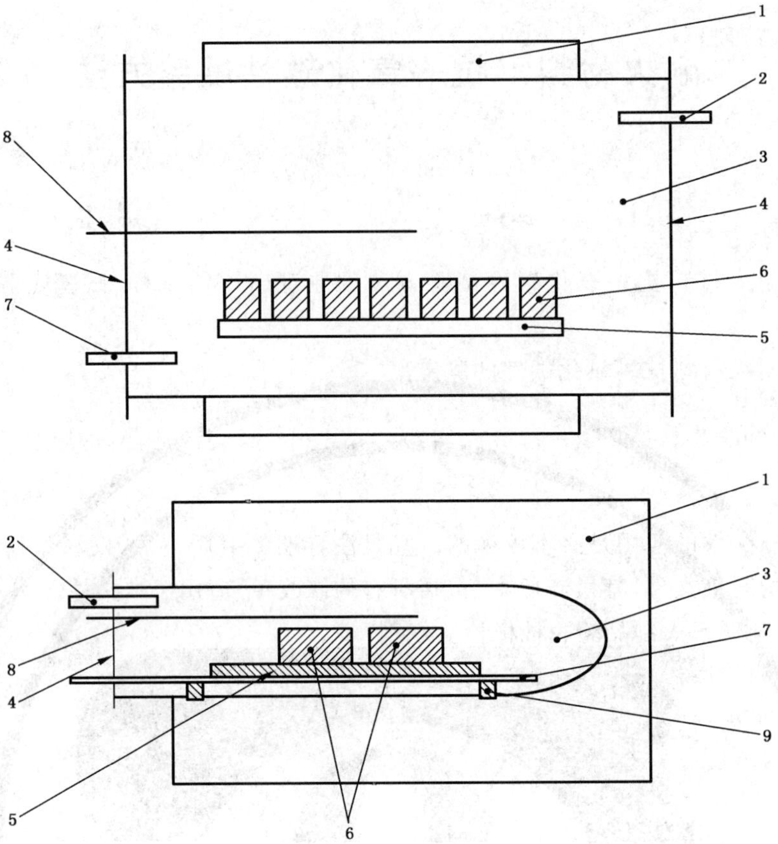

说明:

1——试验炉外壳;

2——出气管;

3——反应室;

4——气体密封盖;

5——试样支架;

6——试样;

7——进气管;

8——测温装置;

9——管道支架。

图1 试验设备示意图

5.2 反应室

反应室应是一个密封的筒体,能够经受500 ℃的温度,并采用试验条件下不与一氧化碳反应的材料制成。应有合适的尺寸保证试样在反应区内。应安装气体进出的管道,以便气体通过试验区。应能安装温度测量装置于试验区内并紧挨试样。应有安放试样的支架并能防止试验过程中由于破坏产生的碎片掉到反应室底上。气体进出的管道和放试样的支架也应采用不与一氧化碳反应的材料制成并能经受500 ℃的温度。

注1: 适合做反应室的材料包括某些等级的不锈钢、黄铜、氧化铝、没有氧化的铬镍铁合金、玻璃和陶瓷。

注2: 反应室可以一端密封,其中1根气体管道可以与第2根管道一起作为共同支撑试样的支架。根据反应室的尺寸和试样数量需要,可以为管道提供支撑。

5.3 温度测量及记录装置

能够测定试验区的温度并达到需要的精度，并且连续记录所测温度。

5.4 温控装置

控制试验炉温度到要求的精度。

5.5 一氧化碳

纯度99%

注1：一氧化碳气体可以由气瓶或储气罐提供，这取决于反应室的尺寸和对气流的要求。如果需要大量的一氧化碳，可以将用过的一氧化碳再提纯到规定的纯度循环利用。

注2：当从储气罐提供一氧化碳时，羰基铁的存在有可能造成进气管的堵塞。

5.6 氮气

工业用氮气

5.7 控制一氧化碳气氛装置

a) 由气瓶或容器提供的气体应使用减压阀，采用灵敏的针阀或调节开关来调节气流。

b) 一套净化装置安装在控制开关之后，由一个干燥塔构成(可以使用硅胶，高氯酸镁或五氧化二磷，但硫酸、氯化钙不能使用)。如果从储气罐提供一氧化碳，则在干燥塔后再跟一个清洗塔以除去羰基铁(例如装入氢氧化钠颗粒)。

c) 在净化装置和反应室进气口之间安装一个不含水的流量计来测定气体流量。

5.8 反应室压力控制装置

应在反应室出气口安装一个起泡瓶或灵敏压力计，保证试验过程中有至少20 mm H_2O柱的稳定压力。

5.9 气体分析仪

能够测定排出气体的一氧化碳含量，保证一氧化碳含量不低于95%。

5.10 干燥箱

能控制温度在110 ℃±5 ℃

5.11 干燥器

5.12 时钟

5.13 照相器材

6 试样

6.1 取样

定形制品按GB/T 10325进行，不定形耐火材料按GB/T 17617进行，试样数量为10个，或经相关方协商而定。

试样应是断面 50 mm±2 mm、65 mm±2 mm、75 mm±2 mm 见方的长方体，试样长度由相关方协商，但不应小于 75 mm。

注 1：建议一次试验只取一种材质的试样，以免不同材质的试样互相影响。

注 2：当从大的样品上切割试样时，注意不要使切割面被某些工具所带来的铁或含铁的合金污染。

6.2 烧成制品

每个样品上只能取 1 个试样，并且每个试样至少保留三个原砖面。

6.3 不烧制品及不定形材料

不烧制品及不定形材料的试样应依据生产厂家的说明或材料类型采用合适的方法制备，试样也可以从大块制品上切取。对不定形材料试样尺寸通常为 40 mm×40 mm×160 mm。

不烧制品及不定形材料试样应在氧化性气氛下以不超过 5 ℃/min 的速率升至 540 ℃，并保温 5 h，然后冷却并放于干燥器中贮存。

注 1：可以从 540 ℃烧前或烧后的不烧制品上钻取圆柱体试样，其直径为 50 mm±2 mm，长度至少 75 mm；

注 2：如果试验样品的量比较大或为了质量控制的需要，可以采用较小的试样(如：30 mm×30 mm×30 mm)并写出非仲裁性的评价。

7 试验步骤

7.1 烧成制品在 110 ℃±5 ℃下烘干，然后放入干燥器中冷却；不烧制品及不定形材料试样应在氧化性气氛下以不超过 5 ℃/min 的速率升至 540 ℃，并保温 5 h，然后冷却并放于干燥器中贮存。

7.2 将冷却后的试样拍照后放在反应室中试验区的支架上，试样间间隔至少 20 mm 以利于气体流通。

7.3 插入温度测量装置并使之位于适当的位置，将反应室密封。

7.4 用氮气充分地冲洗反应室，将试样升温至 500 ℃±10 ℃，同时连续通入氮气。

7.5 当达到试验温度后，减少氮气流量，并将反应室内气氛转换为至少 95%浓度的一氧化碳气流，分析流出的气体以掌握一氧化碳浓度，同时记录时间和日期。

注：可以使用大流量的一氧化碳气体来冲洗走氮气或用真空泵将反应室内的氮气抽至大约 100 mm Hg 压力(100 mm Hg 柱=133.222 4 Pa)，然后控制一氧化碳气体至 7.6 规定的流量。可以重复操作以上过程，直至流出的气体达到要求。

7.6 调整一氧化碳流量至每 15 cm^3 试样体积不少于 30 cm^3/h。1 h 后分析流出的气体，如果一氧化碳含量小于 95%则增大气体流量。重复分析和调整步骤直到流出的气体中一氧化碳含量大于 95%为止。试验过程中 1 天至少分析两次流出的气体，保证反应室内一氧化碳含量大于 95%。

注：每 15 cm^3 试样体积 30 cm^3/h 的起始流量气体是进行试验的最小气体流量。对于有可能与一氧化碳剧烈反应的材料，或许需要 2～3 倍的气体流量以保证反应室的气氛。在这种情况下，建议减小试样尺寸和减少试样数量以避免一氧化碳的过量使用。

7.7 试验连续进行 200 h，然后转换至氮气来冲洗反应室。关闭试验炉让反应室冷却，记录试验结束的时间和日期，将试样小心地移出，依据第 8 章观察其状况，并拍照记录其外观。

注 1：如果试验设备具有直接观察试样的装置，则每天及时观察并记录。当半数以上的试样破坏时，可中止试验。

注 2：相关方可以协商确定更长或更短的试验周期，但是，对试样状况的描述只能与同周期的试验相比较。

8 试验结果

8.1 试验结果类型

试验结果有以下几种类型：

a） 未受影响：没有可见的炭沉积、表面剥离或者剥落；

b） 表面破坏：可见到直径不大于 10 mm 的表面剥离或剥落；

c） 开裂：试样中有可见裂纹并且(或者)已有直径大于 10 mm 的剥离或剥落；

d） 破坏：试样已碎为两块以上，或用手一按即行破碎。

8.2 如果试样状况有差别，则描述每一类别的试样状况和数量。

9 试验报告

试验报告应包含以下内容：

a） 试验室名称；

b） 试验开始与结束的时间和日期；

c） 试验过程中的异常现象；

d） 试验材料的标识(制造厂、类型、商标等)；

e） 试验样品的数量；

f） 试样尺寸；

g） 试验周期；

h） 试验周期的主要时段所用气体流量(表述为每立方厘米试样所用的气体流量，cm^3/h)；

i） 试验结果；

j） 试验前后试样的对比照片。

附　录　A
（资料性附录）
本标准章条编号与 ISO 12676:2000 章条编号对照

表 A.1 给出了本标准与 ISO 12676:2000 的章条编号对照情况。

表 A.1　本标准与 ISO 16282:2000 的章条编号对照情况

本标准章条编号	对应 ISO 标准章条编号
1	1
2	2
3	3
4	4
5	5
6.1	6
6.2～6.3	7
7	8
8	9
9	10
图 1	图 1
附录 A	—

ICS 73.060.20
D 32

中华人民共和国国家标准

GB/T 29651—2013

锰矿石和锰精矿　全铁含量的测定　火焰原子吸收光谱法

Manganese ores and concentrates—Determination of total iron content—Flame atomic absorption spectrometric method

（ISO 9681:1990, Manganese ores and concentrates—Determination of iron content—Flame atomic absorption spectrometric method, MOD）

2013-09-06 发布　　2014-05-01 实施

中华人民共和国国家质量监督检验检疫总局
中国国家标准化管理委员会　发布

前　言

本标准按照 GB/T 1.1—2009 给出的规则起草。

本标准使用重新起草法修改采用 ISO 9681:1990《锰矿石和锰精矿　全铁含量的测定　火焰原子吸收光谱法》。

本标准与 ISO 9681:1990 的技术差异及其原因如下：

——测定铁含量(质量分数)的范围由 0.2%～10%修改为 0.2%～3.0%，以适应原子吸收光谱仪校准曲线线性范围变化测定铁含量的要求；

——关于规范性引用文件，本标准做了具有技术性差异的调整，以适应我国的技术条件，调整的情况集中反映在第 2 章“规范性引用文件”中，具体调整如下：

- 用修改采用国际标准的 GB/T 6682 代替了 ISO 3696(见第 4 章)；
- 用非等效采用国际标准的 GB/T 12806 代替了 ISO 1042(见第 5 章)；
- 用等效采用国际标准的 GB/T 12808 代替了 ISO 648(见第 5 章)；
- 用等效采用国际标准的 GB/T 14949.8—1994 代替了 ISO 310(见第 7.1)；
- 增加引用了 GB/T 2011(见第 6 章)。

——删除了在 344.06 nm 波长处测定铁的相关内容，并修改了校准曲线的校准范围，以提高了校准曲线线性的相关性；

——增加了试剂中 4.2 碳酸钙，4.3 铁粉和 4.5 盐酸，这在分析步骤中使用到了的试剂，增加后方便使用；

——原子吸收光谱仪仪器的最低灵敏度要求修改为特征浓度，适合原子吸收光谱仪仪器的使用要求，加强了标准的操作性；

——增加了对空气干燥试样测定湿存水的内容，增加了标准操作的准确性；

——增加了试料的测定次数和验证试验，便于标准的准确实施；

——增加了在高温炉 950 ℃～1 050 ℃下熔融残渣的时间规定，使操作更规范；

——增加了计算结果表示的内容，有利于标准实施中对结果表示的规范性；

——删除了三次平行测定的允许差数据，有利于标准操作的规范性；

——增加了试验报告，使结果报告更为规范。

本标准由中国钢铁工业协会提出。

本标准由全国生铁及铁合金标准化技术委员会(SAC/TC 318)归口。

本标准起草单位：宁波检验检疫科学技术研究院、冶金工业信息标准研究院。

本标准主要起草人：林力、应海松、郑琳、华正江、刘在美、张建波、王谦、陈自斌。

锰矿石和锰精矿　全铁含量的测定　火焰原子吸收光谱法

警告：使用本标准的人员应有正规实验室工作的实践经验。本标准并未指出所有可能的安全问题。使用者有责任采取适当的安全和健康措施，并保证符合国家有关法规规定的条件。

1　范围

本标准规定了锰矿石和锰精矿中全铁含量的火焰原子吸收光谱测定方法。

本标准适用于锰矿石和锰精矿中全铁含量的测定，测定范围（质量分数）为0.2%～3.0%。

2　规范性引用文件

下列文件对于本文件的应用是必不可少的。凡是注日期的引用文件，仅注日期的版本适用于本文件。凡是不注日期的引用文件，其最新版本（包括所有的修改单）适用于本文件。

GB/T 2011　散装锰矿石取样、制样方法

GB/T 6682　分析实验室用水规格和试验方法（GB/T 6682—2008，ISO 3696:1987，MOD）

GB/T 12806　实验室玻璃仪器　单标线容量瓶（GB/T 12806—2011，ISO 1042:1998，NEQ）

GB/T 12808　实验室玻璃仪器　单标线吸量管（GB/T 12808—1991，eqv ISO 648:1977）

GB/T 14949.8　锰矿石化学分析方法　湿存水量的测定（GB/T 14949.8—1994，eqv ISO 310:1981）

3　原理

用方法一或方法二分解试样，用空气-乙炔火焰，于原子吸收光谱仪248.3 nm波长处测量试液中铁的吸光度。

方法一：试样用盐酸、高氯酸、氢氟酸进行分解，过滤不溶性残渣，用混合熔剂熔融残渣。

方法二：试样用盐酸、硝酸、高氯酸进行分解，过滤不溶性残渣，残渣用硫酸和氢氟酸除硅，用混合熔剂熔融残渣。

4　试剂

除非另有说明，仅使用认可的分析纯试剂和蒸馏水或与其纯度相当的水，符合GB/T 6682的规定。

4.1　金属锰，质量分数为99.9%。

4.2　碳酸钙。

4.3　铁粉，质量分数为99.99%。

4.4　盐酸，ρ=1.19 g/mL。

4.5　盐酸，1+1。

4.6　盐酸，1+50。

4.7 氢氟酸，$\rho=1.13$ g/mL。

4.8 高氯酸，$\rho=1.67$ g/mL。

4.9 硝酸，$\rho=1.40$ g/mL。

4.10 硝酸，1+1。

4.11 硫酸，1+1。

4.12 过氧化氢，质量分数为30%。

4.13 混合熔剂，将3份无水碳酸钠和1份无水四硼酸钠研细混匀。

4.14 背景溶液A，适用于含氧化钙（质量分数）小于或等于5%的矿石。

称取5 g金属锰（4.1）于300 mL烧杯中，加入40 mL硝酸（4.10）溶解。再加30 mL高氯酸（4.8），加热至出现高氯酸冒烟。冷却并用蒸馏水稀释。加入7.5 g无水碳酸钠，2.5 g无水四硼酸钠和30 mL的盐酸（4.4）。溶解后，将溶液转移到500 mL的容量瓶中，用水稀释至刻度并混匀。

4.15 背景溶液B，适用于含氧化钙（质量分数）大于5%的矿石。

称取4 g金属锰（4.1）和1.8 g碳酸钙（4.2）于300 mL烧杯中，以下按4.14中加入40 mL硝酸（4.10）起进行。

4.16 铁标准溶液

4.16.1 铁标准溶液A

称取4.000 g铁粉（4.3）于300 mL烧杯中，加入40 mL硝酸（4.9）和10 mL盐酸（4.4）溶解。再加40 mL高氯酸（4.8），加热至出现高氯酸冒烟。冷却并用蒸馏水稀释。然后将溶液转移到1 000 mL容量瓶中，用水稀释至刻度并混匀。1 mL此标准溶液含4 000 μg的铁。

4.16.2 铁标准溶液B

吸取5 mL的铁标准溶液A（4.16.1）于200 mL容量瓶中，用蒸馏水稀释至刻度并混匀。1 mL此标准溶液含100 μg的铁。

5 仪器

常用实验室仪器，包括单刻度容量瓶和单刻度吸量管，分别符合GB/T 12806和GB/T 12808的规定。

5.1 原子吸收光谱仪，配备空气-乙炔燃烧头。

在仪器最佳工作条件下，所用原子吸收光谱仪应达到下列指标：

a) 特征浓度：铁的特征浓度应小于0.12 mg/L。

b) 校准曲线的线性：用同样的方法测定时，校准曲线顶部20%与底部20%浓度范围的斜率值（表示为吸光度的变化）之比不应少于0.7。

c) 最低稳定性：最高浓度校准溶液与零浓度校准溶液，经多次重复测定，吸光度的标准偏差与最高浓度校准溶液吸光度平均值之比应分别小于1.5%和0.5%。

注1：建议使用纸带记录仪或数字仪读数，评价a)，b)，c)各项指标及以后的测量。

注2：仪器参数因每个仪器而异。下列仪器参数由数个实验室使用得出，可供参考：

铁空心阴极灯灯电流：	20 mA；
波长：	248.3 nm；
空气流速：	13.3 L/min；
乙炔流速：	1.7 L/min。

在上述气体流速不合适的系统，给出气体流速比率仍可能是一个有用的参考。

5.2 分析天平，感量0.1 mg。

5.3 铂坩埚，30 mL。

5.4 聚四氟乙烯烧杯,300 mL。

5.5 高温炉,最高温度可达 1 100 ℃。

6 取样和制样

按照 GB/T 2011 的规定进行取制样,实验室分析应使用粒度小于 100 μm 的试样。

7 分析步骤

7.1 试料

称取 1.0 g 空气干燥试样(6)或在 105 ℃~110 ℃烘箱中干燥 2 h,在干燥器中冷却至室温的试样(6),精确至 0.1 mg。对空气干燥试样,按 GB/T 14949.8 同时进行湿存水的测定。

进行两次平行测定,结果取算术平均值。

注:当使用在 105 ℃~110 ℃干燥的试样,为避免再次吸收水分,试验操作和称重应迅速。

7.2 空白试验和验证试验

称取 0.5 g 金属锰(4.1)替代试料,随同试料做空白试验。

同时分析同类型标准样品做验证试验。

7.3 测定

7.3.1 试料的分解

可选用下列一种方法分解试料。

7.3.1.1 方法一

将试料(7.1)放在 300 mL 的聚四氟乙烯烧杯中,加水润湿,加入 10 mL 的盐酸(4.4)和 5 mL~7 mL 的氢氟酸(4.7),不沸腾加热分解试料,呈澄清状(试料基本溶解)。然后,加入 10 mL 的高氯酸(4.8)并用水冲洗杯壁。加热至出现高氯酸冒烟,冷却。用水再次冲洗杯壁并加入 5 mL 的盐酸(4.4),加热至出现高氯酸冒烟,冷却。加入 35 mL 热水和 2 滴~3 滴过氧化氢(4.12),加热至沸腾后冷却。用中速滤纸过滤残渣并用热盐酸(4.6)冲洗滤纸,然后用热水冲洗 7 至 8 次,滤液及冲洗液作为主液。

将带残渣的滤纸转移到铂坩埚中,在高温炉(5.5)600 ℃~700 ℃下灼烧滤纸和残渣,然后冷却。用 1 g 混合熔剂(4.13)在高温炉(5.5)950 ℃~1 050 ℃下熔融残渣 20 min~30 min。在烧杯中,用 50 mL 热水加热浸出熔融物。然后,用 6 mL 盐酸(4.5)洗出坩埚,并与主液合并。

7.3.1.2 方法二

将试料(7.1)放在 300 mL 的玻璃烧杯中,加水润湿,加入 10 mL 的盐酸(4.4),不沸腾加热分解试料。然后,加入 1 mL 的硝酸(4.9)和 10 mL 的高氯酸(4.8)并用水冲洗杯壁。加热至出现高氯酸冒烟,冷却。下面按照 7.3.1.1 步骤"用水再次冲洗杯壁……"进行操作。

将带残渣的滤纸转移到铂坩埚中,在高温炉(5.5)600 ℃~700 ℃下灼烧滤纸和残渣,然后冷却。用少量水润湿坩埚中的残渣,并加入 2 滴~4 滴硫酸(4.11)和 5 mL~7 mL 的氢氟酸(4.7)。蒸干溶液,在高温炉(5.5)400 ℃~500 ℃下加热坩埚中的残渣直到完全去除硫酸,然后冷却。以下按照 7.3.1.1 步骤"用 1 g 混合熔剂(4.13)……"进行操作。

7.3.2 试液的制备

转移混合溶液(7.3.1.1或7.3.1.2)到250 mL容量瓶中,用水稀释至刻度并混匀。

根据预期的铁含量分取试液,进行下一步的测量步骤,见表1。

分取试液到100 mL的容量瓶中。根据试料中氧化钙的含量添加背景溶液A(4.14)或背景溶液B(4.15),用水稀释至刻度并混匀。

表1 分取试液和背景溶液的体积

铁含量(质量分数)/%	分取体积/mL	测试液中铁的浓度/(μg/mL)	加入背景溶液体积(4.14或4.15)/mL
0.2~0.6	25	2~6	15
>0.6~3.0	5	1.2~6	20

7.4 校准溶液的制备

分别移取0 mL、2.00 mL、3.00 mL、4.00 mL、5.00 mL、6.00 mL的铁标准溶液B(4.16.2)于6个100 mL的容量瓶中,相当于每毫升含0 μg、2 μg、3 μg、4 μg、5 μg、6 μg的铁量。根据试料中氧化钙的含量添加20 mL背景溶液A(4.14)或背景溶液B(4.15),用水稀释至刻度并混匀。

7.5 校准和测量

7.5.1 测量

按照5.1的描述进行仪器的最佳化,预热燃烧头10 min后可获得稳定的响应值,使用空气-乙炔火焰,于波长248.3 nm处,吸喷试液(7.3.2)测定吸光度。

用水调零,至少重复测量两次,减去试剂空白溶液(7.2)的吸光度得到试液的净吸光度。

利用校准曲线(7.5.2)把试液的净吸光度转换成微克每毫升铁含量,在测量试液的同时测量校准溶液(7.4)。

7.5.2 校准曲线的绘制

通过减去零校准溶液的平均吸光度获得每一个校准溶液(7.4)的净吸光度。用校准溶液的净吸光度对微克每毫升铁含量作校准曲线。

8 结果计算

按式(1)计算试样中铁的含量 w_{Fe},其数值以质量分数(%)表示。

$$w_{Fe}(\%)=\frac{\rho_{Fe}\times V\times K\times 100}{m\times 10^6}=\frac{\rho_{Fe}\times V\times K}{m\times 10^4} \quad \cdots\cdots(1)$$

式中:

ρ_{Fe}——从校准曲线上查得的试料溶液中铁的浓度,单位为微克每毫升(μg/mL);

V——最终试液的体积,单位为毫升(mL);

K——以干态表示铁含量的换算因子。对于空气干燥试样,$K=\frac{100}{100-A}$,A为试样的湿存水百分含量,按照GB/T 14949.8测定;

m——试料的质量,单位为克(g)。

计算结果表示到小数点后两位。

9 允许差

实验室内两次平行测定的允许差，见表 2。

表 2 允许差

质量分数%

铁含量	允许差
0.20～0.40	0.03
>0.40～1.00	0.06
>1.00～2.50	0.09
>2.50～3.00	0.12

10 试验报告

试验报告应包括下列内容：

a) 测试实验室名称和地址；

b) 试验报告发布日期；

c) 本标准的编号；

d) 试样本身必要的详细说明；

e) 分析结果；

f) 测定过程中存在的任何异常特性和本标准中没有规定的可能对试样的分析结果产生影响的任何操作。

ICS 73.060.10
D 31

中华人民共和国国家标准

GB/T 29652—2013

直接还原铁 碳和硫含量的测定 高频燃烧红外吸收法

Direct reduced iron—Determination of carbon and sulfur—High frequency combustion with infrared absorption method

(ISO 9686:2006 Direct reduced iron—Determination of carbon and/or sulfur—High-frequency combustion method with infrared measurement, MOD)

2013-09-06 发布 2014-05-01 实施

中华人民共和国国家质量监督检验检疫总局
中国国家标准化管理委员会 发布

前 言

本标准按照 GB/T 1.1—2009 给出的规则起草。

本标准使用重新起草法修改采用 ISO 9686:2006《直接还原铁 碳和/或硫含量的测定 高频燃烧红外吸收法》。

本标准与 ISO 9686:2006 的技术差异及其原因如下：

——关于规范性引用文件，本标准做了具有技术性差异的调整，以适应我国的技术条件，调整的情况集中反映在第 2 章“规范性引用文件”中，具体调整如下：

- 用修改采用国际标准的 GB/T 6682 代替了 ISO 3696；
- 用等同采用国际标准的 GB/T 6730.1 代替了 ISO 7764；
- 用非等效采用国际标准的 GB/T 12806 代替了 ISO 1042；
- 用等效采用国际标准的 GB/T 12808 代替了 ISO 648；
- 用等同采用国际标准的 GB/T 24239 代替了 ISO 10835。

——本标准第 5 章中增加了高温炉、天平和坩埚钳，这是在分析步骤中使用到了的仪器。

——本标准第 7 章中增加了“分析准备”的内容，以及用直接还原铁标准样品做校准曲线的校准方法，使方法更具可操作性。

本标准由中国钢铁工业协会提出。

本标准由全国铁矿石与直接还原铁标准化技术委员会(SAC/TC 317)归口。

本标准起草单位：首钢总公司、曹妃甸出入境检验检疫局、冶金工业信息标准研究院。

本标准主要起草人：杨志强、宋鹏心、张东生、刘卫平、赵建兴、王超刚、陈自斌。

直接还原铁　碳和硫含量的测定 高频燃烧红外吸收法

警告:使用本标准的人员应有正规实验室工作的实践经验。本标准并未指出所有可能的安全问题。使用者有责任采取适当的安全和健康措施,并保证符合国家有关法规规定的条件。

1　范围

本标准规定了用高频燃烧红外吸收法测定直接还原铁的碳和硫含量。

本标准适用于直接还原铁中碳和硫含量的测定。测定范围(质量分数):碳 0.05%～2.5%、硫 0.001%～0.05%。

2　规范性引用文件

下列文件对于本文件的应用是必不可少的。凡是注日期的引用文件,仅注日期的版本适用于本文件。凡是不注日期的引用文件,其最新版本(包括所有的修改单)适用于本文件。

GB/T 6682　分析实验室用水规格和试验方法(GB/T 6682—2008,ISO 3696:1987,MOD)

GB/T 6730.1　铁矿石化学分析方法　分析用预干燥试样的制备(GB/T 6730.1—1986,idt ISO 7764:1985)

GB/T 12806　实验室玻璃仪器　单标线容量瓶(GB/T 12806—2011,ISO 1042:1998,NEQ)

GB/T 12808　实验室玻璃仪器　单标线吸量管(GB/T 12808—1991,eqv ISO 648:1977)

GB/T 24239　直接还原铁和热压铁块　取样和制样方法(GB/T 24239—2009,ISO 10835:2007,IDT)

3　原理

试样于高频感应炉的氧气流中加热燃烧,使碳转化成二氧化碳,硫转化成二氧化硫,二氧化碳和二氧化硫吸收某特定波长的红外能,其吸收能与其浓度成正比,根据检测器接受能量的变化可测得碳和硫的含量。

4　试剂及材料

分析中除另有说明外,仅使用认可的分析纯试剂和蒸馏水或与其纯度相当的水,符合 GB/T 6682 的规定。

4.1　氧气,纯度大于 99.5%。

4.2　动力气源,氮气或压缩空气,其杂质(水和油)含量小于 0.5%。

4.3　烧碱石棉,粒状。

4.4　高氯酸镁,无水,粒度为 0.7 mm～1.2 mm。

4.5　钨粒,碳含量小于 0.002%,硫含量小于 0.000 5%。

4.6　锡粒,碳含量小于 0.002%,硫含量小于 0.000 5%。

4.7　纯铁,碳含量小于 0.002%,硫含量小于 0.000 5%。

4.8 锡管，容量 0.3 mL，直径 5 mm，长 17 mm。

4.9 碳酸钡，含量大于 99.9%的细粉。在 105 ℃干燥 3 h，干燥器中冷却。

4.10 硫酸钾，含量大于 99.9%，在 105 ℃干燥 1 h，干燥器中冷却。

4.11 硫标准溶液，按表 1 称取硫酸钾，准确到 0.000 2 g。用蒸馏水溶解后，移入 100 mL 容量瓶中，稀释至刻度，摇匀。

表 1 硫标准溶液编号及其含量

硫标准溶液编号	硫酸钾质量/g	硫的浓度/(mg/mL)
SS1	0.217 4	0.4
SS2	0.434 8	0.8
SS3	0.652 2	1.2
SS4	0.869 6	1.6
SS5	2.174 0	4.0

5 仪器

5.1 高频燃烧红外吸收碳硫仪，试样在高频燃烧装置中通氧气燃烧，红外线吸收法测量释放出的二氧化碳和二氧化硫的仪器，其共同特征见附录 B。

5.2 陶瓷坩埚，装试样以及燃烧时需求的添加剂。直径×高为 25 mm×25 mm 或 23 mm×23 mm。陶瓷坩埚应预先在高于 1 200 ℃的高温炉中灼烧 4 h，然后置于干燥器中保存，以便使用。

5.3 高温炉，能加热到 1 300 ℃，并能控制温度波动在±30 ℃。

5.4 天平，感量 0.1 mg。

5.5 微量移液管，容量为 50 μL。

5.6 坩埚钳。

6 取样与制样

6.1 实验室样品

按照 GB/T 24239 的规定进行取样和制样。一般试样粒度应小于 100 μm。

6.2 预干燥试样的制备

用非磁性材料充分混合试样，采用份样缩分法取样，得到具有代表性的试样。按照 GB/T 6730.1 的规定，在 105 ℃±2 ℃下干燥试样 2 h，放入干燥器冷却。

7 分析步骤

警告：与燃烧分析有关的主要危险是预烧坩埚及由此产生的熔融状态时发生的燃烧。任何时候都要使用坩埚钳，并将用过的坩埚存放在合适的容器中。打开氧气阀时要小心。燃烧过程中的氧气必须从仪器中清除掉，因为高浓度的氧气在狭小的空间中易造成火灾。

7.1 一般操作规则

用烧碱石棉(4.3)和高氯酸镁(4.4)充填的管子净化氧气,备用时保持静流速约为0.5 L/min。

炉子燃烧室、支撑柱和过滤网应经常清理,以去除氧化物沉淀。

不同仪器之间的氧气流量会有差异,这取决于材料的性能,但是通常燃烧期间约为2.0 L/min。燃烧阶段达到的温度取决于高频加热器功率、炉子燃烧室的几何形状、感应线圈和坩埚中试样的种类和数量。温度可以达到1 700 ℃或更高。

再接通电源时每台仪器都应有一段稳定时间。

清理炉子燃烧室、更换滤网或仪器停止后,在开始分析之前先用几个试样或类似待分析试样的物质燃烧,稳定仪器。

7.2 试样量

称取0.400 g试样,精确至0.000 1 g。

7.3 分析准备

调试检查仪器,使仪器处于正常稳定状态,并选用最佳分析条件。

7.4 空白试验

按照7.7同样的试剂量,同样的步骤,在不加入试样的情况下进行空白试验。

为了获得最好的准确度,至少进行3次空白燃烧,计算平均值,并参考仪器说明书,将平均值输入到分析仪器,仪器在测定试样时会自动进行空白值的扣除。

7.5 碳、硫标准系列的配制

7.5.1 碳标准系列的配制

按表2称取碳酸钡(4.9),准确到0.000 2 g,置于预先处理过并铺有0.9 g纯铁(4.7)的坩埚(5.2)中,加1只压平折叠的锡管(4.8),再覆盖0.4 g纯铁(4.7)和1.9 g钨粒(4.5)作为碳标准系列。

表2 碳的标准系列

坩埚编号	碳标准系列	碳酸钡质量/g	碳含量(质量分数)/%
1	CS1	0.013 1	0.2
2	CS2	0.032 9	0.5
3	CS3	0.065 7	1.0
4	CS4	0.131 4	2.0
5	CS5	0.164 3	2.5

7.5.2 硫标准系列的配制

利用微量移液管(5.5),按表3分别移取硫标准溶液(4.11)50 μL于锡管(4.8)中。在80 ℃至90 ℃下缓慢干燥2 h后,于干燥器中冷却。然后将压平折叠的锡管(4.8)置于预先处理过并铺有0.9 g纯铁(4.7)的坩埚(5.2)中,再覆盖0.4 g纯铁(4.7)和1.9 g钨粒(4.5)作为硫标准系列。

表 3 硫的标准系列

坩埚编号	锡管编号	硫标准系列	硫含量(质量分数)/%
1	1	纯水(50 μL)	0
2	2	SS1	0.005
3	3	SS2	0.10
4	4	SS3	0.015
5	5	SS4	0.020
6	6	SS5	0.050

7.5.3 碳和硫混合标准系列的配制

按表 4 的组合方法，依次在预先处理过并铺有 0.9 g 纯铁(4.7)的坩埚(5.2)中，加入相应量碳标准系列的碳酸钡(4.9)和含相应量硫标准系列的压平折叠的锡管(4.8)，再覆盖 0.4 g 纯铁(4.7)和 1.9 g 钨粒(4.5)作为碳和硫混合标准系列。

表 4 碳和硫混合标准系列

坩埚编号	碳+硫的标准系列	碳+硫含量(质量分数)/%
1	纯水(50 μL)	0+0
2	CS1+SS1	0.2+0.005
3	CS2+SS2	0.5+0.010
4	CS3+SS3	1.0+0.015
5	CS4+SS4	2.0+0.020
6	CS5+SS5	2.5+0.050

7.6 校准

7.6.1 用配制的碳、硫标准系列同时校准或分别校准

在测量范围内，选取适当含量的标准样品测量至少三次，进行系统性调节。然后测量配制的碳、硫的标准系列，检查校准后的线性关系，如必要，还可进一步校准曲线。

注：配制系列标准样品时，其含量可根据待测试样的碳、硫含量做适当调整。

7.6.2 用碳、硫直接还原铁标准样品校准

根据待测试样的碳、硫含量，选择一个含量相近的有证标准物质进行单点校正或者选多个同类型有证标准物质(待测试样碳、硫含量应在所选多个有证标准物质碳、硫含量范围内)依次进行测量，测量结果在允许差内，确认系统的线性，否则应重新调节系统的线性。根据碳、硫含量调整称样量，使试样称样量与标准样品称样量尽可能保持一致。

7.7 试样分析

在预先处理过的陶瓷坩埚(5.2)中，依次加入 0.9 g 纯铁(4.7)，1 只锡管(4.8)或 0.2 g 锡粒(4.6)，然后准确称取试样 0.400 g，再覆盖 0.4 g 纯铁(4.7)和 1.9 g 钨粒(4.5)。用测定标样相同的条件、程

序、操作进行测量。

8 结果计算

8.1 碳、硫含量的计算

根据吸收能与碳、硫的浓度关系，从校准曲线上得出碳、硫的含量。考虑去除空白试验值(7.4)。从所有试剂中扣除的总空白值(质量分数)：碳不应超过0.01%，硫不应超过0.001%。

8.2 分析结果的一般处理

8.2.1 重复性和允许差

碳：

$$R_d = 0.0203X + 0.0127 \tag{1}$$

$$P = 0.0208X + 0.0244 \tag{2}$$

$$\sigma_d = 0.0072X + 0.0045 \tag{3}$$

$$\sigma_L = 0.0057X + 0.0079 \tag{4}$$

硫：

$$R_d = 0.0479X + 0.0010 \tag{5}$$

$$P = 0.1241X + 0.0014 \tag{6}$$

$$\sigma_d = 0.0169X + 0.0004 \tag{7}$$

$$\sigma_L = 0.0443X + 0.0004 \tag{8}$$

式中：

X ——预干燥试样中的碳、硫含量，以质量分数表示，计算如下：

实验室内按式(1)、式(3)、式(5)、式(7)计算，其为两次重复测定结果的算术平均值；

实验室间按式(2)、式(4)、式(6)、式(8)计算，其为两个实验室最终结果(8.2.3)的算术平均值；

R_d——实验室内允许差；

P ——实验室间允许差；

σ_d ——实验室内标准偏差；

σ_L ——实验室间标准偏差。

8.2.2 分析结果的确定

按照附录A中步骤，计算得到的独立重复结果，与实验室内允许差进行比较，来确定分析结果。

8.2.3 实验室间精密度

实验室间精密度用以评价两个实验室报告的最终结果之间的一致性。两个实验室都按照8.2.2中规定的相同步骤报告结果后，计算：

$$\mu_{12} = \frac{\mu_1 + \mu_2}{2} \tag{9}$$

式中：

μ_1 ——实验室1报出的最终结果；

μ_2 ——实验室2报出的最终结果；

μ_{12}——最终结果的平均值。

如果 $|\mu_1 - \mu_2| \leqslant P$(见8.2.1)，则最终结果是一致的。

8.2.4 分析值的验收

分析值的验收使用有证标准样品(CRM)或者标准样品(RM)进行验证。步骤与以上所述相同,确认精密度后,实验室最终结果与标准值 Ac 做比较,将存在两种可能性:

a) 如果 $|\mu_c - Ac| \leqslant C$,测量值与标准值之间无显著性差异。

b) 如果 $|\mu_c - Ac| > C$,测量值与标准值之间有显著性差异。

式中:

μ_c ——标准样品的测量值;

Ac——标准样品的标准值;

C ——该值取决于所使用标准样品的种类。

对通过多个实验室间确定的标准样品:

$$C = 2\sqrt{\sigma_L^2 + \frac{\sigma_d^2}{n} + V(Ac)} \quad \cdots\cdots(10)$$

式中:

$V(Ac)$——标准值 Ac 的方差。

对仅有一个实验室确定的标准样品:

$$C = 2\sqrt{\sigma_L^2 + \frac{\sigma_d^2}{n}} \quad \cdots\cdots(11)$$

注:除非已确证该标准值没有偏差,否则不应采用此类标准样品。

8.2.5 最终结果的计算

最终结果是试样可接受分析值的算术平均值,也可按附录 A 中的规定进行操作,计算到小数点后第 5 位,并按下列方法修约到小数点后第 3 位:

a) 当小数的第 4 位数字小于 5,舍去此数,第 3 位数字不变。

b) 当小数的第 4 位数字是 5,而第 5 位数字不是 0,或当小数的第 4 位数字大于 5,第三位数字进 1。

c) 当小数的第 4 位数字是 5,而第 5 位数字是 0,舍去 5,若第 3 位数字是 0、2、4、6、8 时,保持不变;若第 3 位数字是 1、3、5、7、9 时,则进 1。

9 试验报告

试验报告应包括下列信息:

a) 测试实验室名称和地址;

b) 试验报告发布日期;

c) 本标准的编号;

d) 试样本身必要的详细说明;

e) 分析结果;

f) 标准样品名称和结果;

g) 测试过程中存在的任何异常特征和在本标准中没有规定的可能对试样或标准样品的分析结果产生影响的任何操作。

附 录 A
（规范性附录）
试样分析值接受程序流程图

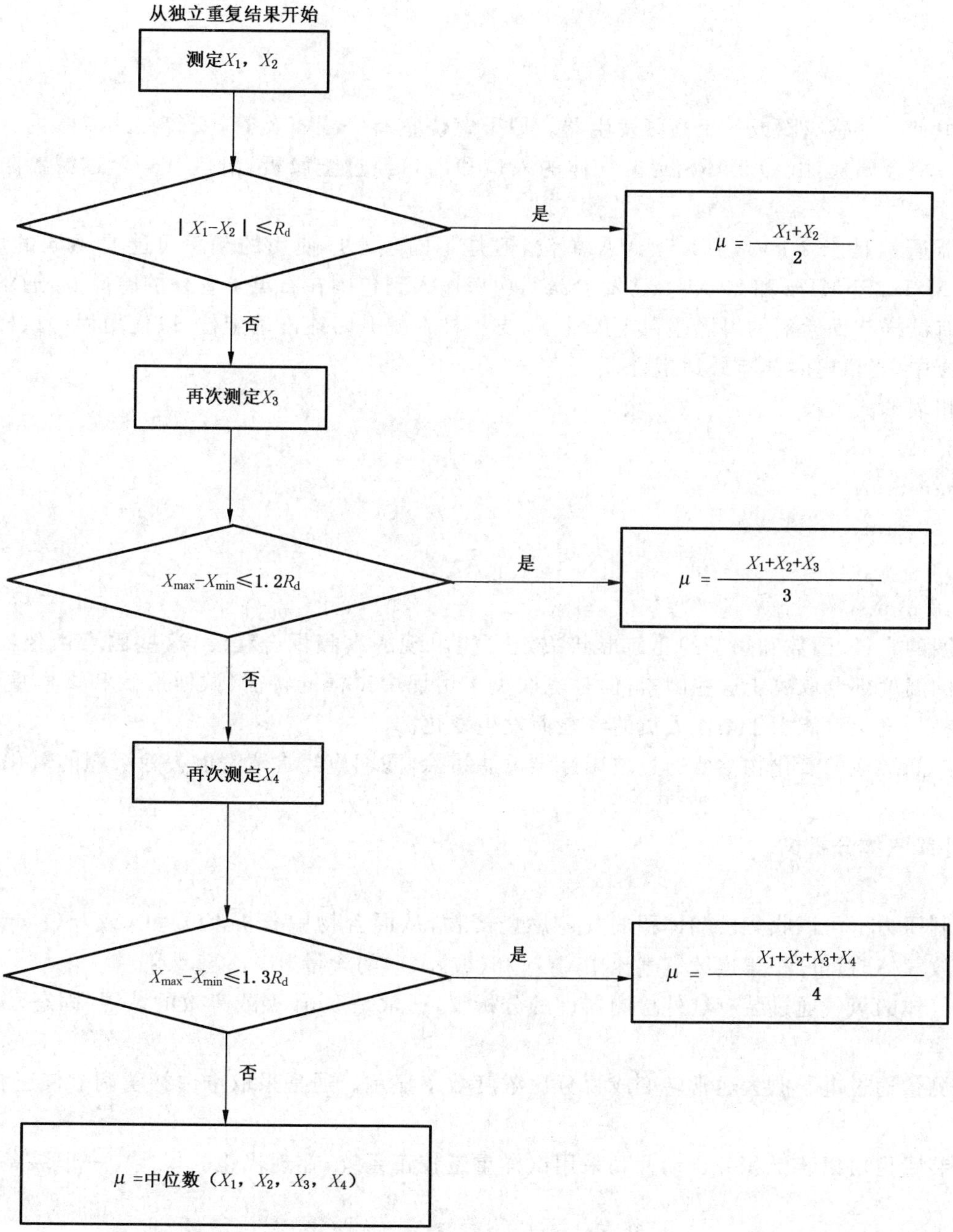

附 录 B
（资料性附录）
高频燃烧红外碳硫分析仪

B.1 燃烧

燃烧炉有一个感应圈或一个高频发生器。炉子燃烧室有一根石英管，安装在感应圈内。该管子顶和底各有一块金属板，由O形环密封。气体的入口和出口经过金属板，出口有一个过滤器防止尘粒进入检验系统。

发生器通常是1.2 kVA～2.5 kVA单位，但是不同生产厂使用的频率可能是不同的，通常采用2 MHz、6 MHz、15 MHz和20 MHz。发生器的功率输入到包围在石英炉管外的感应圈，通常是空气冷却的。装有试样与助燃剂的坩埚座在支撑柱上，支撑柱在提升时能准确定位，以使坩埚中试样能正确地置于感应圈中，当供电时能有效地耦合。

燃烧坩埚的典型尺寸为：

坩埚高：25 mm；

外径：25 mm；

内径：20 mm；

壁厚：2.5 mm；

底厚：8 mm。

感应圈的直径、圈数和炉子的几何形状决定可能出现的高频耦合程度，这些因素由仪器生产厂确定。产生的温度部分取决于这些因素，但是也取决于坩埚中试样的特征（试样形状和试样重量）。这些因素在某种程度上可能由于操作人员的经验而发生变化。

燃烧期间形成的氧化物主要通过玻璃纤维过滤清除，滤网应经常清洗以去除沉积的氧化物。

B.2 红外线气体分析仪

在控制压力下可以收集已知体积的气体燃烧产物，从混合物中分析 CO_2 和（或）SO_2；或者在燃烧过程中释放气体时可以积累连续氧气流中 CO_2 和（或）SO_2 的含量。

载有气体的氧气通过装有红外检测器件的分析仪，通常是Luft型或等效的装置（固态）测量红外辐射的吸收率。

吸收测量通过电子放大通常转变成百分比浓度数字显示。通常采取空白补偿调节校正和使读数线性化。

仪器装置也可以装配积分自动秤和采用试样重量校正系统，在现代化的仪器中一般装备微处理机。

附 录 C
（资料性附录）
共同分析试验精密度数据图

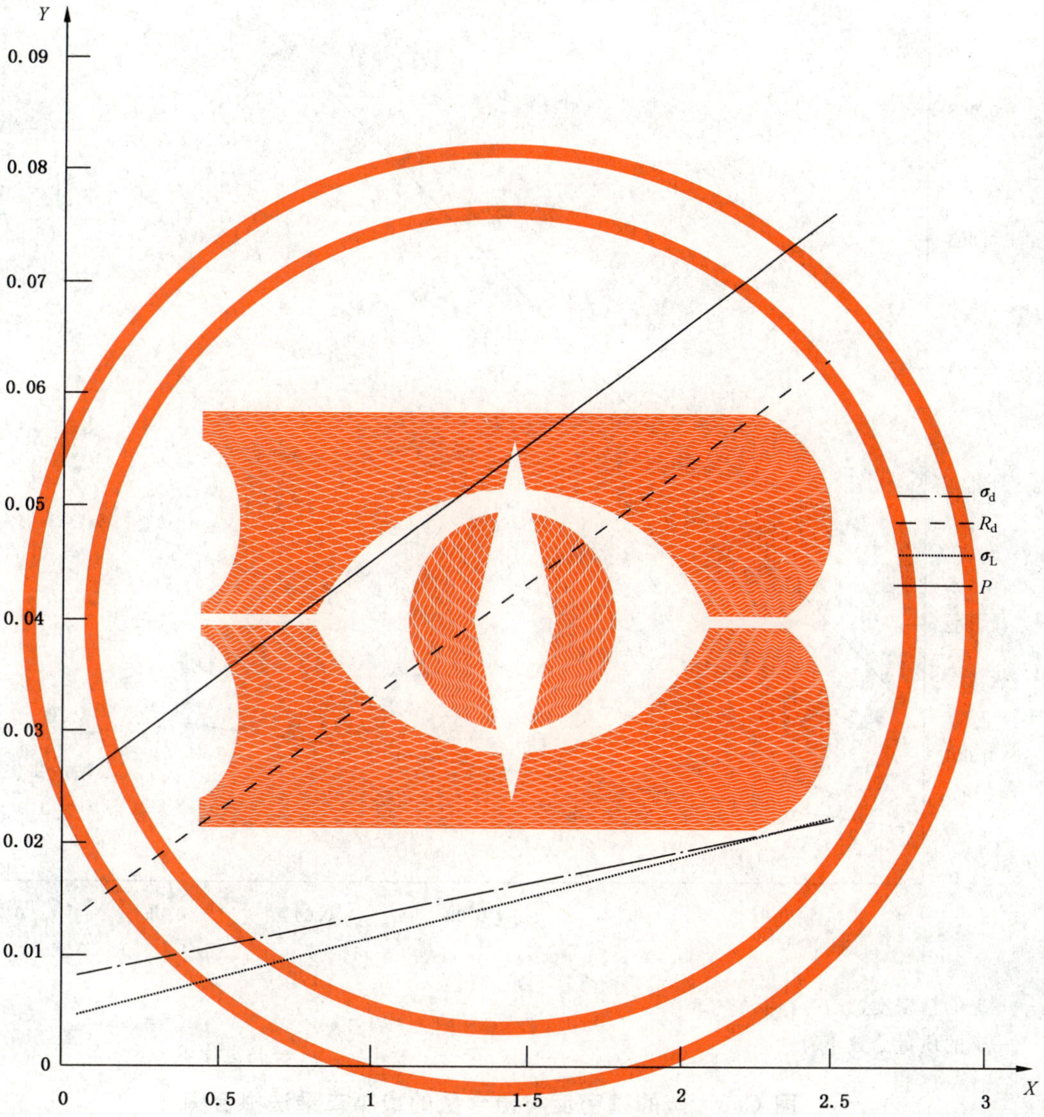

Y——碳的精密度，%；

X——碳的质量分数，%。

图 C.1　碳的精密度与碳含量的最小二乘法拟合图

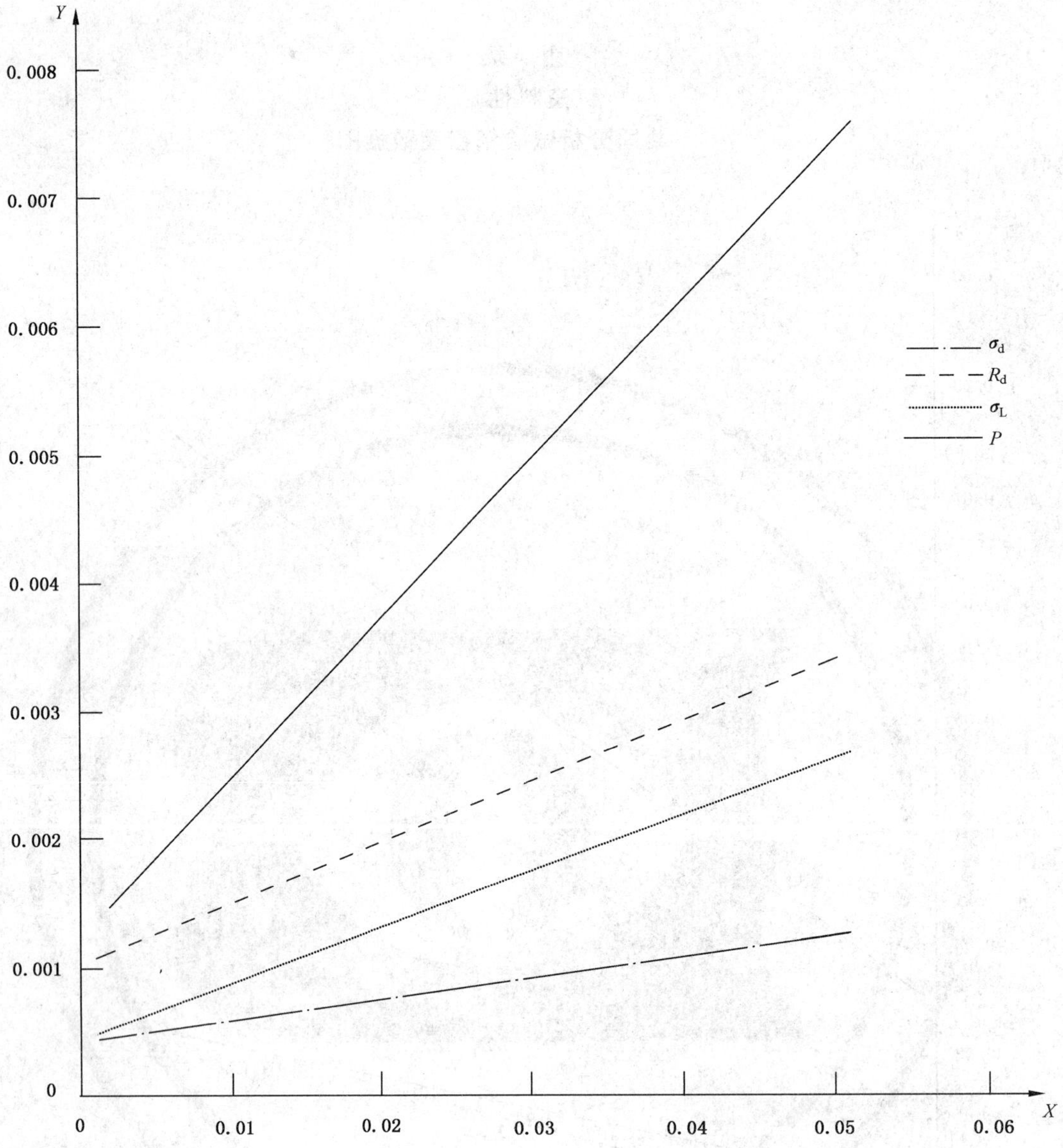

Y——硫的精密度，%；

X——硫的质量分数，%。

图 C.2　硫的精密度与硫含量的最小二乘法拟合图

ICS 73.060.20
D 32

中华人民共和国国家标准

GB/T 29653—2013/ISO 6230:1989

锰矿石　粒度分布的测定　筛分法

Manganese ores—Determination of size distribution by sieving

(ISO 6230:1989,IDT)

2013-09-06 发布　　2014-05-01 实施

中华人民共和国国家质量监督检验检疫总局
中国国家标准化管理委员会　发布

前　言

本标准按照 GB/T 1.1—2009 给出的规则起草。

本标准使用翻译法等同采用 ISO 6230:1989《锰矿石　粒度分布的测定　筛分法》。

与标准中规范性引用的国际文件有一致性对应关系的我国文件如下：

——GB/T 2007.7—1987　散装矿产品取样、制样通则　粒度测定方法　手工筛分法(ISO 2591:1982,NEQ)

——GB/T 6003.1—2012　试验筛　技术要求和检验　第 1 部分:金属丝编织网试验筛(ISO 3310-1:2000,MOD)

——GB/T 6003.2—2012　试验筛　技术要求和检验　第 2 部分:金属穿孔板试验筛(ISO 3310-2:1999,MOD)

——GB/T 6005—2008　试验筛　金属丝编织网、穿孔板和电成型薄板　筛孔的基本尺寸(ISO 565:1990, MOD)

本标准还做了以下编辑性修改：

——5.4 中具体引用了等同 ISO 8542:1986 的 GB/T 24233—2009。

本标准由中国钢铁工业协会提出。

本标准由全国生铁及铁合金标准化技术委员会(SAC/TC 318)归口。

本标准起草单位:宁波检验检疫科学研究院,冶金工业信息标准研究院。

本标准主要起草人:张建波、任春生、华正江、林力、应海松、周惠康、陈自斌。

锰矿石　粒度分布的测定　筛分法

1　范围

本标准规定了筛分法测定天然锰矿石或加工产品(例如球团矿、烧结矿和人造块矿)粒度分布的方法。

本标准中"锰矿"或"矿石"是指上述种类的物质。

本标准中的方法同样适用一个或多个筛子测定粒度。

本标准的目的是为锰矿石的任一试验包括粒度测定提供基础,并为合同方买卖锰矿石时所用。

当本标准用于对比试验时,为避免纠纷,有关方应就具体使用的方法达成协议。

2　规范性引用文件

下列文件对于本文件的应用是必不可少的。凡是注日期的引用文件,仅注日期的版本适用于本文件。凡是不注日期的引用文件,其最新版本(包括所有的修改单)适用于本文件。

GB/T 24232—2009　锰矿石和铬矿石　校核取样和制样偏差的试验方法(ISO 8541:1986,IDT)

GB/T 24233—2009　锰矿石和铬矿石　评定品质波动和校核取样精密度的试验方法(ISO 8542:1986,IDT)

ISO 565:1983　试验筛　金属丝编织网、穿孔金属板和电成型薄板筛孔的公称网孔尺寸(Test sieves—Woven metal wire cloth,perforated plate and electroformed sheet—Nominal sizes of openings)

ISO 2591:1973　筛分试验(Test sieving)

ISO 3310-1:1982　试验筛　技术要求和试验　第1部分:金属丝编织网试验筛(Test sieves—Technical requirements and testing—Part 1:Test sieves of metal wire cloth)

ISO 3310-2:1982　试验筛　技术要求和试验　第2部分:金属穿孔板试验筛(Test sieves—Technical requirements and testing—Part 2:Test sieves of metal perforated plate)

ISO 4296-1:1984　锰矿石　取样　第1部分:份样取样(Manganese ores—Sampling—Part 1—Increment sampling)

ISO 4296-2:1983　锰矿石　取样　第2部分:试样的制备(Manganese ores—Sampling—Part 2—Preparation of samples)

ISO 4299:1989　锰矿石　水分的测定(Manganese ores—Determination of moisture content)

3　术语和定义

下列术语和定义适用于本文件。

3.1

批　lot

在相同条件下加工或生产的一定数量的矿石。

3.2

交货批　consignment

以一次交货的矿石为一交货批,交货批可由一批、多批或一批的部分组成。

3.3

份样 increment

a) 在一个交货批矿石内由取样设备一次所取的矿石量。

b) 由份样缩分法所采集的矿石量。

3.4

副样 subsample

a) 由一个交货批矿石中两个或两个以上的份样组成的矿石量。

b) 由两个或两个以上的份样组成的样品,每个份样可根据需要进行破碎和/或缩分。

3.5

大样 gross sample

a) 一个交货批内由全部份样组成的矿石量。

b) 由全部份样或副样组成的样品,每个份样或副样可根据需要进行破碎和/或缩分。

3.6

试样 test sample

按规定制样方法从每个份样、副样或大样所制备的供测定粒度分布、水分含量、化学成分或其他物理特性的样品。

3.7

粒度样品 size sample

用来测定一个交货批或部分交货批矿石粒度分布的样品。

3.8

颗粒 particle

矿石中独立连贯的一个实体,无论其大小。

3.9

粒度(粒度分析中) particle size(in sieve analysis)

颗粒能通过的筛子最小孔径和颗粒不能通过的筛子最大孔径。

3.10

公称最大粒度 nominal top size

矿石筛分后残余在R20系列(见ISO 565:1983表1,方孔)试验筛上的矿石量不大于5%的最小筛孔尺寸。

3.11

粒度分布 size distribution

按粒度大小划分的颗粒组,以通过或保留在所选筛子的颗粒占样品总质量的质量分数表示。

3.12

粒级 size fraction

用一个筛子或两个不同孔径的筛子分离出来的样品部分。

3.13

最粗粒级 oversize fraction

试验中样品不能通过最大孔径筛子的部分,例如:$+x$ mm(或 μm)。

3.14

最细粒级 undersize fraction

测试中样品能通过最小孔径筛子的部分,例如:$-z$ mm(或 μm)。

3.15

粒级比　size fraction yield

以质量分数表示的给定粒级的质量和样品总质量之比。

3.16

中间粒级 intermediate size fraction

试验中样品能通过的最小筛子孔径(x,mm 或 μm)和不能通过的最大筛子孔径(y,mm 或 μm)之间的部分,例如:$-x+y$,mm 或 μm。

3.17

规格粒度　specification size

相关方根据重要的粒级限量选定的筛孔或筛孔组的大小。

3.18

筛分　sieving

根据大小,通过一个或多个筛子对颗粒混合物进行分离的过程。

3.19

干筛　dry sieving

不用水的筛分。

3.20

湿筛　wet sieving

用水的筛分。

3.21

手筛　hand sieving

手持并摇动筛子的筛分操作。

3.22

支撑手筛　assisted hand sieving

机械支撑筛子,手工摇动筛子的筛分操作。

3.23

机械筛分　mechanical sieving

机械支撑和摇动筛子的筛分操作,该操作可以是批量的或连续的。

3.24

连续筛分　continuous sieving

矿石被连续加载到一个或多个筛子的表面,产物被不停运走的筛分操作。

3.25

批量筛分　batch sieving

产物一直保留在筛子表面直到操作结束的筛分操作。

3.26

手放过筛　hand placing

用手将每个颗粒放到筛网上,在不用力的情况下单个颗粒就能通过筛网或者可以被清楚的划分为筛上物的筛分操作。

3.27

筛子　sieve

一种由安装在框架上的筛网组成的用来筛分的设备。

3.28

试验筛组 nest of test sieves

由一组装在一起的试验筛组成,包括盖子和接收底盘。

3.29

装料量 charge

在单独的筛或试验筛组上一次操作完成的矿石量。

3.30

筛网 sieving medium

一个由规则排列的相同形状和大小的开口组成的表面。

3.31

粒度分析 sieve analysis

通过筛分测定矿石粒度分布的方法。

4 原理

锰矿石样品通过筛分程序确定其组成颗粒的粒度分布。粒度分布以通过或者未通过选定筛子的质量分数表示。

5 仪器和设备

5.1 筛网

5.1.1 开口形状

筛网应具有符合 ISO 565 规定的矩形开口。

5.1.2 开口尺寸

开口的公称尺寸应从 ISO 565 规定的尺寸中选取使用。

5.1.3 筛网构造

筛网应符合 ISO 565、ISO 3310-1 和 ISO 3310-2 的规定。为保证结果的一致性,应避免随意混合使用穿孔平板筛和编织网筛进行任何粒度测定。

在编织网筛使用的场合下,特别是在+4 mm 范围,必须注意到:

a) 当使用圆形框架的筛子时,不可避免存在不完整开孔,这就增加了筛下物嵌入不完整开孔而保留在筛上的风险。

b) 孔径的误差要比穿孔平板筛大,这会对结果产生影响。

c) 这种筛网容易变形。

当使用穿孔平板筛时,所有板上不完整开孔都应该被遮盖,只有在粒级称重前确定所有嵌入在不完整开孔中的颗粒被未经破碎的移除和正确筛分,才可以不必遮盖。

5.2 筛架

5.2.1 形状和大小

用来手工和机械筛分的筛子应符合 ISO 2591 的规定。框架可以是圆形或矩形。

5.2.2 构造

筛网框架应有相同种类的顶盖和底盘并互相平滑的嵌套在一起,框架应光滑,筛子间的嵌套应防止物料挂在上面和细粉损失。

5.3 筛子准备和维护

5.3.1 准备

按照 ISO 2591 推荐的方法准备试验筛,详情如下:

使用前,筛网和框架应脱脂和清洁。筛子的清洁必须十分小心,不得损害筛网。对孔径大于或等于 500 μm 的筛子,应用软黄铜线刷清洗筛子底部,对小于 500 μm 的细筛,不能用刷子清洗筛网,应轻轻拍打框架使卡住的颗粒落下。有时还需用热的软皂溶液清洗细筛。清洗和清洁后,应彻底干燥筛子。

5.3.2 维护(包括验证程序)

筛网的准确性一开始就应验证并在使用中定期验证。使用频率和筛分的锰矿石种类等因素会影响验证频率。推荐每个筛子配备一张记录卡片。

验证可以按照 ISO 3310-1 和 ISO 3310-2 中规定的程序进行。

另一种验证的方法可以通过筛分与测试样品相似的样品,比较筛子和标准筛的性能来进行。

当筛网不再符合 ISO 3310-1 和 ISO 3310-2 规定的允许差时,应取消使用标记并将筛子报废。

5.4 筛分仪器

任何仪器,只要它根据选定的规范孔径或其他认同的孔径获得的结果与在 ISO 2591 规定的控制条件下进行手放过筛或手工筛分得到的结果相差在 2%(绝对)内,都是可接受的。

任何筛分仪器应按照 GB/T 24232 和 GB/T 24233 规定的程序下进行偏差测试,若无明显偏差则可接受。

5.5 干燥设备

任何通风设备,只要装有将设备温度维持在 105 ℃±5 ℃的温度控制设备,都是可接受的。应避免设备中的灰尘掉落。

5.6 称量设备

每个测定质量的称量设备至少具有其标称量 0.1%的灵敏度,并能保证测试样品和每个粒级的样品称量准确度在测试样品质量的 0.1%及以上。

应选择设备合适的量程以满足上述要求并确保最后的报告能精确到一位小数。

5.7 湿筛组件

当使用湿筛时,除上述提到的仪器和设备外,还需一个可控制的水源和一个喷头,合适时还需要一个收集槽,简单的排列见图 1。

当湿筛的筛子孔径小于 125 μm 时,下列情况更可取:

a) 筛子由不锈钢制作;

b) 筛网有背衬以防止筛网因水压而下垂和变形。典型的背衬是由 2 mm 矩形孔筛网组成。

5.8 精密计时仪或时间继电器

5.9 样品容器和样品运输工具(盘、桶、盆、聚乙烯袋)

5.10 铲、勺、刷

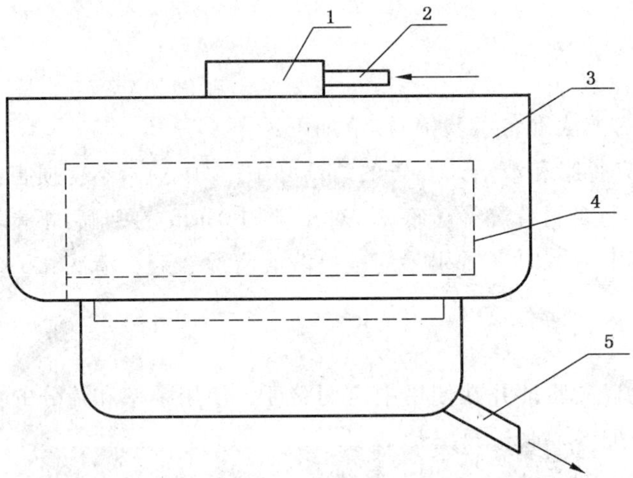

说明:
1——旋水喷头;
2——水源调节阀;
3——箱体;
4——筛子;
5——筛下物流出支管。

图 1 湿筛组件排列示意图

6 筛分的通用原则

在开始测定粒度前,应制定整个测定过程的操作方法,操作方法应考虑下列因素:

——正在进行评估的锰矿石;

——收到的样品的状态(例如:单独的份样、副样或混合的粒度样品);

——现有的仪器;

——分析的目的。

图 2 是一个典型的测试过程顺序的决策树状图。

筛分应该严格遵照 ISO 2591 规定的控制条件下进行。

被认定为降级的锰矿石,负责粒度测试的试验方使用相似的仪器和相同的程序是非常关键的,这样结果才有可比性。

由于锰矿物理性质的不同,对+5 mm 和-5 mm 两种粒级,筛分测试应用两种方法进行。

公称最大粒度通过先行筛分或在先前测试的结果上得到。

筛分可以通过机械筛分或筛分仪或手工筛分进行(单个筛子或筛子组)。筛子的选择取决于给定矿种种类的技术要求和测试目的。测试过程可以是一个连续的操作(连续筛分)或分成几个独立的操作(批量筛分)。

对于+100 mm 矿石,允许手放过筛。手工筛分和手放过筛是标准方法。

连续筛分和批量筛分的设备示意图参见图 3 和图 4。

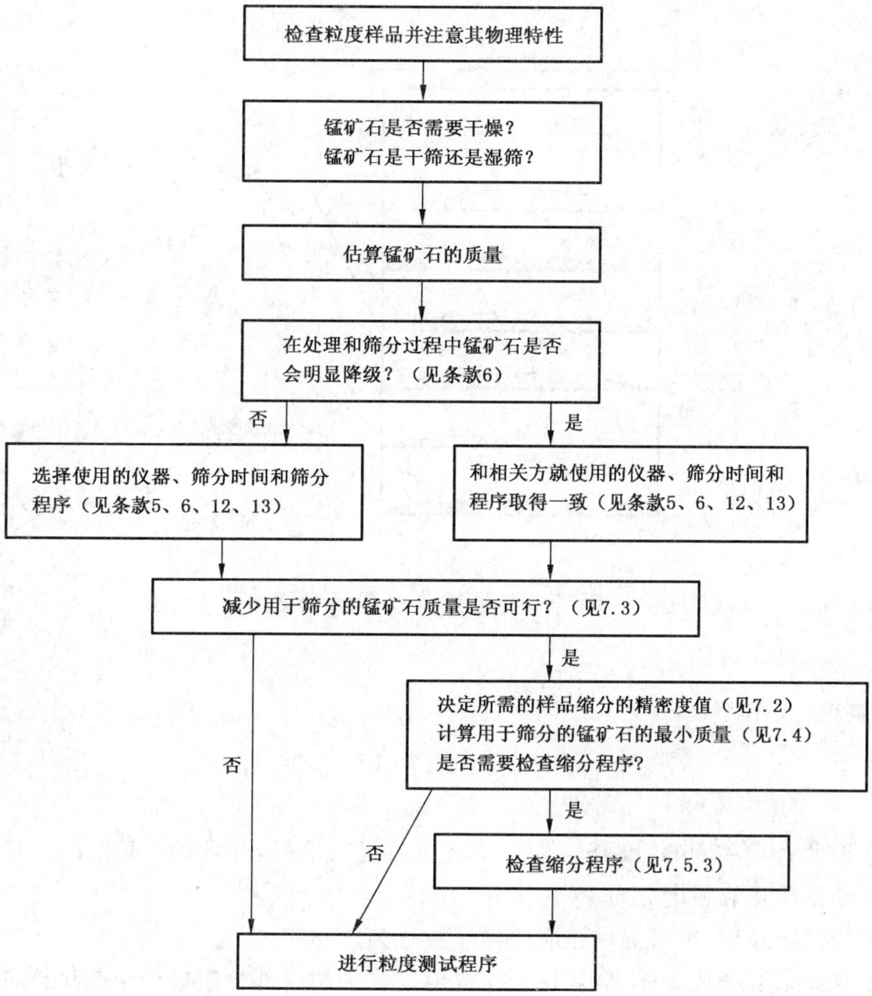

图 2　典型的粒度筛分程序决策图

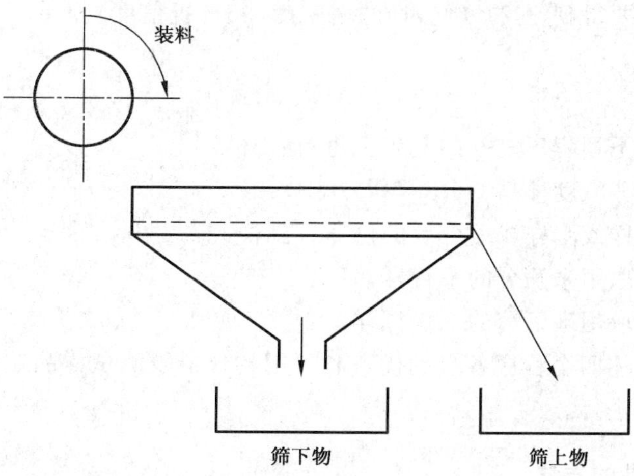

图 3　连续筛分仪器示意图

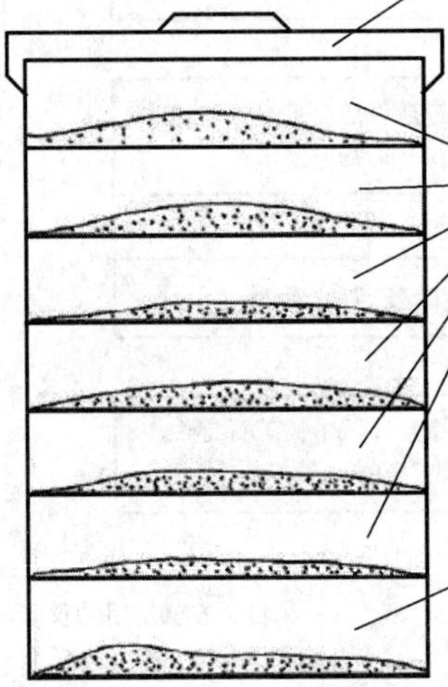

图 4 批量筛分仪器示意图

7 粒度样品的采取

7.1 通则

粒度样品应按照 ISO 4296-1 和 ISO 4296-2 的推荐进行取样，并且未经其他测试和目的使用过，因为那样会改变样品的质量和粒度分布。

如果需要平行测定粒度，则需提供相应的样品数且独立测定。

若份样或副样尚未混合成大样，应从每个份样或副样抽取一部分组成一个测试样，或所有的份样或副样都进行粒度测试。只有所有份样或副样的综合粒度测试才能代表交货批。

7.2 筛分精密度

本标准制定的目标是要得到 ±2%(绝对)的精密度(95%置信度)。

7.3 用于筛分的样品质量

最终的筛分操作应在下列程序之一的基础上进行：

a) 作为一个整体筛分粒度样品；

b) 分别筛分每个份样或副样或缩分后的份样或副样；

c) 从粒度样品中抽取用来筛分的平行样；

d) 从粒度样品中抽取用来筛分的一份试样。

每个使用者应考虑上述四个程序各自的优点和可用的仪器及测试样品数量之间的关系。样品缩分应按照 7.5 中给出的方法进行。

7.4 确定最少筛分样品量的方法

最少筛分样品量(q_{min})不得少于式(1)计算出来的质量，单位为千克(kg)。

$$q_{min}=0.02d^2+0.5d \qquad \cdots\cdots(1)$$

式中：

d——测试物料最大公称粒度，单位为毫米(mm)。

7.5 粒度样品的缩分

7.5.1 通则

如果测试整个样品是不可行的，下列缩分是允许的：

a) 粒度样品(或用于粒度测定的大样)；

b) 副样；

c) 份样；

d) 在筛分中得到的分级样。

为了特定的精密度，需要的最小样品量是相同的，不管用于筛分的样品是由缩分粒度样品得到或者由缩分份样或副样后混合得到。

7.5.2 缩分方法

缩分应按照 ISO 4296-2 进行。

7.5.3 缩分过程检查

当缩分粒度样品是筛分过程之一时，应按以下程序确定结果的重复性：

准备四份筛分样，先对其中两份样品进行粒度测试。如果这两份的粒度测试结果在预先规定的限量内，这两个样品的综合结果作为交货批的结果。如果这两个样品的结果在规定的限量外，则筛分第三份样品，如果它的结果和前两份样品中的任何一个结果在规定的限量内，这两份样品的综合结果作为交货批的结果。如果这三份样品中任何两个结果都不在规定限量内，则须筛分第四份样品，四份样品的综合粒度测试结果作为交货批的结果。

四份测试样品的选择要根据样品缩分方法而定。

8 水分含量的影响

水分含量对粒度样品筛分的影响应在粒度测试开始前就通过一个认可的方法进行评定。

当样品是湿或粘的，几乎所有的缩分方法都是有偏的，需要在样品缩分前干燥或部分干燥粒度样品。

表面的水分会严重影响矿石在筛子上的流动，干燥锰矿石或湿筛可以消除该问题。

如果筛分过程中内水分发生变化(例如：在潮湿环境中吸收空气中的水分)，必须意识到筛分后的样品质量会受到影响。在这种环境下，只有把分级样品在 105 ℃±5 ℃干燥并在无水的条件下冷却才能得到可靠的质量。

有些锰矿石很容易吸收水分，很难在实验室的空气中达到平衡。在这种情况下，必须将这些样品和空气接触的时间减到最少。

9 干燥和水分测定程序

如果筛分过程非常困难，有必要干燥锰矿石。这可以通过在空气中干燥或者按照 5.5 使用干燥设备。干燥可以在不超过 110 ℃的任何温度进行。

当测定+5 mm矿样时，所有的粒度样品应当干燥到水分含量8%或以下。当测定−5 mm时，应干燥到恒定质量。

矿石中水分的测定应按照ISO 4299进行。

10 装料量和产物质量的测定

所有操作(包括干燥、筛分和缩分)阶段，都必须按照5.6测定和记录装料量和产物的质量。

经过筛分得到的不同粒级的矿石应放置在不同的容器内，单独称量和记录。

每次操作后各部分的质量之和不得和操作前的质量相差1%以上，任何情况下都应报告增重或失重。

11 干筛或湿筛的选择

11.1 通则

干筛或湿筛的选择应经相关各方认可并采用相同的方法。干筛和湿筛的结果可能不同，本标准对这两种方法不作取舍。

如果干筛和湿筛联合使用测定样品粒度分布中的不同部分，相关各方应先同意，而且报告中应明确记录干筛和湿筛的转换(参见附录A)。

11.2 影响干筛和湿筛选择的因素

11.2.1 当使用干筛时，装料量的水分不应超过8%(质量比)以确保不会产生不可接受的偏差：

a) 锰矿石中单个颗粒的分离，例如：
  ——引起细颗粒粘附在大颗粒上；
  ——改变了筛上的矿石流动。

b) 被各个筛分离的颗粒的质量(甚至包括正确分离的)。

11.2.2 如果矿石在干燥过程中有结块的趋势则应使用湿筛。

11.2.3 如果有大量细颗粒粘附在粗颗粒上的趋势则应使用湿筛。

11.2.4 如果细颗粒容易在筛分过程中带静电从而粘附在筛子上，则应使用湿筛。

12 筛分时间

锰矿石中一些比筛子公称孔径小的颗粒容易留在筛子上或粘附在大颗粒上，因此，常规的筛分条件不能确保完全分离。

筛分时间主要受以下因素影响：

a) 矿石的特性；

b) 初始装料量的体积；

c) 筛分强度；

d) 筛子的公称孔径。

筛分时间取决于粒级，当筛分延长3 min测得的结果变化不超过0.5%时，则认为筛分时间是足够的。

13 筛分过程

13.1 通则

矿石应连续装料或分段装料以避免装料过多。

批量筛分时，筛子或筛子组中顶筛上的矿石厚度不得超过最大公称粒度的四倍。

连续筛分时，顶筛上矿石厚度不得超过最大公称粒度。

干式手动筛分时，用手握住筛子或筛子组，以每分钟 120 次，幅度 70 mm 至 100 mm 水平来回摆动。

使用带有顶盖和接收盘的筛子组时，一手握住筛子或筛子组，在与握筛点成 10°至 20°略低的位置，以每分钟约 120 次的频率拍打筛子。每 30 次拍打后，将筛子水平转动 90°，重重拍打筛子框一下。

有粘结倾向的细精矿应使用湿筛。湿筛时，联合筛分(湿筛-干筛)也可以使用。

湿式机械筛分应在装有特定组件的筛子上进行。组件的示意图见图 1。

矿石应装料到放在腔体内的筛子上进行筛分。腔体应用带有旋水喷头的盖密封并安装在筛分仪器的框架上。开动仪器电动机的同时，水从喷头中流出。水流量约为 3 L/min，筛分时间约为 3 min。

筛下物和水一起通过支管进入收集池，接收盘上的筛上物要很小心的转移。

在使用湿式手动筛分时，带有矿石的筛子应浸没在水中并轻微的摇动直到所有能通过的颗粒全部通过。翻转筛子，把筛上物冲洗到收集器中。待颗粒沉降后，把水倒出，在 105 ℃±5 ℃干燥后称量。

细颗粒的含量通过测试样品的质量和筛上物质量之差来确定。

13.2 +5 mm 粒级的筛分程序

+5 mm 粒级批量筛分时间：

——手动筛分：2 min；

——机械筛分：10 min。

13.3 −5 mm 粒级的筛分程序

装载在筛上的矿石质量应是 500 g 到 1 000 g。

筛分细精矿中−0.25 mm 粒级时矿石质量应是 100 g，批量筛分时间为：

——手动筛分：10 min；

——机械筛分：30 min。

14 结果表示

14.1 样品的粒级比

粒级比(γ_n)以质量分数表示，按式(2)计算：

$$\gamma_n = \frac{m_n \times 100}{m} \qquad \cdots\cdots (2)$$

式中：

m_n ——给定粒级部分的质量，单位为千克(kg)；

m ——测试样品的质量，单位为千克(kg)。

14.2 交货批的粒级比

交货批的最终粒级比以质量分数表示，按如下计算并报告至一位小数。

a) 当筛分的是单独的份样，交货批的粒级比以质量分数表示，为所有份样的算术平均值，按式(3)计算：

$$\gamma=\frac{\sum\gamma_{1i}}{n} \qquad (3)$$

式中：

γ_{1i}——第 i 个份样的粒级比，由式(2)计算所得；

n ——份样数。

b) 当筛分的是副样，交货批的粒级比以质量分数表示，考虑到每个副样包含的份样数，其值为所有副样的加权平均值，按式(4)计算：

$$\gamma=\frac{\sum\gamma_{si}\times V_i}{\sum V_i} \qquad (4)$$

式中：

γ_{si}——第 i 个副样的粒级比，由式(2)计算所得；

V_i——第 i 个副样包含的份样数。

c) 当筛分的是大样，交货批的粒级比以质量分数表示，按式(5)计算：

$$\gamma=\frac{M_{GF}}{M_G}\times 100 \qquad (5)$$

式中：

M_{GF}——特定粒级的质量，单位为千克(kg)；

M_G ——大样的质量，单位为千克(kg)。

附　录　A
（资料性附录）
锰矿石粒度分布测试报告的建议格式示例

日期：　　　　　　　　　　　　　　　　　　　　　引用：

实验室： 姓名： 操作者： 签名： 日期：	锰精矿： 名称：氧化物 种类： 收到基状态：(例如水分)9% 锰矿的平均密度： 矿石颗粒：	买方： 卖方： 交货批质量(t)：500 粒度样品质量(kg)：172 交货标志： 卸载开始日期：
制样细节：块状大样由份样组成，样品缩分的精密度为2%		
方法和结果		

粒级范围 mm	分级样品质量		质量分数 %	累积筛上物 %	前级样品缩分比	筛分时间 min	筛分详情									干燥详情	备注
	实际筛分质量 kg	粒度样品中的总质量(计算所得) kg					连续	手动批量	机械批量	手动过筛	穿孔板	编织网	干筛	湿筛	筛框号		
＋10	46.1	46.1	26.8	26.8	1	3		＋					＋			在干燥器中干燥	
－10＋5	17.7	38.5	22.4	49.2	0.459	3		＋					＋				
－5＋3	5.07	33.7	19.6	68.8	1	5		＋						＋			
－3＋1	1.10	29.9	17.4	86.2	0.056	20		＋						＋			
－1	0.870	23.8	13.8	100.0	1												
总和		172.0	100.0														

ICS 77.140.70
H 44

中华人民共和国国家标准

GB/T 29654—2013

冷弯钢板桩

Cold roll formed sheet piling

2013-09-18 发布　　　　2014-05-01 实施

中华人民共和国国家质量监督检验检疫总局
中国国家标准化管理委员会　发布

前　言

本标准按照 GB/T 1.1—2009 给出的规则起草。

本标准由中国钢铁工业协会提出。

本标准由全国钢标准化技术委员会(SAC/TC 183)归口。

本标准起草单位:南京万汇新材料科技有限公司、武钢集团汉口轧钢厂、冶金工业信息标准研究院、泰安科诺型钢股份有限公司、江苏国强日铁建材有限公司、河北津西钢铁集团股份有限公司。

本标准主要起草人:王圣清、朱少文、刘宝石、周绪昌、彭锡川、赵一臣。

冷 弯 钢 板 桩

1 范围

本标准规定了冷弯钢板桩产品的分类代号、订货内容、尺寸外形及允许偏差、技术要求、试验方法、检验规则、包装标识和质量证明书。

本标准适用于水利工程、交通运输工程、土木建筑工程与环境科学技术等领域用的由厚度不小于2.5 mm的热轧带钢卷经由冷弯成型机组连续辊弯成型的冷弯钢板桩。

2 规范性引用文件

下列文件对于本文件的应用是必不可少的。凡是注日期的引用文件，仅注日期的版本适用于本文件。凡是不注日期的引用文件，其最新版本(包括所有的修改单)适用于本文件。

GB/T 228.1 金属材料 拉伸试验 第1部分：室温试验方法

GB/T 700 碳素结构钢

GB/T 1591 低合金高强度结构钢

GB/T 2101 型钢验收、包装、标志及质量证明书的一般规定

GB/T 2975 钢及钢产品 力学性能试验取样位置及试样制备

GB/T 4171 耐候结构钢

GB/T 17505 钢及钢产品交货一般技术要求

YB/T 081 冶金产品标准的数值修约与检测数值的判定原则

3 术语和定义

下列术语和定义适用于本文件。

3.1

冷弯钢板桩 cold roll formed sheet piling

冷弯钢板桩是以热轧带钢为原料，经辊式成形机组冷弯成形加工的产品，其两侧的锁口或弯边可相互连接或搭接，以形成一种连续板桩墙结构。

3.2

弯曲度 curving

冷弯钢板桩沿长度方向上下和侧面弯曲的最大高度。

3.3

扭曲度 twisting

冷弯钢板桩的一个面放置在同一水平面上，将其一端压紧在水平面上，沿着水平面为基准，测定两相对面的对角高度。

4 分类、代号

冷弯钢板桩按照产品断面形状，可以分为U型冷弯钢板桩、Z型冷弯钢板桩、帽型冷弯钢板桩、直

线型冷弯钢板桩和沟道板等5类，其代号分别为：

U型冷弯钢板桩	CRP-U
Z型冷弯钢板桩	CRP-Z
帽型冷弯钢板桩	CRP-M
直线型冷弯钢板桩	CRP-X
沟道板	CRP-G

注：CRP为英文cold roll formed sheet piling的缩写。

各种类型断面图形如图1～图5所示。

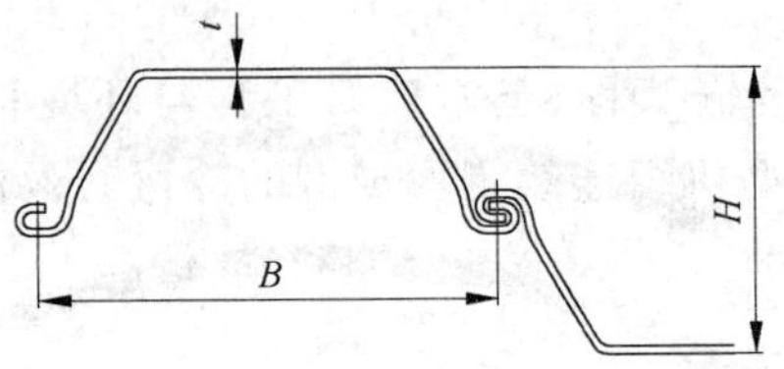

图1　U型冷弯钢板桩(CRP-U)

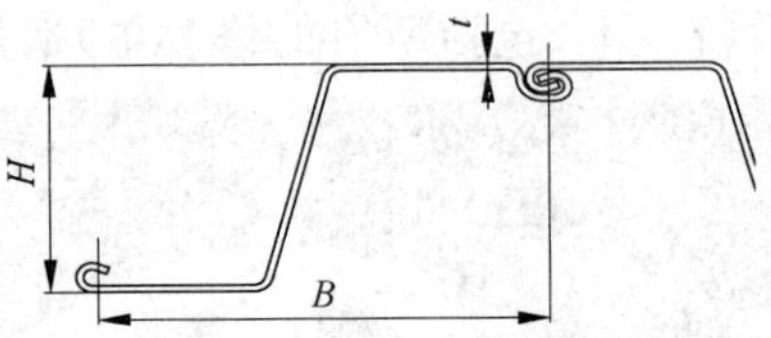

图2　Z型冷弯钢板桩(CRP-Z)

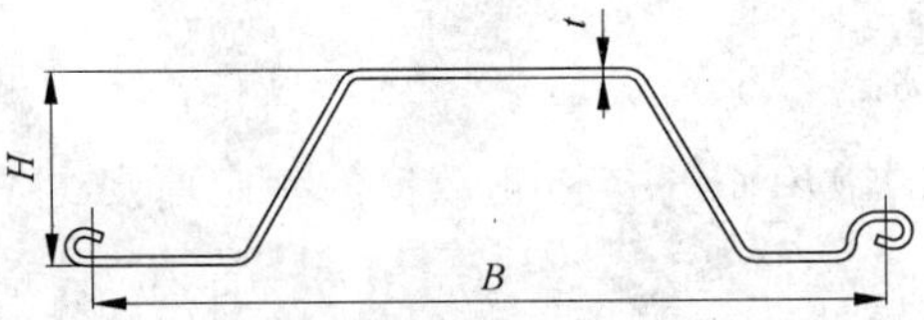

图3　帽型冷弯钢板桩(CRP-M)

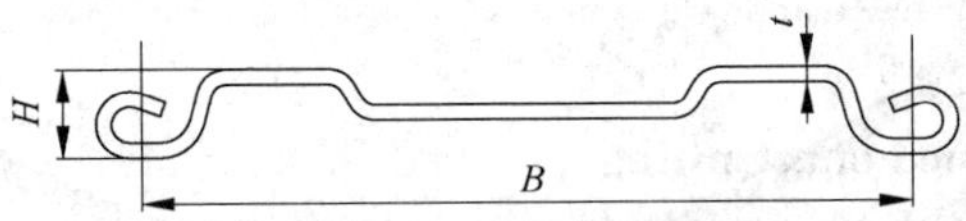

图4　直线型冷弯钢板桩(CRP-X)

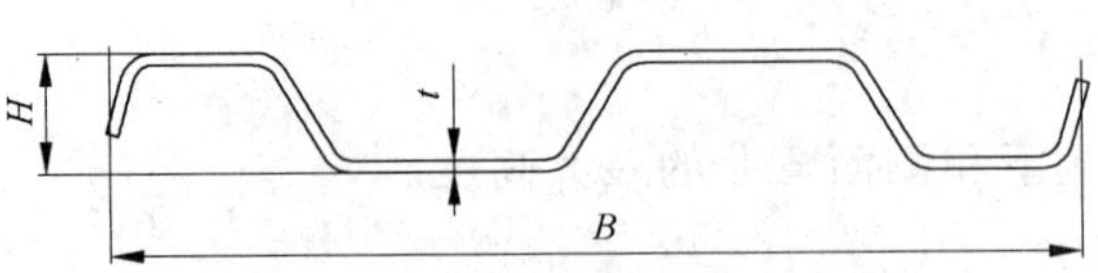

图5　沟道板(CRP-G)

5　订货内容

按本标准订货的合同或订单应包括下列内容：

a)　本标准编号；

b) 产品名称、代号及规格；
c) 材料牌号；
d) 产品长度；
e) 交货重量；
f) 特殊要求(如对产品的试验、检验和表面处理等)。

6 尺寸、外形、重量及允许偏差

6.1 尺寸、外形

冷弯钢板桩的尺寸和外形可由生产厂根据需方要求进行设计,也可采用附录 A 中的型号。

6.2 允许偏差

冷弯钢板桩的尺寸、外形及允许偏差,应符合表 1 的规定。

冷弯钢板桩的尺寸外形允许偏差的测量应在距离端部至少 250 mm 处进行。

表 1 尺寸、外形及允许偏差

项目	允许偏差
宽度 B	单根板桩:公称宽度 B 的±2% 锁口连接的板桩对:公称宽度 B 的±3%
高度 H	$H\leqslant200$ ±4 mm $200<H\leqslant300$ ±6 mm $300<H\leqslant400$ ±8 mm $400<H$ ±10 mm
厚度 t	应符合相应原料带钢产品标准的规定或供需双方协商
弯曲	侧向弯曲 $S\leqslant0.25\%$型材的总长 平面弯曲 $C\leqslant0.25\%$型材的总长
扭曲	$V\leqslant2\%$型材总长,最大为 100 mm
长度	长度允许偏差为±50 mm
端部垂直度	作垂直于纵轴的测量时,切割面最高点和最低点之间的总偏差 f 不应超过型材宽度的 2%
角度偏差	当板桩短边长度≤50 mm 时,公差应为±3°,其他情况公差应为±2°

6.3 重量

冷弯钢板桩可以按实际或理论重量交货。实际的交货重量与理论交货重量的偏差为±6%。当以理论重量交货时,理论重量计算的密度可按 7.85 g/cm³,具体要求由供需双方协商。

7 技术要求

7.1 交货状态

除非另有协议,冷弯钢板桩应以冷弯成形状态交货。

7.2 材料牌号和化学成分

制造冷弯钢板桩用钢的牌号通常采用 Q235、Q295、Q345、Q390、Q420、Q355NH 等。经供需双方协商，也可以采用其他牌号的钢种。

冷弯钢板桩原材料的化学成分，应符合 GB/T 700、GB/T 1591、GB/T 4171 或相应标准的规定。

7.3 力学性能

冷弯钢板桩一般不做力学性能试验。如需方有要求时，应在合同中注明，这种情况下，通常在钢板桩未参与冷弯变形的平板部位进行取样，测得的力学性能试验数据应符合原材料相应标准的规定。

7.4 可焊接性

冷弯钢板桩所用的材料应具有可焊接性。

7.5 表面质量

冷弯钢板桩表面不允许有裂纹、折叠、夹杂和端面分层等缺陷。允许局部有不大于相应原料带钢标准规定厚度偏差之半的凹坑、凸起、压痕、发纹和擦伤。

冷弯钢板桩表面缺陷允许清理，但清理后应保证带钢的最小厚度。清理处应平滑。

冷弯钢板桩的两端可能存在切断毛刺，在其不损害相互连接型材的适配性以及使用时，不作为拒收的理由。

7.6 连接锁口

带有锁口的冷弯钢板桩交货时，锁口的连接应有充分的间隙，使冷弯钢板桩间能够良好的配合。通过使用两块 500 mm 长的样板来进行检查。

7.7 其他要求

在询价和订货时可以热浸涂锌及其他表面处理方式交货，并应符合相关标准的规定。

8 试验方法

8.1 每批钢板桩的检验项目、取样方法、试验方法应符合表 2 的规定。

表 2 检验项目、取样数量、取样方法和部位及试验方法

序号	检验项目	取样数量/个	取样方法和部位	试验方法
1	拉伸试验	1	GB/T 2975(产品平板部分)	GB/T 228.1
2	尺寸、外形	逐根	—	量具、样板、8.2
3	表面质量	逐根	—	目视

8.2 侧向弯曲、平面弯曲、扭曲、端面切斜及角度偏差的测量方法分别如图 6～图 10 所示。

单位为毫米

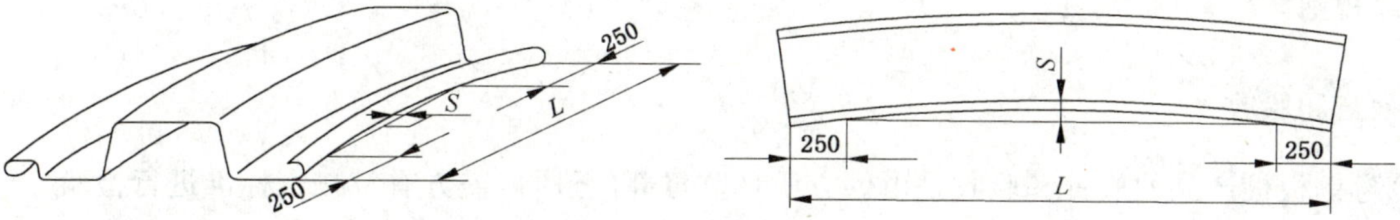

图 6　侧向弯曲值 *S* 的测量方法

单位为毫米

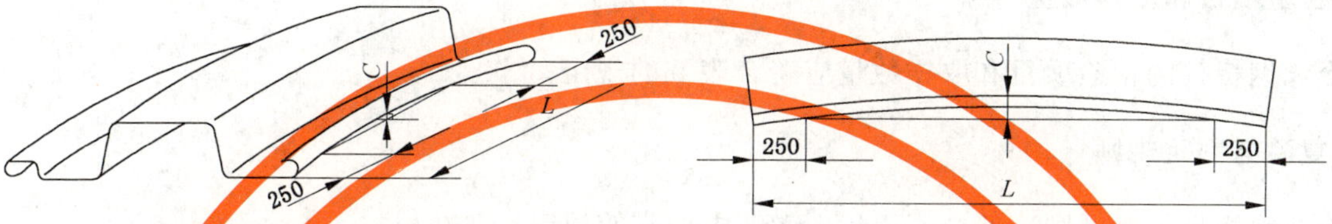

图 7　平面弯曲值 *C* 的测量方法

单位为毫米

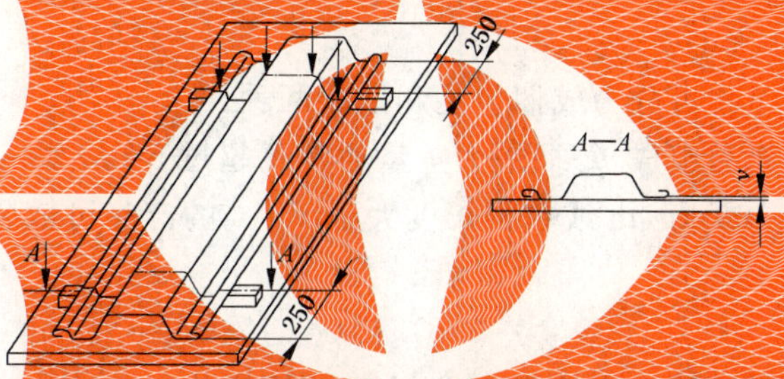

图 8　扭曲值 *v* 的测量方法

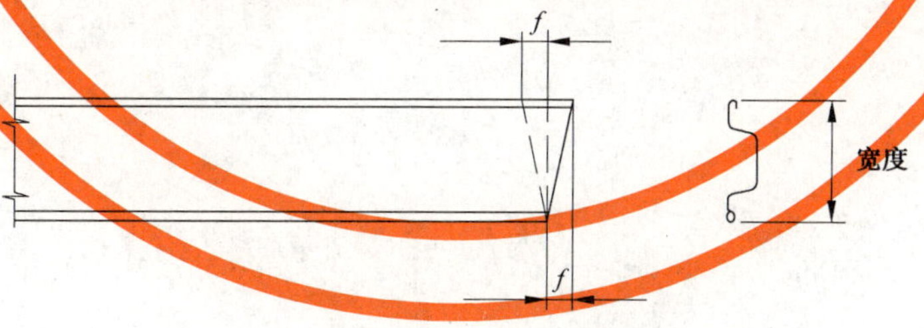

图 9　端部切斜值 *f* 的测量方法

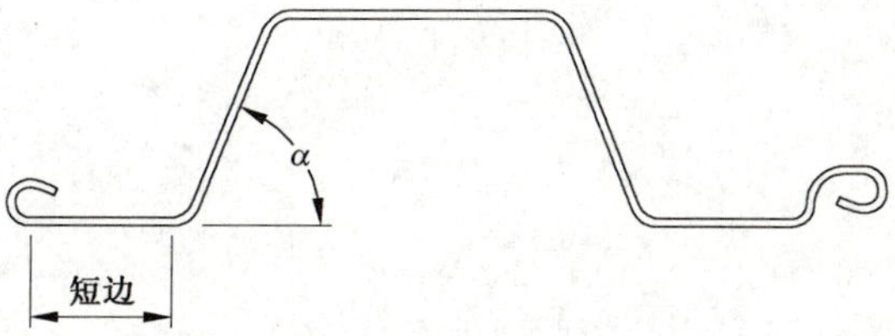

图 10　角度偏差测量方法

8.3　检验结果的数值修约和判定应符合 YB/T 081 的规定。

9 检验规则

9.1 检查和验收

冷弯钢板桩产品的检查和验收是由供方质量监督部门进行,需方有权按本标准进行检验。

9.2 组批规则

冷弯钢板桩应成批验收。每批由同一牌号、同一规格的产品组成,每批重量通常不超过 50 t。

9.3 检验项目和取样数量

冷弯钢板桩的检验项目和取样数量应符合表 2 的规定。

9.4 复验与判定规则

冷弯钢板桩复验规则应符合 GB/T 17505 中相应的规定。

10 包装、标志和质量证明书

10.1 包装

10.1.1 冷弯钢板桩产品的包装可分为成捆包装和散装两种。

10.1.2 每捆由同一批号的产品组成,每捆最大重量通常不超过 5 t。

10.1.3 对于理论重量大于 100 kg/m 或单根长度大于 15 m 的产品可散装交货。

10.2 标志和质量证明书

冷弯钢板桩的标志和质量证明书应按 GB/T 2101 的规定执行。

附 录 A
（资料性附录）
冷弯钢板桩主要规格的截面形状、尺寸、截面面积、理论重量及截面特性

A.1 CRP-U型、CRP-Z型、CRP-M型冷弯钢板桩主要规格的截面形状、尺寸、截面面积、理论重量及截面特性分别见图A.1和表A.1、图A.2和表A.2、图A.3和表A.3。

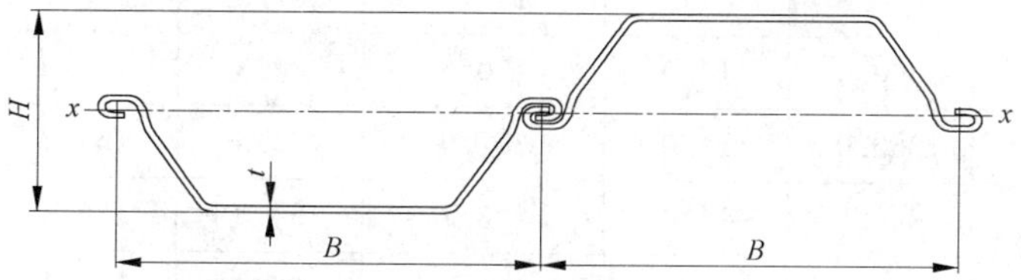

图 A.1 CRP-U型钢板桩

表 A.1 CRP-U型冷弯钢板桩特性参数

型号	公称宽度 B mm	高度 H mm	厚度 t mm	截面面积 S_a cm^2/m	重量 W kg		惯性矩 I_x cm^4/m	弹性截面模数 Z_x cm^3/m
				每延米	单根 kg/m	每延米 kg/m^2		
CRP-U-296	350	140.0	8.0	136.1	37.4	106.9	2 073	296
CRP-U-323	350	145.0	9.0	147.8	40.6	116.0	2 263	323
CRP-U-351	350	150.0	10.0	166.0	45.6	130.3	2 460	351
CRP-U-529	400	170.0	8.0	113.0	35.5	89.0	4 500	529
CRP-U-880	400	240.0	9.2	137.0	43.2	108.0	10 600	880
CRP-U-626	450	240.0	8.0	136.2	48.1	106.9	7 516	626
CRP-U-698	450	240.0	10.0	166.7	58.9	130.9	8 379	698
CRP-U-785	450	240.0	12.0	201.0	71.0	157.8	9 420	785
CRP-U-1015	450	360.0	8.0	148.9	52.6	116.9	18 267	1 015
CRP-U-1132	450	360.0	9.0	166.1	58.7	130.4	20 383	1 132
CRP-U-1247	450	360.0	10.0	183.9	64.9	144.3	22 443	1 247
CRP-U-600	500	240.0	6.5	100.6	39.5	79.0	7 200	600
CRP-U-714	500	240.0	8.0	121.0	47.5	95.0	8 570	714
CRP-U-772	500	240.0	8.0	127.6	50.1	100.2	9 266	772
CRP-U-804	500	240.0	9.0	136.2	53.5	107.0	9 640	804
CRP-U-894	500	240.0	10.0	151.8	59.6	119.0	10 710	894
CRP-U-863	500	240.0	10.0	160.5	63.0	126.0	10 352	863
CRP-U-960	500	240.0	12.0	194.4	76.3	152.6	11 521	960
CRP-U-1064	500	240.0	14.0	225.7	88.6	177.2	12 772	1 064

表 A.1（续）

型号	公称宽度 B mm	高度 H mm	厚度 t mm	截面面积 S_a cm^2/m	重量 W kg		惯性矩 I_x cm^4/m	弹性截面模数 Z_x cm^3/m
				每延米	单根 kg/m	每延米 kg/m^2		
CRP-U-1047	525	360.0	8.0	140.2	57.8	110.1	18 851	1 047
CRP-U-1201	525	360.0	10.0	170.6	70.3	133.9	21 620	1 201
CRP-U-1374	525	360.0	12.0	202.9	83.6	159.2	24 726	1 374
CRP-U-1518	525	360.0	14.0	233.7	96.3	183.4	27 329	1 518
CRP-U-1094	575	360.0	8.0	133.9	60.4	105.1	19 684	1 094
CRP-U-1150	575	360.0	9.0	140.0	63.3	110.0	20 340	1 150
CRP-U-1221	575	360.0	9.0	149.9	67.6	117.6	21 979	1 221
CRP-U-1200	575	360.0	9.5	148.0	66.8	116.2	21 600	1 200
CRP-U-1250	575	360.0	10.0	155.0	70.2	122.0	22 500	1 250
CRP-U-1346	575	360.0	10.0	165.6	74.8	130.0	24 223	1 346
CRP-U-1375	575	360.0	10.0	165.7	74.8	130.1	24 746	1 375
CRP-U-1572	575	360.0	12.0	193.6	87.4	152.0	28 300	1 572
CRP-U-1750	575	360.0	14.0	220.7	99.6	173.2	31 499	1 750
CRP-U-1874	600	350.0	12.0	220.3	103.8	172.9	32 797	1 874
CRP-U-1105	600	360.0	8.0	131.7	62.0	103.4	19 897	1 105
CRP-U-1160	600	360.0	8.0	131.8	62.1	103.5	20 765	1 160
CRP-U-1220	600	360.0	8.5	140.2	66.0	110.0	21 978	1 220
CRP-U-1234	600	360.0	9.0	147.4	69.4	115.7	22 219	1 234
CRP-U-1290	600	360.0	9.0	148.3	69.9	116.4	23 182	1 290
CRP-U-1360	600	360.0	9.5	156.5	73.7	122.9	24 375	1 360
CRP-U-1361	600	360.0	10.0	162.9	76.7	127.9	24 491	1 361
CRP-U-1420	600	360.0	10.0	164.8	77.6	129.4	25 559	1 420
CRP-U-1435	600	360.0	10.0	160.5	75.6	126.0	25 822	1 435
CRP-U-1335	600	400.0	8.0	138.6	65.3	108.8	26 697	1 335
CRP-U-1493	600	400.0	9.0	155.9	73.4	122.4	29 867	1 493
CRP-U-1651	600	400.0	10.0	173.9	81.9	136.5	33 011	1 651
CRP-U-1790	600	487.0	8.0	150.3	70.8	118.0	43 422	1 790
CRP-U-1890	600	487.0	8.5	159.7	75.2	125.4	45 988	1 890
CRP-U-2000	600	487.0	9.0	169.2	79.7	132.7	48 537	2 000
CRP-U-2100	600	487.0	9.5	178.5	84.1	140.1	51 069	2 100
CRP-U-2200	600	487.0	10.0	187.8	88.5	147.4	53 584	2 200

表 A.1（续）

型号	公称宽度 B mm	高度 H mm	厚度 t mm	截面面积 S_a cm^2/m	重量 W kg		惯性矩 I_x cm^4/m	弹性截面模数 Z_x cm^3/m
				每延米	单根 kg/m	每延米 kg/m^2		
CRP-U-2290	610	490.0	10.5	200.7	96.1	157.6	56 098	2 290
CRP-U-2390	610	490.0	11.0	210.3	100.7	165.1	58 583	2 390
CRP-U-2490	610	490.0	11.5	219.8	105.3	172.6	61 051	2 490
CRP-U-2590	610	490.0	12.0	229.5	109.9	180.1	63 503	2 590
CRP-U-1152	650	356.0	8.0	129.4	66.0	101.6	20 500	1 152
CRP-U-1223	650	357.0	8.5	137.2	70.0	107.7	21 823	1 223
CRP-U-1364	650	359.0	9.5	152.8	78.0	119.9	24 484	1 364
CRP-U-1793	650	476.0	8.0	147.4	75.2	115.7	42 662	1 793
CRP-U-1903	650	477.0	8.5	156.4	79.8	122.8	45 390	1 903
CRP-U-2014	650	478.0	9.0	165.4	84.4	129.8	48 125	2 014
CRP-U-2124	650	479.0	9.5	174.3	88.9	136.8	50 868	2 124
CRP-U-1661	650	480.0	8.0	139.5	71.2	109.5	39 872	1 661
CRP-U-1855	650	480.0	9.0	156.1	79.6	122.5	44 521	1 855
CRP-U-2234	650	480.0	10.0	183.1	93.4	143.8	53 618	2 234
CRP-U-2033	650	500.0	10.0	185.4	94.6	145.6	50 819	2 033
CRP-U-2215	650	500.0	11.0	205.3	104.8	161.2	55 383	2 215
CRP-U-2406	650	500.0	12.0	223.9	114.3	175.8	60 145	2 406
CRP-U-2030	650	536.0	8.0	151.5	77.3	118.9	54 494	2 030
CRP-U-2165	650	537.0	8.5	160.9	82.1	126.3	58 048	2 165
CRP-U-2320	650	538.0	9.0	170.3	86.9	133.7	61 621	2 320
CRP-U-2420	650	539.0	9.5	179.7	91.7	141.1	65 211	2 420
CRP-U-2074	650	540.0	8.0	153.7	78.4	120.7	56 002	2 074
CRP-U-2296	650	540.0	9.0	168.1	85.8	131.9	62 003	2 296
CRP-U-2318	650	540.0	9.0	172.1	87.8	135.1	62 588	2 318
CRP-U-2541	650	540.0	10.0	186.7	95.3	146.6	68 603	2 541
CRP-U-2550	650	540.0	10.0	188.4	96.2	147.9	68 820	2 550
CRP-U-2559	650	540.0	10.0	187.4	95.6	147.1	69 093	2 559
CRP-U-2783	650	540.0	11.0	205.4	104.8	161.3	75 146	2 783
CRP-U-3021	650	540.0	12.0	224.7	114.7	176.4	81 570	3 021
CRP-U-2308	650	541.0	10.5	198.3	101.2	155.7	62 435	2 308
CRP-U-2416	650	542.0	11.0	207.4	105.8	162.8	65 470	2 416

表 A.1（续）

型号	公称宽度 B mm	高度 H mm	厚度 t mm	截面面积 S_a cm^2/m	重量 W kg		惯性矩 I_x cm^4/m	弹性截面模数 Z_x cm^3/m
				每延米	单根 kg/m	每延米 kg/m^2		
CRP-U-2523	650	543.0	11.5	216.5	110.5	170.0	68 512	2 523
CRP-U-2610	650	544.0	12.0	230.0	117.3	180.5	70 979	2 610
CRP-U-2300	700	540.0	9.0	162.5	89.3	127.6	62 106	2 300
CRP-U-2545	700	540.0	10.0	180.5	99.2	141.7	68 719	2 545
CRP-U-2788	700	540.0	11.0	198.6	109.1	155.9	75 276	2 788
CRP-U-3027	700	540.0	12.0	217.2	119.4	170.5	81 718	3 027
CRP-U-2993	700	560.0	11.0	216.6	119.0	170.1	83 813	2 993
CRP-U-3246	700	560.0	12.0	236.2	129.8	185.4	90 880	3 246
CRP-U-3330	700	596.0	12.0	240.0	131.9	188.4	99 298	3 330
CRP-U-3540	700	597.0	12.7	254 .0	139.6	199.4	105 634	3 540
CRP-U-3650	700	598.0	13.0	260.0	142.9	204.1	108 656	3 650
CRP-U-3750	700	599.0	13.5	270.0	148.4	212.0	112 252	3 750
CRP-U-3890	700	600.0	14.0	280.0	153.9	219.8	116 695	3 890
CRP-U-693	750	320.0	5.0	72.7	42.8	57.0	11 089	693
CRP-U-824	750	320.0	6.0	86.7	51.1	68.1	13 191	824
CRP-U-953	750	320.0	7.0	100.7	59.3	79.0	15 256	953
CRP-U-1449	750	476.0	8.0	128.0	75.3	100.4	34 498	1 449
CRP-U-1628	750	478.0	9.0	143.5	84.5	112.6	38 909	1 628
CRP-U-1840	750	478.0	9.0	149.3	87.9	117.2	43 965	1 840
CRP-U-1732	750	479.0	9.5	151.7	89.3	119.1	41 480	1 732
CRP-U-2041	750	480.0	10.0	165.4	97.4	129.8	48 985	2 041
CRP-U-2134	750	480.0	10.0	168.3	99.1	132.1	51 214	2 134
CRP-U-2304	750	540.0	9.0	157.7	92.8	123.8	62 195	2 304
CRP-U-2549	750	540.0	10.0	175.2	103.1	137.5	68 820	2 549
CRP-U-2286	750	540.0	10.0	170.5	100.4	133.8	61 718	2 286
CRP-U-2564	750	540.0	10.0	178.3	105.0	139.9	69 237	2 564
CRP-U-2792	750	540.0	11.0	192.7	113.5	151.3	75 389	2 792
CRP-U-3031	750	540.0	12.0	210.7	124.1	165.4	81 847	3 031
CRP-U-2603	750	561.0	10.5	191.9	113.0	150.7	73 019	2 603
CRP-U-2805	750	562.0	11.0	203.1	119.6	159.4	78 809	2 805
CRP-U-3045	750	564.0	12.0	225.0	132.5	176.6	85 879	3 045

表 A.1（续）

型号	公称宽度 B mm	高度 H mm	厚度 t mm	截面面积 S_a cm^2/m	重量 W kg		惯性矩 I_x cm^4/m	弹性截面模数 Z_x cm^3/m
				每延米	单根 kg/m	每延米 kg/m^2		
CRP-U-3284	750	604.0	12.0	229.9	135.4	180.5	99 175	3 284
CRP-U-3549	750	606.0	13.0	252.6	148.7	198.3	107 531	3 549
CRP-U-3817	750	608.0	14.0	271.3	159.7	213.0	116 028	3 817
CRP-U-4002	750	610.0	15.0	308.2	181.4	241.9	122 056	4 002
CRP-U-4262	750	612.0	16.0	327.9	193.0	257.4	130 430	4 262
CRP-U-961	800	320.0	7.0	98.7	62.0	77.5	15 374	961
CRP-U-1883	800	348.0	12.0	195.2	122.6	153.3	32 763	1 883
CRP-U-2037	800	350.0	13.0	210.9	132.4	165.5	35 647	2 037
CRP-U-1159	800	356.0	8.0	118.5	74.4	93.0	20 629	1 159
CRP-U-1303	800	358.0	9.0	132.9	83.4	104.3	23 315	1 303
CRP-U-1446	800	360.0	10.0	147.2	92.4	115.5	26 026	1 446
CRP-U-973	900	320.0	7.0	95.6	67.5	75.0	15 571	973
CRP-U-1890	900	348.0	12.0	186.9	132.0	146.7	32 887	1 890
CRP-U-2045	900	350.0	13.0	201.9	142.6	158.5	35 789	2 045
CRP-U-1181	900	356.0	8.0	114.2	80.7	89.6	21 028	1 181
CRP-U-1328	900	358.0	9.0	128.1	90.5	100.6	23 770	1 328
CRP-U-1474	900	360.0	10.0	141.9	100.3	111.4	26 538	1 474

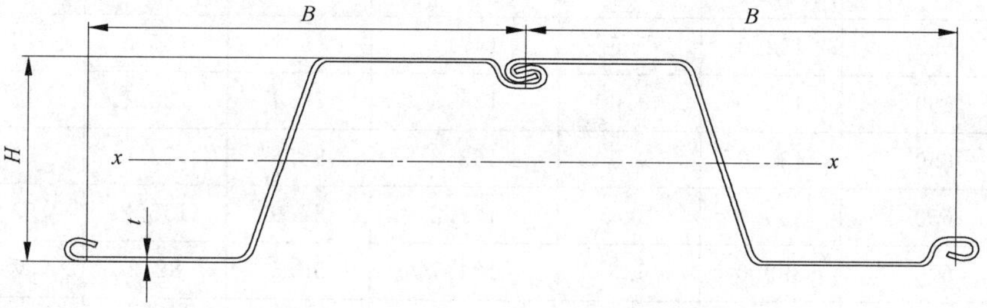

图 A.2　CRP-Z 型冷弯钢板桩

表 A.2　CRP-Z 型冷弯钢板桩特性参数

型号	公称宽度 B mm	高度 H mm	厚度 t mm	截面面积 S_a cm^2/m	重量 W kg		惯性矩 I_x cm^4/m	弹性截面模数 Z_x cm^3/m
				每延米	单根 kg/m	每延米 kg/m^2		
CRP-Z-835	550	200.0	8.0	121.0	52.3	95.0	8 350	835
CRP-Z-940	550	200.0	9.0	136.4	58.9	107.0	9 400	940

表 A.2（续）

型号	公称宽度 B mm	高度 H mm	厚度 t mm	截面面积 S_a cm^2/m	重量 W kg		惯性矩 I_x cm^4/m	弹性截面模数 Z_x cm^3/m
				每延米	单根 kg/m	每延米 kg/m^2		
CRP-Z-1800	610	340.0	9.0	154.0	73.8	121.0	30 600	1 800
CRP-Z-2000	610	340.0	10.0	171.0	81.7	134.0	34 000	2 000
CRP-Z-2200	610	340.0	11.0	188.0	90.3	148.0	37 400	2 200
CRP-Z-1805	630	380.0	8.0	127.2	62.9	99.8	34 293	1 805
CRP-Z-2239	630	380.0	10.0	159.1	78.7	124.9	42 531	2 239
CRP-Z-2672	630	380.0	12.0	190.9	94.4	149.8	50 765	2 672
CRP-Z-1610	635	379.0	7.0	123.4	61.5	96.9	30 502	1 610
CRP-Z-1827	635	380.0	8.0	140.6	70.1	110.3	34 717	1 827
CRP-Z-2265	635	417.0	9.0	162.6	81.1	127.6	47 225	2 265
CRP-Z-2500	635	418.0	10.0	180.0	89.7	141.3	52 258	2 500
CRP-Z-2806	635	419.0	11.0	209.0	104.2	164.1	58 786	2 806
CRP-Z-3042	635	420.0	12.0	227.3	113.3	178.4	63 889	3 042
CRP-Z-3276	635	421.0	13.0	245.4	122.3	192.7	68 954	3 276
CRP-Z-1229	650	319.0	7.0	113.2	57.8	88.9	19 603	1 229
CRP-Z-1395	650	320.0	8.0	128.9	65.8	101.2	22 312	1 395
CRP-Z-1980	650	437.0	8.0	138.6	70.8	108.8	43 293	1 980
CRP-Z-2100	650	438.0	8.5	147.1	75.1	115.5	45 912	2 100
CRP-Z-2220	650	438.0	9.0	155.5	79.4	122.1	48 521	2 220
CRP-Z-2330	650	439.0	9.5	163.8	83.6	128.6	51 120	2 330
CRP-Z-2450	650	439.0	10.0	172.2	87.9	135.2	53 709	2 450
CRP-Z-1370	675	399.0	6.5	104.7	55.5	82.2	27 251	1 370
CRP-Z-1470	675	399.0	7.0	112.7	59.7	88.5	29 281	1 470
CRP-Z-1570	675	400.0	7.5	120.7	64.0	94.8	31 325	1 570
CRP-Z-1670	675	400.0	8.0	128.7	68.2	101.1	33 350	1 670
CRP-Z-2620	675	440.0	10.5	181.0	95.9	142.1	57 410	2 620
CRP-Z-2730	675	440.0	11.0	188.4	99.8	147.9	60 043	2 730
CRP-Z-2850	675	441.0	11.5	196.9	104.4	154.6	62 667	2 850
CRP-Z-2960	675	441.0	12.0	205.5	108.9	161.3	65 281	2 960
CRP-Z-3120	675	442.0	12.7	217.5	115.2	170.7	68 927	3 120
CRP-Z-3180	675	487.0	11.0	204.4	108.3	160.5	77 367	3 180
CRP-Z-3320	675	488.0	11.5	213.4	113.1	167.5	80 750	3 320

表 A.2（续）

型号	公称宽度 B mm	高度 H mm	厚度 t mm	截面面积 S_a cm²/m	重量 W kg		惯性矩 I_x cm⁴/m	弹性截面模数 Z_x cm³/m
				每延米	单根 kg/m	每延米 kg/m²		
CRP-Z-3450	675	488.0	12.0	222.4	117.8	174.6	84 121	3 450
CRP-Z-3580	675	489.0	12.5	231.2	122.5	181.5	87 473	3 580
CRP-Z-3720	675	489.0	13.0	240.1	127.3	188.5	90 830	3 720
CRP-Z-3455	675	490.0	12.0	224.4	118.9	176.1	84 657	3 455
CRP-Z-3850	675	490.0	13.5	249.0	132.0	195.5	94 167	3 850
CRP-Z-3980	675	490.0	14.0	257.8	136.6	202.4	97 493	3 980
CRP-Z-3720	675	491.0	13.0	242.3	128.4	190.2	91 327	3 720
CRP-Z-3853	675	491.5	13.5	251.3	133.1	197.2	94 699	3 853
CRP-Z-1780	685	401.0	8.5	134.5	72.3	105.6	35 558	1 780
CRP-Z-1862	685	401.0	9.0	144.0	77.4	113.0	37 335	1 862
CRP-Z-1880	685	401.0	9.0	142.4	76.6	111.8	37 580	1 880
CRP-Z-1970	685	402.0	9.5	150.3	80.8	118.0	39 595	1 970
CRP-Z-2055	685	402.0	10.0	159.4	85.7	125.2	41 304	2 055
CRP-Z-2070	685	402.0	10.0	158.2	85.1	124.2	41 601	2 070
CRP-Z-1341	700	319.5	9.5	133.8	73.5	105.0	21 425	1 341
CRP-Z-983	700	350.0	5.0	76.5	42.0	60.0	17 208	983
CRP-Z-1326	700	416.5	6.5	99.5	54.7	78.1	27 616	1 326
CRP-Z-1423	700	417.0	7.0	107.0	58.8	84.0	29 671	1 423
CRP-Z-1519	700	417.5	7.5	114.4	62.9	89.8	31 715	1 519
CRP-Z-1661	700	418.0	8.0	125.7	69.1	98.7	34 706	1 661
CRP-Z-1756	700	418.5	8.5	133.3	73.2	104.7	36 793	1 756
CRP-Z-1855	700	419.0	9.0	140.9	77.4	110.6	38 871	1 855
CRP-Z-1952	700	419.5	9.5	148.5	81.6	116.6	40 939	1 952
CRP-Z-2047	700	420.0	10.0	156.1	85.7	122.5	42 997	2 047
CRP-Z-1985	700	448.0	8.0	133.5	73.3	104.8	44 470	1 985
CRP-Z-2102	700	448.5	8.5	141.6	77.8	111.1	47 138	2 102
CRP-Z-2219	700	449.0	9.0	149.7	82.3	117.5	49 821	2 219
CRP-Z-2335	700	449.5	9.5	157.7	86.7	123.8	52 480	2 335
CRP-Z-2450	700	450.0	10.0	165.7	91.1	130.1	55 128	2 450
CRP-Z-2625	700	450.5	10.5	180.0	98.7	141.3	59 119	2 625
CRP-Z-2735	700	451.0	11.0	187.9	103.3	147.5	61 680	2 735

表 A.2（续）

型号	公称宽度 B mm	高度 H mm	厚度 t mm	截面面积 S_a cm^2/m	重量 W kg		惯性矩 I_x cm^4/m	弹性截面模数 Z_x cm^3/m
				每延米	单根 kg/m	每延米 kg/m^2		
CRP-Z-2851	700	451.5	11.5	196.2	107.8	154.0	64 356	2 851
CRP-Z-2943	700	452.0	12.0	206.6	113.5	162.2	66 512	2 943
CRP-Z-3113	700	452.5	12.5	216.7	119.1	170.1	70 426	3 113
CRP-Z-3192	700	489.0	11.0	198.6	109.1	155.9	78 051	3 192
CRP-Z-3328	700	489.5	11.5	207.3	113.9	162.7	81 443	3 328
CRP-Z-3478	700	490.0	12.0	219.1	120.4	172.0	85 209	3 478
CRP-Z-3612	700	490.5	12.5	227.9	125.2	178.9	88 594	3 612
CRP-Z-3730	700	491.0	13.0	239.4	131.5	187.9	91 568	3 730
CRP-Z-3862	700	491.5	13.5	248.2	136.4	194.8	94 916	3 862
CRP-Z-3994	700	492.0	14.0	257.0	141.2	201.7	98 251	3 994
CRP-Z-2847	700	560.0	9.0	162.5	89.3	127.6	80 408	2 847
CRP-Z-3136	700	560.0	10.0	179.6	98.7	141.0	88 719	3 136
CRP-Z-3405	700	560.0	11.0	197.1	108.3	154.7	96 535	3 405
CRP-Z-3694	700	560.0	12.0	214.8	118.0	168.6	104 846	3 694
CRP-Z-1438	750	310.5	10.5	152.1	89.6	119.4	22 329	1 438
CRP-Z-1209	750	318.5	8.5	120.1	70.7	94.3	19 251	1 209
CRP-Z-1811	750	419.5	9.5	141.5	83.3	111.1	37 982	1 811
CRP-Z-1916	750	420.5	10.5	159.0	93.5	124.8	40 296	1 916
CRP-Z-2496	750	451.0	11.5	181.6	106.9	142.6	56 360	2 496
CRP-Z-2640	750	452.0	12.0	193.3	113.8	151.8	59 665	2 640
CRP-Z-2794	750	453.0	13.0	211.7	124.6	166.2	63 273	2 794
CRP-Z-3425	750	491.0	13.0	224.5	132.2	176.3	84 085	3 425
CRP-Z-3632	750	492.0	14.0	240.1	141.3	188.5	89 341	3 632
CRP-Z-4104	750	520.0	13.0	241.0	141.9	189.2	106 697	4 104
CRP-Z-4805	750	520.0	15.0	292.8	172.4	229.8	124 921	4 805
CRP-Z-4323	750	521.0	14.0	256.5	151.0	201.3	112 625	4 323
CRP-Z-5099	750	521.0	16.0	311.4	183.4	244.5	132 833	5 099
CRP-Z-3855	750	522.0	15.0	268.1	157.8	210.5	100 618	3 855
CRP-Z-4231	750	550.0	13.0	240.5	141.6	188.8	116 350	4 231
CRP-Z-4532	750	551.0	14.0	258.3	152.0	202.7	124 864	4 532
CRP-Z-507	850	253.0	5.0	61.4	41.1	48.4	6 420	507

表 A.2（续）

型号	公称宽度 B mm	高度 H mm	厚度 t mm	截面面积 S_a cm^2/m	重量 W kg		惯性矩 I_x cm^4/m	弹性截面模数 Z_x cm^3/m
				每延米	单根 kg/m	每延米 kg/m^2		
CRP-Z-604	850	254.0	6.0	73.7	49.2	57.9	7 671	604
CRP-Z-814	850	255.0	7.0	91.3	60.9	71.6	10 375	814
CRP-Z-904	850	318.0	6.0	81.5	54.4	64.0	14 381	904
CRP-Z-1027	850	319.0	7.0	97.6	65.1	76.6	16 386	1 027
CRP-Z-1102	850	320.0	8.0	109.7	73.2	86.2	17 639	1 102
CRP-Z-1212	850	379.0	7.0	100.0	66.7	78.5	22 973	1 212
CRP-Z-1307	850	380.0	8.0	112.5	75.1	88.3	24 831	1 307
CRP-Z-611	900	254.0	6.0	72.9	51.5	57.3	7 757	611
CRP-Z-1635	900	400.0	8.0	116.9	82.6	91.7	32 711	1 635
CRP-Z-1829	900	401.0	9.0	131.3	92.6	102.9	36 677	1 829
CRP-Z-2021	900	402.0	10.0	145.2	102.6	114.0	40 616	2 021

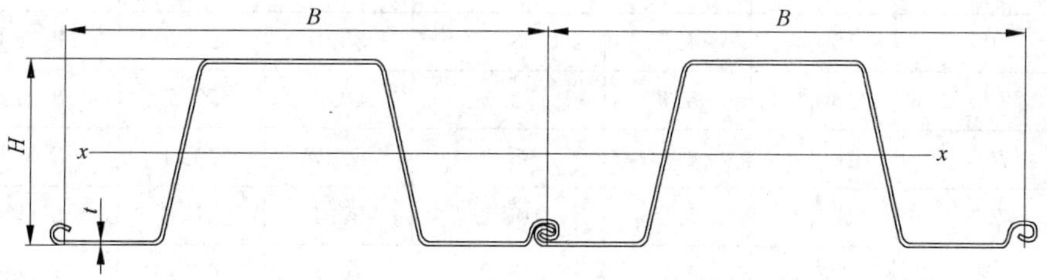

图 A.3　CRP-M 型冷弯钢板桩

表 A.3　CRP-M 型冷弯钢板桩特性参数

型号	公称宽度 B mm	高度 H mm	厚度 t mm	截面面积 S_a cm^2/m	重量 W kg		惯性矩 I_x cm^4/m	弹性截面模数 Z_x cm^3/m
				每延米	单根 kg/m	每延米 kg/m^2		
CRP-M-181	333	75.0	5.0	82.4	21.5	64.7	679	181
CRP-M-944	500	162.0	10.0	179.9	70.6	141.2	25 647	944
CRP-M-600	600	237.0	5.0	91.1	42.9	71.5	7 838	600
CRP-M-660	600	238.0	5.5	100.1	47.2	78.6	8 618	660
CRP-M-720	600	238.0	6.0	109.3	51.5	85.8	9 398	720
CRP-M-780	600	239.0	6.5	118.3	55.7	92.9	10 176	780

表 A.3（续）

型号	公称宽度 B mm	高度 H mm	厚度 t mm	截面面积 S_a cm^2/m	重量 W kg		惯性矩 I_x cm^4/m	弹性截面模数 Z_x cm^3/m
				每延米	单根 kg/m	每延米 kg/m^2		
CRP-M-830	600	239.0	7.0	127.3	60.0	100.0	10 954	830
CRP-M-890	600	240.0	7.5	136.5	64.3	107.1	11 732	890
CRP-M-950	600	240.0	8.0	145.5	68.6	114.3	12 508	950
CRP-M-630	650	237.0	5.0	87.9	44.9	69.0	7 837	630
CRP-M-690	650	238.0	5.5	96.8	49.3	75.9	8 618	690
CRP-M-750	650	238.0	6.0	105.5	53.8	82.8	9 398	750
CRP-M-810	650	239.0	6.5	114.2	58.3	89.7	10 179	810
CRP-M-870	650	239.0	7.0	122.9	62.8	96.5	10 958	870
CRP-M-930	650	240.0	7.5	131.7	67.2	103.4	11 738	930
CRP-M-990	650	240.0	8.0	140.5	71.7	110.3	12 517	990
CRP-M-145	700	100.0	3.0	39.0	21.4	30.6	724	145
CRP-M-223	700	150.0	3.0	41.7	22.9	32.7	1 674	223
CRP-M-329	700	150.0	4.5	63.7	35.0	50.0	2 469	329
CRP-M-442	700	180.0	5.0	73.5	40.4	57.7	3 979	442
CRP-M-566	700	180.0	6.5	95.9	52.7	75.3	5 094	566
CRP-M-606	700	180.0	7.0	103.9	57.1	81.6	5 458	606
CRP-M-650	700	237.0	5.0	85.2	46.8	66.9	7 789	650
CRP-M-720	700	238.0	5.5	93.7	51.5	73.6	8 566	720
CRP-M-780	700	238.0	6.0	102.3	56.2	80.2	9 344	780
CRP-M-840	700	239.0	6.5	110.7	60.8	86.9	10 120	840
CRP-M-900	700	239.0	7.0	119.1	65.5	93.6	10 896	900
CRP-M-960	700	240.0	7.5	127.7	70.2	100.2	11 673	960
CRP-M-1030	700	240.0	8.0	136.1	74.8	106.9	12 448	1 030
CRP-M-425	750	260.0	3.5	53.1	31.2	41.7	5 528	425
CRP-M-516	750	260.0	4.0	62.2	36.6	48.8	6 703	516
CRP-M-608	750	260.0	5.0	76.9	45.3	60.4	7 899	608
CRP-M-812	750	320.0	5.5	90.0	53.0	70.7	12 987	812
CRP-M-952	750	320.0	6.5	106.3	62.6	83.4	15 225	952
CRP-M-888	900	308.0	6.0	93.5	66.1	73.4	13 671	888
CRP-M-1033	900	309.0	7.0	109.2	77.2	85.7	15 955	1 033
CRP-M-1177	900	310.0	8.0	124.8	88.2	97.9	18 236	1 177

表 A.3（续）

型号	公称宽度 B mm	高度 H mm	厚度 t mm	截面面积 S_a cm^2/m	重量 W kg		惯性矩 I_x cm^4/m	弹性截面模数 Z_x cm^3/m
				每延米	单根 kg/m	每延米 kg/m^2		
CRP-M-1190	900	348.0	7.0	114.7	81.1	90.1	20 705	1 190
CRP-M-1356	900	349.0	8.0	131.3	92.7	103.0	23 667	1 356
CRP-M-1522	900	350.0	9.0	147.7	104.3	115.9	26 628	1 522
CRP-M-1685	900	351.0	10.0	164.1	115.9	128.8	29 564	1 685

ICS 77.120.99
H 65

中华人民共和国国家标准

GB/T 29655—2013

钕铁硼速凝薄片合金

Neodymium iron boron strip casting

2013-09-06 发布　　　　2014-05-01 实施

中华人民共和国国家质量监督检验检疫总局
中国国家标准化管理委员会　发布

前　言

本标准按照 GB/T 1.1—2009 给出的规则起草。

本标准由全国稀土标准化技术委员会(SAC/TC 229)归口。

本标准负责起草单位:北京有研稀土新材料股份有限公司。

本标准参加起草单位:赣州虔东稀土集团有限公司、北京中科三环高技术股份有限公司、赣州华京稀土新材料有限公司。

本标准主要起草人:李红卫、于敦波、李世鹏、彭海军、谢佳君、龚斌、蔡志双、黎绵付、胡伯平、赵玉刚、李炜、王仁芳、胡权霞。

钕铁硼速凝薄片合金

1 范围

本标准规定了钕铁硼速凝薄片合金的要求、试验方法、检验规则和标志、包装、运输、贮存及质量证明书。

本标准适用于烧结钕铁硼用速凝薄片合金。

2 规范性引用文件

下列文件对于本文件的应用是必不可少的。凡是注日期的引用文件,仅注日期的版本适用于本文件。凡是不注日期的引用文件,其最新版本(包括所有的修改单)适用于本文件。

GB/T 8170 数值修约规则与极限数值的表示和判定

XB/T 617 钕铁硼合金化学分析方法

3 术语和定义

下列术语和定义适用于本文件。

3.1

速凝薄片合金 strip casting

将熔融的稀土铁合金浇注到转动的冷却辊上,使熔体快速凝固制备成的金属带片。厚度在0.1 mm～0.8 mm之间,其断面微观组织为近似平行排列的柱状晶,柱状晶的宽度为0.2 μm～20 μm。

3.2

速凝薄片合金的贴辊面 the roller surface side of strip casting

速凝薄片合金在制备过程中,与金属轮表面相接触的表面。

3.3

速凝薄片合金的自由面 the free surface side of strip casting

速凝薄片合金在制备过程中,与贴辊面相对,并与气氛接触的表面。

4 要求

4.1 产品分类

钕铁硼速凝薄片合金产品按照主要化学成分控制精度、杂质含量、厚度和微观组织分为045001、045002、045003、045004四个牌号。

4.2 化学成分

钕铁硼速凝薄片合金产品中,有目的添加的各元素构成产品的主要化学成分,由于原料不纯或制备过程中环境带入的元素构成产品的杂质成分。产品主要化学成分包括(质量分数):27%～39%的稀土(如:钕、镨、铽、镝等)、0.8%～1.3%的硼、不超过10%的其他主要成分(如铜、钴、铝、锆、镓等),以及余量铁。如需方对产品成分有特殊要求,供需双方可另行协商。

4.3 主要化学成分控制精度

产品主要化学成分控制精度应符合表1的规定。

表 1

牌号		045001	045002	045003	045004
主要化学成分控制精度(质量分数)%	稀土	±0.20	±0.40	±0.60	±0.80
	硼	±0.02	±0.04	±0.06	±0.08
	其他主要成分	±0.02	±0.04	±0.06	±0.08

4.4 杂质含量

产品杂质含量应符合表2的规定。

表 2

<table>
<tr><td colspan="3">牌号</td><td>045001</td><td>045002</td><td>045003</td><td>045004</td></tr>
<tr><td rowspan="9">杂质含量(质量分数)不大于%</td><td colspan="2">稀土杂质</td><td>0.50</td><td>0.60</td><td>0.70</td><td>0.80</td></tr>
<tr><td rowspan="8">非稀土杂质</td><td>Si</td><td>0.05</td><td>0.08</td><td>0.10</td><td>0.12</td></tr>
<tr><td>Ca</td><td>0.02</td><td>0.03</td><td>0.04</td><td>0.05</td></tr>
<tr><td>Ti</td><td>0.02</td><td>0.03</td><td>0.04</td><td>0.05</td></tr>
<tr><td>Mn</td><td>0.05</td><td>0.06</td><td>0.07</td><td>0.09</td></tr>
<tr><td>C</td><td>0.025</td><td>0.030</td><td>0.040</td><td>0.050</td></tr>
<tr><td>N</td><td>0.004</td><td>0.005</td><td>0.006</td><td>0.010</td></tr>
<tr><td>O</td><td>0.02</td><td>0.03</td><td>0.04</td><td>0.05</td></tr>
<tr><td>其他杂质</td><td>0.01</td><td>0.02</td><td>0.03</td><td>0.05</td></tr>
</table>

4.5 厚度

钕铁硼速凝薄片合金的厚度分布在0.1 mm～0.8 mm,产品厚度应符合表3的规定。

表 3

牌号	045001	045002	045003	045004
($\mu\pm0.05$)的分布率	≥85%	≥80%	≥75%	≥70%
注:“μ”为产品的平均厚度,单位为毫米。				

4.6 微观组织

从垂直于速凝薄片合金的贴辊面和辊痕方向的截面观察,速凝薄片合金微观组织由近似平行排列的主相柱状晶和沿主相晶界分布的富稀土相组成;贴辊面一侧允许存在少量等轴晶,但柱状晶区不少于60%。产品微观组织应符合表4的规定。

表 4

牌号	045001	045002	045003	045004
微观组织	柱状晶比例≥90% 无 α-Fe	柱状晶比例≥80% 无 α-Fe	柱状晶比例≥70% 无 α-Fe	柱状晶比例≥60% 少量 α-Fe

4.7 外观

4.7.1 产品为铸态，断截面呈银灰色金属光泽，不规则片状。

4.7.2 产品的表面应平整光洁，贴辊面呈银灰色金属光泽，自由面呈银灰色或者灰暗色，两面均允许有轻微的异色和少量的麻点、气孔、斑疤、凹痕、辊痕等缺陷。

5 试验方法

5.1 化学成分分析

5.1.1 产品中化学成分的分析方法按 XB/T 617 的规定进行。

5.1.2 产品中对于 XB/T 617 没有涵盖或者供需双方没有约定的元素按供需双方协商进行。

5.2 厚度检验

产品厚度测量采用螺旋测微器或其他合适的仪器（精度不低于 0.01 mm）测量。随机抽取 N 片（$N \geqslant 100$）产品的样品，每片样品随机测量一个点的厚度，计算 N 片样品的平均厚度 μ。产品厚度均匀程度的检验标准是（$\mu \pm 0.05$）内的分布率。

5.3 微观组织检验

5.3.1 金相检验磨面应为沿产品试样的厚度方向断面。

5.3.2 试样经硝酸酒精溶液浸蚀后，在放大 40～500 倍的显微镜下进行整个磨面观察。

5.3.3 检验内容：柱状晶区的比例、柱状晶大小和有无 α-Fe 相。

5.3.4 柱状晶区比例的检验方法为：放大 200 倍，保证试样的上下边均在视场范围内，沿试样厚度方向划三条平行直线，分别测量各直线穿过柱状晶区的长度，计算该长度与直线和带片上下边交点间距离的比值，取三个比值的平均值作为柱状晶区在带片中所占比例值。

5.3.5 柱状晶平均宽度的检验方法为：放大 400 倍，观察铸片断面的中央部位，在视野的正中间沿垂直于试样的厚度方向划一条直线，与视场的边界交于两点，该线段的长度与晶粒个数的比值为柱状晶的平均宽度。

5.3.6 α-Fe 相的检验方法为：在扫描电子显微镜下采用背散射观察金相试样，放大 2 000 倍，观察整个视场，当发现有附在基体相上且颜色比基体相更深的相时，用能谱测试其成分，若不明相的铁的质量分数≥85%，则为 α-Fe 相。

5.4 外观检验

产品外观在自然光条件下用目视检查。

5.5 数值修约

检验相关数据的数值修约规则按 GB/T 8170 的规定进行。

6 检验规则

6.1 检查与验收

6.1.1 产品由供方质量检验部门进行检验，保证产品质量符合本标准规定，并填写产品质量证明书。

6.1.2 需方应对收到的产品按本标准的规定进行检验，如检验结果与本标准规定不符时，应在收到产品之日起3个月内向供方提出，由供需双方协商解决。如需仲裁，可委托双方认可的单位进行，并在需方共同取样。

6.2 组批

产品应成批检验，每批应由同一牌号的产品组成。

6.3 检验项目

每批产品应进行化学成分、厚度和微观组织的检验。

6.4 取样与制样

6.4.1 取样

仲裁取样数量按表5的规定进行。

表5

每炉重量/kg	≤500	>500
取样重量/kg	0.5	1

6.4.2 化学成分的检验

化学成分分析的仲裁取样方法为：从6.4.1所取的样品中取出100 g，将其破碎至尺寸小于1 mm的块，混合均匀，在混合好的样品中取10 g，取好的片状样品应迅速放入塑料袋中真空封装。

6.4.3 厚度的检验

带片厚度分析的仲裁取样方法为：从6.4.1所取的样品中任意取100片，每片样品随机选取一点测量厚度。

6.4.4 微观组织的检验

微观组织分析的仲裁取样方法为：从6.4.1所取的样品中任意取20片。

6.5 检验结果判定

化学成分、样品厚度和微观组织检验结果中有不合格项时，则从该批产品中取双倍试样对不合格项进行重复检验，如仍有不合格项，则判该批产品为不合格。

外观检验不合格，则直接判该批产品为不合格。

7 标志、包装、运输、贮存

7.1 标志、包装

产品装入包装袋内或铁桶中，充入惰性气体密封保存。如需方对包装有特殊要求，由供需双方协商解决。包装桶(袋)外应有明显标志，注明：

a) 供方名称；

b) 产品名称；

c) 牌号、批号、净重；

d) 出厂日期；

e) “防潮”标志或字样。

7.2 运输、贮存

产品应存放干燥处，不得露天放置。运输时严防受潮。

7.3 质量证明书

每批产品应附质量证明书，注明：

a) 供方名称；

b) 产品名称；

c) 牌号、批号、净重、件数；

d) 各项分析检验结果和供方质量检验部门印记；

e) 本标准编号；

f) 检验日期；

g) 出厂日期。

ICS 77.120.99
H 14

中华人民共和国国家标准

GB/T 29656—2013

镨钕镝合金化学分析方法

Chemical analysis methods for praseodymium neodymium dysprosium alloy

2013-09-06 发布

2014-05-01 实施

中华人民共和国国家质量监督检验检疫总局
中国国家标准化管理委员会 发布

前　言

本标准按照 GB/T 1.1—2009 给出的规则起草。

本标准由全国稀土标准化委员会(SAC/TC 229)归口。

本标准负责起草单位:包头稀土研究院、国家稀土产品质量监督检验中心。

本标准参加起草单位:赣州虔东稀土集团股份有限公司、北京有色金属研究总院、赣州有色冶金研究所、北京钢研纳克检测技术有限公司。

本标准主要起草人:周凯红、赵长玉、赵静、高励珍、于勇海、王安丽、崔爱端、姚南红、温斌、刘竹英、杜梅、王东杰、刘鹏宇、刘兵、邵荣珍、李玉梅、张术杰、吴文琪、蒋天怡、杨萍、陈云红。

镨钕镝合金化学分析方法

警告：使用本标准的人员应有正规实验室工作的实践经验。本标准并未指出所有可能的安全问题。使用者有责任采取适当的安全和健康措施，并保证符合国家有关法规规定的条件。

1 范围

本标准规定了镨钕镝合金中39种成分含量的测定方法。

本标准适用于镨钕镝合金中稀土总量、镨、钕、镝量、15个稀土元素配分量、12种稀土杂质量（镧、铈、钐、铕、钆、铽、钬、铒、铥、镱、镥、钇）、5种非稀土金属杂质量（铁、硅、铝、钙、镁）以及碳量、氧量和氯量的测定。

2 总则

2.1 当某成分有两个以上测定方法时，两种方法分析范围重叠的部分以方法二为仲裁分析方法。

2.2 除非另有说明，在分析中仅使用确认的分析纯试剂；所用水为蒸馏水或去离子水或相当纯度的水。

2.3 所用仪器均应在检定周期内，其性能应达到检定要求的技术参数指标。

3 稀土总量的测定——重量法

3.1 测定范围

稀土总量的测定范围为95.00%～99.50%。

3.2 原理

试料以盐酸溶解，冒烟脱硅后，用氨水沉淀稀土，分离钙、镁等。溶解沉淀后，用草酸沉淀稀土，将沉淀于900 ℃～950 ℃灼烧成氧化物，恒重，冷却后称量测定稀土总量。

3.3 试剂与材料

3.3.1 氯化铵。

3.3.2 盐酸（ρ=1.19 g/mL）。

3.3.3 盐酸（1+1）。

3.3.4 盐酸（2+98）。

3.3.5 过氧化氢（30%）。

3.3.6 硝酸（ρ=1.42 g/mL）。

3.3.7 高氯酸（ρ=1.67 g/mL）。

3.3.8 氨水（ρ=0.90 g/mL）。

3.3.9 氨水（1+1）。

3.3.10 氯化铵溶液（20 g/L）：2 g氯化铵（3.3.1）溶于100 mL水中[以氨水（3.3.9）调至pH值9～10]。

3.3.11 草酸溶液(100 g/L)。

3.3.12 间甲酚紫溶液(1 g/L,乙醇溶液)。

3.3.13 草酸溶液(20 g/L)。

3.3.14 pH 试纸(0.5～5.0)。

3.3.15 pH 试纸(0～14)。

3.4 仪器和用具

3.4.1 分析天平,感量 0.1 mg。

3.4.2 高温炉,950 ℃。

3.4.3 铂金坩埚,30 mL。

3.5 试样

将块状试样去掉表面氧化层,处理成屑状,取样后立即称量。

注:加工、处理试样时,确保试样清洁,防止污染。

3.6 分析步骤

3.6.1 试料

称取 4 g 试样(3.5),精确至 0.000 1 g。

3.6.2 测定数量

称取两份试料(3.6.1)进行平行测定,取其平均值。

3.6.3 测定

3.6.3.1 将试料(3.6.1)置于 300 mL 烧杯中,加入 15 mL 盐酸(3.3.3)和 2～3 滴过氧化氢(3.3.5)加热至溶解完全,冷却后移入 250 mL 容量瓶中,以水稀释至刻度,混匀。

3.6.3.2 移取试液(3.6.3.1)10 mL 于 300 mL 烧杯中,加入 20 mL 硝酸(3.3.6)和 5 mL 高氯酸(3.3.7),盖上表面皿,冒烟至近干,加入 5 mL 盐酸(3.3.2)加热溶解盐类,并用少量水冲洗表面皿及杯壁,用中速滤纸过滤,以热的盐酸(3.3.4)洗烧杯 2～3 次,洗沉淀 7～8 次,在滤液中加入 2 g 氯化铵(3.3.1),用氨水(3.3.9)调出少量沉淀后,过量 20 mL[此时 pH 值约 9～10(以 pH 试纸(3.3.15)检验)],加 1 mL 过氧化氢(3.3.5),加热煮沸,取下,使 pH 值始终保持在约 9～10 之间[以 pH 试纸(3.3.15)检验]。趁热用中速滤纸过滤,用热的氯化铵溶液(3.3.10)洗烧杯 2～3 次,洗沉淀 7～8 次,将滤纸取下放回原烧杯。

3.6.3.3 于上述烧杯(3.6.3.2)中加入 20 mL 盐酸(3.3.3)、2 mL 过氧化氢(3.3.5)将滤纸破坏成纸浆,加热水至 120 mL,加入 20 mL 热的草酸溶液(3.3.11),加入 2～3 滴间甲酚紫溶液(3.3.12)使溶液呈红色,以氨水(3.3.9)调至溶液变为橙黄色[以 pH 试纸(3.3.14)检验 pH 值 1.5～2.0 之间],于 80 ℃～90 ℃保温 40 min,或冷却至室温,放置 2 h,以慢速滤纸过滤,用草酸溶液(3.3.13)洗烧杯 2～3 次,洗沉淀 7～8 次,取出沉淀放入预先已恒重的铂金坩埚中灰化,于 900 ℃～950 ℃高温炉中灼烧 40 min,取出置于干燥器中,冷却至室温称量,重复此操作至恒重,计算结果。

3.7 分析结果的计算与表述

按式(1)计算试料中稀土总量的质量分数 w(%):

$$w=\frac{(m_1-m_0)V_0M}{mVM_0}\times 100\% \qquad (1)$$

式中：

m_1——空铂金坩锅和沉淀氧化物的质量，单位为克(g)；

m_0——空铂金坩锅的质量，单位为克(g)；

V_0——原试液总体积，单位为毫升(mL)；

M——镨钕镝合金的相对平均分子质量；

m——试料的质量，单位为克(g)；

V——移取试液体积，单位为毫升(mL)；

M_0——镨钕镝氧化物的相对平均分子质量。

3.8 精密度

3.8.1 重复性

在重复性条件下获得的两次独立测试结果的测定值，在以下给出的平均值范围内，这两个测试结果的绝对差值不超过重复性限(r)，超过重复性限(r)的情况不超过5%，重复性限(r)按表1数据采用线性内插法求得。

表1

稀土总量质量分数/%	重复性限(r)/%
96.07	0.54
97.22	0.68
97.88	0.68
99.06	0.70
注：重复性限(r)为2.8×Sr，Sr为重复性标准差。	

3.8.2 允许差

实验室之间分析结果的差值应不大于表2所列允许差。

表2

稀土总量质量分数/%	允许差/%
95.00～99.50	0.80

3.9 质量保证和控制

每周用自制的控制标样(如有国家级或行业级标样时，应首先使用)校核一次本标准分析方法的有效性。当过程失控时，应找出原因，纠正错误，重新进行校核。

4 镨、钕、镝量的测定——电感耦合等离子体原子发射光谱法

4.1 测定范围

镨、钕、镝稀土分量的测定范围：镨为15.00%～25.00%；钕为65.00%～85.00%；镝为1.00%～10.00%。

4.2 原理

试样以硝酸溶解，以电感耦合等离子体原子发射光谱仪进行测定。将其他稀土杂质减去后用归一的方法得出各元素含量。

4.3 试剂与材料

4.3.1 硝酸(ρ=1.42 g/mL，优级纯)。

4.3.2 镨标准贮存溶液：称取0.120 8 g经950 ℃灼烧1 h的氧化镨[w(REO)>99.5%，$w(Pr_6O_{11}/REO)$>99.99%]置于100 mL烧杯中，加入10 mL硝酸(4.3.1)，低温加热至溶解完全，取下冷却后移入100 mL容量瓶中，以水稀释至刻度，混匀。此溶液1 mL含1 mg镨。

4.3.3 钕标准贮存溶液：称取0.116 6 g经950 ℃灼烧1 h的氧化钕[w(REO)>99.5%，$w(Nd_2O_3/REO)$>99.99%]置于100 mL烧杯中，加入10 mL硝酸(4.3.1)，低温加热至溶解完全，取下冷却后移入100 mL容量瓶中，以水稀释至刻度，混匀。此溶液1 mL含1 mg钕。

4.3.4 镝标准贮存溶液：称取0.114 8 g经950 ℃灼烧1 h的氧化镝[w(REO)>99.5%，$w(Dy_2O_{31}/REO)$>99.99%]置于100 mL烧杯中，加入10 mL硝酸(4.3.1)，低温加热至溶解完全，取下冷却后移入100 mL容量瓶中，以水稀释至刻度，混匀。此溶液1 mL含1 mg镝。

4.3.5 镨标准溶液：移取镨标准贮存溶液(4.3.2)10.00 mL于100 mL容量瓶中，加入2 mL硝酸(4.3.1)，以水稀释至刻度，混匀。此溶液1 mL含100 μg镨。

4.3.6 镝标准溶液：移取5.00 mL镝标准贮存溶液(4.3.4)于100 mL容量瓶中，加入2 mL硝酸(4.3.1)，以水稀释至刻度，混匀。此溶液1 mL含50 μg镝。

4.3.7 氩气(纯度>99.99%)。

4.4 仪器及主要参数

4.4.1 仪器：电感耦合等离子体原子发射光谱仪。

4.4.2 主要参数：RF功率为1.2 kW；冷却气流量为14 L/min；辅助气流量为1.2 L/min；载气流量为0.7 L/min；观测高度为11 mm。

4.5 试样

将块状试样去掉表面氧化层，处理成屑状，取样后立即称量。

注：加工、处理试样时，确保试样清洁，防止污染。

4.6 分析步骤

4.6.1 试料

称取0.2 g试样(4.5)，精确到0.000 1 g。

4.6.2 测定数量

称取两份试料(4.6.1)进行平行测定，取其平均值。

4.6.3 空白试验

随同试料做空白试验。

4.6.4 测定

4.6.4.1 分析试液的制备

4.6.4.1.1 将试料(4.6.1)置于100 mL烧杯中，加10 mL水，5 mL硝酸(4.3.1)，低温加热至溶解完

全，取下冷却后移入 100 mL 容量瓶中，以水稀释至刻度，混匀。

4.6.4.1.2 移取 2 mL 溶液(4.6.4.1.1)于 100 mL 容量瓶中，加入 2 mL 硝酸(4.3.1)，以水稀释至刻度，混匀。

4.6.4.2 系列标准溶液的配制

在 3 个 100 mL 容量瓶中，分别加入 8.00 mL、12.00 mL、15.00 mL 的镨标准贮存溶液(4.3.5)，2.50 mL、3.50 mL、4.50 mL 的钕标准贮存溶液(4.3.3)以及 1.00 mL、4.00 mL、10.00 mL 的镝标准溶液(4.3.6)，配制成系列标准溶液，系列标准溶液浓度见表 3。

表 3

元素	Pr	Nd	Dy
标准 1/(μg/mL)	8.00	25.00	0.50
标准 2/(μg/mL)	12.00	35.00	2.00
标准 3/(μg/mL)	15.00	45.00	5.00

4.6.4.3 测定

4.6.4.3.1 推荐分析线见表 4。

表 4

元素	Pr	Nd	Dy
波长/ nm	410.072	430.357	353.171

4.6.4.3.2 将分析试液(4.6.4.1.2)与系列标准溶液(4.6.4.2)同时进行测定。

4.7 分析结果的计算与表述

按式(2)计算待测稀土元素的质量分数 w(%)：

$$w=\frac{(\rho_1-\rho_0)(100-w_1)}{\sum\rho_i}\times 100\% \quad\cdots\cdots(2)$$

式中：

ρ_1 ——分析试液(4.6.4.1.2)中待测元素的质量浓度，单位为微克每毫升(μg/mL)；

ρ_0 ——空白溶液(4.6.3)中待测元素的质量浓度，单位为微克每毫升(μg/mL)；

w_1 ——第 6 章测定的稀土杂质含量的质量分数，%；

$\sum\rho_i$——分析试液(4.6.4.1.2)中各待测元素的质量浓度之和，单位为微克每毫升(μg/mL)。

4.8 精密度

4.8.1 重复性

在重复性条件下获得的两次独立测试结果的测定值，在以下给出的平均值范围内，这两个测试结果的绝对差值不超过重复性限(r)，超过重复性限(r)的情况不超过 5%，重复性限(r)按表 5 数据采用线性内插法求得。

表 5

元素	稀土分量/%	重复性限(r)/%
镨	22.37	0.46
	24.15	0.32
钕	69.74	0.67
	71.52	0.56
	74.18	0.40
镝	1.62	0.15
	6.03	0.44
	8.25	0.23
注：重复性限(r)为 2.8×Sr,Sr 为重复性标准差。		

4.8.2 **允许差**

实验室之间分析结果的差值应不大于表 6 所列允许差。

表 6

元素	稀土分量/%	允许差/%
镨	15.00～20.00	0.50
	>20.00～25.00	0.60
钕	65.00～70.00	0.70
	>70.00～75.00	0.80
	>75.00～85.00	0.90
镝	1.00～5.00	0.30
	>5.00～10.00	0.50

4.9 质量保证和控制

每周用自制的控制标样(如有国家级或行业级标样时,应首先使用)校核一次本标准分析方法的有效性。当过程失控时,应找出原因,纠正错误,重新进行校核。

5 15 个稀土元素配分量的测定——X 射线荧光光谱法

5.1 测定范围

15 个稀土元素配分量的测定范围为镨 10.00%～30.00%,钕 70.00%～90.00%,镝 0.00%～15.00%,其他稀土元素 0.050%～1.00%。

5.2 原理

试料经盐酸溶解并蒸至近干,加入钒内标溶液,制成滤纸片薄样,按分析条件测量待测元素分析特征线和内标元素特征线的X-射线荧光强度的比值。根据该比值与待测元素含量之间的线性关系，选择相应的数学模型，计算出待测元素的相对含量。

5.3 试剂和材料

5.3.1 氧化镧[w(REO)>99.5%，w(La_2O_3/REO)>99.99%]。
5.3.2 氧化铈[w(REO)>99.5%，w(CeO_2/REO)>99.99%]。
5.3.3 氧化镨[w(REO)>99.5%，w(Pr_6O_{11}/REO)>99.99%]。
5.3.4 氧化钕[w(REO)>99.5%，w(Nd_2O_3/REO)>99.99%]。
5.3.5 氧化钐[w(REO)>99.5%，w(Sm_2O_3/REO)>99.99%]。
5.3.6 氧化铕[w(REO)>99.5%，w(Eu_2O_3/REO)>99.99%]。
5.3.7 氧化钆[w(REO)>99.5%，w(Gd_2O_3/REO)>99.99%]。
5.3.8 氧化铽[w(REO)>99.5%，w(Tb_4O_7/REO)>99.99%]。
5.3.9 氧化镝[w(REO)>99.5%，w(Dy_2O_3/REO)>99.99%]。
5.3.10 氧化钬[w(REO)>99.5%，w(Ho_2O_3/REO)>99.99%]。
5.3.11 氧化铒[w(REO)>99.5%，w(Er_2O_3/REO)>99.99%]。
5.3.12 氧化铥[w(REO)>99.5%，w(Tm_2O_3/REO)>99.99%]。
5.3.13 氧化镱[w(REO)>99.5%，w(Yb_2O_3/REO)>99.99%]。
5.3.14 氧化镥[w(REO)>99.5%，w(Lu_2O_{37}/REO)>99.99%]。
5.3.15 氧化钇[w(REO)>99.5%，w(Y_2O_3/REO)>99.99%]。
5.3.16 五氧化二钒(光谱纯)。
5.3.17 过氧化氢(30%)。
5.3.18 盐酸(1+1)。
5.3.19 硝酸(1+1)。
5.3.20 混合稀土标准贮存溶液Ⅰ：分别称取除氧化铈以外的经950 ℃灼烧1 h的稀土氧化物(5.3.1、5.3.3～5.3.15)各1 g(精确至0.000 1 g)，置于200 mL烧杯中，用水湿润，加入30 mL盐酸(5.3.18)，低温加热至溶解完全[可滴加过氧化氢(5.3.17)助溶]，冷却至室温后移入1 000 mL容量瓶中；称取1 g(精确至0.000 1 g)经950 ℃灼烧1 h的氧化铈(5.3.2)，置于100 mL烧杯中，加20 mL硝酸(5.3.19)并滴加过氧化氢(5.3.17)低温加热至溶解完全，蒸干、加入10 mL盐酸(5.3.18)溶解盐类至清亮，冷却至室温后移入上述装有混合标准溶液的1 000 mL容量瓶中，以水稀释至刻度，混匀。此溶液1 mL含氧化镧、氧化铈、氧化镨、氧化钕、氧化钐、氧化铕、氧化钆、氧化铽、氧化镝、氧化钬、氧化铒、氧化铥、氧化镱、氧化镥、氧化钇各10 mg。
5.3.21 混合稀土标准溶液Ⅱ：移取10.00 mL混合稀土标准溶液Ⅰ于100 mL容量瓶中，加入5 mL盐酸(5.3.18)，以水稀释至刻度，混匀。此溶液1 mL含氧化镧、氧化铈、氧化镨、氧化钕、氧化钐、氧化铕、氧化钆、氧化铽、氧化镝、氧化钬、氧化铒、氧化铥、氧化镱、氧化镥、氧化钇各100 μg。
5.3.22 五氧化二钒内标溶液：称取0.600 g五氧化二钒(5.3.16)，置于250 mL烧杯中，加入20 mL盐酸(5.3.18)，低温加热至溶解完全，冷却后移入100 mL容量瓶中，以水稀释至刻度，混匀。此溶液1 mL含6 mg五氧化二钒。
5.3.23 滤纸片(ϕ35 mm)：滤纸用模具冲压成。

5.4 仪器

5.4.1 X射线荧光光谱仪：X光管，最大功率≥3 kW。
5.4.2 LiF200晶体。

5.5 试样

将块状试样去掉表面氧化层，处理成屑状，取样后立即称量。

注：加工、处理试样时，确保试样清洁，防止污染。

5.6 分析步骤

5.6.1 试料

准确称取 0.43 g 试样(5.5)，精确至 0.000 1 g。

5.6.2 测定数量

称取两份试料(5.6.1)，进行平行测定，取其平均值。

5.6.3 测定

5.6.3.1 分析样片的制备：将试料(5.6.1)置于 100 mL 烧杯中，加少许水湿润后，加入 5 mL 盐酸(5.3.18)，低温加热溶解至完全，蒸至近干，冷却至室温后准确加入 5.00 mL 五氧化二钒内标溶液(5.3.22)，溶解清亮，摇匀，用微量移液管吸取 0.30 mL 溶液均匀滴在平铺于玻璃板上的滤纸上，放置 20 min，在红外线灯下烘干待测。每份试样制备 2 片样片。

5.6.3.2 标准样片的制备：按表 7 称取经 950 ℃灼烧 1 h 后，置于干燥器中冷却至室温的氧化镨(5.3.3)、氧化钕(5.3.4)、氧化镝(5.3.9)于一系列 100 mL 烧杯中，加入 5 mL 盐酸(5.3.18)，低温加热至溶解完全，按表 7 准确移取混合标准溶液(5.3.21)于对应的烧杯中，低温蒸干，冷却后准确加入 5.00 mL 五氧化二钒内标溶液(5.3.22)，溶解清亮，摇匀。溶液中稀土浓度为 100 mg/mL，标准系列的配分值见表 8。按(5.6.3.1)操作制备标准样片。

表 7

标准序号	1	2	3	4	5	6	7	8
称取 Pr_6O_{11}/ mg	0	100.00	100.00	100.00	5.00	50.00	80.00	125.00
称取 Nd_2O_3/ mg	499.25	392.50	317.5	377.50	477.50	300.00	395.00	345.00
称取 Dy_2O_3/ mg	0	0	75	0	10	75.00	25.00	30.00
滴加标准溶液(5.3.21)/mL	0.5	5	5	15	25	50	0	0

表 8

编号	稀土氧化物配分量/%														
	Y_2O_3	La_2O_3	CeO_2	Pr_6O_{11}	Nd_2O_3	Sm_2O_3	Eu_2O_3	Gd_2O_3	Tb_4O_7	Dy_2O_3	Ho_2O_3	Er_2O_3	Tm_2O_3	Yb_2O_3	Lu_2O_3
1	0.010	0.010	0.010	0.010	99.86	0.010	0.010	0.010	0.010	0.010	0.010	0.010	0.010	0.010	0.010
2	0.10	0.10	0.10	20.10	78.60	0.10	0.10	0.10	0.10	0.10	0.10	0.10	0.10	0.10	0.10
3	0.10	0.10	0.10	20.10	63.60	0.10	0.10	0.10	0.10	15.10	0.10	0.10	0.10	0.10	0.10
4	0.30	0.30	0.30	20.30	75.80	0.30	0.30	0.30	0.30	0.30	0.30	0.30	0.30	0.30	0.30
5	0.50	0.50	0.50	1.50	90.00	0.50	0.50	0.50	0.50	2.50	0.50	0.50	0.50	0.50	0.50
6	1.00	1.00	1.00	11.00	61.00	1.00	1.00	1.00	1.00	16.00	1.00	1.00	1.00	1.00	1.00
7	0	0	0	16.00	79.00	0	0	0	0	5.00	0	0	0	0	0
8	0	0	0	25.00	69.00	0	0	0	0	6.00	0	0	0	0	0

5.6.3.3 分析条件

将分析样片与标准样片按仪器最佳条件进行检测，测定条件见表 9。

表 9

元素	La	Ce	Pr	Nd	Sm	Eu	Gd	Tb
分析线	$L_{\alpha1}$	$L_{\alpha1}$	$L_{\beta1}$	$L_{\alpha1}$	$L_{\beta1}$	$L_{\alpha1}$	$L_{\beta1}$	$L_{\alpha1}$
2θ/(°)	82.92	79.00	68.24	72.16	59.48	63.55	54.59	58.79
测量时间/s	20	20	20	20	20	20	20	20
元素	Dy	Ho	Er	Tm	Yb	Lu	Y	V
分析线	$L_{\alpha1}$	$L_{\beta1}$	$L_{\beta1}$	$L_{\beta1}$	$L_{\alpha1}$	$L_{\beta1}$	$K_{\alpha1}$	$K_{\alpha1}$
2θ/(°)	56.62	48.30	46.43	44.67	49.06	41.39	23.77	76.93
测量时间/s	20	20	20	20	20	20	20	20

5.6.4 测定

5.7 分析结果的计算与表述

5.7.1 按式(3)计算归一化后待测元素的氧化物的配分量 w(%)：

$$w=\frac{m_i}{\sum m_i}\times 100\% \qquad (3)$$

式中：

m_i ——待测元素的氧化物含量，单位为毫克(mg)；

$\sum m_i$——稀土元素的氧化物含量之和，单位为毫克(mg)。

5.7.2 按式(4)计算归一化后待测元素单质的配分量 w(%)：

$$w=\frac{k_i w_i}{\sum(k_i w_i)}\times 100\% \qquad (4)$$

式中：

k_i ——各元素单质与其氧化物的换算系数；见表 10；

w_i ——待测元素的氧化物含量，%；

$\sum(k_i w_i)$ ——稀土元素的单质含量之和，%。

表 10

元　　素	k_i	元　　素	k_i
La	0.852 7	Dy	0.871 3
Ce	0.814 1	Ho	0.873 0
Pr	0.827 7	Er	0.874 5
Nd	0.857 4	Tm	0.875 6
Sm	0.826 4	Yb	0.878 2
Eu	0.863 6	Lu	0.879 4
Gd	0.867 6	Y	0.787 4
Tb	0.850 2	—	—

5.8 精密度

5.8.1 重复性

在重复性条件下获得的两次独立测试结果的测定值，在以下给出的平均值范围内，这两个测试结果的绝对差值不超过重复性限(r)，超过重复性限(r)的情况不超过5%，重复性限(r)按表11数据采用线性内插法求得。

表 11

元素名称	配分量/%	重复性限(r)/%
Pr	21.99	0.10
	22.49	0.11
	23.77	0.14
Nd	69.58	0.10
	71.42	0.10
	74.53	0.14
Dy	1.55	0.10
	5.94	0.10
	8.27	0.20
Y、La、Ce、Sm、Eu、Gd、Tb、Ho、Er、Tm、Yb、Lu	0.05	0.05
	1.0	0.1
注：重复性限(r)为2.8×Sr，Sr为重复性标准差。		

5.8.2 允许差

实验室间分析结果的差值应不大于表12所列的允许差。

表 12

元素	配分量/%	允许差/%
镨	10.00～30.00	0.30
钕	70.00～90.00	0.50
镝	0.00～5.00	0.20
	>5.00～15.00	0.30
钇、镧、铈、钐、铕、钆、铽、钬、铒、铥、镱、镥	0.05～0.20	0.02
	>0.20～1.00	0.05

5.9 质量控制和保证

每周用自制的控制标样(如有国家级或行业级标样时，应首先使用)校核一次本标准分析方法的有效性。当过程失控时，应找出原因，纠正错误，重新进行校核。

6 稀土杂质量的测定——电感耦合等离子体原子发射光谱法[(镧、铈、钐、铕、钆、铽、钬、铒、铥、镱、镥和钇量)(方法一)]和电感耦合等离子体质谱法[(镧、铈、钐、铕、钆、铒、铥、镱、镥和钇量)(方法二)]

6.1 方法一:电感耦合等离子体原子发射光谱法

6.1.1 测定范围

镧、铈、钐、铕、钆、铽、钬、铒、铥、镱、镥和钇量的测定。测定范围:0.050%～0.20%。

6.1.2 原理

试料以硝酸溶解,在稀硝酸介质中,直接以氩等离子体光源激发,进行光谱测定,以基体匹配法校正基体对测定的影响。

6.1.3 试剂

6.1.3.1 硝酸(ρ=1.42 g/mL)。

6.1.3.2 硝酸(1+1)。

6.1.3.3 过氧化氢(30%)。

6.1.3.4 镨基体溶液:称取 0.483 3 g 经 950 ℃灼烧 1 h 的氧化镨[w(REO)>99.5%,w(Pr_6O_{11}/REO)>99.99%]置于 250 mL 烧杯中,加 10 mL 硝酸(6.1.3.2),低温加热至溶解完全,冷却至室温后移入 100 mL 容量瓶中,以水稀释至刻度,混匀。此溶液 1 mL 含 4 mg 镨。

6.1.3.5 钕基体溶液:称取 1.286 1 g 经 950 ℃灼烧 1 h 的氧化钕[w(REO)>99.5%,w(Nd_2O_3/REO)>99.99%]置于 250 mL 烧杯中,加 30 mL 硝酸(6.1.3.2),低温加热至溶解完全,冷却至室温后移入 100 mL 容量瓶中,以水稀释至刻度,混匀。此溶液 1 mL 含 15 mg 钕。

6.1.3.6 镝基体溶液:称取 0.114 8 g 经 950 ℃灼烧 1 h 的氧化镝[w(REO)>99.5%,w(Dy_2O_3/REO)>99.99%]置于 250 mL 烧杯中,加 10 mL 硝酸(6.1.3.2),低温加热至溶解完全,冷却至室温后移入 100 mL 容量瓶中,以水稀释至刻度,混匀。此溶液 1 mL 含 1 mg 镝。

6.1.3.7 镧标准溶液:称取 0.117 3 g 经 950 ℃灼烧 1 h 的氧化镧[w(REO)>99.5%,w(La_2O_3/REO)>99.99%]置于 100 mL 烧杯中,加 10 mL 硝酸(6.1.3.2),低温加热至溶解完全,冷却至室温后移入 100 mL 容量瓶中,以水稀释至刻度,混匀。此溶液 1 mL 含 1 mg 镧。再将此溶液稀释成 1 mL 含 50 μg 镧的标准溶液。

6.1.3.8 铈标准溶液:称取 0.122 8 g 经 950 ℃灼烧 1 h 的氧化铈[w(REO)>99.5%,w(CeO_2/REO)>99.99%]置于 100 mL 烧杯中,加 10 mL 硝酸(6.1.3.2),低温加热,并滴加过氧化氢(6.1.3.3)至溶解完全,冷却至室温后移入 100 mL 容量瓶中,以水稀释至刻度,混匀。此溶液 1 mL 含 1 mg 铈。再将此溶液稀释成 1 mL 含 50 μg 铈的标准溶液。

6.1.3.9 钐标准溶液:称取 0.116 0 g 经 950 ℃灼烧 1 h 的氧化钐[w(REO)>99.5%,w(Sm_2O_3/REO)>99.99%]置于 100 mL 烧杯中,加 10 mL 硝酸(6.1.3.2),低温加热至溶解完全,冷却至室温后移入 100 mL 容量瓶中,以水稀释至刻度,混匀。此溶液 1 mL 含 1 mg 钐。再将此溶液稀释成 1 mL 含 50 μg 钐的标准溶液。

6.1.3.10 铕标准溶液:称取 0.115 8 g 经 950 ℃灼烧 1 h 的氧化铕[w(REO)>99.5%,w(Eu_2O_3/REO)>99.999%]置于 100 mL 烧杯中,加 10 mL 硝酸(6.1.3.2),低温加热至溶解完全,冷却至室温后移入 100 mL 容量瓶中,以水稀释至刻度,混匀。此溶液 1 mL 含 1 mg 铕。再将此溶液稀释成 1 mL 含 50 μg 铕的标准溶液。

6.1.3.11 钆标准溶液:称取 0.115 3 g 经 950 ℃灼烧 1 h 的氧化钆[w(REO)>99.5%,w(Gd_2O_3/REO)>99.999%]置于 100 mL 烧杯中,加 10 mL 硝酸(6.1.3.2),低温加热至溶解完全,冷却至室温

后移入100 mL容量瓶中，以水稀释至刻度，混匀。此溶液1 mL含1 mg钆。再将此溶液稀释成1 mL含50 μg钆的标准溶液。

6.1.3.12 铽标准溶液：称取0.117 6 g经950 ℃灼烧1 h的氧化铽[w(REO)>99.5%，w(Tb_4O_7/REO)>99.999%]置于100 mL烧杯中，加10 mL硝酸(6.1.3.2)，低温加热，并滴加过氧化氢(6.1.3.3)至溶解完全，冷却至室温后移入100 mL容量瓶中，以水稀释至刻度，混匀。此溶液1 mL含1 mg铽。再将此溶液稀释成1 mL含50 μg铽的标准溶液。

6.1.3.13 钬标准溶液：称取0.114 5 g经950 ℃灼烧1 h的氧化钬[w(REO)>99.5%，w(Ho_2O_3/REO)>99.999%]置于100 mL烧杯中，加10 mL硝酸(6.1.3.2)，低温加热至溶解完全，冷却至室温后移入100 mL容量瓶中，以水稀释至刻度，混匀。此溶液1 mL含1 mg钬。再将此溶液稀释成1 mL含50 μg钬的标准溶液。

6.1.3.14 铒标准溶液：称取0.114 4 g经950 ℃灼烧1 h的氧化铒[w(REO)>99.5%，w(Er_2O_3/REO)>99.999%]置于100 mL烧杯中，加10 mL硝酸(6.1.3.2)，低温加热至溶解完全，冷却至室温后移入100 mL容量瓶中，以水稀释至刻度，混匀。此溶液1 mL含1 mg铒。再将此溶液稀释成1 mL含50 μg铒的标准溶液。

6.1.3.15 铥标准溶液：称取0.114 2 g经950 ℃灼烧1 h的氧化铥[w(REO)>99.5%，w(Tm_2O_3/REO)>99.999%]置于100 mL烧杯中，加10 mL硝酸(6.1.3.2)，低温加热至溶解完全，冷却至室温后移入100 mL容量瓶中，以水稀释至刻度，混匀。此溶液1 mL含1 mg铥。再将此溶液稀释成1 mL含50 μg铥的标准溶液。

6.1.3.16 镱标准溶液：称取0.114 1 g经950 ℃灼烧1 h的氧化镱[w(REO)>99.5%，w(Yb_2O_3/REO)>99.999%]置于100 mL烧杯中，加10 mL硝酸(6.1.3.2)，低温加热，并滴加过氧化氢(6.1.3.3)至溶解完全，冷却至室温后移入100 mL容量瓶中，以水稀释至刻度，混匀。此溶液1 mL含1 mg镱。再将此溶液稀释成1 mL含50 μg镱的标准溶液。

6.1.3.17 镥标准溶液：称取0.113 7 g经950 ℃灼烧1 h的氧化镥[w(REO)>99.5%，w(Lu_2O_3/REO)>99.999%]置于100 mL烧杯中，加10 mL硝酸(6.1.3.2)，低温加热至溶解完全，冷却至室温后移入100 mL容量瓶中，以水稀释至刻度，混匀。此溶液1 mL含1 mg镥。再将此溶液稀释成1 mL含50 μg镥的标准溶液。

6.1.3.18 钇标准溶液：称取0.127 0 g经950 ℃灼烧1 h的氧化钇[w(REO)>99.5%，w(Y_2O_3/REO)>99.999%]置于100 mL烧杯中，加10 mL硝酸(6.1.3.2)，低温加热，并滴加过氧化氢(6.1.3.3)至溶解完全，冷却至室温后移入100 mL容量瓶中，以水稀释至刻度，混匀。此溶液1 mL含1 mg钇。再将此溶液稀释成1 mL含50 μg钇的标准溶液。

6.1.3.19 氩气（纯度≥99.99%）。

6.1.4 仪器

6.1.4.1 电感耦合等离子体原子发射光谱仪，倒数线色散率不大于0.26 nm/mm(一级光谱)。

6.1.4.2 氩等离子体光源。

6.1.5 试样

将块状试样去掉表面氧化层，处理成屑状，取样后立即称量。

注：加工、处理试样时，确保试样清洁，防止污染。

6.1.6 分析步骤

6.1.6.1 试料

称取2 g试样(6.1.5)，精确至0.000 1 g。

6.1.6.2 测定数量

称取两份试料(6.1.6.1)进行平行测定,取其平均值。

6.1.6.3 空白试验

随同试料做空白试验。

6.1.6.4 分析试液的制备

将试料(6.1.6.1)置于 300 mL 烧杯中,加入 20 mL 硝酸(6.1.3.2),低温加热至溶解完全,冷却至室温,移入 100 mL 容量瓶中,以水稀释至刻度,混匀。再将此溶液稀释 10 倍。待用。

6.1.6.5 系列标准溶液的配制

将镨基体溶液(6.1.3.4)、钕基体溶液(6.1.3.5)、镝基体溶液(6.1.3.6)和各稀土标准溶液(6.1.3.7～6.1.3.18)按表 13 分别移入 4 个 100 mL 容量瓶中,并加入 5 mL 硝酸(6.1.3.2),以水稀释至刻度,混匀,制得系列标准溶液。

表 13

标液标号	各稀土质量浓度/(μg/mL)							
	镨	钕	镝	镧	铈	钐	铕	钆
1	400	1 500	100	0.00	0.00	0.00	0.00	0.00
2	400	1 500	100	1.00	1.00	1.00	1.00	1.00
3	400	1 500	100	2.00	2.00	2.00	2.00	2.00
4	400	1 500	100	10.00	10.00	10.00	10.00	10.00
标液标号	各稀土质量浓度/(μg/mL)							
	铽	钬	铒	铥	镱	镥	钇	/
1	0.00	0.00	0.00	0.00	0.00	0.00	0.00	/
2	1.00	1.00	1.00	1.00	1.00	1.00	1.00	/
3	2.00	2.00	2.00	2.00	2.00	2.00	2.00	/
4	10.00	10.00	10.00	10.00	10.00	10.00	10.00	/

6.1.6.6 测定

6.1.6.6.1 推荐分析线见表 14。

表 14

元素	分析线/ nm	元素	分析线/ nm
La	333.749	Ho	341.646
Ce	413.380,446.021	Er	337.275,369.265
Sm	442.434	Tm	313.126,384.802
Eu	272.778,412.970	Yb	328.937,369.420
Gd	310.051	Lu	261.542
Tb	350.917,332.440	Y	371.029

6.1.6.6.2 将空白试液溶液(6.1.6.3)、分析试液(6.1.6.4)与系列标准溶液(6.1.6.5)同时进行氩等离子体光谱测定。

6.1.7 分析结果的计算与表述

按式(5)计算待测元素的质量分数 w(%)：

$$w=\frac{\rho V_0 \times 10 \times 10^{-6}}{m_0} \times 100\% \qquad \cdots\cdots(5)$$

式中：

ρ ——自工作曲线上查得被测元素的质量浓度，单位为微克每毫升(μg/mL)；

V_0——试液总体积，单位为毫升(mL)；

10——试液的稀释倍数；

m_0——试料的质量，单位为克(g)。

6.1.8 精密度

6.1.8.1 重复性

在重复性条件下获得的两次独立测试结果的测定值，在以下给出的平均值范围内，这两个测试结果的绝对差值不超过重复性限(r)，超过重复性限(r)的情况不超过5%。重复性限(r)按表15数据采用线性内插法求得。

表 15

测定元素	质量分数/%	重复性限 r/%	测定元素	质量分数/%	重复性限 r/%
镧	0.057	0.0010	钬	0.059	0.012
	0.108	0.012		0.110	0.012
	0.211	0.011		0.211	0.023
铈	0.082	0.023	铒	0.056	0.007
	0.139	0.023		0.108	0.014
	0.233	0.019		0.206	0.014
钐	0.057	0.006	铥	0.055	0.005
	0.109	0.015		0.107	0.008
	0.207	0.015		0.208	0.011
铕	0.052	0.006	镱	0.053	0.004
	0.103	0.012		0.104	0.008
	0.208	0.016		0.205	0.013
钆	0.054	0.007	镥	0.052	0.004
	0.104	0.008		0.103	0.007
	0.209	0.013		0.208	0.013
铽	0.066	0.025	钇	0.051	0.004
	0.116	0.025		0.103	0.009
	0.218	0.025		0.203	0.012
注：重复性限(r)为 2.8×Sr，Sr 为重复性标准差。					

6.1.8.2 允许差

实验室之间分析结果的差值应不大于表 16 所列允许差。

表 16

测定元素	质量分数/%	允许差/%	测定元素	质量分数/%	允许差/%
镧、钐、铕、钆 铒、铥、镱、镥、钇	0.050～0.100 >0.100～0.200	0.010 0.020	铈、铽、钬	0.050～0.100 >0.100～0.200	0.020 0.025

6.1.9 质量控制和保证

每周用自制的控制标样(如有国家级或行业级标样时,应首先使用)校核一次本标准分析方法的有效性。当过程失控时,应找出原因,纠正错误,重新进行校核。

6.2 方法二:电感耦合等离子体质谱法

6.2.1 测定范围

镧、铈、钐、铕、钆、铒、铥、镱、镥和钇量测定范围为 0.002 0%～0.10%。

6.2.2 原理

试样以硝酸溶解,在稀酸介质中,以氩等离子体为离子化源,直接进行质谱测定,测定时以内标法进行校正。

6.2.3 试剂和材料

6.2.3.1 硝酸(ρ=1.42 g/mL)。
6.2.3.2 硝酸(1+1)。
6.2.3.3 过氧化氢(30%)。
6.2.3.4 镧标准贮存溶液:称取 0.117 3 g 经 950 ℃灼烧 1 h 的氧化镧[w(REO)>99.5%,w(La_2O_3/REO)>99.999%]置于 100 mL 烧杯中,加 10 mL 硝酸(6.2.3.2),低温加热至溶解完全,冷却至室温后移入 100 mL 容量瓶中,以水稀释至刻度,混匀。此溶液 1 mL 含 1 mg 镧。
6.2.3.5 铈标准贮存溶液:称取 0.122 8 g 经 950 ℃灼烧 1 h 的氧化铈[w(REO)>99.5%,w(CeO_2/REO)>99.999%]置于 100 mL 烧杯中,加 10 mL 硝酸(6.2.3.2),低温加热,并滴加过氧化氢(6.2.3.3)至溶解完全,冷却至室温后移入 100 mL 容量瓶中,以水稀释至刻度,混匀。此溶液 1 mL 含 1 mg 铈。
6.2.3.6 钐标准贮存溶液:称取 0.116 0 g 经 950 ℃灼烧 1 h 的氧化钐[w(REO)>99.5%,w(Sm_2O_3/REO)>99.999%]置于 100 mL 烧杯中,加 10 mL 硝酸(6.2.3.2),低温加热至溶解完全,冷却至室温后移入 100 mL 容量瓶中,以水稀释至刻度,混匀。此溶液 1 mL 含 1 mg 钐。
6.2.3.7 铕标准贮存溶液:称取 0.115 8 g 经 950 ℃灼烧 1 h 的氧化铕[w(REO)>99.5%,w(Eu_2O_3/REO)>99.999%]置于 100 mL 烧杯中,加 10 mL 硝酸(6.2.3.2),低温加热至溶解完全,冷却至室温后移入 100 mL 容量瓶中,以水稀释至刻度,混匀。此溶液 1 mL 含 1 mg 铕。
6.2.3.8 钆标准贮存溶液:称取 0.115 3 g 经 950 ℃灼烧 1 h 的氧化钆[w(REO)>99.5%,w(Gd_2O_3/REO)>99.999%]置于 100 mL 烧杯中,加 10 mL 硝酸(6.2.3.2),低温加热至溶解完全,冷却至室温后移入 100 mL 容量瓶中,以水稀释至刻度,混匀。此溶液 1 mL 含 1 mg 钆。
6.2.3.9 铒标准贮存溶液:称取 0.114 4 g 经 950 ℃灼烧 1 h 的氧化铒[w(REO)>99.5%,w(Er_2O_3/REO)>99.999%]置于 100 mL 烧杯中,加 10 mL 硝酸(6.2.3.2),低温加热至溶解完全,冷却至室温后移入 100 mL 容量瓶中,以水稀释至刻度,混匀。此溶液 1 mL 含 1 mg 铒。

6.2.3.10 铥标准贮存溶液：称取 0.114 2 g 经 950 ℃灼烧 1 h 的氧化铥[w(REO)>99.5%，w(Tm_2O_3/REO)>99.999%]置于 100 mL 烧杯中，加 10 mL 硝酸(6.2.3.2)，低温加热至溶解完全，冷却至室温后移入 100 mL 容量瓶中，以水稀释至刻度，混匀。此溶液 1 mL 含 1 mg 铥。

6.2.3.11 镱标准贮存溶液：称取 0.114 1 g 经 950 ℃灼烧 1 h 的氧化镱[w(REO)>99.5%，w(Yb_2O_3/REO)>99.999%]置于 100 mL 烧杯中，加 10 mL 硝酸(6.2.3.2)，低温加热，并滴加过氧化氢(6.2.3.3) 至溶解完全，冷却至室温后移入 100 mL 容量瓶中，以水稀释至刻度，混匀。此溶液 1 mL 含 1 mg 镱。

6.2.3.12 镥标准贮存溶液：称取 0.113 7 g 经 950 ℃灼烧 1 h 的氧化镥[w(REO)>99.5%，w(Lu_2O_3/REO)>99.999%]置于 100 mL 烧杯中，加 10 mL 硝酸(6.2.3.2)，低温加热至溶解完全，冷却至室温后移入 100 mL 容量瓶中，以水稀释至刻度，混匀。此溶液 1 mL 含 1 mg 镥。

6.2.3.13 钇标准贮存溶液：称取 0.127 0 g 经 950 ℃灼烧 1 h 的氧化钇[w(REO)>99.5%，w(Y_2O_3/REO)>99.999%]置于 100 mL 烧杯中，加 10 mL 硝酸(6.2.3.2)，低温加热，并滴加过氧化氢(6.2.3.3) 至溶解完全，冷却至室温后移入 100 mL 容量瓶中，以水稀释至刻度，混匀。此溶液 1 mL 含 1 mg 钇。

6.2.3.14 混合稀土标准溶液：分别移取 2.00 mL 各稀土标准贮存溶液(6.2.3.4～6.2.3.13)置于 100 mL 容量瓶中，加 10 mL 硝酸(6.2.3.2)，以水稀释至刻度，混匀。此溶液 1 mL 含 20 μg 各单一稀土元素。再将此溶液稀释成 1 mL 含各单一稀土元素分别为 1 μg 的标准溶液。

6.2.3.15 铯内标溶液：称取 0.127 0 g 氯化铯(优级纯)，加入 10 mL 水及 2 mL 硝酸(6.2.3.1)，溶解至清，冷却后移入 100 mL 容量瓶中，以水稀释至刻度，混匀。此溶液 1 mL 含 1 mg 铯。再将此溶液用硝酸(1+99)稀释成 1 mL 含 1 μg 铯的内标溶液。

6.2.3.16 氩气 (纯度≥99.99%)。

6.2.4 仪器

电感耦合等离子体质谱仪：质量分辨率不低于(0.8±0.1)amu。

6.2.5 试样

将块状试样去掉表面氧化层，处理成屑状，取样后立即称量。

注：加工、处理试样时，确保试样清洁，防止污染。

6.2.6 分析步骤

6.2.6.1 试料

称取 0.25 g 试样(6.2.5)，精确到 0.000 1 g。

6.2.6.2 测定数量

称取两份试料(6.2.6.1)进行平行测定，取其平均值。

6.2.6.3 空白试验

随同试料做空白试验。

6.2.6.4 分析试液的制备

6.2.6.4.1 将试料(6.2.6.1)置于 200 mL 烧杯中，加入少许水及 10 mL 硝酸(6.2.3.2)，加热溶解至

清。取下冷却至室温后移入 250 mL 容量瓶中，以水稀释至刻度，混匀。

6.2.6.4.2　移取 10 mL 试液(6.2.6.4.1)于 100 mL 容量瓶中，加入 1 mL 铯内标溶液(6.2.3.15)，加入 4 mL 硝酸溶液(6.2.3.2)，以水稀释至刻度，混匀。

6.2.6.5　系列标准溶液的配制

分别移取 0 mL、0.50 mL、1.00 mL、2.00 mL、5.00 mL、10.00 mL 混合稀土标准溶液(6.2.3.14)于 6 个 100 mL 容量瓶中，加入 1 mL 铯内标溶液(6.2.3.15)，加入 4 mL 硝酸溶液(6.2.3.2)，用水稀释至刻度，混匀。此系列标准溶液的浓度为 0 ng/mL、5.00 ng/mL、10.00 ng/mL、20.00 ng/mL、50.00 ng/mL、100.00 ng/mL。

6.2.6.6　测定

6.2.6.6.1　测量元素同位素质量数见表 17 。

表 17

元素	测定同位素质量数	元素	测定同位素质量数
La	139	Er	168
Ce	140	Tm	169
Sm	152	Yb	174
Eu	153	Lu	175
Gd	155	Y	89
		Cs	133

6.2.6.6.2　将空白试验溶液(6.2.6.3)、分析试液(6.2.6.4.2)与系列标准溶液(6.2.6.5)同时进行氩等离子体质谱测定。

6.2.7　分析结果的计算与表述

按式(6)计算待测元素的质量分数 w(%)：

$$w=\frac{(\rho-\rho_0)V_0\times10^{-9}}{mV_1}\times100\% \qquad \cdots\cdots(6)$$

式中：

ρ ——自工作曲线上查得的各稀土元素的质量浓度，单位为纳克每毫升(ng/mL)；

ρ_0 ——自工作曲线上查得空白试液中各稀土元素的质量浓度，单位为纳克每毫升(ng/mL)；

V_0——试液总体积，单位为毫升(mL)；

m ——试料的质量，单位为克(g)；

V_1——分取试液体积，单位为毫升(mL)。

6.2.8　精密度

6.2.8.1　重复性

在重复性条件下获得的两次独立测试结果的测定值，在以下给出的平均值范围内，这两个测试结果的绝对差值不超过重复性限(r)，超过重复性限(r)的情况不超过 5%。重复性限(r)按表 18 数据采用线性内插法求得。

表 18

元素	质量分数/%	重复性限(r)/%	元素	质量分数/%	重复性限(r)/%
镧	0.002 4	0.000 4	铒	0.002 6	0.000 2
	0.007 5	0.000 5		0.005 0	0.000 3
	0.012	0.001		0.008 7	0.000 4
	0.091	0.003		0.088	0.005
铈	0.002 4	0.000 4	铥	0.002 6	0.000 2
	0.008 2	0.000 6		0.004 8	0.000 3
	0.027	0.003		0.008 7	0.000 5
	0.031	0.003		0.088	0.005
	0.11	0.01		—	—
钐	0.002 6	0.000 2	镱	0.002 6	0.000 2
	0.005 0	0.000 2		0.004 8	0.000 3
	0.008 6	0.000 3		0.009 2	0.000 4
	0.088	0.003		0.088	0.005
铕	0.002 7	0.000 2	镥	0.002 6	0.000 2
	0.004 4	0.000 4		0.004 6	0.000 3
	0.008 8	0.000 8		0.008 6	0.000 5
	0.087	0.004		0.088	0.005
钆	0.002 7	0.000 5	钇	0.002 3	0.000 3
	0.006 9	0.000 8		0.004 3	0.000 4
	0.011	0.002		0.007 7	0.000 5
	0.090	0.005		0.081	0.004
注：重复性限(r)为 $2.8\times Sr$，Sr 为重复性标准差。					

6.2.8.2 允许差

实验室之间分析结果的差值应不大于表 19 所列允许差。

表 19

元素	质量分数/%	允许差/%
镧、铈、钐、铕、钆 铒、铥、镱、镥、钇	0.002 0～0.005 0	0.000 5
	>0.005 0～0.010 0	0.001 0
	>0.010～0.030	0.003
	>0.030～0.100	0.005

6.2.9 质量控制和保证

每周用自制的控制标样(如有国家级或行业级标样时，应首先使用)校核一次本标准分析方法的有效性。当过程失控时，应找出原因，纠正错误，重新进行校核。

7 非稀土杂质量(铁、硅、铝、钙、镁)的测定——电感耦合等离子体原子发射光谱法

7.1 测定范围

非稀土杂质量(铁、硅、铝、钙、镁)测定范围:铁为0.010%~0.80%,硅、铝为0.010%~0.50%,钙、镁为0.005 0%~0.50%。

7.2 原理

试料用硝酸溶解,采用基体匹配法测定铁、硅、铝、钙、镁含量。

7.3 试剂和材料

7.3.1 无水碳酸钠(优级纯)。
7.3.2 无水碳酸钙(基准)。
7.3.3 硝酸(ρ=1.42 g/mL,优级纯)。
7.3.4 硝酸(1+1,优级纯)。
7.3.5 盐酸(1+1,优级纯)。
7.3.6 镨基体溶液:称取1.208 2 g经950 ℃灼烧1 h的氧化镨[w(REO)>99.5%,w(Pr_6O_{11}/REO)>99.999%]置于250 mL烧杯中,加入20 mL硝酸(7.3.4),低温加热至溶解完全,冷却至室温后移入100 mL聚四氟乙烯容量瓶中,以水稀释至刻度,混匀。此溶液1 mL含10 mg镨。
7.3.7 钕基体溶液:称取4.373 7 g经950 ℃灼烧1 h的氧化钕[w(REO)>99.5%,w(Nd_2O_3/REO)>99.999%]置于250 mL烧杯中,加入20 mL硝酸(7.3.4),低温加热至溶解完全,冷却至室温后移入100 mL聚四氟乙烯容量瓶中,以水稀释至刻度,混匀。此溶液1 mL含37.5 mg钕。
7.3.8 镝基体溶液:称取0.286 9 g经950 ℃灼烧1 h的氧化镝[w(REO)>99.5%,w(Dy_2O_3/REO)>99.999%]置于250 mL烧杯中,加入20 mL硝酸(7.3.4),低温加热至溶解完全,冷却至室温后移入100 mL聚四氟乙烯容量瓶中,以水稀释至刻度,混匀。此溶液1 mL含2.5 mg镝。
7.3.9 铁标准贮存溶液:称取0.100 0 g铁(w>99.99%)于250 mL烧杯中,加30 mL盐酸(7.3.5)低温加热至溶解完全,冷却至室温后移入100 mL容量瓶中,以水稀释至刻度,混匀。此溶液1 mL含1 mg铁。
7.3.10 硅标准贮存溶液:称取0.213 9 g二氧化硅(w>99.9%),置于铂坩埚中,加入5 g无水碳酸钠(7.3.1),于950 ℃~1 000 ℃高温炉中熔融至红色透明,取出,稍冷后用热水浸出,冷却后移入1 000 mL容量瓶中,以水稀释至刻度,混匀,立即转移至聚四氟乙烯瓶中保存,此溶液1 mL含0.1 mg硅。
7.3.11 铝标准贮存溶液:称取0.100 0 g高纯铝(w>99.99%)250 mL烧杯中,加5 mL水及10 mL盐酸(7.3.5),低温加热至溶解完全,冷却至室温后移入100 mL容量瓶中,以水稀释至刻度,混匀。此溶液1 mL含1 mg铝。
7.3.12 钙标准贮存溶液:称取0.249 7 g经110 ℃烘干的无水碳酸钙(7.3.2)于250 mL烧杯中,加40 mL盐酸(7.3.5),煮沸以除尽二氧化碳。冷却至室温后移入100 mL容量瓶中,以水稀释至刻度,混匀。此溶液1 mL含1 mg钙。
7.3.13 镁标准贮存溶液:称取0.100 0 g镁(w>99.99%)于250 mL烧杯中,加入10 mL硝酸(7.3.4),加热溶解至完全,冷却至室温后移入100 mL容量瓶中,以水稀释至刻度,混匀。此溶液1 mL含1 mg镁。
7.3.14 混合标准溶液:分别移取钙标准贮存液(7.3.12)、镁标准贮存液(7.3.13)、铝标准贮存液(7.3.11)各5.00 mL,铁标准贮存液(7.3.9)10.00 mL于50 mL聚四氟乙烯容量瓶中,加入5 mL硝酸(7.3.4),以水稀释至刻度,混匀。此溶液含钙100 μg/mL、镁100 μg/mL、铝100 μg/mL、铁200 μg/mL。
7.3.15 氩气(纯度≥99.99%)。

7.4 仪器

电感耦合等离子体原子发射光谱仪。

7.5 试样

将块状试样去掉表面氧化层，处理成屑状，取样后立即称量。

注：加工、处理试样时，确保试样清洁，防止污染。

7.6 分析步骤

7.6.1 试料

称取 2.5 g 试样(7.5)，精确至 0.000 1 g。

7.6.2 测定数量

称取两份试料(7.6.1)进行平行测定，取其平均值。

7.6.3 空白试验

随同试料(7.6.1)做空白试验。

7.6.4 测定

7.6.4.1 称取试料(7.6.1)于 250 mL 烧杯中，加入 40 mL 硝酸(7.3.4)，低温加热至溶解完全，冷却至室温后移入 100 mL 容量瓶中，以水稀释至刻度，混匀。

7.6.4.2 移取 10 mL 于 50 mL 容量瓶中，以水稀释至刻度，混匀。

7.6.4.3 系列标准溶液的配制

按表 20 分别移取混合标准溶液(7.3.14)于 5 个 100 mL 聚四氟乙烯容量瓶中，稀释至刻度，混匀，系列标准溶液的各元素浓度见表 21。

表 20

母液	系列标准溶液体积/mL				
	混合标准溶液(7.3.14)	硅标准贮存溶液(7.3.10)	混合标准溶液(7.3.14)		
标 1	0	0	0	0	0
标 2	0.50	0.50	1.00	0.50	0.50
标 3	1.00	1.00	1.00	1.00	1.00
标 4	5.00	5.00	5.00	5.00	5.00
标 5	25.00	25.00	25.00	25.00	25.00

表 21

待测元素	系列标准溶液浓度/(μg/mL)				
	铁	硅	铝	钙	镁
标 1	0	0	0	0	0
标 2	1.00	0.50	0.50	0.50	0.50
标 3	2.00	1.00	1.00	1.00	1.00
标 4	10.00	5.00	5.00	5.00	5.00
标 5	50.00	25.00	25.00	25.00	25.00

7.6.4.4 分析谱线的选择

根据现行国标中非稀土元素的标准方法所用谱线以及各元素谱线的灵敏度初选谱线如表 22。

表 22

测定元素	波长/ nm
Fe	259.940、239.562
Si	251.612、212.415
Al	167.079、237.313
Ca	393.366
Mg	279.553、280.270

7.6.4.5 将空白试液(7.6.3)、分析试液(7.6.4.2)与系列标准溶液(7.6.4.3)同时进行氩等离子体光谱测定，由计算机输出分析试液中被测元素的质量浓度。

7.7 分析结果的计算与表述

按式(7)计算待测元素的质量分数 w(%)：

$$w=\frac{(\rho_1-\rho_0)V_0V_2\times 10^{-6}}{mV_1}\times 100\% \quad \cdots\cdots(7)$$

式中：

ρ_1——计算机输出的分析试液中各元素的质量浓度，单位为微克每毫升(μg/mL)；

ρ_0——计算机输出的空白溶液中各元素的质量浓度，单位为微克每毫升(μg/mL)；

V_0——试液(7.6.4.1)的总体积，单位为毫升(mL)；

V_2——分析试液(7.6.4.2)的体积，单位为毫升(mL)；

m——试料的质量，单位为克(g)；

V_1——移取试液(7.6.4.2)的体积，单位为毫升(mL)。

7.8 精密度

7.8.1 重复性

在重复性条件下获得的两次独立测试结果的测定值，在以下给出的平均值范围内，这两个测试结果的绝对差值不超过重复性限(r)，超过重复性限(r)的情况不超过 5%，重复性限(r)按表 23 数据采用线性内插法求得。

表 23

测定元素	质量分数/%	重复性限(r)/%
Fe	0.153	0.014
	0.425	0.024
	0.578	0.044
Si	0.022 2	0.001 6
	0.037 8	0.002 2
	0.266	0.018

表 23（续）

测定元素	质量分数/%	重复性限(r)/%
Al	0.033 8	0.007 1
	0.212	0.010
	0.309	0.022
Ca	<0.005 0	—
	0.062 9	0.006 4
	0.083 1	0.007 6
Mg	0.030 9	0.000 3
	0.040 5	0.000 6
	0.152	0.008
注：重复性限(r)为 2.8×*Sr*，*Sr* 为重复性标准差。		

7.8.2 允许差

实验室之间分析结果的差值应不大于表 24 所列允许差。

表 24

测定元素	质量分数/%	允许差/%
Fe	0.010～0.050	0.008
	>0.050～0.200	0.020
	>0.200～0.500	0.030
	>0.500～0.800	0.050
Si	0.010～0.030	0.008
	>0.030～0.050	0.010
	>0.050～0.500	0.040
Al	0.010～0.050	0.008
	>0.050～0.500	0.020
Ca	0.005 0～0.010 0	0.003 0
	>0.010～0.050	0.008
	>0.050～0.500	0.030
Mg	>0.005～0.010	0.003
	>0.010～0.050	0.005
	>0.050～0.500	0.030

7.9 质量保证和控制

每周用自制的控制标样(如有国家级或行业级标样时，应首先使用)校核一次本标准分析方法的有效性。当过程失控时,应找出原因,纠正错误,重新进行校核。

8 碳量的测定——高频-红外吸收法

8.1 测定范围

碳量的测定范围为0.010%～0.300%。

8.2 原理

试料在助熔剂存在下,于高频感应炉内,氧气氛中熔融燃烧,碳呈二氧化碳释出,以红外线吸收器测定。

8.3 试剂和材料

8.3.1 钨助熔剂(w_C≤0.000 8%)。

8.3.2 锡助熔剂(w_C≤0.000 8%)。

8.3.3 碳硫坩埚(经1 100 ℃灼烧1 h)。

8.3.4 标准样品:在含碳量0.010%～0.50%范围内选择三个合适的标准样品。

8.3.5 氧气(纯度≥99%)。

8.4 仪器

高频-红外碳硫仪,检测灵敏度为0.001 μg/g。

8.5 试样

将块状试样去掉表面氧化层,处理成屑状或剪成小块,取样后立即称量。

注:加工、处理试样时,确保试样清洁,防止污染。

8.6 分析步骤

8.6.1 试料

称取0.2 g～0.3 g试样(8.5),精确到0.001 g。加入碳硫坩锅(8.3.3)中,加入1.5 g钨助熔剂(8.3.1)和0.3 g锡助熔剂(8.3.2)。

8.6.2 测定数量

称取两份试料(8.6.1)进行平行测定,取其平均值。

8.6.3 仪器的准备

8.6.3.1 检测仪器用的试剂,失效时需更换。

8.6.3.2 按仪器说明书启动,预热仪器。

8.6.4 校正空白

8.6.4.1 打开高频炉,将已加入1.5 g钨助熔剂(8.3.1)和0.3 g锡助熔剂(8.3.2)的碳硫坩锅(8.3.3)置于坩锅支架上,测量时,坩锅升到燃烧管内。

8.6.4.2 高频燃烧,显示空白值,重复测定3～5次,扣除空白后碳结果的平均值<0.000 5%,方可进行下步测定。

8.6.5 **校正仪器**

称取标样(8.3.4)三份,操作按(8.6.6)相应步骤进行校正仪器。

8.6.6 **测定**

8.6.6.1 打开高频炉,将碳硫坩埚(8.3.3)置于坩埚架上,测量时,坩埚升到燃烧管内。

8.6.6.2 扫气后,高频电源通电,助熔剂熔融使试样燃烧。试样中的碳以一氧化碳和二氧化碳气体的形态释出,经试剂分离后进入红外检测器,由仪器显示分析结果(如仪器不能自动显示分析结果按8.7进行结果计算)。

8.7 **分析结果的计算与表述**

按式(8)计算待测元素的质量分数 $w(\%)$:

$$w = w_2 - a w_1 \qquad \cdots\cdots(8)$$

式中:

w_2——测定后的碳质量分数,%;

a ——助熔剂量与实际称样量的比值;

w_1——空白试验碳质量分数,%。

8.8 **精密度**

8.8.1 **重复性**

在重复性条件下获得的两次独立测试结果的测定值,在以下给出的平均值范围内,这两个测试结果的绝对差值不超过重复性限(r),超过重复性限(r)的情况不超过5%,重复性限(r)按表25数据采用线性内插法求得。

表 25

碳量质量分数/%	重复性限(r)/%
0.026 5	0.001 9
0.079 1	0.003 9
0.273	0.084
注:重复性限(r)为 $2.8\times Sr$,Sr 为重复性标准差。	

8.8.2 **允许差**

实验室之间分析结果的差值应不大于表26所列允许差。

表 26

碳量质量分数/%	允许差/%
0.010～0.050	0.003
>0.050～0.100	0.004
>0.100～0.300	0.090

8.9 质量保证和控制

每周用自制的控制标样(如有国家级或行业级标样时,应首先使用)校核一次本标准分析方法的有效性。当过程失控时,应找出原因,纠正错误,重新进行校核。

9 氧量的测定——脉冲-红外吸收法

9.1 测定范围

氧量的测定范围为0.010%～0.30%。

9.2 原理

在惰性气氛下,加热熔融石墨坩埚中的试料,试料中的氧呈一氧化碳析出,进入红外检测器中进行测定。

9.3 试剂和材料

9.3.1 带盖镍囊。

9.3.2 四氯化碳。

9.3.3 高纯氦气(纯度≥99%)。

9.3.4 石墨坩埚。

9.3.5 标准样品:在含氧量0.010%～0.50%范围内选择三个合适的标准样品。

9.4 仪器

9.4.1 脉冲-红外氧氮仪。

9.4.2 脉冲炉:温度大于2 000 ℃,检测器灵敏度为0.001 μg/g。

9.5 试样

测定氧含量的样品呈块状,剪成小块,在水中打磨、剥皮,放入四氯化碳(9.3.2)中保存,防止样品氧化。测量前取出,快速吹干,在10 min以内分析。

注:加工、处理试样时,确保试样清洁,防止污染。

9.6 分析步骤

9.6.1 试料

称取0.10 g～0.25 g试样(9.5),精确至0.001 g,加入带盖镍囊(9.3.1)中。

9.6.2 测定数量

称取两份试料(9.6.1)进行平行测定,取其平均值。

9.6.3 仪器的准备

9.6.3.1 仪器的净化设备及除尘用的各种试剂应能正常使用。

9.6.3.2 按仪器说明书启动,预热仪器。

9.6.4 校正空白

9.6.4.1 打开脉冲炉，将坩埚(9.3.4)置于下电极，测氧时，将带盖镍囊(9.3.1)置于装样器内。
9.6.4.2 下电极上升，坩埚(9.3.4)脱气，加热熔融，显示空白值，重复测定3～5次，其氧结果的平均空白值<0.002 5%，方可进行下步测定。

9.6.5 校正仪器

称取标准样品(9.3.5)三份，按(9.6.6)条操作方法校正仪器。

9.6.6 测定

9.6.6.1 打开脉冲炉，将坩埚(9.3.4)置于下电极，测氧时，将带盖镍囊(9.3.1)置于装样器内。
9.6.6.2 下电极上升，坩埚(9.3.4)脱气，测氧时，装有试料的带盖镍囊进入石墨坩埚(9.3.4)加热熔融。由仪器显示分析结果(如仪器不能自动显示分析结果按9.7进行结果计算)。

9.7 分析结果的计算与表述

按式(9)计算待测元素的质量分数w(%)：

$$w = w_2 - a w_1 \qquad (9)$$

式中：
w_2——测定后的氧的质量分数，%；
a ——带盖镍囊与实际称样量的比值；
w_1——空白试验氧的质量分数，%。

9.8 精密度

9.8.1 重复性

在重复性条件下获得的两次独立测试结果的测定值，在以下给出的平均值范围内，这两个测试结果的绝对差值不超过重复性限(r)，超过重复性限(r)的情况不超过5%，重复性限(r)按表27数据采用线性内插法求得。

表 27

氧量质量分数/%	重复性限(r)/%
0.071 1	0.009 8
0.313	0.039
注：重复性限(r)为2.8×Sr，Sr为重复性标准差。	

9.8.2 允许差

实验室之间分析结果的差值应不大于表28所列允许差。

表 28

氧量质量分数/%	允许差/%
0.010～0.050	0.008
>0.050～0.100	0.020
>0.100～0.300	0.050

9.9 质量保证和控制

每周用自制的控制标样(如有国家级或行业级标样时,应首先使用)校核一次本标准分析方法的有效性。当过程失控时,应找出原因,纠正错误,重新进行校核。

10 氯量的测定——硝酸银比浊法

10.1 测定范围

氯量的测定范围为 0.005 0%～0.20%。

10.2 原理

试料以稀硝酸溶解,在稀硝酸介质中,氯离子与银离子形成氯化银胶体,在稳定剂丙三醇的存在下,于分光光度计波长 430 nm 处测定。

10.3 试剂和材料

10.3.1 硝酸(ρ=1.42 g/mL)。

10.3.2 硝酸(1+1)。

10.3.3 硝酸(1+3)。

10.3.4 硝酸银(5 g/L)。

10.3.5 丙三醇(1+1)。

10.3.6 二次去离子交换水[使用前需进行氯离子(Cl^-)检验]:量取 20 mL 水于比色管中,加入 2 mL 硝酸银(10.3.4),轻轻摇动,在 60 ℃水浴中保温 10 min,目视不混浊方可使用。

10.3.7 氯标准贮存溶液:称取 1.648 5 g 经 500 ℃～600 ℃灼烧过的氯化钠(优级纯)于 500 mL 烧杯中,加 200 mL 水溶解,移入 1 000 mL 容量瓶中以水稀释至刻度,混匀。此溶液 1 mL 含 1 mg 氯。

10.3.8 氯标准溶液:移取 10.00 mL 氯标准贮存溶液(10.3.7)于 500 mL 容量瓶中,以水稀释至刻度,摇匀。此溶液 1 mL 含 20 μg 氯。

10.4 仪器

10.4.1 天平:感量 0.1 mg。

10.4.2 分光光度计。

10.5 试样

将块状试样去掉表面氧化层,处理成屑状,取样后立即称量。

注:加工、处理试样时,确保试样清洁,防止污染。

10.6 分析步骤

10.6.1 试料

按表 29 称取试样，精确至 0.000 1 g。

表 29

氯质量分数/%	试料量/g	溶液总体积/mL	分取体积/mL	补加硝酸(10.3.2)体积/mL
0.005 0～0.020	2	50	10.00	—
>0.020～0.080	1	50	5.00	1
>0.080～0.20	0.5	100	5.00	2

10.6.2 测定数量

称取两份试料(10.6.1)进行平行测定，取其平均值。

10.6.3 空白试验

随同试样做空白试验。

10.6.4 测定

10.6.4.1 将试料(10.6.1)置于 100 mL 烧杯中，加入 20 mL 硝酸(10.3.3)低温加热至溶解完全。按表 29 移入相应的容量瓶中，以水稀释至刻度，混匀。

10.6.4.2 移取两份试液(10.6.4.1)于 25 mL 比色管中，按表 29 补加硝酸(10.3.2)，加入 2 mL 丙三醇(10.3.5)，其中一份用二次去离子交换水(10.3.6)稀释至刻度，混匀，此溶液为补偿溶液；另一份加入 2 mL 硝酸银(10.3.4)，每加一种试剂需轻轻缓慢混匀，用二次去离子交换水(10.3.6)稀释至刻度，混匀。将比色管放入 60 ℃～80 ℃的水浴中保温 15 min 后冷却至室温。

10.6.4.3 将部分试液(10.6.4.2)移入 3 cm 比色皿中，用补偿溶液(10.6.4.2)作参比，于分光光度计波长 430 nm 处，测量其吸光度。在工作曲线上查出溶液(10.6.4.2)的氯量。

10.6.4.4 工作曲线的绘制

10.6.4.4.1 移取 0 mL、0.50 mL、1.00 mL、2.00 mL、3.00 mL、4.00 mL 氯标准溶液(10.3.8)于 6 个 25 mL 比色管中，分别加入 2 mL 硝酸(10.3.2)，以下操作按(10.6.4.2)相应步骤进行。

10.6.4.4.2 移取部分试液(10.6.4.4.1)于 3 cm 比色皿中，以试剂空白溶液为参比，于分光光度计波长 430 nm 处测量其吸光度，以氯浓度为横坐标，吸光度为纵坐标，绘制工作曲线。

10.7 分析结果的计算与表述

按式(10)计算待测元素的百分含量 w(%)：

$$w=\frac{(m_2-m_1)V_0\times 10^{-6}}{m_0V_1}\times 100\% \qquad \cdots\cdots(10)$$

式中：

m_2——在工作曲线上查得的溶液(10.6.4.2)的氯量，单位为微克(μg)；

m_1——在工作曲线上查得的空白溶液的氯量，单位为微克(μg)；

V_0——试液总体积，单位为毫升(mL)；

m_0——试料的质量，单位为克(g)；

V_1——移取试液的体积，单位为毫升(mL)。

10.8 精密度

10.8.1 重复性

在重复性条件下获得的两次独立测试结果的测定值，在以下给出的平均值范围内，这两个测试结果的绝对差值不超过重复性限(r)，超过重复性限(r)的情况不超过5%，重复性限(r)按表30数据采用线性内插法求得。

表 30

氯质量分数/%	重复性限(r)/%
0.008 9	0.002 0
0.054	0.005
0.20	0.02
注：重复性限(r)为 $2.8\times Sr$，Sr 为重复性标准差。	

10.8.2 允许差

实验室之间分析结果的差值应不大于表31所列允许差。

表 31

氯含量范围(质量分数)/%	允许差/%
0.005 0～0.015 0	0.002 5
>0.015～0.030	0.004
>0.030～0.060	0.009
>0.060～0.120	0.015
>0.120～0.200	0.030

10.9 质量控制和保证

每周用自制的控制标样(如有国家级或行业级标样时，应首先使用)校核一次本标准分析方法的有效性。当过程失控时，应找出原因，纠正错误，重新进行校核。

ICS 77.120.99
H 65

中华人民共和国国家标准

GB/T 29657—2013

钇镁合金

Yttrium-magnesium alloy

2013-09-06 发布

2014-05-01 实施

中华人民共和国国家质量监督检验检疫总局
中国国家标准化管理委员会 发布

前言

本标准按照 GB/T 1.1—2009 给出的规则起草。

本标准由全国稀土标准化技术委员会(SAC/TC 229)归口。

本标准起草单位：中国科学院长春应用化学研究所、包头稀土研究院、临江市东锋有色金属有限公司、北京有研稀土新材料股份有限公司。

本标准主要起草人：张德平、王小青、孟健、陈国华、解萍、田政、赵海东、郭郁。

钇镁合金

1 范围

本标准规定了钇镁合金的要求、试验方法、检验规则及标志、包装、运输、贮存及质量证明书。

本标准适用于电解法、熔配法及还原法生产的钇镁合金，主要用于生产汽车发动机及耐高温镁合金添加剂等。

2 规范性引用文件

下列文件对于本文件的应用是必不可少的。凡是注日期的引用文件，仅注日期的版本适用于本文件。凡是不注日期的引用文件，其最新版本(包括所有的修改单)适用于本文件。

GB/T 8170 数值修约规则与极限数值的表示和判定

GB/T 12690.1 稀土金属及其氧化物中非稀土杂质化学分析方法 高频-红外吸收法测定碳、硫量

3 要求

3.1 化学成分

钇镁合金的化学成分应符合表1的规定。需方如有特殊要求，供需双方可另行协商。

表 1

产品牌号	化学成分(质量分数)/%									
	RE	Mg	Y/RE 不小于	杂质含量，不大于						
				稀土杂质/RE	非稀土杂质					
					Si	Fe	Al	Cu	Ni	C
175030A	30±2	余量	99.9	0.1	0.03	0.10	0.02	0.005	0.005	0.04
175030B	30±2	余量	99.5	0.5	0.05	0.15	0.05	0.01	0.01	0.08
175025A	25±2	余量	99.9	0.1	0.03	0.10	0.02	0.005	0.005	0.04
175025B	25±2	余量	99.5	0.5	0.05	0.15	0.05	0.01	0.01	0.08
175020A	20±2	余量	99.9	0.1	0.03	0.10	0.02	0.005	0.005	0.04
175020B	20±2	余量	99.5	0.5	0.05	0.15	0.05	0.01	0.01	0.08

3.2 外观

3.2.1 产品为铸态合金。

3.2.2 产品表面及其断口均呈银灰色，应洁净，无可见的夹杂物和氧化脱落粉末。

4 试验方法

4.1 化学成分

4.1.1 产品中稀土总量的分析方法参照供方现行有效化学分析方法进行。
4.1.2 产品中碳的分析方法按 GB/T 12690.1 的规定进行。
4.1.3 产品中其他稀土杂质及非稀土杂质含量的分析方法按供方现行方法进行。

4.2 数值修约

按 GB/T 8170 的规定进行。

4.3 外观质量

用目视检查。

5 检验规则

5.1 检查与验收

5.1.1 产品由供方质量检验部门进行检验，保证产品质量符合本标准规定，并填写质量证明书。
5.1.2 需方应对收到的产品按本标准的规定进行检验，如检验结果与本标准规定不符时，应在收到产品之日起 2 个月内向供方提出，由供需双方协商解决。如需仲裁，可委托双方认可的单位进行，并在需方共同取样。

5.2 组批

产品应成批提交检验，每批应由同一牌号的产品组成。

5.3 检验项目

每批产品应进行化学成分和外观的检验。

5.4 取样与制样

5.4.1 化学成分仲裁取样件数按表 2 的规定进行。

表 2

每批重量/kg	≤10	>10～50	>50～100	>100～200	>200～500	>500
取样件数/块	2	3	4	5	8	10

5.4.2 化学成分分析的仲裁取样方法按下述规定进行：

取样时，首先将试样打磨干净，然后用直径 5 mm～10 mm 的钻头在合金锭上、下两面等距离处各钻取 3 点以上，弃去距锭块表面 0.5 mm～1.0 mm 的钻屑，然后钻取试样，取样量不少于 10 g，将所得试样迅速混匀缩分至所需数量，并放入带盖的磨口瓶中密封保存。

5.5 检验结果的判定

化学成分仲裁分析结果与本标准规定不符时，则从该批产品中取双倍样锭对不合格项目进行重复试验，如仍有不合格项，则判该批产品为不合格。

产品外观不合格，则直接判该批产品为不合格。

6 标志、包装、运输、贮存及质量证明书

6.1 标志、包装

6.1.1 包装桶(箱)外应有不褪色标志，注明：

a) 供方名称；

b) 产品名称、牌号；

c) 批号；

d) 净重和毛重；

e) 出厂日期等标志或字样。

6.1.2 产品应采取防氧化措施密封装入铁桶中，如需方对包装有特殊要求，由供需双方协商确定。

6.2 运输、贮存

运输及贮存时，产品需存放干燥处，不得露天放置。

6.3 质量证明书

每批产品应附质量证明书，注明：

a) 供方名称；

b) 产品名称和牌号；

c) 批号；

d) 净重和件数；

e) 各项分析检验结果和质量检验部门印记；

f) 本标准编号；

g) 出厂日期。

ICS 77.120.10
H 61

中华人民共和国国家标准

GB/T 29658—2013

电子薄膜用高纯铝及铝合金溅射靶材

High-purity sputtering aluminium and aluminium alloy target used in electronic film

2013-09-06 发布　　2014-05-01 实施

中华人民共和国国家质量监督检验检疫总局
中国国家标准化管理委员会　发布

前　言

本标准按照 GB/T 1.1—2009 给出的规则起草。

本标准由全国有色金属标准化技术委员(SAC/TC 243)归口。

本标准负责起草单位:有研亿金新材料股份有限公司。

本标准参加起草单位:宁波江丰电子材料有限公司、新疆众和股份有限公司。

本标准主要起草人:万小勇、罗俊锋、廖赞、尚再艳、杨华、朱晓光、孙秀霖、何金江、熊晓东、王兴权、王学泽、钱红兵、喻洁、刘杰、洪涛、努力古、宋玉萍。

电子薄膜用高纯铝及铝合金溅射靶材

1 范围

本标准规定了电子薄膜制备用高纯铝及铝合金靶材的要求、试验方法、检验规则及标志、包装、运输、存贮、订货单(或合同)等内容。

本标准适用于电子薄膜用各类高纯铝及铝合金溅射靶材(以下简称铝靶)。

2 规范性引用文件

下列文件对于本文件的应用是必不可少的。凡是注日期的引用文件,仅注日期的版本适用于本标准。凡是不注日期的引用文件,其最新版本(包括所有的修改单)适用于本标准。

GB/T 1804 一般公差 未注公差的线性和角度尺寸的公差

GB/T 6394 金属平均晶粒度测定方法

GB/T 14265 金属材料中氢、氧、氮、碳和硫分析方法通则

GB/T 15823 无损检测氦泄漏检测方法

GB/T 20975.25 铝及铝合金化学分析方法 第25部分:电感耦合等离子体原子发射光谱法

GJB 1580A 变形金属超声检验方法

JB/T 4734 铝制焊接容器

YS/T 837 溅射靶材-背板结合质量超声波检验方法

YS/T 871 高纯铝化学分析方法 痕量杂质元素的测定 辉光放电质谱法

3 要求

3.1 产品分类

3.1.1 按照应用领域分为:半导体布线用高纯溅射靶材、半导体封装用高纯溅射靶材、平板显示器用高纯溅射靶材和太阳能电池用高纯溅射靶材。

3.1.2 按照结构形式分为单体和焊接两种。

3.1.3 按外形分为圆形、矩形和三角形等。

3.2 合金成分与纯度

3.2.1 根据合金材料不同,可分为纯铝靶、铝硅合金靶、铝铜合金靶、铝硅铜合金靶四种靶材。

3.2.2 高纯铝合金靶中合金元素含量应不超过规定成分的±10%。

3.2.3 铝靶合金成分及杂质元素要求应符合表1规定。

表1 铝靶合金成分和对应的杂质元素

成分	Al			AlSi			AlCu			AlSiCu
Al或Al合金含量不小于 %	99.99	99.999	99.999 5	99.995	99.999	99.999 5	99.999	99.999 5	99.999	99.999 5
简称	4N	5N	5N5	4N5	5N	5N5	5N	5N5	5N	5N5

表 1（续）

成分		Al			AlSi			AlCu			AlSiCu
金属杂质含量不大于 10^{-6}	Ag	—	1	0.3	—	1	0.3	1	0.3	1	0.3
	As	—	1	0.5	—	1	0.5	1	0.5	1	0.5
	Au	—	1	0.5	—	1	0.5	1	0.5	1	0.5
	B	—	0.5	0.5	—	0.5	0.5	0.5	0.5	0.5	0.5
	Ba	—	1	0.5	—	1	0.5	1	0.5	1	0.5
	Bi	—	1	1	—	1	1	1	1	1	1
	Be	—	0.5	0.5	—	0.5	0.5	0.5	0.5	0.5	0.5
	Ca	—	1	0.2	—	1	0.2	1	0.2	1	0.2
	Cd	—	—	1.0	—	—	1.0	—	1.0	—	1.0
	Ce	—	1	1	—	1	1	1	1	1	1
	Cl	—	4	4	4	4	4	4	4	4	4
	Co	—	—	0.1	—	—	0.1	—	0.1	—	0.1
	Cr	5	2	0.4	2	2	0.4	2	0.4	2	0.4
	Cs	—	1	0.5	—	1	0.5	1	0.5	1	0.5
	Cu	50	3	1	5	3	1	—	—	—	—
	Fe	50	3	1	5	3	1	3	1	3	1
	K	—	0.5	0.1	—	0.5	0.1	0.5	0.1	0.5	0.1
	La	—	—	0.5	—	—	0.5	—	0.5	—	0.5
	Li	—	0.5	0.1	—	0.5	0.1	0.5	0.1	0.5	0.1
	Mg	30	2	1	3	2	1	2	1	2	1
	Mn	10	1	0.5	1	1	0.5	1	0.5	1	0.5
	Mo	—	1	0.2	—	1	0.2	1	0.2	1	0.2
	Na	—	0.5	0.1	—	0.5	0.1	0.5	0.1	0.5	0.1
	Ni	20	1	1	—	1	1	1	1	1	1
	P	—	1	1	1	1	1	1	1	1	1
	Pb	—	1	0.3	—	1	0.3	1	0.3	1	0.3
	Sb	—	1	0.5	—	1	0.5	1	0.5	1	0.5
	Si	30	5	2	—	—	—	5	2	—	—
	Sn	—	1	0.2	—	1	0.2	1	0.2	1	0.2
	Ti	3	2	1	2	2	1	2	1	2	1
	V	—	1	0.4	—	1	0.4	1	0.4	1	0.4
	Zn	5	1	0.5	1	1	0.5	1	0.5	1	0.5
	Zr	—	1	0.5	—	1	0.5	1	0.5	1	0.5
	U	—	0.02	0.001	—	0.02	0.001	0.02	0.001	0.02	0.001
	Th	—	0.02	0.001	—	0.02	0.001	0.02	0.001	0.02	0.001

表 1（续）

成分		Al			AlSi			AlCu			AlSiCu
杂质总含量不大于 10^{-6}		100	10	5	50	10	5	10	5	10	5
气体元素含量不大于 10^{-6}	C	—	30	20	30	30	20	30	20	30	20
	H	—	1	0.5	1	1	0.5	1	0.5	1	0.5
	N	10	10	5	10	10	5	10	5	10	5
	O	30	30	20	30	30	20	30	20	30	20
	S	—	10	1	10	10	1	10	1	10	1

注 1：需方对元素有特殊要求的，由供需双方协商，并在订货单（或合同）中注明。

注 2：铝靶的纯度为 100% 减去要求杂质总和的余量（不含 C、O、N、H、S）。

3.3 晶粒尺寸

铝靶的晶粒尺寸应符合表 2 规定，并且晶粒分布均匀。

表 2 铝靶晶粒尺寸要求

合金成分	纯度 %	简称	晶粒尺寸要求 平均值 μm	晶粒尺寸要求 最大值 μm
Al	99.99	4N	≤500	≤1 000
	99.999	5N	≤300	≤500
	99.999 5	5N5		
AlSi	99.995	4N5	≤150	≤200
	99.999	5N		
	99.999 5	5N5		
AlCu	99.999	5N		
	99.999 5	5N5		
AlSiCu	99.999	5N		
	99.999 5	5N5		

注：需方如有特殊要求时，由供需双方商定，并在订货单（或合同）中注明。

3.4 内部质量

铝靶内部不应有分层、疏松、夹杂和气孔等缺陷，由供方生产工艺保证。需方有特殊要求时按 GJB 1580A 执行。

3.5 焊接质量

铝靶的常规焊接方法为钎焊、扩散焊和电子束焊。钎焊、扩散焊质量应符合表 3 的规定，电子束焊质量应符合表 4 的规定。需方如有特殊要求时，应由供需双方协商确定，并在订货单（或合同）中具体注明。

表 3 焊接质量要求

焊接方式	焊接结合率	单个未焊合间隙面积占总面积比例
钎焊	≥95%	≤2.5%
扩散焊	≥98%	≤1%

表 4 电子束焊接质量要求

检验方式	指标
氦检	漏率≤10^{-9} Pa·m^3/s
水检	0.4 MPa 水压下保持 10 min 以上无泄漏

3.6 几何尺寸及允许偏差

铝靶尺寸及结构方式一般根据需方提供图纸确定，经供需双方协商确定并在订货单（或合同）中注明后。如果需方图纸未提供允许偏差，则铝靶尺寸允许偏差应符合 GB/T 1804 要求。

3.7 外观质量

铝靶表面应清洁光滑，无指痕、油污和锈蚀，无颗粒附加物和其他沾污，无凹坑、划伤、裂纹、凸起等缺陷。

4 试验方法

4.1 化学成分分析方法

4.1.1 合金元素按照 GB/T 20975.25 规定的方法进行检测。
4.1.2 金属杂质元素、P 的分析方法按照 YS/T 871 规定的方法进行检验。
4.1.3 气体元素 H、O、N、C 和 S 的分析方法按照 GB/T 14265 执行。

4.2 晶粒尺寸检验

铝靶的晶粒尺寸检验按照 GB/T 6394 执行。

4.3 内部质量检验

铝靶的内部质量的检验按 GJB 1580A 执行。

4.4 焊合质量

4.4.1 钎焊、扩散焊按 YS/T 837 的规定检验。
4.4.2 电子束焊质量氦泄漏检测方法按 GB/T 15823 执行，水压检测按 JB/T 4734 中的方法执行。

4.5 尺寸检测方法

产品外形尺寸及其允许偏差应用相应精度的测量工具进行测量。

4.6 外观质量检验方法

铝靶外观质量采用目视检查，如发现异常现象，用放大镜或数码显微镜进行鉴别。

5 检验规则

5.1 检查和验收

5.1.1 铝靶应由供方进行检测，保证产品质量符合本规范或订货单(合同)的规定，并填写质量证明书。

5.1.2 需方应对收到的铝靶按本标准的规定进行复验。如复验结果与本标准(或订货合同)的规定不符时，应在收到产品之日起3个月内向供方提出，由供需双方协商解决。如需仲裁，仲裁取样应由供需双方共同进行。

5.2 组批

产品应成批提交验收。每批应由同一生产批、同种成分和规格的产品组成。

5.3 检验项目、取样位置和取样数量

5.3.1 铝靶出厂前应进行全面检测。检验项目、取样位置、取样数量应符合表5规定。

表5 铝靶检测项目、取样及数量

检验项目	取样数量	取样数量	要求的章条号	检验的章条号
化学成分	铸锭端部	1个/炉	3.2.2	4.1.1
			3.2.3	4.1.2,4.1.3
晶粒尺寸	5.3.2	1件/批	3.3	4.2
内部质量	焊接前	逐件	3.4	4.3
焊接质量	焊接后	逐件	3.5	4.4.1,4.4.2
几何尺寸	成品	逐件	3.6	4.5
外观质量	成品	逐件	3.7	4.6
包装质量	成品	逐件	6.2	4.7

5.3.2 晶粒尺寸测定取样

圆形靶坯、矩形靶坯和三角靶坯在边缘位置进行取样，取样示意图如图1所示。

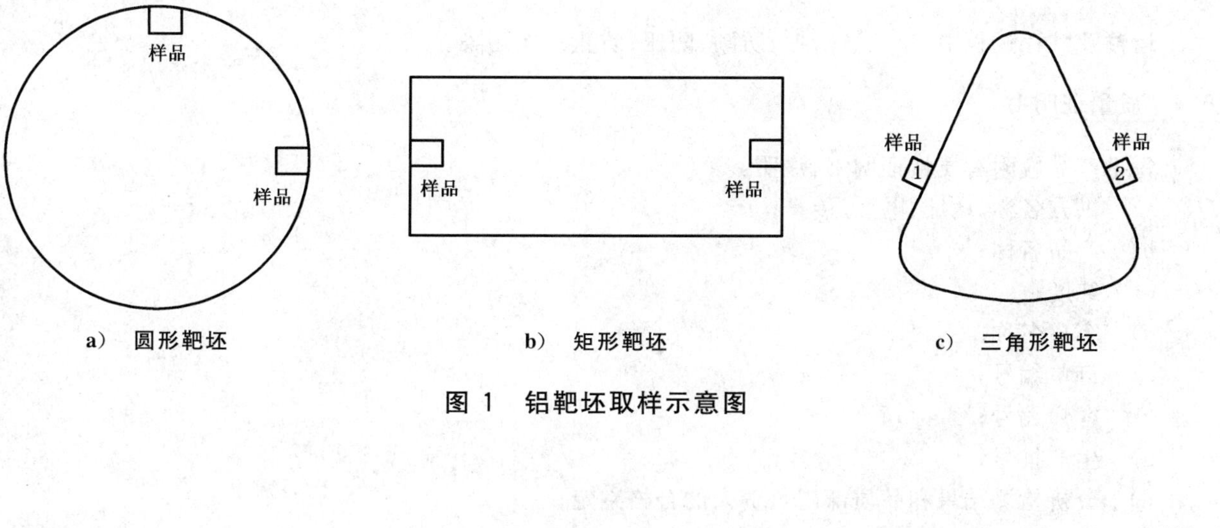

a) 圆形靶坯　　b) 矩形靶坯　　c) 三角形靶坯

图1 铝靶坯取样示意图

5.4 检验结果的判定

5.4.1 化学成分检测不合格时，则判该锭生产的靶材不合格。

5.4.2 晶粒尺寸抽检合格，判该批合格；抽检不合格时，判该件不合格；再从同批产品中加倍抽样进行复检，若复检全部合格，判该批其余产品合格；若复检不合格，则判该批不合格。

5.4.3 内部质量检测、焊接质量检测、尺寸检测、外观质量检任何一项不合格时，判该件产品不合格。

6 标志、包装、运输、贮存及质量证明书

6.1 标志

6.1.1 在检验合格的铝靶上，将公司标志、成分及生产批号刻在产品指定位置。

6.1.2 在每个外包装上贴纸质标贴，内容包括：

a) 供方厂名厂址；

b) 公司标志；

c) 产品名称；

d) 纯度；

e) 客户名称；

f) 订单编号；

g) 物料编号；

h) 生产批号；

i) 出厂日期；

j) 其他要求内容。

6.2 包装

6.2.1 铝靶的清洗、干燥及内包装应在洁净间内进行。靶材经过全面清洗，真空干燥后每片单独真空包装，真空袋封口要平整无贯通，真空袋体无漏洞，无真空泄露。

6.2.2 外包装采用纸盒或中空盒包装。包装盒内应有防碰撞措施。将质量证明书用塑封袋装好后粘贴于包装盒上。

6.2.3 包装产品应保存于清洁的环境中。

6.3 运输与贮存

运输及贮存过程中，应注意防振、防潮、防压、防止二次污染。

6.4 质量证明书

每批产品应附有质量证明书，注明：

a) 供方名称、地址、电话、传真；

b) 产品名称；

c) 纯度；

d) 客户名称；

e) 订单编号；

f) 客户编号；

g) 生产批号；

h) 分析检测结果和品质部门负责人的合格判定；

i) 出厂日期；

j) 其他要求内容。

7 订货单(或合同)内容

订购本标准所列产品的订货单(或合同)内应包括下列内容：

a) 产品名称；

b) 纯度；

c) 化学成分、物理性能、表面质量等特殊要求；

d) 规格；

e) 数量；

f) 标准编号；

g) 其他需要协商或增加标准以外要求的内容。

ICS 71.100.70
Y 42

中华人民共和国国家标准

GB/T 29659—2013

化妆品中丙烯酰胺的测定

Determination acrylamide in cosmetics

2013-09-06 发布　　2014-02-15 实施

中华人民共和国国家质量监督检验检疫总局
中国国家标准化管理委员会　发布

前　言

本标准按照 GB/T 1.1—2009 给出的规则起草。

本标准由中国轻工业联合会提出。

本标准由全国香料香精化妆品标准化技术委员会(SAC/TC 257)归口。

本标准起草单位：上海市日用化学工业研究所、广州市产品质量监督检验院、上海香料研究所。

本标准主要起草人：

第一法:武晓剑、李琼、沈敏、康薇；

第二法:冼燕萍、陈意光、罗东辉、罗海英、郭新东、吴玉銮。

化妆品中丙烯酰胺的测定

1 范围

本标准规定了化妆品中丙烯酰胺的液相色谱和液相色谱-质谱/质谱测定方法。

本标准适用于膏霜、乳液、化妆水等皮肤护理类化妆品中丙烯酰胺的测定。

本标准高效液相色谱-二极管阵列检测器法对丙烯酰胺的检出限为 30 μg/kg,定量限为 90 μg/kg;高效液相色谱-质谱/质谱法对丙烯酰胺的检出限为 5 μg/kg,定量限为 15 μg/kg。

2 规范性引用文件

下列文件对于本文件的应用是必不可少的。凡是注日期的引用文件,仅注日期的版本适用于本文件。凡是不注日期的引用文件,其最新版本(包括所有的修改单)适用于本文件。

GB/T 6682 分析实验室用水规格和试验方法

3 第一法 高效液相色谱-二极管阵列检测器法

3.1 原理

试样用水和甲醇的混合提取剂超声提取,过滤后,经配有二极管阵列检测器的高效液相色谱仪检测,外标法定量。

3.2 试剂和材料

除非另有规定,所用试剂均为分析纯。水为 GB/T 6682 规定的一级水。

3.2.1 甲醇:色谱纯。

3.2.2 丙烯酰胺标准物质:CAS 号 79-06-1,相对分子质量 71,纯度不小于 99.0 %,结构式:

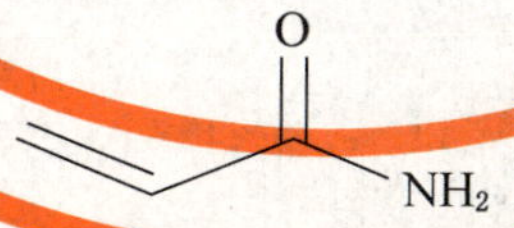

3.2.3 丙烯酰胺标准储备液:准确称取 100 mg(精确到 0.1 mg)标准品(3.2.2)于 100 mL 容量瓶中,用甲醇溶解并定容至刻度,配制成浓度为 1 mg/mL 的标准储备液,于 4 ℃避光保存。

3.3 仪器和设备

3.3.1 高效液相色谱仪(HPLC):配有二极管阵列检测器(DAD)。

3.3.2 分析天平:感量分别为 0.000 1 g 和 0.01 g。

3.3.3 超声波清洗仪。

3.3.4 离心机:大于 5 000 r/min。

3.3.5 可调移液器:量程分别为 10 μL~200 μL 和 100 μL~1 000 μL。

3.3.6 0.22 μm 微孔滤膜(避免使用尼龙材质)。

3.4 分析步骤

3.4.1 样品预处理

称取 1.0 g(精确至 0.01 g)试样于 10 mL 比色管中，加入水-甲醇(95∶5,体积分数)至刻度，超声提取 20 min 后，离心机(3.3.4)离心 20 min，经 0.22 μm 微孔滤膜过滤，以待进样。

3.4.2 高效液相色谱仪条件

高效液相色测定的参考条件如下：

a) 色谱柱：AQ-C_{18}柱，i.d.5 μm ,250 mm×4.6 mm(内径)，或相当者；

b) 流动相：水∶甲醇=95∶5(体积分数)，等度洗脱；

c) 流速：0.5 mL/min；

d) 柱温：40 ℃；

e) 检测波长：210 nm；

f) 进样量：20 μL。

3.4.3 校准曲线的绘制

分别取标准储备液(3.2.3)0.01 mL、0.05 mL、0.10 mL、0.20 mL、0.50 mL 用一级水定容至 100 mL，浓度分别为 0.1 μg/mL、0.5 μg/mL、1.0 μg/mL、2.0 μg/mL、5.0 μg/mL。取校准曲线各浓度溶液注入高效液相色谱仪，以峰面积与校准浓度绘制校准曲线。丙烯酰胺标准溶液色谱图见附录 A。

3.4.4 样品测定

取样品溶液(3.4.1)注入高效液相色谱仪，根据峰的保留时间和紫外光谱图定性。记录色谱峰面积，从校准曲线上获得对应的丙烯酰胺质量浓度。

3.4.5 定性确认

液相色谱仪对样品进行定性测定，进行样品测定时，如果检出的丙烯酰胺的色谱峰的保留时间与标准物质一致，并且在扣除背景后的样品色谱图，该物质的紫外吸收图谱与标准物质的紫外吸收图谱相一致，则可初步确认存在丙烯酰胺。必要时，阳性样品需要“第二法　液相色谱-质谱/质谱法”进行确认。

3.4.6 空白试验

除不称取试样外，均按上述步骤进行。

3.4.7 平行试验

按以上步骤，对同一试样进行平行试验测定。

3.5 结果计算

试样中丙烯酰胺的含量由色谱数据处理器或按式(1)计算：

$$X = \frac{C \times V}{m} \qquad \cdots\cdots (1)$$

式中：

X ——试样中丙烯酰胺的含量，单位为微克每克(μg/g)；

C ——校准曲线查出测试溶液中丙烯酰胺的质量浓度，单位为微克每毫升(μg/mL)；

V ——试样定容体积，单位为毫升(mL)；

m ——试样的质量,单位为克(g)。

3.6 回收率和精密度

在添加浓度为 5 μg/g～150 μg/g 的范围内,回收率在 90%～106%之间,相对标准偏差小于 5%。

3.7 允许差

在重复性条件下获得的两次独立测定结果的绝对差值不应超过算术平均值的 10%。

4 第二法 高效液相色谱-质谱/质谱法

4.1 原理

试样用丙酮超声提取,氮吹浓缩,以水溶解残渣,经 C_{18} 固相萃取柱净化,净化液用高效液相色谱-质谱/质谱测定,内标法定量。

4.2 试剂和材料

除非另有规定,所用试剂均为分析纯。水为 GB/T 6682 规定的一级水。

4.2.1 乙腈:色谱纯。

4.2.2 甲醇:色谱纯。

4.2.3 丙酮:分析纯。

4.2.4 乙酸:色谱纯。

4.2.5 0.3 %乙酸溶液:准确量取 3 mL 乙酸(4.2.4)于 1 L 容量瓶中,用水定容,混匀。过 0.45 μm 滤膜(4.3.8)备用。

4.2.6 C_{18} 固相萃取小柱:3 cm/500 mg;使用前依次以 3 mL 甲醇和 3 mL 水活化。

4.2.7 丙烯酰胺标准物质:同 3.2.2。

4.2.8 丙烯酰胺同位素内标(1,2,3-^{13}C):纯度不小于 99.0%。

4.2.9 丙烯酰胺标准储备液:准确称取 100 mg(精确到 0.1 mg)标准品(4.2.7)于 100 mL 容量瓶中,用水溶解并定容至刻度,配制成浓度为 1 mg/mL 的标准储备液,于 4 ℃避光保存。

4.2.10 丙烯酰胺同位素内标储备液:准确称取 5 mg(精确到 0.1 mg)内标标准品(4.2.8)于 100 mL 容量瓶中,用水溶解并定容至刻度,配制成浓度为 50 μg/mL 的内标储备液,于 4 ℃避光保存。

4.2.11 丙烯酰胺同位素内标使用液:以水稀释丙烯酰胺同位素内标储备液(4.2.10)至浓度为 500 μg/L。

4.2.12 基质溶液:称取阴性样品按步骤(4.4.1)处理后得到的溶液。

4.3 仪器和设备

4.3.1 高效液相色谱-质谱/质谱仪(HPLC-MS/MS):配有电喷雾离子源(ESI)。

4.3.2 分析天平:感量为 0.000 1 g 和 0.01 g。

4.3.3 离心机:转速不低于 4 000 r/min。

4.3.4 超声波清洗仪。

4.3.5 固相萃取装置。

4.3.6 水浴恒温氮气吹干仪。

4.3.7 涡旋混合器。

4.3.8 0.45 μm 微孔滤膜(避免使用尼龙材质)。

4.4 分析步骤

4.4.1 样品处理

4.4.1.1 提取

称取 2 g(精确至 0.01 g)试样于具塞塑料离心管中,加入内标使用液(4.2.11)1.0 mL。加入 10 mL 丙酮,超声提取 10 min,再涡旋振荡提取 5 min,以 4 000 r/min 离心 5 min,上清液移至吹氮管中。重复提取一次,合并提取液,置于 40 ℃水浴恒温氮气吹干仪中浓缩至干。加入 2 mL 水涡旋溶解残渣,待净化。

4.4.1.2 净化

将(4.4.1.1)中的待净化液转移至固相萃取柱(4.2.6)中,收集下滴溶液。当液面低于萃取柱填料时,加入 3 mL 水,收集合并下滴溶液,以水定容至 5.0 mL。摇匀,过微孔滤膜(4.3.8)后,供 HPLC-MS/MS 测定。

4.4.2 高效液相色谱-质谱/质谱测定条件

4.4.2.1 高效液相色谱参考条件

高效液相色谱测定的参考条件如下:

a) 色谱柱:C_{18}柱,150 mm×4.6 mm(i.d.)×5 μm,或相当者;
b) 流动相:0.3%乙酸溶液:乙腈=95:5(体积分数),等度洗脱;
c) 流速:0.5 mL/min;
d) 柱温:40 ℃;
e) 进样量:20 μL。

4.4.2.2 质谱参考条件

质谱测定的参考条件如下:

a) 电离方式:电喷雾电离,正离子;
b) 离子喷雾电压:5.5 kV;
c) 雾化气:氮气,40 psi;
d) 干燥气:氮气,流速 6 L/min,温度 450 ℃;
e) 碰撞气:氮气;
f) 分辨率:Q1(unit)Q3(unit);
g) 扫描模式:多反应监测(MRM),丙烯酰胺,母离子 m/z 72,子离子 m/z 55 和 m/z 44(定量离子);同位素内标,母离子 m/z 75,子离子 m/z 58(定量离子);
h) 停留时间:0.2 s;
i) 裂解电压:33 V;
j) 碰撞能量:m/z 72/55 为 17 V,m/z 72/44 为 20 V。

4.4.3 标准曲线的绘制

加入适量内标使用液(4.2.11)后,用基质溶液(4.2.12)将标准储备液(4.2.9)逐级稀释得到浓度为 20 μg/L、40 μg/L、80 μg/L、150 μg/L、300 μg/L 的标准工作液(含 100 μg/L 内标),按浓度由低到高进样检测,以标准溶液的浓度为横坐标、标准溶液的定量离子峰面积与内标溶液的定量离子峰面积比

($\frac{A_{标准}}{A_{内标}}$)为纵坐标做图，得到标准曲线回归方程。在上述色谱条件下，丙烯酰胺保留时间约为 4.15 min，丙烯酰胺标准溶液及其内标溶液的提取离子色谱图见附录 B。

4.4.4 定性定量测定

取样品溶液(4.4.1.2)注入高效液相色谱-质谱/质谱仪。在相同试验条件下，试样中待测物质与同时检测的丙烯酰胺标准物质具有相同的保留时间，并且所选择的离子对丰度比与丙烯酰胺的离子对丰度比相一致，则可判定为样品中存在丙烯酰胺残留。以内标法定量。待测样液中丙烯酰胺面积比应在标准曲线面积比的线性范围内，超过线性范围则应稀释后再进样分析。

4.4.5 空白试验

除不称取试样外，均按上述步骤进行。

4.4.6 平行试验

按以上步骤，对同一试样进行平行试验测定。

4.5 结果计算

试样中丙烯酰胺的含量由色谱数据处理器或按式(2)计算：

$$X=\frac{C\times V}{m} \qquad \cdots\cdots(2)$$

式中：

X ——试样中丙烯酰胺的含量，单位为微克每千克(μg/kg)；

C ——根据试样溶液中待测物的定量离子峰面积与内标溶液的定量离子峰面积的比值($\frac{A_{待测物}}{A_{内标}}$)在标准曲线上查得丙烯酰胺的浓度，单位为微克每升(μg/L)；

V ——样液最终定容体积，单位为毫升(mL)；

m ——试样的质量，单位为克(g)。

4.6 回收率和精密度

在添加浓度为 50 μg/kg～750 μg/kg 的范围内，回收率在 83.7%～95.0%之间，相对标准偏差小于 10%。

4.7 允许差

在重复性条件下获得的两次独立测定结果的绝对差值不应超过算术平均值的 15%。

附 录 A
（资料性附录）
丙烯酰胺标准溶液液相色谱法

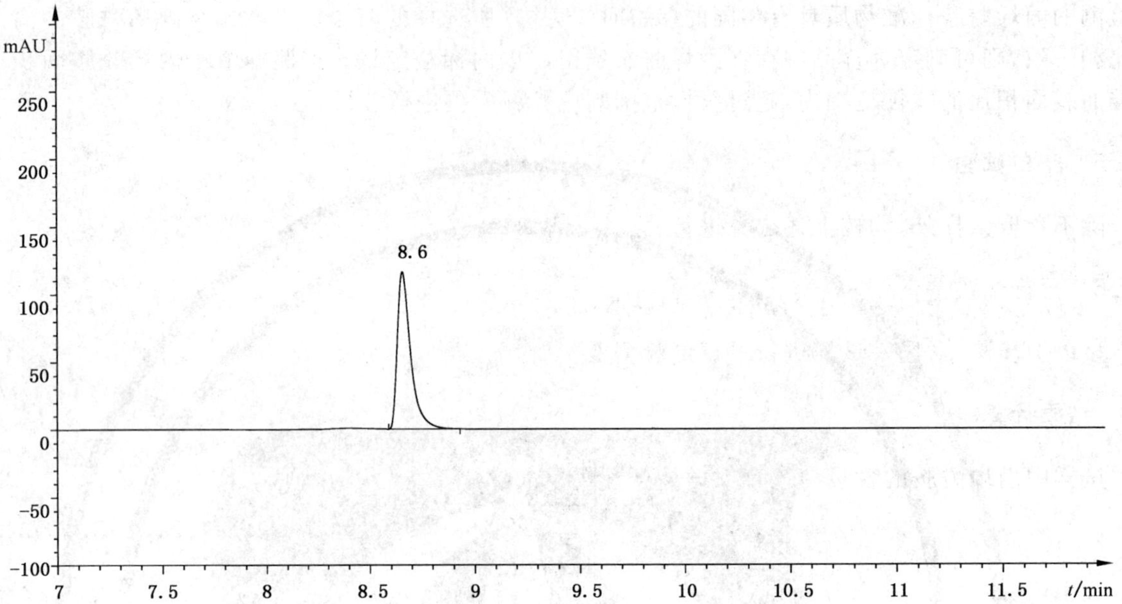

注：保留时间 8.6 min，丙烯酰胺标准溶液浓度为 2.5 μg/mL。

图 A.1 丙烯酰胺标准溶液液相色谱图

附 录 B
（资料性附录）
丙烯酰胺标准溶液及其内标溶液提取离子色谱图

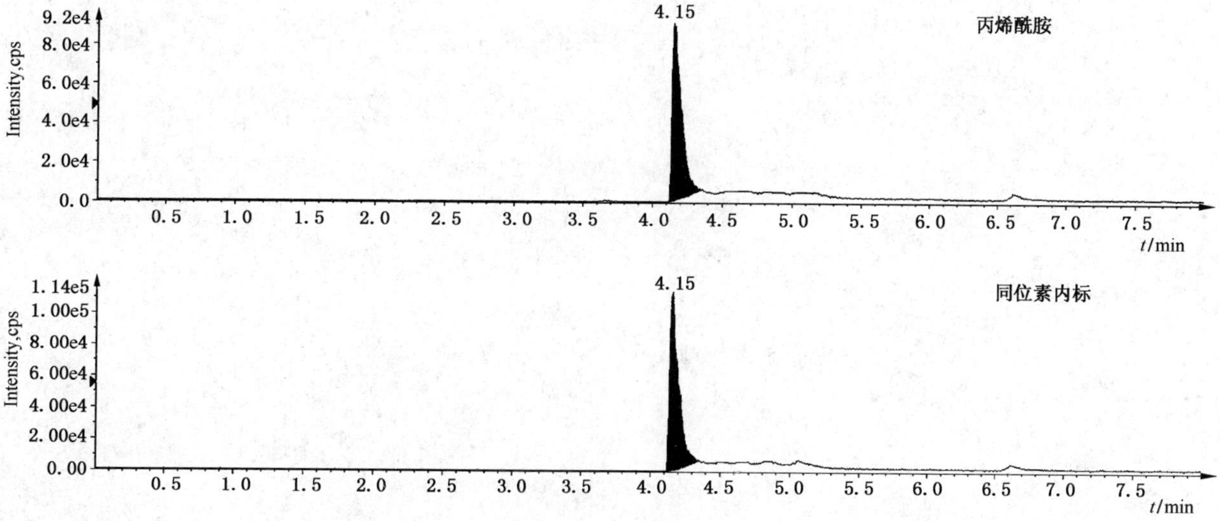

注：保留时间 4.15 min，丙烯酰胺标准溶液浓度为 300 μg/L。

图 B.1 丙烯酰胺标准溶液及其内标溶液提取离子色谱图

ICS 71.100.70
Y 42

中华人民共和国国家标准

GB/T 29660—2013

化妆品中总铬含量的测定

Determination of chromium in cosmetics

2013-09-06 发布 2014-02-15 实施

中华人民共和国国家质量监督检验检疫总局
中国国家标准化管理委员会 发布

前言

本标准按照GB/T 1.1—2009给出的规则起草。

本标准由中国轻工业联合会提出。

本标准由全国香料香精化妆品标准化技术委员会(SAC/TC 257)归口。

本标准起草单位:上海市日用化学工业研究所(国家香料香精化妆品质量监督检验中心)(第一法)大连市产品质量监督检验所(国家日化产品质量监督检验中心)(第二法)等。

本标准主要起草人:赵彤、徐颖虹、武晓剑、毛希琴、林燕、沈敏、姜俊、李安、郑顺利、李海燕。

化妆品中总铬含量的测定

1 范围

本标准规定了用火焰原子吸收分光光度法、电感耦合等离子体质谱法测定化妆品中总铬含量的方法。

本标准适用于化妆品中总铬含量的测定。当称样量为 1 g 时，火焰原子吸收分光光度法检出限为 0.25 mg/kg，定量限为 0.83 mg/kg；电感耦合等离子体质谱法检出限为 0.005 mg/kg，定量限为0.015 mg/kg。

2 规范性引用文件

下列文件对于本文件的应用是必不可少的。凡是注日期的引用文件，仅注日期的版本适用于本文件。凡是不注日期的引用文件，其最新版本(包括所有的修改单)适用于本文件。

GB/T 6682 分析实验室用水规格和试验方法

3 第一法 火焰原子吸收分光光度法

3.1 原理

样品经预处理使铬以离子状态存在于样品溶液中，样品溶液中铬离子被原子化后，基态铬原子吸收来自铬空心阴极灯发出的共振线，其吸光度与样品中铬含量成正比。在其他条件不变的情况下，根据测量被吸收后的谱线强度，与标准系列比较进行定量。

3.2 试剂和材料

除另有规定外，试剂均为分析纯。水为 GB/T 6682 规定的一级水。

3.2.1 硝酸(ρ_{20}=1.42 g/mL)，优级纯。

3.2.2 硝酸(2∶98，体积分数)：取 20 mL 硝酸(3.2.1)加入 980 mL 水中。

3.2.3 过氧化氢[$w(H_2O_2)=30\%$]。

3.2.4 辛醇。

3.2.5 国家标准物质水中铬[$\rho(Cr)=0.100$ g/L]。

3.2.6 铬标准溶液[$\rho(Cr)=10$ mg/L]：取国家标准物质水中铬[$\rho(Cr)=0.100$ g/L] 10.0 mL 置于 100 mL 容量瓶中，用硝酸(3.2.2)稀释至刻度。

3.3 仪器和设备

3.3.1 原子吸收分光光度计及其配件。

3.3.2 铬空心阴极灯。

3.3.3 恒温水浴锅。

3.3.4 具塞比色管 25 mL。

3.3.5 容量瓶 25 mL。

3.4 分析步骤

3.4.1 样品预处理

3.4.1.1 浸提法(含蜡质的样品不适合用此方法)

准确称取混匀试样(1 g,精确至 0.000 1 g)置于 25 mL 具塞比色管中。样品如含有乙醇等有机溶剂,则先放入低温水浴中挥发,若为膏霜型样品,可预先在水浴中加热使管壁上样品熔化流入管底部。加入硝酸(3.2.1)5 mL、过氧化氢(3.2.3)2 mL,混匀,如出现大量泡沫,可滴加数滴辛醇(3.2.4)。于沸水浴中加热 2 h。取出后放置至常温,用水定容至刻度,混匀备用。同时做试剂空白。

3.4.1.2 微波消解法

准确称取混匀试样(0.2 g～1 g,精确至 0.000 1 g)置于微波消解罐,含乙醇等挥发性原料的化妆品如香水、摩丝、沐浴液、染发剂、精华素、刮胡水、面膜等,则先放入 100 ℃恒温水浴上挥发(不得蒸干),油脂类和膏粉类等干性物质,如唇膏、睫毛膏、眉笔、胭脂、唇线笔、粉饼、眼影、爽身粉、痱子粉等,取样后先加水 0.5 mL～1 mL,润湿摇匀。样品或经预处理的样品,加入硝酸(3.2.1)6 mL,再加入过氧化氢(3.2.3)2 mL,轻轻摇匀使样品充分浸没,盖紧消解罐的上盖,同时做试剂空白样。微波消解条件参见附录 A。待冷却至室温后,打开微波消解罐,于电热板上(120 ℃～160 ℃)赶酸至 1 mL 左右,用水洗涤消解罐 3～4 次,洗液合并于 50 mL 容量瓶中,用水定容至刻度,混匀备用。

3.4.2 标准曲线的制备

分别移取铬标准溶液(3.2.6)1.00 mL、2.00 mL、3.00 mL、5.00 mL、7.00 mL,分别置于 25 mL 容量瓶中用硝酸(3.2.2)定容至刻度,混匀待测。该标准系列浓度分别为 0.4 mg/L、0.8 mg/L、1.2 mg/L、2.0 mg/L、2.8 mg/L。以吸光度为纵坐标,对应的溶液浓度为横坐标作图,绘制标准工作曲线。

3.4.3 测定

将原子吸收分光光度计调试到最佳状态后,火焰原子吸收仪器条件参见附录 B。分别测定铬校准曲线系列、空白和样品溶液。

3.5 结果计算

按式(1)计算试样中铬含量:

$$X=\frac{(c-c_0)\times V\times 1\ 000}{m\times 1\ 000} \qquad \cdots\cdots(1)$$

式中:

X ——试样中铬含量,单位为毫克每千克(mg/kg);

c ——试样中铬的浓度,单位为毫克每升(mg/L);

c_0 ——试剂空白液中铬的浓度,单位为毫克每升(mg/L);

V ——试样定容体积,单位为毫升(mL);

m ——试样质量,单位为克(g)。

计算结果保留两位有效数字。

3.6 回收率和精密度

在添加浓度 0.8 mg/L～2.0 mg/L 浓度范围内,回收率在 85.4%～103.1%之间,相对标准偏差为 1.5%～2.7%。

3.7 允许差

在重复性条件下获得的两次独立测定结果的绝对差值不得超过算术平均值的10%。

4 第二法 电感耦合等离子体质谱法

4.1 原理

试样经酸消解后，用电感耦合等离子体质谱仪测定，内标法定量。

4.2 试剂和材料

除另有规定外，试剂均为分析纯。水为GB/T 6682规定的一级水。

4.2.1 硝酸(ρ_{20}=1.42 g/mL)：优级纯。

4.2.2 硝酸(2∶98，体积分数)优级纯：取20 mL硝酸(4.2.1)加入980 mL水中。

4.2.3 过氧化氢[$w(H_2O_2)$=30%]：优级纯。

4.2.4 国家标准物质水中铬[ρ(Cr)=0.100 g/L]。

4.2.5 铬标准使用液(1.00 mg/L)：吸取1.00 mL铬元素标准溶液(4.2.4)置于1 000 mL容量瓶中，加入20 mL硝酸(4.2.1)，用水稀释至刻度，该溶液每升含1.00 mg铬。

4.2.6 铬标准使用液(0.100 mg/L)：吸取10.0 mL铬标准溶液(4.2.5)，置于100 mL容量瓶中，用硝酸(4.2.2)稀释至刻度。

4.2.7 钪元素标准溶液[ρ(Sc)=1 000 mg/L]。

4.2.8 钪内标溶液(1.00 mg/L)：吸取1.00 mL钪标准溶液(4.2.7)置于1 000 mL容量瓶中，加入20 mL硝酸(4.2.1)，用水稀释至刻度。

4.3 仪器和设备

4.3.1 电感耦合等离子体质谱仪。

4.3.2 分析天平，感量0.1 mg。

4.3.3 微波消解仪。

4.3.4 恒温干燥箱。

4.3.5 恒温电热板。

4.3.6 微波消解罐或高压密闭消解罐。

4.4 分析步骤

4.4.1 样品预处理

4.4.1.1 微波消解法

微波消解同3.4.1.2，加入1.00 mL内标溶液(4.2.8)，用水定容至刻度，混匀备用。同时做试剂空白。

4.4.1.2 高压密闭消解法

准确称取混匀试样(0.2 g～1 g，精确至0.000 1 g)置于高压密闭消解罐中，含乙醇等挥发性原料的化妆品如香水、摩丝、沐浴液、染发剂、精华素、刮胡水、面膜等，则先放入温度可调的100 ℃恒温电热板上挥发(不得蒸干)，油脂类和膏粉类等干性物质，如唇膏、睫毛膏、眉笔、胭脂、唇线笔、粉饼、眼影、爽身粉、痱子粉等，取样后先加水 0.5 mL～1 mL，润湿摇匀。加硝酸(4.2.1)6 mL，再加入过氧化氢(4.2.3) 2 mL，盖好内盖，旋紧外盖，置于恒温干燥箱中，145 ℃保持 4 h～5 h。待冷却至室温后，打开高压密闭消解罐，于电热板上(120 ℃～160 ℃)赶酸至 1 mL 左右，用水洗涤消解罐 3～4 次，洗液合并于 50 mL 容量瓶中，加入 1.00 mL 内标溶液(4.2.8)，用水定容至刻度，混匀备用。同时做试剂空白。

4.4.2 标准曲线的制备

吸取铬标准使用液(4.2.6)0 mL、0.50 mL；吸取铬标准使用液(4.2.5)0.25 mL、0.50 mL、1.00 mL、2.50 mL、5.00 mL 于 50 mL 容量瓶中，同时加入 1.0 mL 内标溶液(4.2.8)，用硝酸(4.2.2)定容至刻度。此标准系列浓度为 0 mg/L 、0.001 mg/L 、0.005 mg/L、0.010 mg/L、0.020 mg/L、0.050 mg/L、0.100 mg/L。

4.4.3 测定

调谐仪器参数，依次测定标准曲线和试样溶液，待测元素及内标元素测定质量数见表 1，电感耦合等离子体质谱仪器条件参见附录 B。

表 1 测定元素质量数

元素名称	质量数	主要干扰离子
铬(Cr)	52	^{40}Ar、^{12}C
	53	^{37}Cl、^{16}O
钪(Sc)	45	—

4.5 结果计算

按式(2)计算试样中铬含量：

$$X = \frac{(c - c_0) \times V \times 1\,000}{m \times 1\,000} \quad \cdots\cdots(2)$$

式中：

X ——试样中铬含量，单位为毫克每千克(mg/kg)；

c ——试样中铬的浓度，单位为毫克每升(mg/L)；

c_0 ——试剂空白液中铬的浓度，单位为毫克每升(mg/L)；

V ——试样定容体积，单位为毫升(mL)；

m ——试样质量，单位为克(g)。

计算结果保留两位有效数字。

4.6 回收率和精密度

在添加浓度 0.25 mg/kg～20 mg/kg 浓度范围内，回收率在 91.6%～103.8%之间，相对标准偏差小于 10%。

4.7 允许差

在重复性条件下获得的两次独立测定结果的绝对差值不大于其算术平均值的 10%。

附 录 A
（资料性附录）
微波消解条件

A.1 微波消解条件见表 A.1。

表 A.1 微波消解条件

升温档	温度(℃)	保留时间(min)
1	100	5
2	140	15
3	200	10

附　录　B
（资料性附录）
火焰原子吸收仪器和电感耦合等离子体质谱仪器参考条件

B.1　火焰原子吸收仪器参考条件

火焰原子吸收仪器参考条件如下：

a）波长：357.9 nm；
b）背景校正：采用氘灯扣除背景法；
c）乙炔空气比：3∶16；
d）电流：10 mA～12 mA；
e）火焰高度：11 mm；
f）重复次数：3。

B.2　电感耦合等离子体质谱仪器参考条件

电感耦合等离子体质谱仪器参考条件如下：

a）等离子体流速：15.0 L/min；
b）载气流速：1.20 L/min；
c）等离子体射频功率：1 350 W；
d）采样深度：8.0 mm；
e）重复次数：3。

ICS 71.100.70
Y 42

中华人民共和国国家标准

GB/T 29661—2013

化妆品中尿素含量的测定 酶催化法

Determination of urea content in cosmetics—Enzymatic method

2013-09-06 发布 2014-02-15 实施

中华人民共和国国家质量监督检验检疫总局
中国国家标准化管理委员会 发布

前　言

本标准按照 GB/T 1.1—2009 给出的规则起草。

本标准由中国轻工业联合会提出。

本标准由全国香料香精化妆品标准化技术委员会(SAC/TC 257)归口。

本标准起草单位:上海市日用化学工业研究所(国家香料香精化妆品质量监督检验中心)、大连市产品质量监督检验所。

本标准主要起草人:崔俭杰、李琼、林燕、康薇、孙稚菁、吴海霞、毛希琴。

化妆品中尿素含量的测定
酶催化法

1 范围

本标准规定了化妆品中尿素含量的测定方法——酶催化法。

本标准适用于化妆品中尿素的定量测定,其定量下限为0.025%。

2 规范性引用文件

下列文件对于本文件的应用是必不可少的。凡是注日期的引用文件,仅注日期的版本适用于本文件。凡是不注日期的引用文件,其最新版本(包括所有的修改单)适用于本文件。

GB/T 6682 分析实验室用水规格和试验方法

GB/T 601 化学试剂 标准滴定溶液的制备

3 原理

样品在偏酸性条件下,所含尿素被尿素酶分解为铵盐,用酸滴定,由此计算尿素含量。

$$CO(NH_2)_2 + 2H_2O \xrightarrow{\text{尿素酶}} (NH_4)_2CO_3$$

$$(NH_4)_2CO_3 + 2HCl = 2NH_4Cl + CO_2 + H_2O$$

4 试剂和材料

除另有规定外,试剂均为分析纯。水为GB/T 6682规定的三级水。

4.1 尿素酶:0.5 g以下可将0.25 g尿素于40 ℃~45 ℃在1 h内完全分解。按照产品说明保存。

4.2 0.1 mol/L盐酸:配制方法按GB/T 601。

4.3 0.1 mol/L NaOH溶液:称取0.40 g NaOH固体,溶于100 mL水中。

4.4 无水乙醇。

4.5 塑料薄膜。

5 仪器和设备

5.1 高型烧杯,100 mL。

5.2 酸式滴定管。

5.3 超声波清洗仪。

5.4 磁力搅拌器。

5.5 pH计:精度0.01。

5.6 分析天平:感量0.01 g。

5.7 恒温水浴锅。

6 分析步骤

6.1 试样制备

6.1.1 水剂类、乳液类、膏霜类(O/W)样品

称取均匀样品 0.5 g(精确至 0.01 g)于高型烧杯中，加入 50 mL 水，用塑料薄膜封口，超声提取 20 min。

将高型烧杯放在磁力搅拌器上，边搅拌边滴加盐酸(4.2)中和至 pH4.0(用 pH 计，不计量，若溶液呈 pH＜4.0，则需滴加 NaOH 溶液(4.3)到 pH＞4.0，再用盐酸(4.2)中和至 pH4.0)，加入 0.2 g 粉碎较细的尿素酶(4.1)立即用塑料薄膜封口，置于 50 ℃水浴中不时的摇晃，30 min 后取出冷却至室温，边搅拌边用 0.1 mol/L 的盐酸(4.2)滴定至 pH4.0，记录消耗的 0.1 mol/L 盐酸标准溶液的体积 V_1。同时做一空白试验，记录消耗的 0.1 mol/L 盐酸标准溶液的体积 V_0。

6.1.2 膏霜类(W/O)、油溶性样品

称取均匀样品 0.5 g(精确至 0.01 g)于 15 mL 离心管中，加 10 mL 无水乙醇(4.4)，超声提取 20 min。以不低于 5 000 r/min 离心 15 min，将上清液全部转移至高型烧杯中，再加入 40 mL 水，摇匀。

余下步骤与 6.1.1 相同。

6.1.3 唇膏类样品

称取均匀样品 0.5 g(精确至 0.01 g)于 15 mL 离心管中，加 10 mL 无水乙醇(4.4)，在 80 ℃水浴中加热 3 min～5 min 使唇膏融化，涡旋 1 min，超声提取 20 min。以不低于 5 000 r/min 离心 15 min，将上清液全部转移至高型烧杯中，再加入 40 mL 水，摇匀。

余下步骤与 6.1.1 相同。

6.2 平行试验

按上述步骤，对同一样品进行平行实验测定。

7 结果计算

按式(1)计算尿素含量，以%表示：

$$X=\frac{60.06\times(V_1-V_0)\times c}{2\times 1\,000m}\times 100\% \qquad \cdots\cdots(1)$$

式中：

60.06 ——尿素的相对分子质量；

V_1 ——样品消耗 0.1 mol/L 盐酸标准溶液的体积，单位为毫升(mL)；

V_0 ——空白试验消耗 0.1 mol/L 盐酸标准溶液的体积，单位为毫升(mL)；

c ——0.1 mol/L 盐酸标准溶液的浓度，单位为摩尔每升 (mol/L)；

m ——试验样品质量，单位为克(g)。

计算结果保留至小数点后 1 位。

注：若检测尿素含量超过 20%，需要以减少样品称样量的方式重新进行测定。

8 方法定量限

化妆品中尿素的定量测定，其定量下限为0.025%。

9 回收率

尿素含量在0.1%～20.0%范围内，回收率在95%～110%，相对标准偏差小于10%。

10 允许差

在重复性条件下获得的两次独立测定结果的绝对差值不得超过算术平均值的10%。

ICS 71.100.70
Y 42

中华人民共和国国家标准

GB/T 29662—2013

化妆品中曲酸、曲酸二棕榈酸酯的测定 高效液相色谱法

Determination of kojic acid and kojic dipalmitate in cosmetics—High performance liquid chromatography

2013-09-06 发布　　2014-02-15 实施

中华人民共和国国家质量监督检验检疫总局
中国国家标准化管理委员会　发布

前　言

本标准按照 GB/T 1.1—2009 给出的规则起草。

本标准由中国轻工业联合会提出。

本标准由全国香料香精化妆品标准化技术委员会(SAC/TC 257)归口。

本标准起草单位:上海市日用化学工业研究所、大连市产品质量监督检验所、上海家化联合股份有限公司。

本标准主要起草人:崔俭杰、李琼、沈敏、毛希琴、胡侠、刘超、徐伟东。

化妆品中曲酸、曲酸二棕榈酸酯的测定 高效液相色谱法

1 范围

本标准规定了化妆品中曲酸及其衍生物曲酸二棕榈酸酯的测定方法。

本标准适用于化妆品中曲酸的测定,检出限为0.01%,定量限为0.1%。

本标准适用于化妆品中曲酸二棕榈酸酯的测定,检出限为0.04%,定量限为0.4%。

2 规范性引用文件

下列文件对于本文件的应用是必不可少的。凡是注日期的引用文件,仅注日期的版本适用于本文件。凡是不注日期的引用文件,其最新版本(包括所有的修改单)适用于本文件。

GB/T 6682 分析实验室用水规格和试验方法

3 化妆品中曲酸的测定

3.1 原理

以流动相-甲醇与1%醋酸水溶液(10:90)为溶剂,超声提取、离心,0.45 μm的滤膜过滤,溶液注入配有二极管阵列检测器(DAD)的液相色谱仪检测,外标法定量。

3.2 试剂和材料

除非另有规定,所用试剂均为分析纯。水为GB/T 6682规定的一级水。

3.2.1 甲醇:色谱纯。

3.2.2 曲酸:纯度不小于98%。

3.2.3 醋酸。

3.2.4 1%醋酸水溶液:取10 mL冰醋酸,定容至1 000 mL。

3.2.5 流动相:甲醇:1%醋酸水溶液=10:90。

3.2.6 曲酸标准储备液:准确称取0.1 g(精确到0.000 1 g)曲酸于50 mL烧杯中,加1%的醋酸水溶液溶解后,移入100 mL容量瓶中,用1%的醋酸水溶液定容至刻度,即得曲酸溶液浓度为1 000 mg/L的标准储备液。密封阴凉处保存3个月。

3.2.7 标准工作溶液:分别移取标准储备液(3.2.6)0.2 mL、0.5 mL、1.0 mL、2.0 mL、5.0 mL于5个10 mL容量瓶中,用流动相(3.2.5)定容至刻度,配成一系列浓度分别为0.02 mg/mL、0.05 mg/mL、0.1 mg/mL、0.2 mg/L、0.5 mg/L的标准工作溶液。

3.3 仪器和设备

3.3.1 高效液相色谱仪,配有二极管阵列检测器。

3.3.2 微量进样器,10 μL。

3.3.3 超声波清洗器。

3.3.4 离心机,大于 8 000 r/min。

3.3.5 溶剂过滤器和 0.45 μm 有机滤膜。

3.3.6 天平:感量 0.01 g;感量 0.000 1 g。

3.4 测定步骤

3.4.1 样品处理

称取 0.2 g(精确至 0.01 g)试样于 10 mL 具塞比色管中,加入流动相(3.2.5)至刻度,超声提取 20 min。取部分溶液转移至 10 mL 具塞塑料离心管中,以 8 000 r/min 离心 20 min,上清液经0.45 μm 滤膜过滤,供高效液相色谱测定。

注:如离心难以获得上清液可加适量氯化钠破乳。

3.4.2 色谱条件

高效液相色谱测定的参考条件如下:

a) 高效液相色谱仪:配有二极管阵列检测器;
b) 色谱柱:C_{18}柱,250 mm×4.6 mm(内径),5 μm(粒径),或相当者;
c) 流动相(3.2.5);
d) 流速:1.0 mL/min;
e) 柱温:30 ℃;
f) 检测波长:268 nm;
g) 进样量:5 μL。

3.4.3 标准工作曲线绘制

将曲酸标准工作溶液(3.2.7)按色谱条件(3.4.2)进行测定,以色谱峰的峰面积为纵坐标,对应的溶液浓度为横坐标作图,绘制标准工作曲线。标准物质色谱图见附录 A。

3.4.4 试样测定

将试样溶液(3.4.1)按色谱条件(3.4.2)进行测定,记录色谱峰的保留时间和峰面积,用外标法定量。样品试样溶液中的被测物的响应值应在仪器测定的线性范围之内。被测物含量高的试样可取适量试样溶液用流动相稀释后进行测定。

3.4.5 定性确证

液相色谱仪对样品进行定性测定,进行样品测定时,如果检出曲酸的色谱峰的保留时间与标准品相一致,并且在扣除背景后的样品色谱图中,该物质的紫外吸收图谱与标准品的紫外吸收图谱相一致,则可确认样品中存在曲酸。

3.4.6 空白试验

除不称取样品外,均按上述步骤同时完成空白试验。

3.4.7 平行试验

按上述步骤,对同一样品进行平行实验测定。

3.5 结果计算

结果按式(1)计算,计算结果应扣除空白值:

$$X_i = \frac{c_i \times V_i}{1\ 000\ m_i} \times 100\% \qquad \cdots\cdots(1)$$

式中：

X_i ——样品中曲酸的质量浓度，%；

c_i ——标准曲线查得曲酸的浓度，单位为毫克每毫升(mg/mL)；

V_i ——样品稀释后的总体积，单位为毫升(mL)；

m_i ——样品质量，单位为克(g)。

3.6 回收率和精密度

曲酸含量在 0.1%～2.5%范围内，回收率在 95%～105%之间，相对标准偏差小于 10%。

3.7 允许差

在重复性条件下获得的两次独立测定结果的绝对值差不得超过算数平均值的 10%。

4 化妆品中曲酸二棕榈酸酯的测定

4.1 原理

以四氢呋喃为溶剂，超声提取，0.45 μm 的滤膜过滤，溶液注入配有二极管阵列检测器(DAD)的液相色谱仪检测，外标法定量。

4.2 试剂和材料

除非另有规定，所用试剂均为分析纯。

4.2.1 甲醇：色谱纯。

4.2.2 四氢呋喃：色谱纯。

4.2.3 曲酸二棕榈酸酯：纯度不小于 98%。

4.2.4 曲酸二棕榈酸酯标准储备液：准确称取 0.1 g(精确到 0.000 1 g)曲酸二棕榈酸酯于 50 mL 烧杯中，加四氢呋喃(4.2.2)溶解(若不易溶解可稍微加热)，移入 100 mL 容量瓶中，四氢呋喃(4.2.2)定容至刻度，即得曲酸二棕榈酸酯溶液浓度为 1 000 mg/L 的标准储备液。

4.2.5 标准工作溶液：分别移取标准储备液(4.2.4)0.2 mL、0.4 mL、0.6 mL、0.8 mL、1.0 mL 于 5 个 10 mL 容量瓶中，用四氢呋喃(4.2.2)定容至刻度，配成一系列浓度分别为 0.02 mg/L、0.04 mg/L、0.06 mg/L、0.08 mg/L、0.1 mg/L 的标准工作溶液。

4.3 仪器和设备

4.3.1 高效液相色谱仪，配有二极管阵列检测器、金属管路、金属密封垫。

4.3.2 微量进样器，10 μL。

4.3.3 超声波清洗器。

4.3.4 溶剂过滤器和 0.45 μm 有机滤膜。

4.3.5 天平：感量 0.01 g；感量 0.000 1 g。

4.4 测定步骤

4.4.1 样品处理

称取化妆品试样约 0.1 g(精确到 0.01 g)，于 20 mL 具塞比色管中，用四氢呋喃(4.2.2)定容至刻度，在超声波清洗器中超声振荡 15 min。取部分溶液经 0.45 μm 滤膜过滤，滤液待测定用。

4.4.2 色谱条件

高效液相色谱测定的参考条件如下：

a) 高效液相色谱仪，配有二极管阵列检测器、金属管路、金属密封垫；

b) 色谱柱：C_{18}柱，不锈钢柱，250 mm×4.6 mm(内径)，5 μm(粒径)，或相当者；

c) 流动相：甲醇：四氢呋喃＝75：25；

d) 流速：1.0 mL/min；

e) 柱温：30 ℃；

f) 检测波长：252 nm；

g) 进样量：5 μL。

4.4.3 标准工作曲线绘制

将曲酸二棕榈酸酯标准工作溶液(4.2.5)，按色谱条件(4.4.2)进行测定，以色谱峰的峰面积为纵坐标，对应的溶液浓度为横坐标作图，绘制标准工作曲线。标准物质色谱图见附录B。

4.4.4 试样测定

将试样溶液(4.4.1)按色谱条件(4.4.2)进行测定，记录色谱峰的保留时间和峰面积，用外标法定量。样品溶液中的被测物的响应值应在仪器测定的线性范围之内。被测物含量高的试样可取适量试样溶液用流动相稀释后进行测定。

4.4.5 定性确证

液相色谱仪对样品进行定性测定，进行样品测定时，如果检出曲酸的色谱峰的保留时间与标准品相一致，并且在扣除背景后的样品色谱图中，该物质的紫外吸收图谱与标准品的紫外吸收图谱相一致，则可确认样品中存在曲酸二棕榈酸酯。

4.4.6 空白试验

除不称取样品外，均按上述步骤同时完成空白试验。

4.4.7 平行试验

按上述步骤，对同一样品进行平行实验测定。

4.5 结果计算

结果按式(2)计算，计算结果应扣除空白值：

$$X_j = \frac{c_j \times V_j}{1\,000\ m_j} \times 100\% \qquad \cdots\cdots(2)$$

式中：

X_j ——样品中曲酸的质量浓度，%；

c_j ——标准曲线查得曲酸的浓度，单位为毫克每毫升(mg/mL)；

V_j ——样品稀释后的总体积，单位为毫升(mL)；

m_j ——样品质量，单位为克(g)。

4.6 回收率和精密度

曲酸二棕榈酸酯含量在0.4%～2.0%范围，回收率在95%～105%之间，相对标准偏差小于10%。

4.7 允许差

在重复性条件下获得的两次独立测定结果的绝对值差不得超过算数平均值的10%。

附 录 A
（资料性附录）
曲酸标准物质的液相色谱图

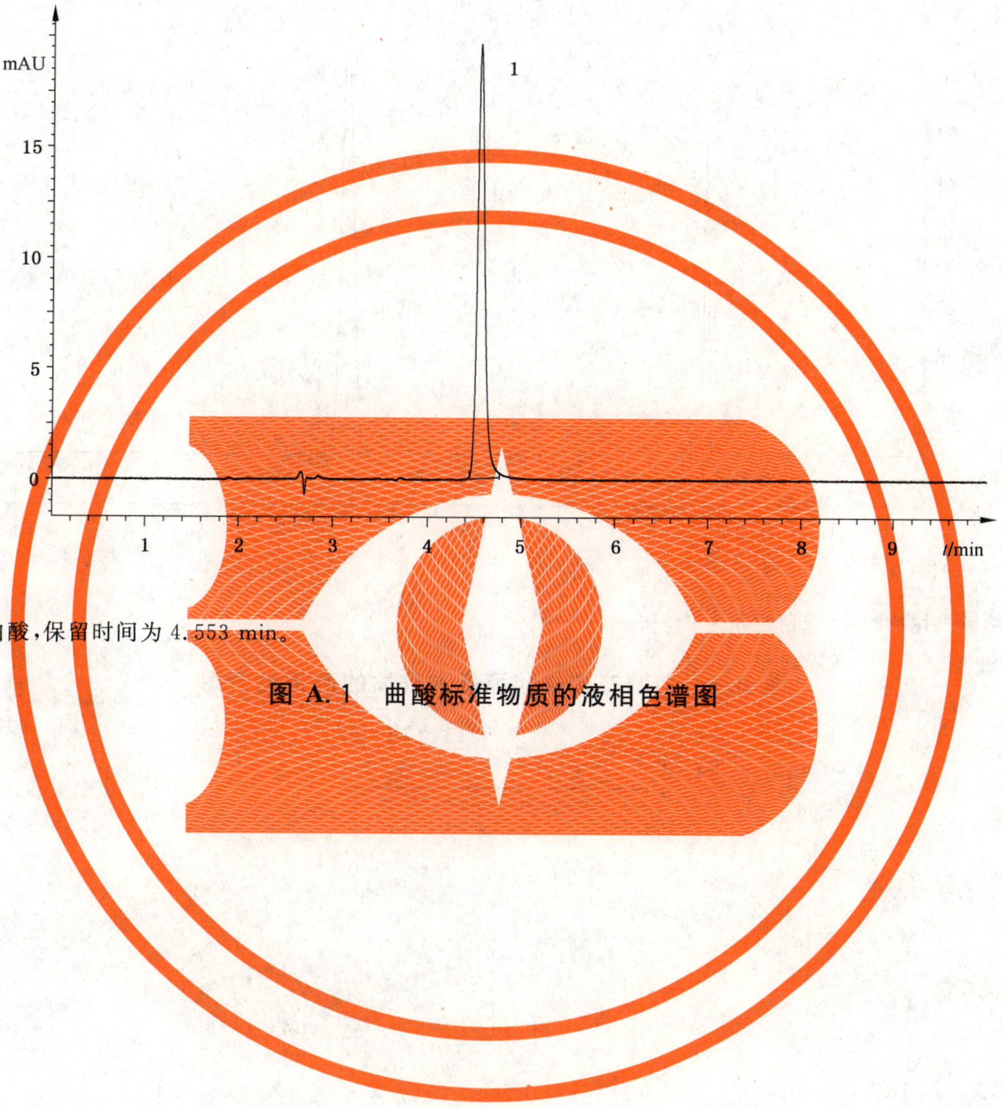

说明：

1——曲酸，保留时间为 4.553 min。

图 A.1 曲酸标准物质的液相色谱图

附　录　B
（资料性附录）
曲酸二棕榈酸酯标准物质的液相色谱图

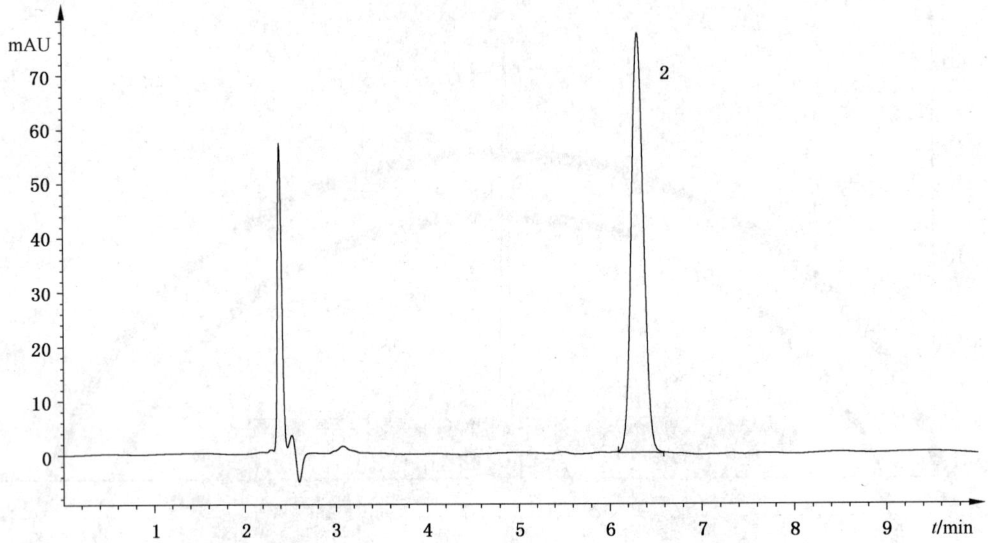

说明：

2——曲酸二棕榈酸酯，保留时间为 6.316 min。

图 B.1　曲酸二棕榈酸酯标准物质的液相色谱图

ICS 71.100.70
Y 42

中华人民共和国国家标准

GB/T 29663—2013

化妆品中苏丹红Ⅰ、Ⅱ、Ⅲ、Ⅳ的测定 高效液相色谱法

Determination of sudan Ⅰ,Ⅱ,Ⅲ,Ⅳ in cosmetics—High performance liquid chromatography

2013-09-06 发布　　　　2014-02-15 实施

中华人民共和国国家质量监督检验检疫总局
中国国家标准化管理委员会　发布

前　　言

本标准按照GB/T 1.1—2009给出的规则起草。

本标准由中国轻工业联合会提出。

本标准由全国香料香精化妆品标准化技术委员会(SAC/TC 257)归口。

本标准起草单位:上海市日用化学工业研究所(国家香料香精化妆品质量监督检验中心)、中国检验检疫科学研究院、上海市计量测试技术研究院。

本标准主要起草人:武晓剑、李琼、马强、李懿睿、沈敏、康薇。

引　言

本标准的被测物质是我国《化妆品卫生规范》规定的禁用物质，不得作为化妆品原料即组分添加到化妆品中。如果技术上无法避免禁用物质作为杂质带入化妆品时，则化妆品成品应符合《化妆品卫生规范》对化妆品的一般要求，即在正常及合理的可预见的使用条件下，不得对人体健康产生危害。

目前我国尚未规定这些物质的限量值，本标准的制定，仅对化妆品中测定这些物质提供检测方法。

化妆品中苏丹红Ⅰ、Ⅱ、Ⅲ、Ⅳ的测定 高效液相色谱法

1 范围

本标准规定了化妆品中苏丹红色素Ⅰ、Ⅱ、Ⅲ、Ⅳ的液相色谱测定方法。

本标准适用于唇膏、唇彩、粉、粉块、指甲油彩妆类化妆品中苏丹红Ⅰ、Ⅱ、Ⅲ、Ⅳ的测定，检出限均为 50 μg/kg，定量限均为 150 μg/kg。

2 规范性引用文件

下列文件对于本文件的应用是必不可少的。凡是注日期的引用文件，仅注日期的版本适用于本文件。凡是不注日期的引用文件，其最新版本(包括所有的修改单)适用于本文件。

GB/T 6682 分析实验室用水规格和试验方法

3 原理

样品用乙腈超声提取，过滤后，经配有二极管阵列检测器的高效液相色谱仪检测，外标法定量。

4 试剂和材料

除非另有规定，所用试剂均为分析纯。水为 GB/T 6682 规定的一级水。

4.1 苏丹红Ⅰ、Ⅱ、Ⅲ、Ⅳ标准物质：苏丹红Ⅰ、Ⅱ、Ⅲ、Ⅳ标准物质的纯度不小于 90.0%，CAS 登录号、中文名称、英文名称、分子式、相对分子质量、结构式参见附录 A。

4.2 丙酮：色谱纯。

4.3 乙腈：色谱纯。

4.4 甲酸：分析纯。

4.5 四氢呋喃：分析纯。

4.6 N,N-二甲基甲酰胺：分析纯。

4.7 甲酸的水溶液(0.1%)：取 1 mL 甲酸(4.4)，用水定容至 1 000 mL。

4.8 甲酸的乙腈溶液(0.1%)：取 1 mL 甲酸(4.4)，用乙腈(4.3)定容至 1 000 mL。

4.9 苏丹红混合储备液：准确称取苏丹红标准样品Ⅰ、Ⅱ、Ⅲ、Ⅳ(4.1)各 0.05 g(精确至 0.000 1 g)，用乙腈(4.3)定容于 100 mL 容量瓶中，得苏丹红混合标准储备液，于 4 ℃避光保存三个月。

4.10 标准工作溶液：用乙腈(4.3)将上述混合标准储备液分别配制成 5 μg/mL、10 μg/mL、15 μg/mL、25 μg/mL、50 μg/mL 标准工作溶液，现用现配。

5 仪器和设备

5.1 高效液相色谱仪：配二极管阵列检测器。

5.2 分析天平：感量分别为 0.000 1 g 和 0.01 g。

5.3 超声波清洗器。

5.4 0.22 μm 有机微孔滤膜(避免使用尼龙材质)。

6 测定步骤

6.1 样品处理

6.1.1 粉、粉块类样品

称取样品 1.0 g(精确至 0.000 1 g)于 25 mL 比色管中,用乙腈(4.3)定容至刻度,超声提取后,经 0.22 μm 微孔滤膜(5.4)过滤,以待进样。

6.1.2 唇彩类样品

称取样品 1.0 g(精确至 0.000 1 g)于 25 mL 比色管中,先加入适量四氢呋喃(4.5)溶解基质,用乙腈(4.3)定容至刻度,超声提取后,经 0.22 μm 微孔滤膜(5.4)过滤,以待进样。

6.1.3 指甲油样品

称取样品 1.0 g(精确至 0.000 1 g)于 25 mL 比色管中,先加入适量 N,N-二甲基甲酰胺(4.6)溶解基质,用乙腈(4.3)定容至刻度,超声提取后,经 0.22 μm 微孔滤膜(5.4)过滤,以待进样。

6.2 测定

6.2.1 色谱条件

高效液相色谱测定的参考条件如下:

a) 色谱柱:C18 柱(i.d. 5 μm,250 mm×4.6 mm);
b) 流动相 A 相:V(0.1%甲酸的水溶液):V(乙腈)=85:15,B 相:V(0.1%甲酸的乙腈溶液):V(丙酮)=80:20;
c) 梯度洗脱时间:见表 1;
d) 流速:1.0 mL/min;
e) 柱温:30 ℃;
f) 检测波长:苏丹红Ⅰ号 478 nm、苏丹红Ⅱ号 500 nm、苏丹红Ⅲ号 500 nm、苏丹红Ⅳ号 520 nm;
g) 进样量:10 μL。

表 1 流动相梯度表

时间/min	流动相	
	A/%	B/%
0	25	75
10	25	75
25	0	100
32	0	100
35	25	75
40	25	75

6.2.2 标准工作曲线绘制

将标准工作溶液(4.10)按色谱条件(6.2.1)进行测定,以色谱峰的峰面积为纵坐标,对应的溶液浓度为横坐标作图,绘制标准工作曲线。标准物质色谱图参见附录B。

6.2.3 试样测定

将试样(6.1)按色谱条件(6.2.1)进行测定,外标法定量。样品溶液中的被测物的响应值均应在标准曲线的线性范围之内。超出线性范围则应稀释后再进样测定。

6.2.4 定性确证

液相色谱仪对样品进行定性测定,进行样品测定时,如果检出苏丹红的色谱峰的保留时间与标准品相一致,并且在扣除背景后的样品色谱图中,该物质的可见吸收图谱(400 nm～900 nm)与标准品的可见吸收图谱一致,则可初步认定样品中存在苏丹红。必要时,阳性样品需用其他方法进行确证试验。

6.3 空白试验

除不称取试样外,均按上述步骤进行。

6.4 平行试验

按以上步骤,对同一试样进行平行试验测定。

7 结果计算

结果按式(1)计算,计算结果应扣除空白试验值:

$$X=\frac{c\times V}{m} \qquad \cdots\cdots(1)$$

式中:

X ——试样中苏丹红的含量,单位为微克每克(μg/g);

c ——校准曲线查出测试溶液中苏丹红的质量浓度,单位为微克每毫升(μg/mL);

V ——样品定容体积,单位为毫升(mL);

m ——样品的质量,单位为克(g)。

8 回收率和精密度

在添加浓度150 μg/g～1 000 μg/g的范围内,回收率在95%～103%之间,相对标准偏差小于10%。

9 允许差

在重复性条件下获得的两次独立测定结果的绝对差值不应超过算术平均值的10%。

附　录　A
（资料性附录）
苏丹红Ⅰ、Ⅱ、Ⅲ、Ⅳ标准物质CAS登录号、中文名称、英文名称、分子式、相对分子质量、结构式

表A.1　苏丹红Ⅰ、Ⅱ、Ⅲ、Ⅳ标准物质CAS登录号、中文名称、英文名称、分子式、相对分子质量、结构式

名称	CAS登录号	中文名称	英文名称	分子式	相对分子质量	结构式
苏丹红Ⅰ	842-07-9	1-苯基偶氮-2-萘酚	Sudan Ⅰ(1-phenylazo-2-naphthalenol)	$C_{16}H_{12}ON_2$	248.28	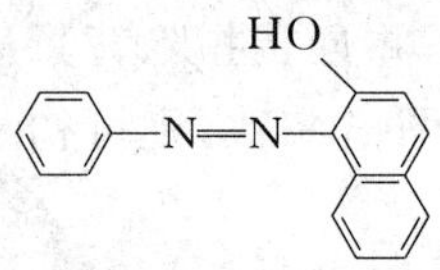
苏丹红Ⅱ	3118-97-6	1-[(2,4-二甲基苯)偶氮]-2-萘酚	Sudan Ⅱ(1-[(2,4-dimethylphenyl)azo]-2-naphthalenol)	$C_{18}H_{16}ON_2$	276.34	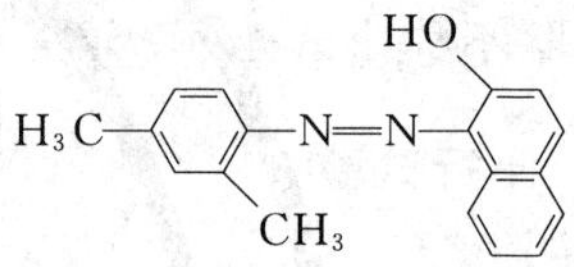
苏丹红Ⅲ	85-86-9	1-{[4-(苯基偶氮)苯基]偶氮}-2-萘酚	Sudan Ⅲ(1-{[4-(phenylazo)phenyl]azo}-2-naphthalenol)	$C_{22}H_{16}ON_2$	352.40	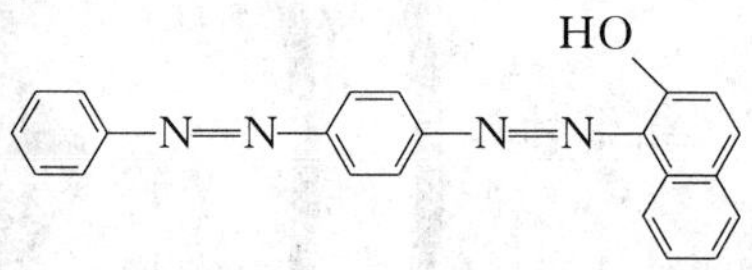
苏丹红Ⅳ	85-83-6	1-{{2-甲基-4-[(2-甲基苯)偶氮]苯基}偶氮}-2-萘酚	Sudan Ⅳ 1-{{2-methyl-4-[(2-methylphenyl)azo]phenyl}azo}-2-naphthalenol	$C_{24}H_{20}ON_2$	380.45	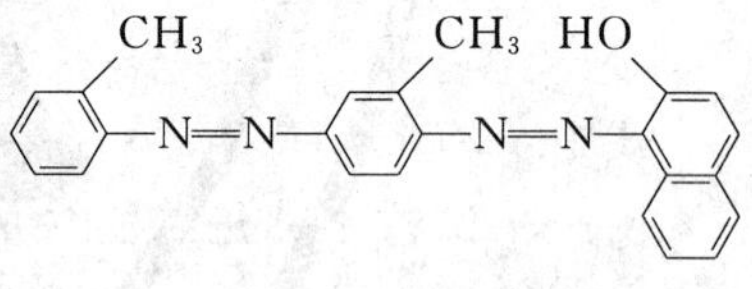

附 录 B
（资料性附录）
标准物质色谱图

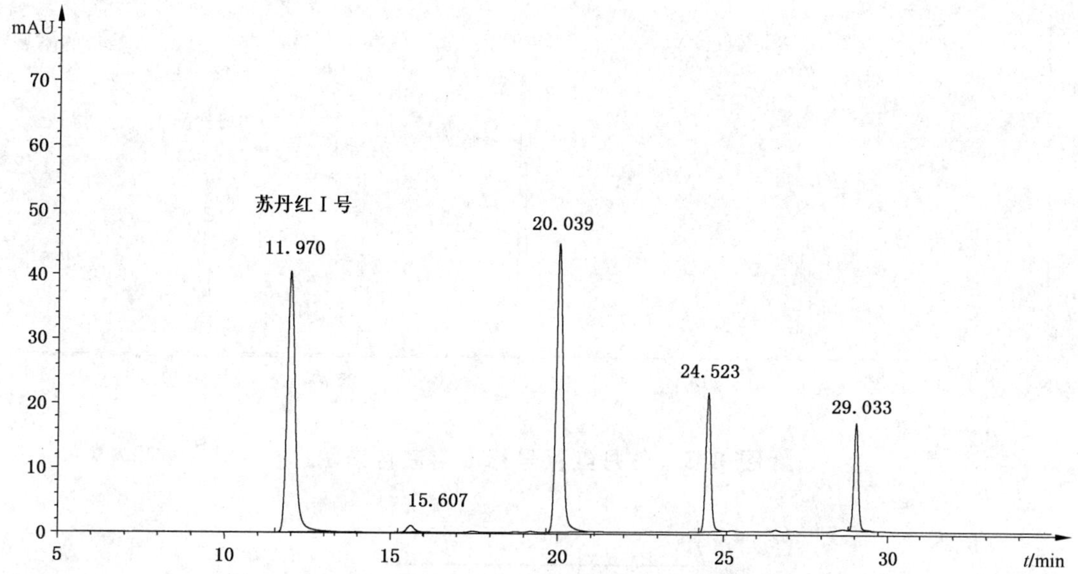

图 B.1 苏丹红Ⅰ号标准溶液色谱图

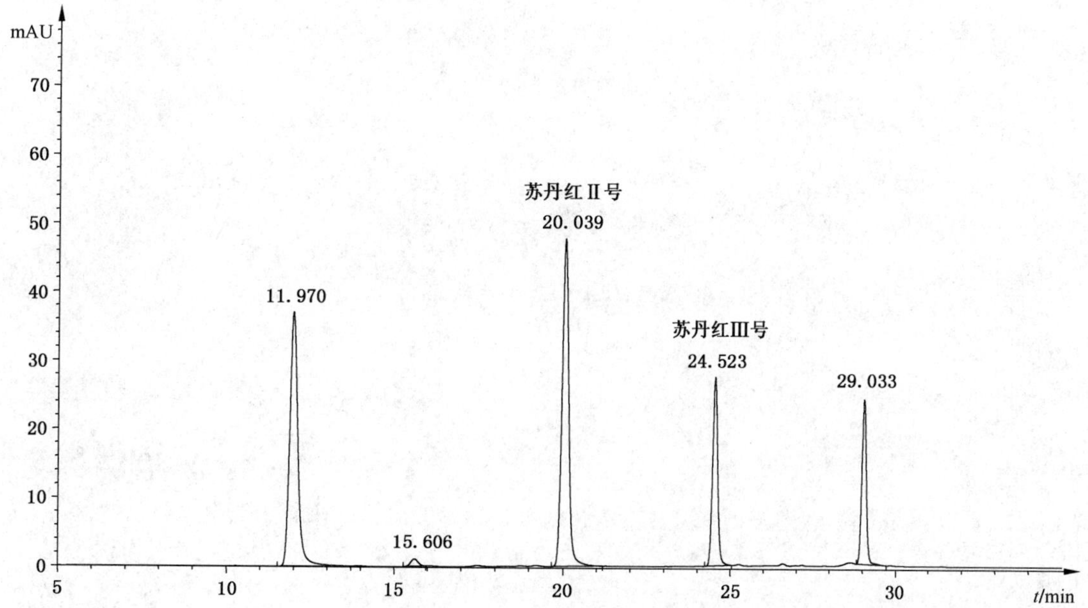

图 B.2 苏丹红Ⅱ、Ⅲ号标准溶液色谱图

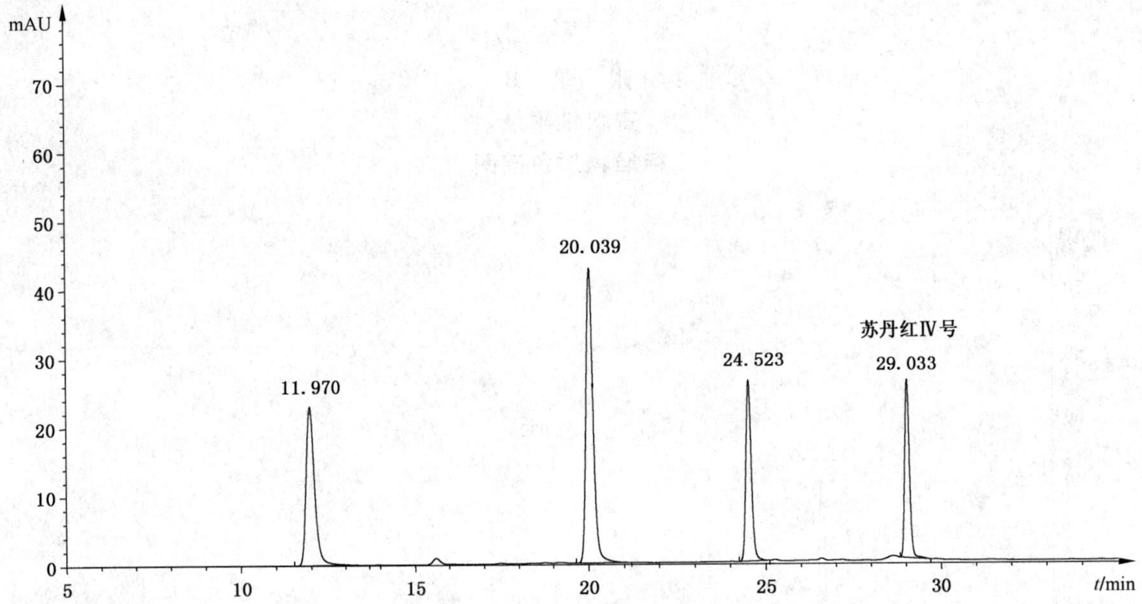

图 B.3　苏丹红Ⅳ号标准溶液色谱图

ICS 71.100.70
Y 42

中华人民共和国国家标准

GB/T 29664—2013

化妆品中维生素 B_3（烟酸、烟酰胺）的测定 高效液相色谱法和 高效液相色谱串联质谱法

Determination of vitamin B_3 (nicotinic acid and nicotinamide) in cosmetics—HPLC and HPLC-MS/MS

2013-09-06 发布　　　　2014-02-15 实施

中华人民共和国国家质量监督检验检疫总局
中国国家标准化管理委员会　发布

前　言

本标准按照 GB/T 1.1—2009 给出的规则起草。

本标准由全国香料香精化妆品标准化技术委员会(SAC/TC 257)归口。

本标准起草单位:大连市产品质量监督检验所(国家日化产品质量监督检验中心)、上海市日用化学工业研究所(国家香料香精化妆品质量监督检验中心)、大连标准检测技术研究中心。

本标准主要起草人:毛希琴、郑顺利、胡侠、孙稚菁、吴海霞、潘炜、武晓剑、康薇。

化妆品中维生素B_3(烟酸、烟酰胺)的测定 高效液相色谱法和 高效液相色谱串联质谱法

1 范围

本标准规定了化妆品中维生素B_3(烟酸、烟酰胺)测定的高效液相色谱法及高效液相色谱串联质谱法。

本标准适用于膏霜、乳液、化妆水、皂基如美容皂、蜡基如唇膏等化妆品中维生素B_3(烟酸、烟酰胺)的定量测定,其中高效液相色谱法对烟酸、烟酰胺的检出限均为2 μg/g,定量限均为6 μg/g;高效液相色谱串联质谱法对烟酸、烟酰胺的检出限均为100 μg/kg,定量限均为300 μg/kg。

2 规范性引用文件

下列文件对于本文件的应用是必不可少的。凡是注日期的引用文件,仅注日期的版本适用于本文件。凡是不注日期的引用文件,其最新版本(包括所有的修改单)适用于本文件。

GB/T 6682 分析实验室用水规格和试验方法

3 原理

烟酸、烟酰胺为极性化合物易溶于水相,化妆品中的油溶性成分易溶于有机相,而化妆品中的表面活性剂则富集于有机相与水相界面处。利用水和二氯甲烷(或异辛烷)双液相体系将目标物与化妆品中油溶性成分及表面活性剂初步分离。酸性条件下用反相及强阳离子交换混合型固相萃取材料吸附富集目标物,脱除干扰物质后,洗脱,定容,用反相高效液相色谱分离,二极管阵列检测器检测(高效液相色谱法)或串联四级杆质谱检测(高效液相色谱串联质谱法),标准曲线外标法定量。

4 试剂和材料

除非另有规定,所用试剂均为分析纯。水为GB/T 6682规定的一级水。

4.1 甲醇:色谱纯。

4.2 甲醇:分析纯。

4.3 氨水:分析纯。

4.4 甲酸:色谱纯。

4.5 甲酸:分析纯。

4.6 二氯甲烷:分析纯。

4.7 异辛烷:分析纯。

4.8 2%甲酸水溶液:移取2 mL甲酸(4.5),用水稀释定容至100 mL。

4.9 2%氨水氨化甲醇:移取2 mL氨水(4.3),用甲醇稀释定容至100 mL。

4.10 1%甲酸水溶液:移取1 mL甲酸(4.5),用水稀释定容至100 mL。

4.11 Strara-X-C 固相萃取小柱或相当者：60 mg，3 mL。使用前，依次用 2 mL 甲醇和 2 mL 水活化。

4.12 标准储备液：准确称取烟酸和烟酰胺标准物质各 250 mg 分别置于两个 25 mL 的棕色容量瓶中，用蒸馏水溶解定容，配置成浓度为 10 mg/mL 的标准储备溶液，于 4 ℃～6 ℃条件下保存。保存期一般不应超过 2 周。

4.13 系列标准溶液

4.13.1 系列标准溶液 A：首先将两种标准储备液等体积混合，配置成 5 mg/mL 的混合标准溶液，然后用 2% 甲酸水（4.8）稀释配置成烟酸和烟酰胺浓度均分别为 1 μg/mL、5 μg/mL、10 μg/mL、50 μg/mL、100 μg/mL、500 μg/mL、1 000 μg/mL 的系列标准混合溶液用于液相色谱测试。以上系列标准溶液，均需现用现配。

4.13.2 系列标准溶液 B：首先将两种标准储备液等体积混合，配置成 5 mg/mL 的混合标准溶液，然后用 2% 甲酸水（4.8）稀释配置成烟酸和烟酰胺浓度均分别为 5 μg/L、10 μg/L、50 μg/L、100 μg/L、500 μg/L、1 000 μg/L 的系列标准混合溶液用于液质联用测试。以上系列标准溶液，均需现用现配。

4.14 0.2 μm 微孔尼龙滤膜。

4.15 标准物质见表 1。

表 1 标准物质英文名称、INCI 名称、CAS 号、分子式、分子结构式、相对分子质量、纯度

化合物名称	烟　酸	烟酰胺
英文名称	Nicotinic acid	Nicotinamide
INCI 名称	Niacin	Niacinamide
CAS 号	59-67-6	98-92-0
分子式	$C_6H_5NO_2$	$C_6H_6N_2O$
分子结构式	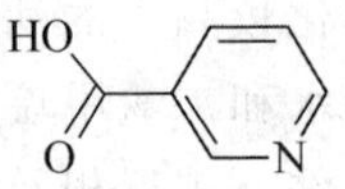	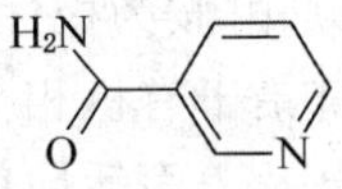
相对分子质量	123.11	122.13
纯度	≥99.0%	

5 仪器和设备

5.1 高效液相色谱仪-二极管阵列检测器（高效液相色谱法）。

5.2 高效液相色谱串联四级杆质谱联用仪（ESI 源）（高效液相色谱串联质谱法）。

5.3 分析天平：感量 0.1 mg；0.01 mg。

5.4 氮吹仪。

5.5 漩涡混合器。

5.6 超声波清洗器。

5.7 离心机：转速不小于 5 000 r/min，离心试管容量 15 mL。

5.8 移液枪或移液器。

6 试样制备

6.1 膏霜、乳液、化妆水、洗发水等化妆品样品的制备

6.1.1 称取 0.2 g 样品(精确至 0.01 g)于 15 mL 具塞塑料离心管中,60 ℃条件下氮吹,尽量除去样品中的水分。向离心管中准确加入 4 mL 2%甲酸水溶液(4.8),涡旋混合使样品均匀分散后超声 15 min~30 min,向离心管中加入 3 mL 二氯甲烷(4.6),涡旋混合 2 min,然后于 5 000 r/min 离心 5 min~20 min。

6.1.2 准确移取 1 mL 上层溶液过 Strara-X-C 固相萃取小柱(4.11),待自然流干后,依次加入 1 mL 1%甲酸水溶液(4.10)和 1 mL 甲醇(4.2)淋洗柱床,最后添加 4 mL 2%氨水氨化甲醇(4.9)进行洗脱,待自然流干后,吹出柱床内溶液并收集所有流出溶液,氮吹挥干溶剂,准确添加 1 mL 水溶解,涡旋混合 1 min,确保瓶内残留物全部溶解后,用 0.2 μm 微孔尼龙滤膜过滤,待测。

6.2 美容皂等固态基类化妆品样品的制备

6.2.1 用刮铲或小刀将皂基样品刨成碎屑或丝状薄片,刨碎后迅速密封在容器中,并尽快进行称量。称取 0.2 g(精确至 0.01 g),于 15 mL 具塞塑料离心管中,先向离心管中准确加入 4 mL 2%甲酸水溶液(4.8)并置于沸水浴中 5 min~10 min 使皂基融化,涡旋混合使样品溶解并均匀分散,待冷却,继续向离心管中加入 3 mL 二氯甲烷(4.6),涡旋混合 2 min 后,于 5 000 r/min 离心 5 min~20 min。

6.2.2 余下步骤与 6.1.2 相同。

注:由于皂基变成碎屑或薄片时,样品表面积显著增大,皂中的水分会迅速挥发,带来称量误差。因此建议尽量缩短取皂、碎皂及称量的时间,且实验室湿度高于 50%,温度低于 25 ℃。

6.3 唇膏等蜡基化妆品样品的制备

6.3.1 称取 0.2 g 样品(精确至 0.01 g)于 15 mL 具塞塑料离心管中,向离心管中加入 2 mL 异辛烷(4.7),涡旋。若样品不能够完全分散,需将离心管置于 80 ℃水浴中 3 min~5 min,待样品完全融化后,向离心管中准确加入 4 mL 2%甲酸水溶液(4.8)(80 ℃水浴预热),涡旋 1 min 后,将离心管重新置于 80 ℃水浴平衡 5 min,取出再涡旋 1 min。若样品能够完全分散,则无需水浴加热,直接向离心管中准确加入 4 mL 2%甲酸溶液(4.8)(80 ℃水浴预热),涡旋 2 min。必要时于 5 000 r/min 离心 5 min~20 min。

6.3.2 取 1 mL 下层水相,0.2 μm 微孔尼龙滤膜(4.14)过滤,待测。如遇干扰,可参照步骤 6.1.2 对样品进行净化处理。

注:对烟酸、烟酰胺含量超过 1%的化妆品样品建议将提取溶液 2%甲酸水溶液的体积增加为 8 mL,其他条件不变,以避免超出固相萃取小柱的柱负载量,导致目标物回收率的降低。

7 分析步骤

7.1 高效液相色谱法

7.1.1 液相色谱分析参考条件

液相色谱测定的参考条件如下:

a) 色谱柱:SB-Aq(或相当者),1.8 μm,3 mm×100 mm;
b) 柱温:30 ℃;
c) 流动相:A 为 100%水(含 0.1%甲酸);B 为 100% 甲醇(含 0.1%甲酸);

d) 流速:0.3 mL/min;

e) 检测波长:260 nm;

f) 进样量:2 μL;

g) 液相色谱分离条件见表2。

表2 液相色谱分离条件

时间/min	流速/(mL/min)	流动相A/%	流动相B/%
0	0.3	100	0
6.0	0.3	100	0
6.1	0.3	40	60
9.0	0.3	40	60
9.1	0.3	100	0
13.0	0.3	100	0

注1:0~6 min为色谱分离过程,6 min~9 min为洗脱强保留杂质的过程,9 min~13 min为色谱柱重新平衡过程。

注2:若上述液相色谱条件下遇到干扰,可改用100%水(含0.1%乙酸)为A相重新进行测试。B相相应改为60%甲醇水溶液(含0.1%乙酸),相应流动相切换时间也需根据情况进行调整。

注3:柱的内径和长度及色谱填料粒径可根据色谱分离情况自由选择。

7.1.2 定性分析

将在相同的液相色谱条件下获得的样品溶液的液相色谱分离谱图与标准物质的液相色谱分离谱图进行比较,若样品谱图中存在保留时间与某标准物质的保留时间一致的色谱峰,并且其扣除背景后的紫外吸收图谱与该标准物质的紫外吸收图谱一致,则可确认样品中存在该物质。0.1%甲酸为流动相及0.1%乙酸为流动相的标准物质的液相色谱分离谱图分别参见附录A中图A.1及图A.2,标准物质紫外吸收光谱谱图参见附录A中图A.3,实际样品液相色谱分离谱图(0.1%甲酸为流动相)参见附录B中图B.1。

7.1.3 定量分析

各取1 mL系列标准溶液A(4.13.1)过Strara-X-C固相萃取小柱(4.11),待自然流干后,依次加入1 mL 1%甲酸水溶液(4.10)和1 mL甲醇(4.2)淋洗柱床,最后添加4 mL 2%氨水氨化甲醇(4.9)进行洗脱,待自然流干后,吹出柱床内溶液,收集所有流出溶液,氮吹挥干溶剂,准确添加1 mL水(80 ℃水浴中预热)定容溶解,涡旋混合1 min,确保瓶内残留物全部溶解后,用0.2 μm微孔尼龙滤膜过滤,待测。移取上述系列溶液,注入高效液相色谱仪中进行测定,以色谱峰的峰面积对目标化合物的原始浓度制作标准曲线。

样品溶液中烟酸和烟酰胺的含量,用标准曲线外标法确定。化妆品样品中烟酸和烟酰胺的含量则按式(1)进行计算。样品中维生素B_3的含量则等于样品中烟酸和烟酰胺的含量之和。(对样品溶液中目标物的含量高于1 000 μg/mL的样品,为提高定量的准确性,建议减少进样量或适当稀释后进样。)

$$样品中目标物的含量(mg/g)=\frac{c\times V}{m}\times 10^{-3} \quad \cdots\cdots(1)$$

式中：

c ——从标准曲线中计算出的样品溶液中目标物的质量浓度，单位为微克每毫升(μg/mL)；

V ——按稀释倍数折算的被测样液总体积，单位为毫升(mL)；

m ——称取样品的质量，单位为克(g)。

计算结果至少保留两位有效数字。

7.1.4 回收率和精密度

在添加浓度 0.01 mg/g～10 mg/g 的范围内，回收率在 80%～100%之间，相对标准偏差为 0.2%～6.2%。

7.1.5 允许差

在重复性条件下获得的两次独立测定结果的绝对差值不大于其算术平均值的 10%。

7.2 高效液相色谱串联质谱法

7.2.1 液相色谱分离参考条件

液相色谱测定的参考条件如下：

a) 色谱柱：SB-Aq(或相当者)，1.8 μm，3 mm×100 mm；
b) 柱温：30 ℃；
c) 流动相：5%甲醇水溶液(含 0.05%甲酸)；
d) 流速：0.2 mL/min；
e) 进样量：2 μL。

注：柱的内径和长度及色谱填料粒径可根据色谱分离情况自由选择。

7.2.2 质谱参考条件

质谱测定的参考条件如下：

a) 电离方式：电喷雾电离，正离子模式，ESI(+)；
b) 雾化气：氮气，241.325 kPa(约合 35 psi)；
c) 干燥气：氮气，流速 10 L/min，温度：350 ℃；
d) 碰撞气：氮气；
e) 毛细管电压：3 500 V；
f) 检测方式：多反应监测(MRM)；
g) 其他质谱条件见表 3。

表 3 烟酸和烟酰胺质谱分析参考参数

	烟　酸	烟酰胺
母离子	124.1	123.1
碎裂电压	110	110
定量子离子(碰撞电压)	79.9(22)	80.0(22)
定性子离子 1(碰撞电压)	78.0(24)	78.0(24)
定性子离子 2(碰撞电压)	52.9(32)	53.1(32)

7.2.3 定性分析

在同一色谱/质谱条件下进行标准溶液和样品溶液的测定，如果样品溶液中检出的色谱峰的保留时间与某标准物质色谱峰的保留时间一致，所选择的3对子离子的质荷比也一致，而且样品定性离子的相对丰度与浓度相当标准工作溶液的定性离子的相对丰度相比较，相对偏差不超过表4规定的范围，则可判定样品中存在该物质。标准物质总离子流质谱图和提取离子(定量)质谱图见附录A中图A.4。

表4 定性确定时相对离子丰度的最大允许偏差

相对离子丰度/%	>50	>20～50	>10～20	≤10
允许的相对偏差/%	±20	±25	±30	±50

7.2.4 定量分析

各取1 mL系列标准溶液B(4.13.2)过Strara-X-C固相萃取小柱(4.11)，待自然流干后，依次加入1 mL 1%甲酸水溶液(4.10)和1 mL甲醇(4.2)淋洗柱床，最后添加3 mL 2%氨水氨化甲醇(4.9)进行洗脱，待自然流干后，吹出柱床内溶液并收集所有流出溶液，氮吹挥干溶剂，准确添加1 mL水(80 ℃水浴中预热)定容溶解，涡旋混合1 min，确保瓶内残留物全部溶解后，用0.2 μm微孔尼龙滤膜过滤，待测。移取上述系列溶液，以色谱峰的峰面积对目标化合物的原始浓度制作标准曲线。

样品溶液中烟酸和烟酰胺的含量，用标准曲线外标法确定。化妆品样品中烟酸和烟酰胺的含量则按公式(2)进行计算。样品中维生素B_3的含量则等于样品中烟酸和烟酰胺的含量之和。(对样品溶液中目标物的含量高于1 000 μg/L的样品，为提高定量的准确性，建议减少进样量或适当稀释后进样。)

$$样品中目标物的含量(\mu g/g)=\frac{c\times V}{m}\times 10^{-3} \quad \cdots\cdots(2)$$

式中：

c ——从标准曲线中计算出的样品溶液中目标物的质量浓度，单位为微克每升(μg/L)；

V ——按稀释倍数折算的被测样液总体积，单位为毫升(mL)；

m ——称取样品的质量，单位为克(g)。

计算结果至少保留两位有效数字。

7.2.5 回收率和精密度

在添加浓度0.1 μg/g～10 μg/g的范围内，回收率在80%～110%之间，相对标准偏差为0.5%～7%。

7.2.6 允许差

在重复性条件下获得的两次独立测定结果的绝对差值不大于其算术平均值的10%。

附 录 A
（资料性附录）
烟酸、烟酰胺标准物质液相色谱图、紫外吸收光谱图及总离子流质谱图和提取离子(定量)质谱图

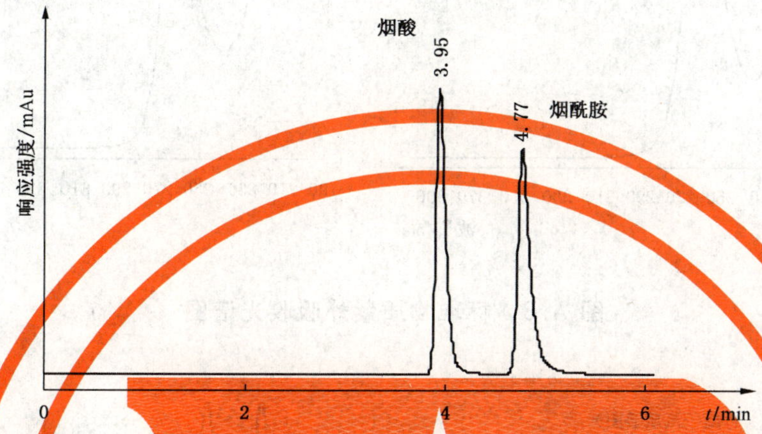

图 A.1 标准物质液相色谱图(0.1%甲酸水为流动相)

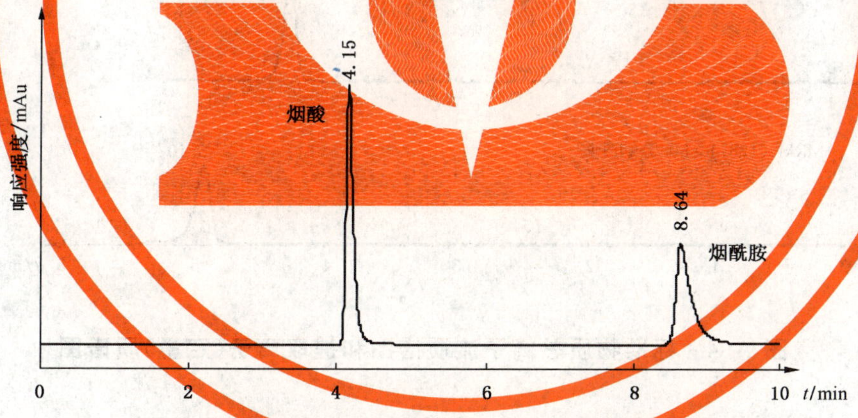

图 A.2 标准物质液相色谱图(0.1%乙酸水为流动相)

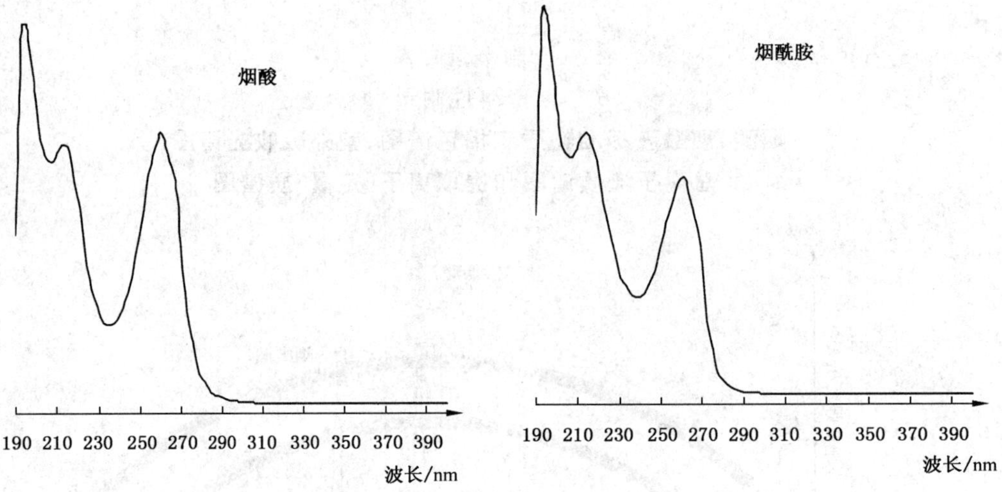

图 A.3 标准物质紫外吸收光谱图

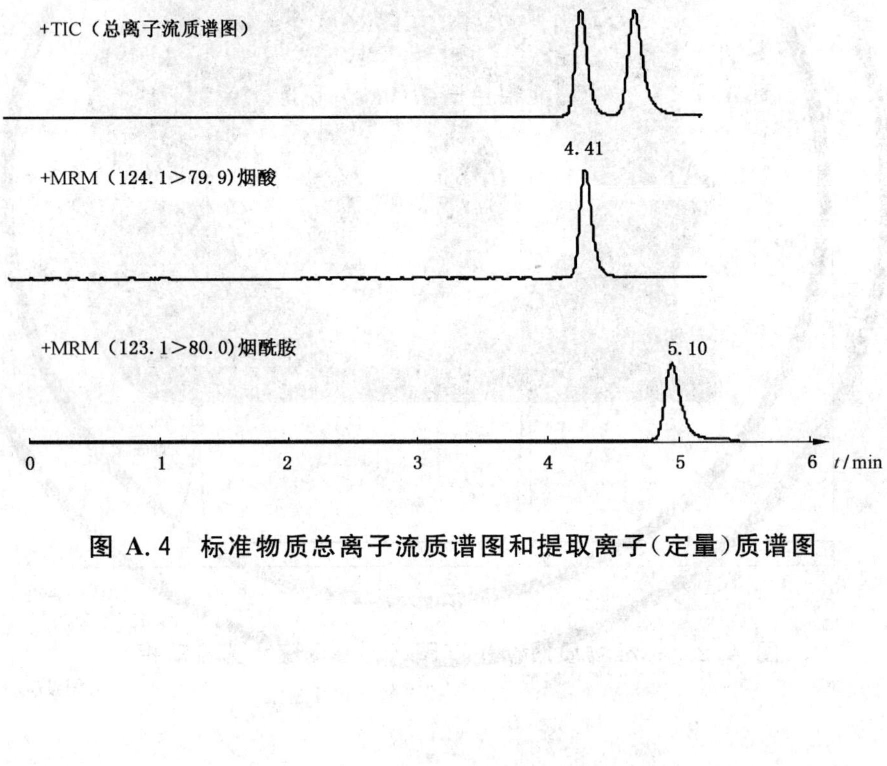

图 A.4 标准物质总离子流质谱图和提取离子(定量)质谱图

附　录　B
（资料性附录）
实际样品液相色谱图

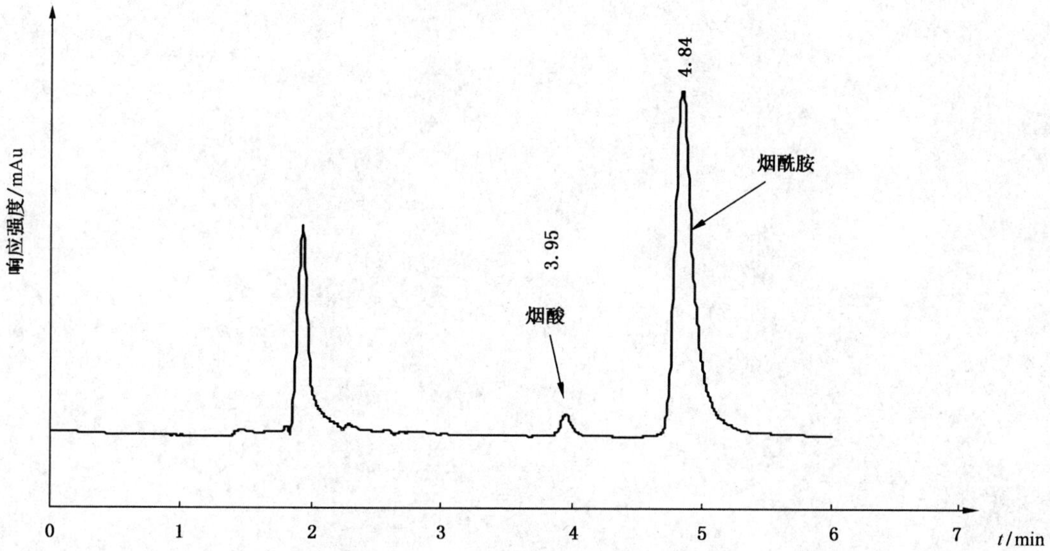

图 B.1　实际样品液相色谱图(0.1%甲酸水为流动相)

ICS 71.100.70
Y 42

中华人民共和国国家标准

GB/T 29665—2013

护肤乳液

Skin care lotion

2013-09-06 发布 2014-08-01 实施

中华人民共和国国家质量监督检验检疫总局
中国国家标准化管理委员会 发布

前　言

本标准按照 GB/T 1.1—2009 给出的规则起草。

本标准由中国轻工业联合会提出。

本标准由全国香料香精化妆品标准化技术委员会(SAC/TC 257)归口。

本标准负责起草单位:上海市日用化学工业研究所(国家香料香精化妆品质量监督检验中心)、浙江欧诗漫特种化妆品有限公司、无限极(中国)有限公司、广东名臣有限公司、广东拉芳日化有限公司、珈侬生化科技(中国)有限公司、北京宏丽源有限责任公司、上海香料研究所。

本标准主要起草人:康薇、张丽华、姚松君、聂胜、曹海磊、陈艳华、金大钧、宋佳、沈敏。

护 肤 乳 液

1 范围

本标准规定了护肤乳液的分类、要求、试验方法、检验规则及标志、包装、运输、贮存、保质期。

本标准适用于护理人体皮肤的具有流动性的乳化型化妆品。

本标准不适用于多层型产品。

2 规范性引用文件

下列文件对于本文件的应用是必不可少的。凡是注日期的引用文件，仅注日期的版本适用于本文件。凡是不注日期的引用文件，其最新版本(包括所有的修改单)适用于本文件。

GB 5296.3 消费品使用说明 化妆品通用标签

GB/T 13531.1 化妆品通用试验方法 pH 值的测定

GB/T 22731 日用香精

QB/T 1684 化妆品检验规则

QB/T 1685 化妆品产品包装外观要求

JJF 1070 定量包装商品净含量计量检验规则

定量包装商品计量监督管理办法 国家质量监督检验检疫总局令第 75 号

化妆品卫生规范

3 分类

按乳化类型分成水包油型(Ⅰ)和油包水型(Ⅱ)。

4 要求

4.1 原料

使用的原料应符合《化妆品卫生规范》的规定。使用的香精应符合 GB/T 22731 的要求。

4.2 感官、理化、卫生指标

感官、理化、卫生指标应符合表 1 的要求。

表 1 感官、理化、卫生指标

指标名称		指标要求	
		水包油型(Ⅰ)	油包水型(Ⅱ)
感官指标	香气	符合企业规定	
	外观	均匀一致(添加不溶性颗粒或不溶粉末的产品除外)	

表 1（续）

指 标 名 称		指标要求	
		水包油型（Ⅰ）	油包水型（Ⅱ）
理化指标	pH(25 ℃)	4.0～8.5 （含 α-羟基酸、β-羟基酸的产品可按企标执行）	—
	耐热	(40±1) ℃保持 24 h，恢复室温后无分层现象	
	耐寒	(−8±2)℃保持 24 h，恢复室温后无分层现象	
	离心考验	2 000 r/min，30 min 不分层（添加不溶颗粒或不溶粉末的除外）	
卫生指标	菌落总数/(CFU/g 或 CFU/mL)	符合《化妆品卫生规范》的规定	
	霉菌和酵母菌总数/(CFU/g 或 CFU/mL)		
	粪大肠菌群/(g 或 mL)		
	金黄色葡萄球菌/(g 或 mL)		
	铜绿假单胞菌/(g 或 mL)		
	铅/(mg/kg)		
	汞/(mg/kg)		
	砷/(mg/kg)		

4.3 净含量

应符合国家质量监督检验检疫总局令第 75 号规定。

4.4 包装外观

应符合 QB/T 1685 规定。

5 试验方法

5.1 感官指标

5.1.1 香气

取试样用嗅觉进行鉴别。

5.1.2 外观

取试样在室温和非阳光直射下目测观察。

5.2 理化指标

5.2.1 pH

按 GB/T 13531.1 中规定的方法测定（稀释法）。

5.2.2 耐热

5.2.2.1 仪器

a) 温度计:分度值 0.5 ℃;

b) 电热恒温培养箱:温控精度±1 ℃。

5.2.2.2 操作程序

将试样分别倒入 2 支 ϕ20 mm×120 mm 的试管内,使液面高度约 80 mm,塞上干净的塞子。把一支待验的试管置于预先调节至 40 ℃的恒温培养箱内,经 24 h 后取出,恢复至室温后与另一支试管的试样进行目测比较。

5.2.3 耐寒

5.2.3.1 仪器

a) 温度计:分度值 0.5 ℃;

b) 冰箱:温控精度±2 ℃。

5.2.3.2 操作程序

将试样分别倒入 2 支 ϕ20 mm×120 mm 的试管内,使液面高度约 80 mm,塞上干净的塞子。把一支待验的试管置于预先调节至−8 ℃的冰箱内,经 24 h 后取出,恢复至室温后与另一支试管的试样进行目测比较。

5.2.4 离心考验

5.2.4.1 仪器

a) 角式低速台式离心机,最大相对离心力 19.6 N~30.7 N;

b) 离心管:刻度 10 mL 2 支;

c) 电热恒温培养箱:温控精度±1 ℃;

d) 温度计:分度值 0.5 ℃。

5.2.4.2 操作

于离心管中注入试样约 2/3 高度并装实,用塞子塞好。然后放入预先调节到 38 ℃的电热恒温培养箱内,保持 1 h 后,立即移入离心机中,并将离心机调整到 2 000 r/min 的离心速度,旋转 30 min 取出观察。

5.3 卫生指标

按《化妆品卫生规范》规定的方法检验。

5.4 净含量

按 JJF 1070 中规定的方法测定。

5.5 包装外观

按 QB/T 1685 执行。

6 检验规则

按 QB/T 1684 执行。

7 标志、包装、运输、贮存、保质期

7.1 销售包装的标志

按 GB 5296.3 规定执行。产品执行标准应按如下要求标注：

——水包油型(Ⅰ)产品标记为："GB/T 29665(O/W 型)"或"GB/T 29665(O/W)"；

——油包水型(Ⅱ)产品标记为："GB/T 29665(W/O 型)"或"GB/T 29665(W/O)"。

7.2 包装

按 QB/T 1685 规定执行。

7.3 运输

应轻装、轻卸，按箱子图示标志堆放，避免剧烈震动、撞击和日晒雨淋。

7.4 贮存

应贮存在温度不高于 38 ℃的通风干燥仓库内，不得靠近水源、火炉或暖气，贮存时应距地面至少 20 cm，距内墙至少 50 cm，中间应留有通道，按箱子图示标志堆放，并严格掌握先进先出的原则。

7.5 保质期

符合本标准的运输贮存条件，包装完整、未经启封的情况下，保质期按销售包装标注执行。

ICS 71.100.70
Y 42

中华人民共和国国家标准

GB/T 29666—2013

化妆品用防腐剂　甲基氯异噻唑啉酮和甲基异噻唑啉酮与氯化镁及硝酸镁的混合物

Cosmetic preservatives—Mixture of methylchloroisothiazolinone and methylisothiazolinone with magnesium chloride and magnesium nitrate

2013-09-06 发布　　2014-02-15 实施

中华人民共和国国家质量监督检验检疫总局
中国国家标准化管理委员会　发布

前　言

本标准按照 GB/T 1.1—2009 给出的规则起草。

请注意本文件的某些内容可能涉及专利。本文件的发布机构不承担识别这些专利的责任。

本标准由中国轻工业联合会提出。

本标准由全国香精香料化妆品标准化技术委员会(SAC/TC 257)归口。

本标准主要起草单位:上海轻工业研究所有限公司、上海市日用化学工业研究所、北京桑普生物化学技术有限公司、上海家化联合股份有限公司、北京宝洁技术有限公司、完美(中国)有限公司。

本标准参与起草单位:广东省日化商会、上海日用化学品行业协会。

本标准主要起草人:胡梅、陈逸君、沈敏、李静、施文娟、王寒洲、贺锐、黄瑞娟、裘瑛、武晓剑、康薇。

化妆品用防腐剂　甲基氯异噻唑啉酮和甲基异噻唑啉酮与氯化镁及硝酸镁的混合物

1　范围

本标准规定了化妆品用防腐剂甲基氯异噻唑啉酮和甲基异噻唑啉酮与氯化镁及硝酸镁的混合物的要求、试验方法、检验规则以及包装、标志、运输和贮存、保质期。

本标准适用于以甲基氯异噻唑啉酮和甲基异噻唑啉酮作为活性物，以硝酸镁及反应生成的少量氯化镁作为稳定剂的化妆品用防腐剂。该防腐剂以N,N'-二甲基二硫代二丙酰胺为主要原料，经氯化环化制得。

2　规范性引用文件

下列文件对于本文件的应用是必不可少的。凡是注日期的引用文件，仅注日期的版本适用于本文件。凡是不注日期的引用文件，其最新版本(包括所有的修改单)适用于本文件。

GB/T 601　化学试剂　标准滴定溶液的制备

GB/T 603　化学试剂　试验方法中所用制剂及制品的制备(neq ISO 6353-1:1982)

GB/T 605　化学试剂　色度测定通用方法

GB/T 6678—2003　化工产品采样总则

GB/T 6682　分析实验室用水规格和试验方法

GB/T 13531.1　化妆品通用检验方法　pH值的测定

GB/T 13531.4　化妆品通用检验方法　相对密度的测定

化妆品卫生规范(2007年版)

3　化学组分

该产品中包含的化学组分如下：

a)　甲基氯异噻唑啉酮(简称MCI)

化学名称：5-氯-2-甲基-4-异噻唑啉-3-酮

化学结构式：

分子式：C_4H_4ClNOS 相对分子质量：149.59(按2009年国际相对原子质量)

CAS号：26172-55-4

b)　甲基异噻唑啉酮(简称MI)

化学名称：2-甲基-4-异噻唑啉-3-酮

化学结构式：

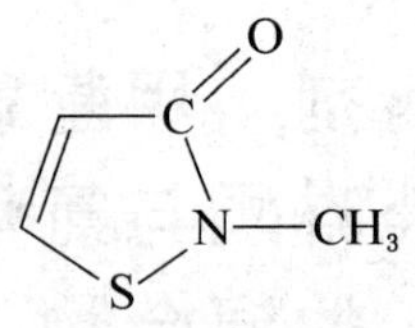

分子式：C_4H_5NOS

相对分子质量：115.15（按 2009 年国际相对原子质量）

CAS 号：2682-20-4

c) 硝酸镁

分子式：$Mg(NO_3)_2$

相对分子质量：148.31（按 2009 年国际相对原子质量）

CAS 号：10377-60-3

d) 氯化镁

分子式：$MgCl_2$

相对分子质量：95.21（按 2009 年国际相对原子质量）

CAS 号：7786-30-3

e) 水

分子式：H_2O

相对分子质量：18.02（按 2009 年国际相对原子质量）

CAS 号：7732-18-5

4 要求

4.1 性状

本品为无色至浅黄色澄清透明液体，具有轻微的特征性气味。

4.2 技术指标

技术指标应符合表 1 的规定。

表 1 技术指标

项目	指标
色度(Hazen)	≤100
pH	1.5～5.0
相对密度(20 ℃)	1.17～1.21
活性物总含量/%	1.35～1.65
活性物组成比例 MCI：MI	2.6：1～3.4：1
汞/(mg/kg)	≤1
砷/(mg/kg)	≤2
铅/(mg/kg)	≤10

5 试验方法

5.1 总则

除非另有规定，所用试剂均为分析纯，水为 GB/T 6682 规定的三级水。

试验中所需标准滴定溶液、制剂及制品，在没有特殊注明时，均按 GB/T 601、GB/T 603 之规定制备。

5.2 色度的测定

按 GB/T 605 的规定测定。

5.3 pH 值的测定

按 GB/T 13531.1 的直测法测定。

5.4 相对密度的测定

按 GB/T 13531.4 的密度瓶法测定。

5.5 活性物总含量的测定

5.5.1 方法提要

利用 5-氯-2-甲基-4-异噻唑啉-3-酮和 2-甲基-4-异噻唑啉-3-酮两种物质在高效液相色谱固定相上吸附和解吸速度的差异对其进行分离，经紫外检测器检测，计算其总含量。

5.5.2 试剂和材料

5.5.2.1 甲醇(色谱纯)。

5.5.2.2 水(GB/T 6682 一级水)。

5.5.2.3 甲基氯异噻唑啉酮对照品，纯度不小于 98%。

5.5.2.4 甲基异噻唑啉酮对照品，纯度不小于 98%。

5.5.3 仪器和设备

实验室常规仪器和配有紫外检测器的高效液相色谱仪。

5.5.4 色谱条件

色谱柱：C18 柱，250 mm×4.6 mm；

流动相：甲醇∶水＝55∶45(体积比)；

流速：0.8 mL/min；

检测波长：275 nm；

进样量：10 μL；

柱温：室温。

5.5.5 分析步骤

5.5.5.1 标准工作溶液的制备

标准工作溶液的制备如下：

a) MCI 标准贮备液：称取 MCI 标准样品约 0.1 g(精确至 0.000 2 g)，加适量的甲醇溶解，溶液定量转移至 100 mL 容量瓶中，用流动相稀释至刻度，摇匀。临用前配制。

b) MI 标准贮备液：称取 MI 标准样品约 0.1 g(精确至 0.000 2 g)，加适量的甲醇溶解，溶液定量转移至 100 mL 容量瓶中，用流动相稀释至刻度，摇匀。临用前配制。

c) 标准工作溶液：取 5 个 100 mL 容量瓶，每个容量瓶中分别加入 MCI 标准贮备液 1.00 mL、2.00 mL、5.00 mL、10.00 mL、20.00 mL，以及 MI 标准贮备液 0.50 mL、1.00 mL、2.00 mL、3.00 mL、5.00 mL，用流动相稀释至刻度，摇匀备用。稀释后各点 MCI 和 MI 标准样品质量的数值分别为 m_{MCI1} 和 m_{MI1}，m_{MCI2} 和 m_{MI2}，m_{MCI3} 和 m_{MI3}，m_{MCI4} 和 m_{MI4}，m_{MCI5} 和 m_{MI5}，单位：g。取校准曲线各点注入高效液相色谱仪，绘制峰面积与质量校准曲线。甲基氯异噻唑啉酮和甲基异噻唑啉酮标准物质的液相色谱图参见附录 A。

5.5.5.2 样品测定

称取约 1.0 g 试样，精确至 0.000 2 g。置于 100 mL 容量瓶中，用流动相稀释至刻度，摇匀备用。将样品溶液注入高效液相色谱仪中，测定峰面积，从标准曲线中查得样品溶液中 MCI、MI 的质量。

5.5.6 结果的计算

5.5.6.1 MCI 的含量

MCI 的含量以质量分数 w_{MCI} 计，数值以%表示，按式(1)计算：

$$w_{MCI}=\frac{m_{MCI}}{m}\times 100\% \qquad \cdots\cdots(1)$$

式中：

m_{MCI}——由校准曲线查得的样品中 MCI 的质量，单位为克(g)；

m ——试样的质量，单位为克(g)。

5.5.6.2 MI 的含量

MI 的含量以质量分数 w_{MI} 计，数值以%表示，按式(2)计算：

$$w_{MI}=\frac{m_{MI}}{m}\times 100\% \qquad \cdots\cdots(2)$$

式中：

m_{MI}——由校准曲线查得的样品中 MI 的质量，单位为克(g)；

m ——试样的质量，单位为克(g)。

5.5.6.3 活性物总含量

活性物的总含量以质量分数 w_1 计，数值以%表示，按式(3)计算：

$$w_1=w_{MCI}+w_{MI} \qquad \cdots\cdots(3)$$

式中：

w_{MCI}——试样中 MCI 的质量分数；

w_{MI} ——试样中 MI 的质量分数。

5.5.7 允许差

取平行测得结果的算术平均值为测定结果。平行测得结果的绝对差值不大于 0.04%。

5.6 活性物组成比例(MCI/MI 质量分数比)的测定

活性物组成比例按式(4)计算：

$$MCI/MI = \frac{w_{MCI}}{w_{MI}} \quad \cdots\cdots (4)$$

式中：

w_{MCI}——试样中 MCI 的质量分数；

w_{MI}——试样中 MI 的质量分数。

5.7 汞的测定

按《化妆品卫生规范》(2007 年版)第三部分 卫生化学检验方法 二 汞之第一法冷原子吸收法测定。

5.8 砷的测定

按《化妆品卫生规范》(2007 年版)第三部分 卫生化学检验方法 三 砷之第一法氢化物原子荧光光度法测定。

5.9 铅的测定

按《化妆品卫生规范》(2007 年版)第三部分 卫生化学检验方法 四 铅之第一法火焰原子吸收分光光度法测定。

6 检验规则

6.1 检验分类

6.1.1 产品检验分为出厂检验和型式检验。

6.1.2 产品按本标准出厂检验合格后方能出厂，并附产品合格证。

6.2 出厂检验项目

色度、pH、相对密度、活性物总含量和活性物组成比例。

6.3 型式检验

6.3.1 有下列情况之一时，应进行型式检验：

a) 新产品生产的试制定型鉴定；

b) 正式生产后，如原料、工艺、环境有较大改变，可能影响产品性能时；

c) 正式生产时，应每一年进行一次型式检验；

d) 产品停产超过半年后，恢复生产时；

e) 出厂检验结果与上次型式检验有较大差异时；

f) 国家质量监督机构提出型式检验要求时；

g) 仲裁检验或客户有合同要求时。

6.3.2 型式检验的项目为本标准第 4 章规定的全部技术要求。

6.4 组批与检验

每生产一釜的产品为一批。生产厂的质量监督检验部门应按本标准的规定逐批进行检验。生产厂应保证所有出厂的产品都符合本标准的要求。使用单位有权按照本标准的规定对所收到的产品进行验收。

6.5 采样

采样应符合 GB/T 6678—2003 中均匀物料的采样规定，按其 7.6 的规定确定采样单元数。

采样时先充分搅匀，用玻璃管或聚乙烯塑料管插入釜深的三分之二处采样，分装于两个清洁、干燥的塑料瓶中，密封，瓶上贴标签，注明：生产厂家、产品名称、批号、采样日期和采样者姓名。一瓶供检验用，另一瓶备查。

6.6 检验结果判定

检验结果中如有一项指标不符合本标准要求的指标值时，应重新从两倍量的包装单元中采样进行复验，复验后仍未达到相应的指标值时，则判定该批产品或该次型式检验产品为不合格。

7 包装、标志、运输和贮存、保质期

7.1 包装

本产品应采用无毒、无害、坚固的容器包装，或根据客户要求进行包装。

7.2 标志

产品包装物上应有产品名称、生产单位名称和地址、生产批号或生产日期、有效期、净含量、产品质量符合标准的证明及标准编号。

本产品具有腐蚀性，当与眼睛、皮肤接触时会造成灼伤、过敏，产品包装上还应标注如下内容的安全性提示："使用中要防止本产品与皮肤及眼睛直接接触。若不慎接触，应立即用水冲洗干净，以免引起刺激或不适。"

7.3 运输和贮存

运输过程中要防止倒置、重压、日晒、雨淋。

本产品应贮存于通风、清洁、避光、阴凉、干燥处，密闭保存，防止受热。

7.4 保质期

在符合规定的运输和贮存条件下，产品在包装完整和未经启封的情况下，保质期按销售包装标注执行。

附　录　A
（资料性附录）
甲基氯异噻唑啉酮和甲基异噻唑啉酮标准物质的液相色谱图

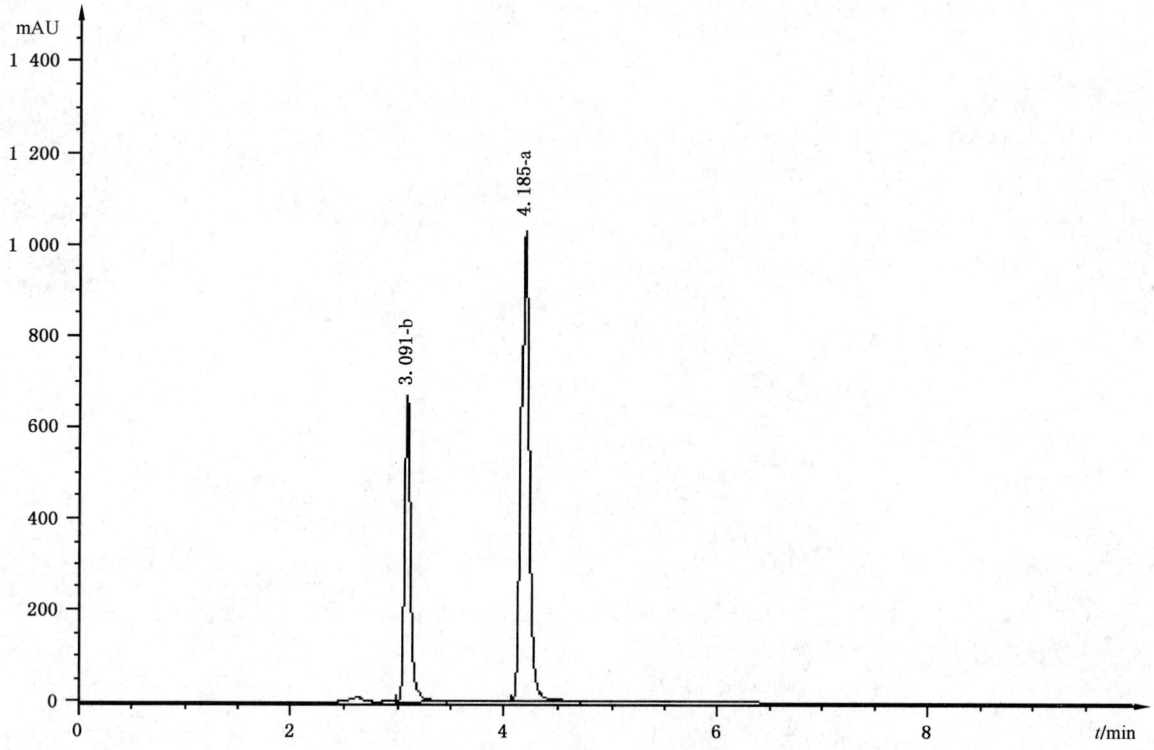

说明：

a——甲基氯异噻唑啉酮；

b——甲基异噻唑啉酮。

图 A.1　甲基氯异噻唑啉酮和甲基异噻唑啉酮的标准物质液相色谱图

ICS 71.100.70
Y 42

中华人民共和国国家标准

GB/T 29667—2013

化妆品用防腐剂　咪唑烷基脲

Cosmetic preservative—Imiazolidinyl urea

2013-09-06 发布　　2014-02-15 实施

中华人民共和国国家质量监督检验检疫总局
中国国家标准化管理委员会　发布

前　　言

本标准按照GB/T 1.1—2009给出的规则起草。

本标准由中国轻工业联合会提出。

本标准由全国香精香料化妆品标准化技术委员会(SAC/TC 257)归口。

本标准主要起草单位:上海轻工业研究所有限公司、上海市日用化学工业研究所、北京桑普生物化学技术有限公司、上海家化联合股份有限公司、北京宝洁技术有限公司、完美(中国)有限公司。

本标准参与起草单位:广东省日化商会、上海日用化学品行业协会。

本标准主要起草人:强正、陈逸君、沈敏、李静、施文娟、王寒洲、贺锐、黄瑞娟、裘瑛、康薇。

化妆品用防腐剂　咪唑烷基脲

1　范围

本标准规定了化妆品用防腐剂咪唑烷基脲的要求、试验方法、检验规则及包装、标志、运输和贮存、保质期。

本标准适用于咪唑烷基脲。咪唑烷基脲以甲醛和尿囊素为原料，在碱性条件下反应生成，应用为化妆品的防腐剂。

2　规范性引用文件

下列文件对于本文件的应用是必不可少的。凡是注日期的引用文件，仅注日期的版本适用于本文件。凡是不注日期的引用文件，其最新版本(包括所有的修改单)适用于本文件。

GB/T 6679—2003　固体化工产品采样通则

GB/T 9741　化学试剂　灼烧残渣测定通用方法

GB/T 13531.1　化妆品通用检验方法　pH 值的测定

化妆品卫生规范(2007 年版)

中华人民共和国药典(2010 年版)二部

药品红外光谱集　第四卷(2010)

3　化学名称、结构式、分子式、相对分子质量和 CAS 号

化学名称：*N*，*N*'-亚甲基-双[*N*'-(3-羟甲基-2，5-二酮-4-咪唑烷基)]脲

结构式：

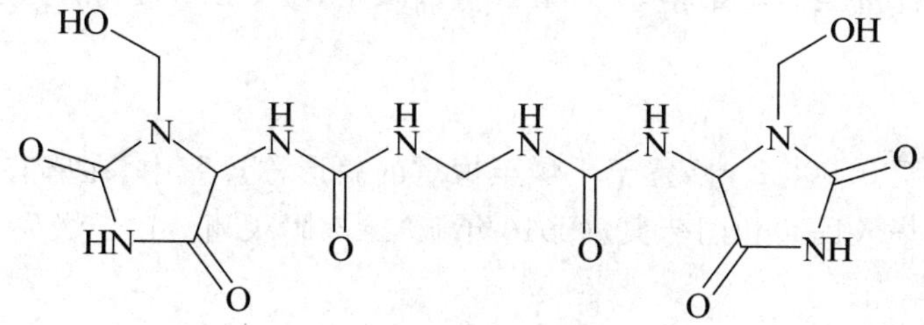

分子式：$C_{11}H_{16}N_8O_8$

相对分子质量：388.297(按 2009 年国际原子量)

CAS 号：39236-46-9

4　要求

4.1　性状

本品为白色流动性粉末，略带特征性气味。

4.2 技术指标

技术指标应符合表1的规定。

表1 技术指标

项目	指标
鉴别(红外)	与标准图谱一致
含氮量/%	26.0～28.0
pH(1%水溶液)	6.0～7.5
干燥失重/%	≤3.0
灼烧残渣/%	≤3.0
汞/(mg/kg)	≤1
砷/(mg/kg)	≤2
铅/(mg/kg)	≤10

5 试验方法

5.1 鉴别试验

样品按照国家药典委员会编订的《药品红外光谱集》第四卷(2010)所规定的溴化钾压片法制备,按《中华人民共和国药典》(2010年版)二部附录Ⅳ C红外分光光度法进行测定。标准图谱参见附录A。

5.2 含氮量的测定

按《中华人民共和国药典》(2010年版)二部附录Ⅶ D氮测定法中第一法测定。

5.3 pH值的测定

称取样品1 g(准确称重至0.1 g)溶于99 mL蒸馏水中,按GB/T 13531.1的规定测定。

5.4 干燥失重的测定

称取样品1 g(准确至0.000 2 g),置于干燥至恒重的扁形称量瓶中,在盛有五氧化二磷的干燥器中室温下放置24 h,按《中华人民共和国药典》(2010年版)二部附录Ⅷ L干燥失重测定法测定。

5.5 灼烧残渣的测定

按GB/T 9741的规定测定。

5.6 汞的测定

按《化妆品卫生规范》(2007年版)第三部分 卫生化学检验方法 二 汞之第一法冷原子吸收法测定。

5.7 砷的测定

按《化妆品卫生规范》(2007年版)第三部分 卫生化学检验方法 三 砷之第一法氢化物原子荧

光光度法测定。

5.8 铅的测定

按《化妆品卫生规范》(2007年版)第三部分 卫生化学检验方法 四 铅之第一法火焰原子吸收分光光度法测定。

6 检验规则

6.1 检验分类

6.1.1 产品检验分为出厂检验和型式检验。

6.1.2 产品按本标准出厂检验合格后方能出厂,并附产品合格证。

6.2 出厂检验

6.2.1 产品在出厂前,应逐批进行出厂检验,检验合格后,方可允许出厂。

6.2.2 出厂检验项目

含氮量、pH和干燥失重。

6.3 型式检验

6.3.1 有下列情况之一时,应进行型式检验:

a) 新产品生产的试制定型鉴定;

b) 正式生产后,原料有较大改变时;

c) 正式生产后,如工艺、环境有较大改变,可能影响产品质量时;

d) 正式生产时,应每一年进行一次型式检验;

e) 产品停产超过半年后,恢复生产时;

f) 出厂检验结果与上次型式检验有较大差异时;

g) 国家质量监督机构或用户提出要求时。

6.3.2 型式检验的项目为本标准第4章规定的全部技术要求。

6.4 组批与检验

每生产一釜的产品为一批。生产厂的质量监督检验部门应按本标准的规定逐批进行检验。生产厂应保证所有出厂的产品都符合本标准的要求。使用单位有权按照本标准的规定对所收到的产品进行验收。

6.5 采样

采样应符合GB/T 6679—2003中的采样规定。按GB/T 6679—2003中3.2.3的规定确定采集样品数。按GB/T 6679—2003中4.3的规定确定采样方法。按GB/T 6679—2003中5.5确定最终样品的量及其保存。

6.6 检验结果判定

检验结果中有一项指标不符合本标准要求的指标值时,应重新从两倍量的包装中选取试样进行复验,复验后仍未达到相应的指标值时,则判定该批产品或该次型式检验产品为不合格。

7 包装、标志、运输和贮存、保质期

7.1 包装

本产品采用无毒、无害、坚固的容器包装或根据客户要求进行包装。

7.2 标志

产品包装物上应有产品名称、生产单位名称和地址、生产批号或生产日期、有效期、净含量、产品质量符合标准的证明及标准编号。

本产品具有刺激性，当与眼睛、皮肤接触时会造成刺激、过敏，产品包装上还应标注如下内容的安全性提示："使用中要防止本产品与皮肤及眼睛直接接触。若不慎接触，应立即用水冲洗干净，以免引起刺激或不适"。

7.3 运输和贮存

运输过程中要防止倒置、重压、雨淋。

本产品应贮存于通风、清洁、阴凉、干燥处，密闭保存，防止受潮。

7.4 保质期

在符合规定的运输和贮存条件下，产品在包装完整和未经启封的情况下，保质期按销售包装标注执行。

附 录 A
（资料性附录）
咪唑烷基脲红外标准图谱

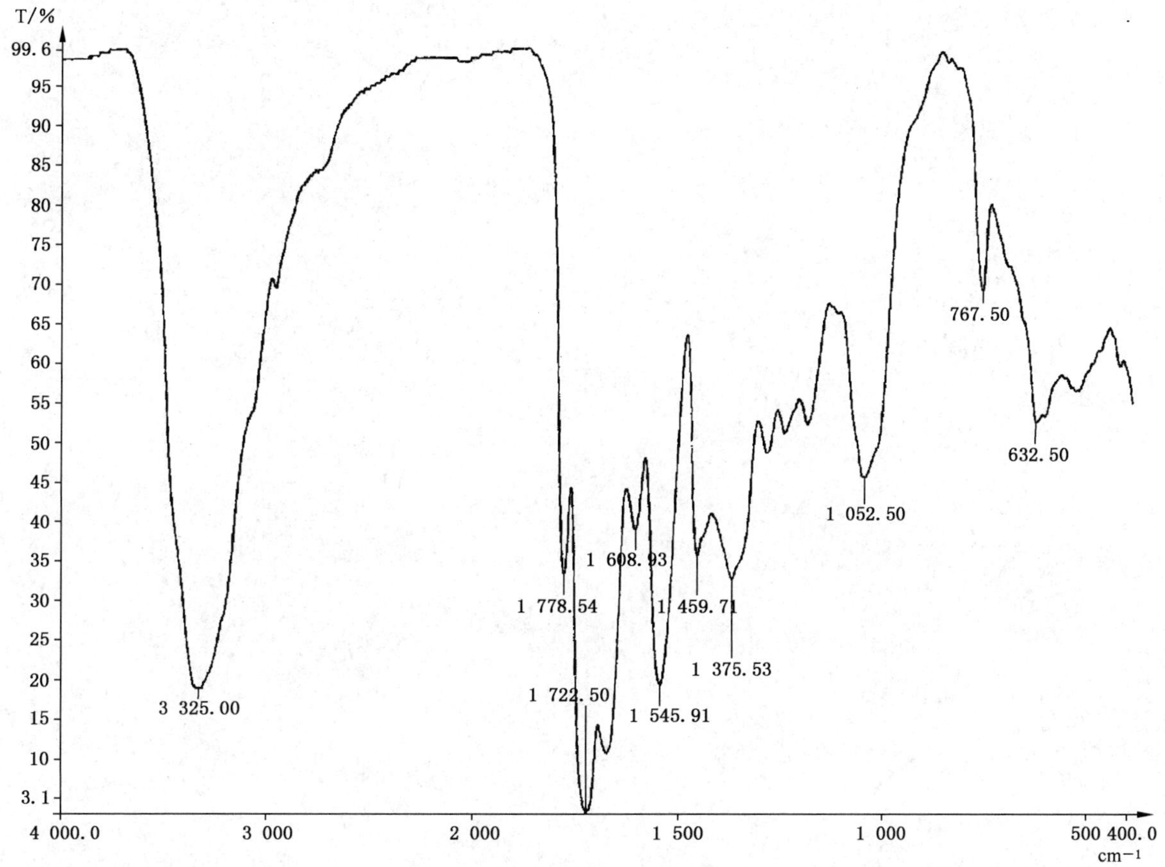

图 A.1 咪唑烷基脲红外标准图谱

ICS 71.100.70
Y 42

中华人民共和国国家标准

GB/T 29668—2013

化妆品用防腐剂 双(羟甲基)咪唑烷基脲

Cosmetic preservative—Diazolidinyl urea

2013-09-06 发布　　2014-02-15 实施

中华人民共和国国家质量监督检验检疫总局
中国国家标准化管理委员会　发布

前　言

本标准按照 GB/T 1.1—2009 给出的规则起草。

本标准由中国轻工业联合会提出。

本标准由全国香精香料化妆品标准化技术委员会(SAC/TC 257)归口。

本标准主要起草单位：上海轻工业研究所有限公司、上海市日用化学工业研究所、北京桑普生物化学技术有限公司、上海家化联合股份有限公司、北京宝洁技术有限公司、完美(中国)有限公司。

本标准参与起草单位：广东省日化商会、上海日用化学品行业协会。

本标准主要起草人：强正、沈敏、陈逸君、李静、施文娟、王寒洲、裘瑛、贺锐、李晓敏、康薇。

化妆品用防腐剂
双(羟甲基)咪唑烷基脲

1 范围

本标准规定了化妆品用防腐剂双(羟甲基)咪唑烷基脲的要求、试验方法、检验规则及包装、标志、运输和贮存、保质期。

本标准适用于双(羟甲基)咪唑烷基脲。双(羟甲基)咪唑烷基脲以甲醛和尿囊素为原料,在碱性条件下反应生成,应用为化妆品的防腐剂。

2 规范性引用文件

下列文件对于本文件的应用是必不可少的。凡是注日期的引用文件,仅注日期的版本适用于本文件。凡是不注日期的引用文件,其最新版本(包括所有的修改单)适用于本文件。

GB/T 6679—2003 固体化工产品采样通则

GB/T 9741 化学试剂 灼烧残渣测定通用方法

GB/T 13531.1 化妆品通用检验方法 pH 值的测定

化妆品卫生规范(2007 年版)

中华人民共和国药典(2010 年版)二部

药品红外光谱集 第四卷(2010)

3 化学名称、结构式、分子式、相对分子质量和 CAS 号

化学名称:*N*-(1,3-二羟甲基-2,5-二酮-4-咪唑烷基)-*N*,*N*'-二羟甲基脲

化学结构式:

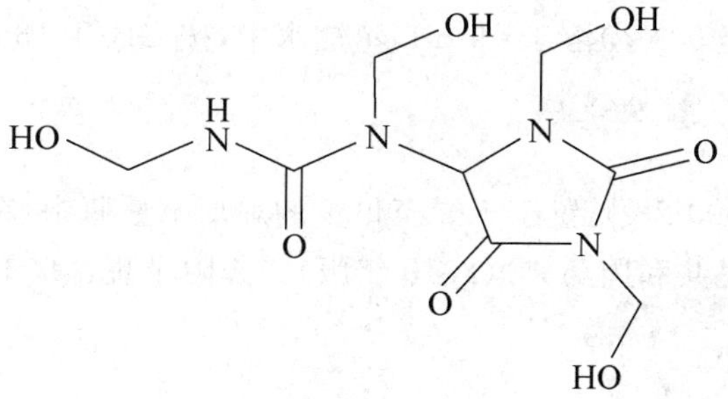

分子式:$C_8H_{14}N_4O_7$

相对分子质量:278.221(按 2009 年国际原子量)

CAS 号:78491-02-8

4 要求

4.1 性状

本品为白色流动性粉末,略带特征性气味。

4.2 技术指标

技术指标应符合表1的规定。

表1 技术指标

项　目	指　标
鉴别(红外)	与标准图谱一致
含氮量/%	19.0～21.5
pH(1%水溶液)	6.0～8.0
干燥失重/%	≤3.0
灼烧残渣/%	≤3.0
汞/(mg/kg)	≤1
砷/(mg/kg)	≤2
铅/(mg/kg)	≤10

5 试验方法

5.1 鉴别试验

样品按照国家药典委员会编订的《药品红外光谱集》第四卷(2010)所规定的溴化钾压片法制备,按《中华人民共和国药典》(2010年版)二部附录Ⅳ C红外分光光度法进行测定。标准图谱参见附录A。

5.2 含氮量的测定

按《中华人民共和国药典》(2010年版)二部附录Ⅶ D氮测定法中第一法测定。

5.3 pH值的测定

称取样品1 g(准确称重至0.1 g)溶于99 mL蒸馏水中,按GB/T 13531.1的规定测定。

5.4 干燥失重的测定

称取样品1 g(准确至0.000 2 g),置于干燥至恒重的扁形称量瓶中,在盛有五氧化二磷的干燥器中室温下放置24 h,按《中华人民共和国药典》(2010年版)二部附录Ⅷ L干燥失重测定法测定。

5.5 灼烧残渣测定

按GB/T 9741的规定测定。

5.6 汞的测定

按《化妆品卫生规范》(2007年版) 第三部分 卫生化学检验方法 二 汞之第一法冷原子吸收法测定。

5.7 砷的测定

按《化妆品卫生规范》(2007年版) 第三部分 卫生化学检验方法 三 砷之第一法氢化物原子

荧光光度法测定。

5.8 铅的测定

按《化妆品卫生规范》(2007年版) 第三部分 卫生化学检验方法 四 铅之第一法火焰原子吸收分光光度法测定。

6 检验规则

6.1 检验分类

6.1.1 产品检验分为出厂检验和型式检验。

6.1.2 产品按本标准出厂检验合格后方能出厂,并附产品合格证。

6.2 出厂检验

6.2.1 产品在出厂前,应逐批进行出厂检验,检验合格后,方可允许出厂。

6.2.2 出厂检验项目

含氮量、pH和干燥失重。

6.3 型式检验

6.3.1 有下列情况之一时,应进行型式检验:

a) 新产品生产的试制定型鉴定;
b) 正式生产后,原料有较大改变时;
c) 正式生产后,如工艺、环境有较大改变,可能影响产品质量时;
d) 正式生产时,应每一年进行一次型式检验;
e) 产品停产超过半年后,恢复生产时;
f) 出厂检验结果与上次型式检验有较大差异时;
g) 国家质量监督机构或用户提出要求时。

6.3.2 型式检验的项目为本标准第4章规定的全部技术要求。

6.4 组批与检验

每生产一釜的产品为一批。生产厂的质量监督检验部门应按本标准的规定逐批进行检验。生产厂应保证所有出厂的产品都符合本标准的要求。使用单位有权按照本标准的规定对所收到的产品进行验收。

6.5 采样

采样应符合GB/T 6679—2003中的采样规定。按GB/T 6679—2003中3.2.3的规定确定采集样品数。按GB/T 6679—2003中4.3的规定确定采样方法。按GB/T 6679—2003中5.5确定最终样品的量及其保存。

6.6 检验结果判定

检验结果中有一项指标不符合本标准要求的指标值时,应重新从两倍量的包装中选取试样进行复验,复验后仍未达到相应的指标值时,则判定该批产品或该次型式检验产品为不合格。

7 包装、标志、运输和贮存、保质期

7.1 包装

本产品采用无毒、无害、坚固的容器包装或根据客户要求进行包装。

7.2 标志

产品包装物上应有产品名称、生产单位名称和地址、生产批号或生产日期、有效期、净含量、产品质量符合标准的证明及标准编号。

本产品具有刺激性，当与眼睛、皮肤接触时会造成刺激、过敏，产品包装上还应标注如下内容的安全性提示：

“使用中要防止本产品与皮肤及眼睛直接接触。若不慎接触，应立即用水冲洗干净，以免引起刺激或不适”。

7.3 运输和贮存

运输过程中要防止倒置、重压、雨淋。

本产品应贮存于通风、清洁、阴凉、干燥处，密闭保存，防止受潮。

7.4 保质期

在符合规定的运输和贮存条件下，产品在包装完整和未经启封的情况下，保质期按销售包装标注执行。

附　录　A
（资料性附录）
双(羟甲基)咪唑烷基脲红外标准图谱

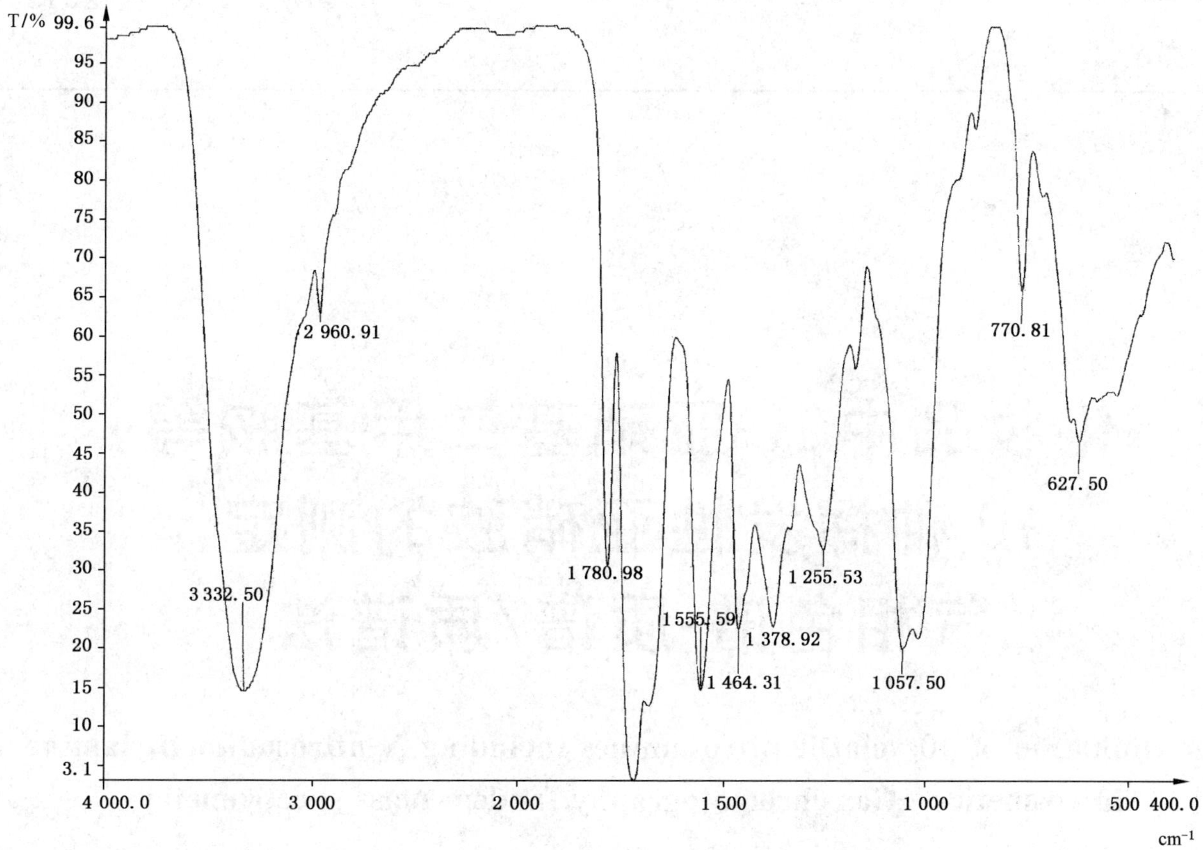

图 A.1　双(羟甲基)咪唑烷基脲红外标准图谱

ICS 71.100.70
Y 42

中华人民共和国国家标准

GB/T 29669—2013

化妆品中 *N*-亚硝基二甲基胺等 10 种挥发性亚硝胺的测定 气相色谱-质谱/质谱法

Determination of 10 volatile nitrosamines including *N*-nitrosodimethylamine in cosmetics—Gas chromatography tandem mass spectrometry

2013-09-06 发布　　2014-02-15 实施

中华人民共和国国家质量监督检验检疫总局
中国国家标准化管理委员会　发布

前　言

本标准按照 GB/T 1.1—2009 给出的规则起草。

请注意本文件的某些内容可能涉及专利。本文件的发布机构不承担识别这些专利的责任。

本标准由中国轻工业联合会提出。

本标准由全国香料香精化妆品标准化技术委员会(SAC/TC 257)归口。

本标准起草单位:中国检验检疫科学研究院、上海市日用化学工业研究所、中华人民共和国苏州出入境检验检疫局。

本标准主要起草人:马强、余雯静、王超、肖海清、白桦、李俊芳、王烨、李文雅、李琼、沈敏。

引　言

本标准的被测物质是我国《化妆品卫生规范》规定的禁用物质，不得作为化妆品生产原料即组分添加到化妆品中。如果技术上无法避免禁用物质作为杂质带入化妆品时，则化妆品成品应符合《化妆品卫生规范》对化妆品的一般要求，即在正常及合理的可预见的使用条件下，不得对人体健康产生危害。

目前我国尚未规定这些物质的限量值，本标准的制定，仅对化妆品中测定这些物质提供检测方法。

化妆品中 *N*-亚硝基二甲基胺等 10 种挥发性亚硝胺的测定 气相色谱-质谱/质谱法

1 范围

本标准规定了化妆品中 *N*-亚硝基二甲基胺等 10 种挥发性亚硝胺的气相色谱-质谱/质谱测定方法。

本标准适用于膏霜、散粉、唇膏、水剂和香波类化妆品中 *N*-亚硝基二甲基胺等 10 种挥发性亚硝胺的测定。

本标准的检出限和定量限：*N*-亚硝基二乙基胺、*N*-亚硝基二丙基胺、*N*-亚硝基吗啉、*N*-亚硝基哌啶、*N*-亚硝基二丁基胺、*N*-亚硝基二苯基胺、*N*-亚硝基二苄基胺的检出限为 1.25 mg/kg，定量限为 2.5 mg/kg；*N*-亚硝基吡咯烷的检出限为 2.5 mg/kg，定量限为 5.0 mg/kg；*N*-亚硝基二甲基胺、*N*-亚硝基二环己基胺的检出限为 5.0 mg/kg，定量限为 10.0 mg/kg。

2 规范性引用文件

下列文件对于本文件的应用是必不可少的。凡是注日期的引用文件，仅注日期的版本适用于本文件。凡是不注日期的引用文件，其最新版本（包括所有的修改单）适用于本文件。

GB/T 6682 分析实验室用水规格和试验方法

3 原理

试样经溶剂提取，固相萃取柱净化后，用气相色谱-质谱/质谱测定，外标法定量。

4 试剂和材料

除非另有规定，所用试剂均为分析纯。水为 GB/T 6682 规定的一级水。

4.1 甲醇：色谱纯。

4.2 二氯甲烷：色谱纯。

4.3 丙酮：色谱纯。

4.4 无水乙醇：色谱纯。

4.5 标准品：*N*-亚硝基二甲基胺等 10 种挥发性亚硝胺标准品中文名称、英文名称、结构式、CAS 号、分子式、相对分子质量参见附录 A 表 A.1，纯度不小于 99%。

4.6 10 种挥发性亚硝胺的标准储备液：准确称取每种挥发性亚硝胺标准物质（4.5）各 10 mg，精确至 0.1 mg，分别置于 100 mL 容量瓶中，用甲醇（4.1）溶解并定容至刻度，摇匀，配制成浓度分别为 100 μg/mL 的标准储备液，于 4 ℃保存，可使用三个月。

4.7 10 种挥发性亚硝胺的混合标准储备液：分别准确移取 10 种挥发性亚硝胺标准储备液各 10 mL 于 100 mL 容量瓶中，该溶液中 10 种挥发性亚硝胺的浓度均为 10 μg/mL。

5 仪器和设备

5.1 气相色谱-质谱/质谱(GC-MS/MS)仪:配有电子轰击电离源。
5.2 分析天平:感量为0.000 1 g和0.001 g。
5.3 离心机:转速不低于5 000 r/min。
5.4 超声波水浴。
5.5 固相萃取装置。
5.6 氮气吹干仪。
5.7 涡旋混合器。
5.8 具塞聚四氟乙烯塑料离心管:16 mL。
5.9 微孔滤膜:0.45 μm,有机相。
5.10 固相萃取柱:基质为*N*-乙烯吡咯烷酮-二乙烯基苯胺,200 mg,6 mL,或相当者。使用前依次用6 mL甲醇、6 mL水活化。

6 分析步骤

6.1 样品处理

6.1.1 提取

6.1.1.1 膏霜类样品

称取1 g(精确至0.001 g)试样于16 mL具塞聚四氟乙烯塑料离心管中,加入10 mL甲醇-二氯甲烷混合液(8+2,体积比),超声提取30 min,以不低于5 000 r/min离心15 min。准确移取2 mL上清液,氮气缓慢吹至近干。加入2 mL 30%甲醇水溶液溶解后,作为待净化液。

6.1.1.2 水剂类样品

称取1 g(精确至0.001 g)试样于16 mL具塞聚四氟乙烯塑料离心管中,加入10 mL丙酮,超声提取15 min,以5 000 r/min离心15 min。准确移取2 mL上清液,氮气缓慢吹至近干。加入2 mL 30%甲醇水溶液溶解后,作为待净化液。

6.1.1.3 香波类样品

称取1 g(精确至0.001 g)试样于16 mL具塞聚四氟乙烯塑料离心管中,加入10 mL甲醇-丙酮混合液(5+5,体积比),超声提取30 min,以5 000 r/min离心15 min。准确移取2 mL上清液,氮气缓慢吹至近干。加入2 mL 30%甲醇水溶液溶解后,作为待净化液。

6.1.1.4 唇膏类化妆品

称取1 g(精确至0.001 g)试样于16 mL具塞聚四氟乙烯塑料离心管中,加入10 mL无水乙醇-丙酮混合液(8+2,体积比),超声提取30 min,以5 000 r/min离心15 min。移取2 mL上清液,氮气缓慢吹至近干。加入2 mL 30%甲醇水溶液溶解后,作为待净化液。

6.1.1.5 散粉类化妆品

称取1 g(精确至0.001 g)试样于16 mL具塞聚四氟乙烯塑料离心管中,加入10 mL甲醇,超声提取30 min,以5 000 r/min离心15 min。移取2 mL上清液,氮气缓慢吹至近干。加入2 mL 30%甲醇水溶液溶解后，作为待净化液。

6.1.2 净化

将6.1.1中的待净化液转移至固相萃取柱(5.10)中。用3 mL 30%甲醇水溶液洗涤，抽至近干后，用8 mL甲醇洗脱。整个固相萃取过程流速不超过1 mL/min。洗脱液于50 ℃下用氮气吹干，残留物用1 mL甲醇定容，涡旋混合1 min，过微孔滤膜(5.9)后，滤液作为待测样液。

6.2 测定条件

气相色谱-质谱/质谱测定的参考条件如下：

a) 色谱柱：6%氰丙基苯基-94%二甲基聚硅氧烷石英毛细管柱，30 m×0.25 mm (i.d.)×1.40 μm，或相当者；
b) 程序升温：60 ℃保持3 min，以30 ℃/min的速率升温至260 ℃，保持9 min；
c) 进样口温度：250 ℃；
d) 色谱-质谱接口温度：250 ℃；
e) 离子源温度：180 ℃；
f) 载气：氦气，纯度≥99.999%；流速：1.0 mL/min；
g) 进样量：1 μL；
h) 进样方式：不分流进样，0.5 min后开阀；
i) 电离方式：EI；
j) 质量扫描范围：50 amu～1 000 amu；
k) 电离能量：70 eV；
l) 阱电流：200 μA；
m) 溶剂延迟：3 min；
n) 监测方式：多反应监测(MRM)，定性离子对、定量离子对、锥孔电压和碰撞气能量参见附录B的表B.1；
o) 倍增器电压：500 V。

6.3 标准曲线的绘制

用甲醇(4.1)将10种挥发性亚硝胺混合标准储备液逐级稀释得到的浓度为0.05 μg/mL、0.1 μg/mL、0.25 μg/mL、0.5 μg/mL、1 μg/mL、5 μg/mL、10 μg/mL的混合标准工作液，按6.2的测定条件浓度由低到高进样测定，以定量离子峰面积-浓度作图，得到标准曲线回归方程。

6.4 测定

按6.2的测定条件对待测样液进行测定，用外标法定量。待测样液中挥发性亚硝胺的响应值应在标准曲线的线性范围内，超过线性范围则应稀释后再进样分析。

按照上述条件测定试样和标准工作溶液，如果试样中的质量色谱峰保留时间与标准工作溶液一致(变化范围在±2.5%之内)；样品中目标化合物的两个子离子的相对丰度与浓度相当标准溶液的相对丰度一致，相对丰度偏差不超过表1的规定，则可判断样品中存在挥发性亚硝胺。

表1 定性离子相对丰度的最大允许偏差

相对离子丰度	>50%	>20%至50%	>10%至20%	≤10%
允许的相对偏差	±20%	±25%	±30%	±50%

6.5 空白试验

除不称取样品外，均按上述测定条件和步骤进行。

7 计算结果

结果按式(1)计算，计算结果保留两位小数，计算结果应扣除空白值：

$$w=\frac{c\times V}{m\times 0.2} \qquad \cdots\cdots(1)$$

式中：

w ——化妆品中挥发性亚硝胺的含量，单位为毫克每千克(mg/kg)；

c ——从标准工作曲线上查出的样液中被测挥发性亚硝胺的浓度，单位为微克每毫升(μg/mL)；

V ——样液最终定容体积，单位为毫升(mL)；

m ——试样的质量，单位为克(g)；

0.2 ——折算系数。

8 检出限和定量限

本标准的检出限和定量限：*N*-亚硝基二乙基胺、*N*-亚硝基二丙基胺、*N*-亚硝基吗啉、*N*-亚硝基哌啶、*N*-亚硝基二丁基胺、*N*-亚硝基二苯基胺、*N*-亚硝基二苄基胺的检出限为 1.25 mg/kg，定量限为 2.5 mg/kg；*N*-亚硝基吡咯烷的检出限为 2.5 mg/kg，定量限为 5.0 mg/kg；*N*-亚硝基二甲基胺、*N*-亚硝基二环己基胺的检出限为 5.0 mg/kg，定量限为 10.0 mg/kg。

9 回收率和精密度

在添加浓度 2.5 mg/kg～100 mg/kg 浓度范围内，回收率在 85.2%～102.3%，相对标准偏差精密度为 3.05%～9.24%。

10 允许差

在重复性条件下获得的两次独立测定结果的绝对差值不应超过算术平均值的 10%。

附　录　A

（资料性附录）

挥发性亚硝胺的中文名称、英文名称、结构式、CAS 号、分子式、相对分子质量

表 A.1　挥发性亚硝胺的中文名称、英文名称、结构式、CAS 号、分子式、相对分子质量

中文名称	英文名称	结构式 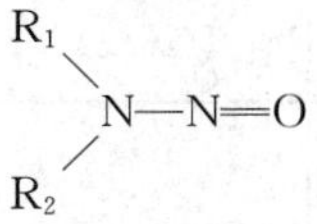		CAS 号	分子式	相对分子质量
		R_1	R_2			
N-亚硝基二甲基胺	*N*-Nitrosodimethylamine	CH_3	CH_3	62-75-9	$C_2H_6N_2O$	74.05
N-亚硝基二乙基胺	*N*-Nitrosodiethylamine	CH_2CH_3	CH_2CH_3	55-18-5	$C_4H_{10}N_2O$	102.08
N-亚硝基吡咯烷	*N*-Nitrosopyrrolidine	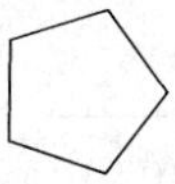		930-55-2	$C_4H_8N_2O$	100.06
N-亚硝基二正丙基胺	*N*-Nitrosodi-n-propylamine	$(CH_2)_2CH_3$	$(CH_2)_2CH_3$	621-64-7	$C_6H_{14}N_2O$	130.11
N-亚硝基吗啉	*N*-Nitrosomorpholine	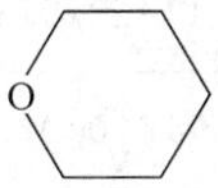		59-89-2	$C_4H_8N_2O_2$	116.06
N-亚硝基哌啶	*N*-Nitrosopiperidine	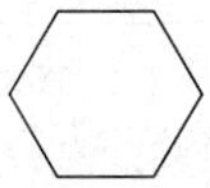		100-75-4	$C_5H_{10}N_2O$	114.08
N-亚硝基二正丁基胺	*N*-Nitrosodi-n-butylamine	$(CH_2)_3CH_3$	$(CH_2)_3CH_3$	924-16-3	$C_8H_{18}N_2O$	158.14
N-亚硝基二苯基胺	*N*-Nitrosodiphenylamine	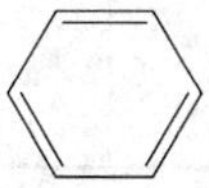	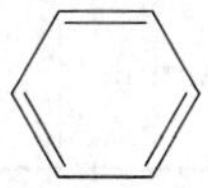	86-30-6	$C_{12}H_{10}N_2O$	198.08
N-亚硝基二环己基胺	*N*-Nitrosodicyclohexylamine	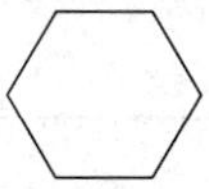	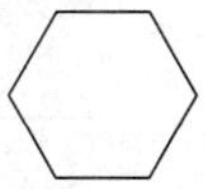	947-92-2	$C_{12}H_{22}N_2O$	210.17
N-亚硝基二苄基胺	*N*-Nitrosodibenzylamine	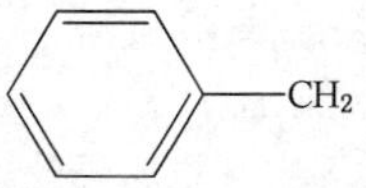	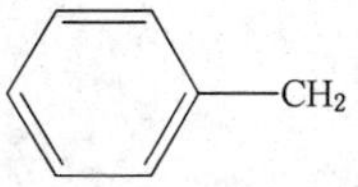	5336-53-8	$C_{14}H_{14}N_2O$	226.11

附 录 B
（资料性附录）
挥发性亚硝胺的定性离子对、定量离子对、锥孔电压和碰撞气能量

表 B.1 挥发性亚硝胺的定性离子对、定量离子对、锥孔电压和碰撞气能量

中文名称	英文名称	定性离子对（m/z）	定量离子对（m/z）	碰撞气能量/eV	相对丰度	允许偏差/%
N-亚硝基二甲基胺	N-Nitrosodimethylamine	74.0/44.1 74.0/42.0	74.0/44.1	5 5	100 6	±50
N-亚硝基二乙基胺	N-Nitrosodiethylamine	102.0/85.0 102.0/44.0	102.0/85.0	4 10	100 3	±50
N-亚硝基二丙基胺	N-Nitrosodi-n-propylamine	130.1/113.0 130.1/88.1	130.1/113.0	4 4	100 14	±30
N-亚硝基吗啉	N-Nitrosomorpholine	116.0/86.0 116.0/56.0	116.0/86.0	4 9	100 24	±25
N-亚硝基吡咯烷	N-Nitrosopyrrolidine	100.0/55.0 100.0/70.2	100.0/55.0	6 6	100 72	±20
N-亚硝基哌啶	N-Nitrosopiperidine	114.0/84.0 114.0/97.1	114.0/84.0	6 4	100 47	±25
N-亚硝基二丁基胺	N-Nitrosodi-n-butylamine	116.0/98.9 158.1/98.9	116.0/98.9	5 9	100 12	±30
N-亚硝基二苯基胺	N-Nitrosodiphenylamine	168.0/168.0 168.0/167.0	168.0/168.0	4 12	100 87	±20
N-亚硝基二环己基胺	N-Nitrosodicyclohexylamine	210.1/193.1 210.1/83.0	210.1/193.1	4 16	100 82	±20
N-亚硝基二苄基胺	N-Nitrosodibenzylamine	91.0/91.0 91.0/65.0	91.0/91.0	4 11	100 20	±30

ICS 71.100.70
Y 42

中华人民共和国国家标准

GB/T 29670—2013

化妆品中萘、苯并[a]蒽等9种多环芳烃的测定 气相色谱-质谱法

Determination of 9 polycyclic aromatic hydrocarbons including naphthalene, benzo[a]anthracene in cosmetics—Gas chromatography-mass spectrometry

2013-09-06 发布　　2014-02-15 实施

中华人民共和国国家质量监督检验检疫总局
中国国家标准化管理委员会　发布

前　言

本标准按照 GB/T 1.1—2009 给出的规则起草。

本标准由中国轻工业联合会提出。

本标准由全国香料香精化妆品标准化技术委员会(SAC/TC 257)归口。

本标准起草单位:中国检验检疫科学研究院、上海市日用化学工业研究所。

本标准主要起草人:肖海清、王宏伟、马强、于红梅、付艳玲、席海为、张庆、操卫、李琼、沈敏。

引　言

本标准中的被测物质是我国《化妆品卫生规范》规定的禁用物质，不得作为化妆品生产原料即组分添加到化妆品中。如果技术上无法避免禁用物质作为杂质带入化妆品时，则化妆品成品应符合《化妆品卫生规范》对化妆品的一般要求，即在正常及合理的可预见的使用条件下，不得对人体健康产生危害。

目前我国尚未规定这些物质的限量值，本标准的制定，仅对化妆品中测定这些物质提供检测方法。

化妆品中萘、苯并[a]蒽等9种多环芳烃的测定　气相色谱-质谱法

警告——使用本标准的人员应有正规实验室工作的实践经验。本标准并未指出所有可能的安全问题。使用者有责任采取适当的安全和健康措施，并保证符合国家有关规定的条件。

1　范围

本标准规定了化妆品中萘、苯并[a]蒽、䓛、苯并[b]荧蒽、苯并[j]荧蒽、苯并[k]荧蒽、苯并[e]芘、苯并[a]芘、二苯并[a,h]蒽等9种多环芳烃的气相色谱-质谱测定方法。

本标准适用于乳液、膏状、霜类、粉状、水类等化妆品中萘、苯并[a]蒽、䓛、苯并[b]荧蒽、苯并[j]荧蒽、苯并[k]荧蒽、苯并[e]芘、苯并[a]芘、二苯并[a,h]蒽等多环芳烃的测定。

本标准的检出限和定量限：萘、苯并[a]蒽、䓛、苯并[b]荧蒽、苯并[j]荧蒽、苯并[k]荧蒽、苯并[e]芘、苯并[a]芘、二苯并[a,h]蒽的检出限为0.1 mg/kg，定量限为0.2 mg/kg。

2　术语和定义

下列术语和定义适用于本文件。

2.1

多环芳烃　polycyclic aromatic hydrocarbons

简称为PAHs，是以两个或两个以上的苯环通过聚合键相连接的多环碳氢化合物，指表1中9种碳氢化合物。

表1　9种多环芳烃

序号	中文名称	英文名称	CAS号	化学结构式
1	萘	Naphthalene	91-20-3	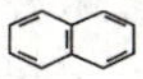
2	苯并[a]蒽	Benzo[a]anthracene	56-55-3	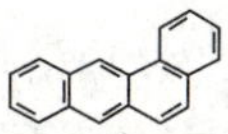
3	䓛	Chrysene	218-01-9	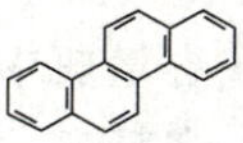
4	苯并[b]荧蒽[a]	Benzo[b]fluoranthene	205-99-2	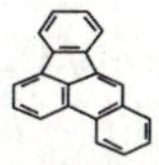
5	苯并[j]荧蒽	Benzo[j]fluoranthene	205-99-2	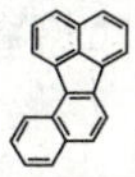
6	苯并[k]荧蒽	Benzo[k]fluoranthene	207-08-9	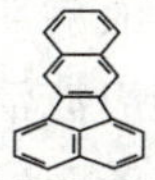
7	苯并[e]芘	Benzo[e]pyrene	192-97-2	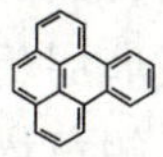

表 1（续）

序号	中文名称	英文名称	CAS 号	化学结构式
8	苯并[a]芘	Benzo[a]pyrene	50-32-8	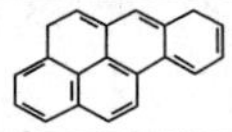
9	二苯并[a,h]蒽	Dibenzo[a,h]anthracene	53-70-3	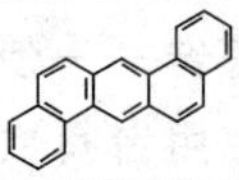
[a] 苯并[b]荧蒽在我国《化妆品卫生规范》中被称为苯并[e]醋亚菲（Benz(e)acephenanthrylene）。				

3 方法提要

样品中的多环芳烃用甲醇超声提取，用环己烷液-液萃取后浓缩，用硅胶-中性氧化铝柱法净化后，采用气相色谱-质谱法测定。

4 试剂和材料

除非另有规定，仅使用分析纯的试剂和超纯水（电阻率≥18.2 MΩ）。

4.1 二氯甲烷：色谱纯。

4.2 正己烷：色谱纯。

4.3 甲醇：色谱纯。

4.4 环己烷：色谱纯。

4.5 正己烷-二氯甲烷(3+2)：取 3 体积正己烷(4.2)和 2 体积二氯甲烷(4.1)混合均匀。

4.6 无水硫酸钠：使用前在 430 ℃烘 6 h 以上。

4.7 硅胶：粒径 0.075 mm～0.15 mm，使用前 130 ℃活化 16 h。

4.8 中性氧化铝：粒径 100 mm～200 mm，使用前 160 ℃活化 16 h，加 3%水（质量分数）去活化，平衡 48 h 以上。

4.9 脱脂棉。

4.10 多环芳烃标准物质：纯度不小于 98.2 %。

4.11 多环芳烃标准储备溶液(1 000 mg/L)：分别称取 9 种多环芳烃标准物质(4.10)0.100 0 g，用二氯甲烷(4.1)溶解后分别定容至 100 mL 容量瓶中，密封、避光、−18 ℃保存，有效期 1 年。

4.12 多环芳烃混合标准储备液(40 mg/L)：分别准确移取 9 种多环芳烃标准储备溶液(4.11)1 mL 于 25 mL 容量瓶中，用正己烷(4.2)定容至刻度，密封、避光、−18 ℃保存，有效期 6 个月。

4.13 多环芳烃标准工作液：取一定量混和标准储备液(4.12)，用正己烷(4.2)稀释，配制成浓度为 0.05 mg/L、0.1 mg/L、0.5 mg/L、1 mg/L、2 mg/L 的溶液。

5 仪器和设备

5.1 分液漏斗，100 mL。

5.2 超声波清洗器，输出功率 600 W，频率 40 kHz。

5.3 旋转蒸发仪。

5.4 玻璃层析柱，300 mm×20 mm。

5.5 气相色谱-质谱联用仪。

5.6 有机相过滤膜,0.45 μm。

5.7 分析天平,感量 0.1 mg。

6 分析步骤

6.1 提取

称取化妆品试样 0.5 g(精确到 0.000 1 g),置于 50 mL 具塞三角瓶中,加入甲醇 10 mL,充分混匀,在超声波清洗器中超声提取 15 min,将上清液转移至分液漏斗中,下层沉淀用甲醇重复提取两次,每次 2 mL,合并上清液,用环己烷液液萃取 4 次,每次 20 mL,合并上层环己烷相,浓缩至约 2 mL。

6.2 净化

净化柱下端为脱脂棉(使用前用二氯甲烷索氏提取 24 h 以上),依次用二氯甲烷湿法装填 10 g 活化过的硅胶、5 g 中性氧化铝,上端为 3 g 无水硫酸钠。用 40 mL 正己烷(4.2)淋洗硅胶柱,加入提取液(6.1),用 25 mL 正己烷(4.2)淋洗,弃去洗脱液,用 40 mL 正己烷-二氯甲烷(3+2)(4.5)洗脱并收集,洗脱液经旋转蒸发浓缩至约 2 mL,定量转移至 1 mL 刻度试管中,用氮气缓慢吹至 1 mL,过 0.45 μm 有机滤膜后,供 GC-MS 分析。

6.3 测定

6.3.1 色谱条件

由于测试结果取决于所使用的仪器,因此不可能给出气相色谱分析的通用参数。设定的参数应保证色谱测定时被测组分与其他组分能够得到有效的分离,下列给出的参数证明是可行的。

a) 色谱柱:HP-5 MS[1)](30 m×0.25 mm×0.25μm);
b) 程序升温:起始温度 50 ℃(保持 2 min),以 20 ℃/min 升至 160 ℃,之后以 4 ℃/min 升至 235 ℃,保持 12 min,最后以 5 ℃/min 升至 290 ℃(保持 5 min);
c) 进样口温度:280 ℃;
d) 色谱-质谱接口温度:280 ℃;
e) 离子源温度:230 ℃;
f) 四极杆温度:150 ℃;
g) 离子源:EI;
h) 电离能量:70 eV;
i) 质量扫描范围:50 amu~350 amu;
j) 载气:氦气,流速 1 mL/min;
k) 进样量:1 μL;
l) 进样方式:不分流进样;
m) 溶剂延迟时间:6 min。

6.3.2 标准工作曲线绘制

将标准工作溶液(4.13)按浓度由低至高顺序依次进样,按色谱条件(6.3.1)进行测定,以色谱峰的峰面积为纵坐标对应的浓度为横坐标作图,绘制标准工作曲线。苯并[b]荧蒽、苯并[j]荧蒽和苯并[k]荧蒽这三种物质系同分异构体,以这三种物质的总峰面积和总浓度的对应关系绘制标准工作曲线。多环芳烃标准物质特征碎片离子、定量离子和选择离子色谱图参见附录 A 和附录 B。

---

1) HP-5 MS 是由供应商提供的商品名。给出这一信息是为了方便本标准的使用者,并不表示对该产品的认可。如果其他等效产品具有相同的效果,则可使用这些等效产品。

6.3.3 试样测定

将试样溶液(6.2)注入气相色谱-质谱仪,按色谱条件(6.3.1)进行测定,记录色谱峰的保留时间和峰面积。如果试样溶液和标准工作溶液的选择离子色谱图中在相同保留时间有色谱峰出现,根据全扫描质谱图进行确证,根据选择离子色谱图进行定量,由选择定量离子峰的峰面积可从标准曲线上求出相应的色谱峰浓度。苯并[b]荧蒽、苯并[j]荧蒽和苯并[k]荧蒽这三种物质以其总峰面积和总浓度的线性关系计算其总量。样品溶液中的多环芳烃的响应值均应在标准工作曲线浓度范围之内,多环芳烃含量高的试样可取适量试样溶液用正己烷(4.2)稀释后进行测定。按以上步骤,对同一试样进行平行试验测定。

6.4 空白试验

除不加试样外,均按上述操作步骤进行。

7 计算结果

结果按式(1)计算:

$$X_i = \frac{(c_i - c_0) \times V_i}{m} \qquad \cdots\cdots(1)$$

式中:

X_i ——样品中多环芳烃的含量,单位为毫克每千克(mg/kg);

c_i ——标准曲线计算所得多环芳烃的浓度,单位为毫克每升(mg/L);

c_0 ——标准曲线计算所得空白样品中多环芳烃的浓度,单位为毫克每升(mg/L);

V_i ——样品稀释后的总体积,单位为毫升(mL);

m ——样品质量,单位为克(g)。

结果保留小数点后两位。

8 检出限和定量限

本标准的检出限和定量限:萘、苯并[a]蒽、䓛、苯并[b]荧蒽、苯并[j]荧蒽、苯并[k]荧蒽、苯并[e]芘、苯并[a]芘、二苯并[a,h]蒽的检出限为0.1 mg/kg,定量限为0.2 mg/kg。

9 回收率和精密度

在添加浓度0.2 mg/kg～2 mg/kg的范围内,回收率在81.6 %～100.2 %之间,相对标准偏差为1.3%～5.8%。

附 录 A
（资料性附录）
多环芳烃的特征碎片离子、定量离子

表 A.1 多环芳烃的分子式、相对分子质量、特征碎片离子和定量离子

名称	分子式	相对分子质量	特征碎片离子 (amu)	定量离子 (amu)
萘	$C_{10}H_8$	128	128,102,64	128
苯并[a]蒽	$C_{18}H_{12}$	228	228,114	228
䓛	$C_{18}H_{12}$	228	228,114	228
苯并[b]荧蒽	$C_{20}H_{12}$	252	252,126,113	252
苯并[j]荧蒽	$C_{20}H_{12}$	252	252,126,113	252
苯并[k]荧蒽	$C_{20}H_{12}$	252	252,126,113	252
苯并[e]芘	$C_{20}H_{12}$	252	252,126,113	252
苯并[a]芘	$C_{20}H_{12}$	252	252,126,113	252
二苯并[a,h]蒽	$C_{22}H_{14}$	278	278,138	278

附　录　B
(资料性附录)
多环芳烃标准物质的选择离子色谱图

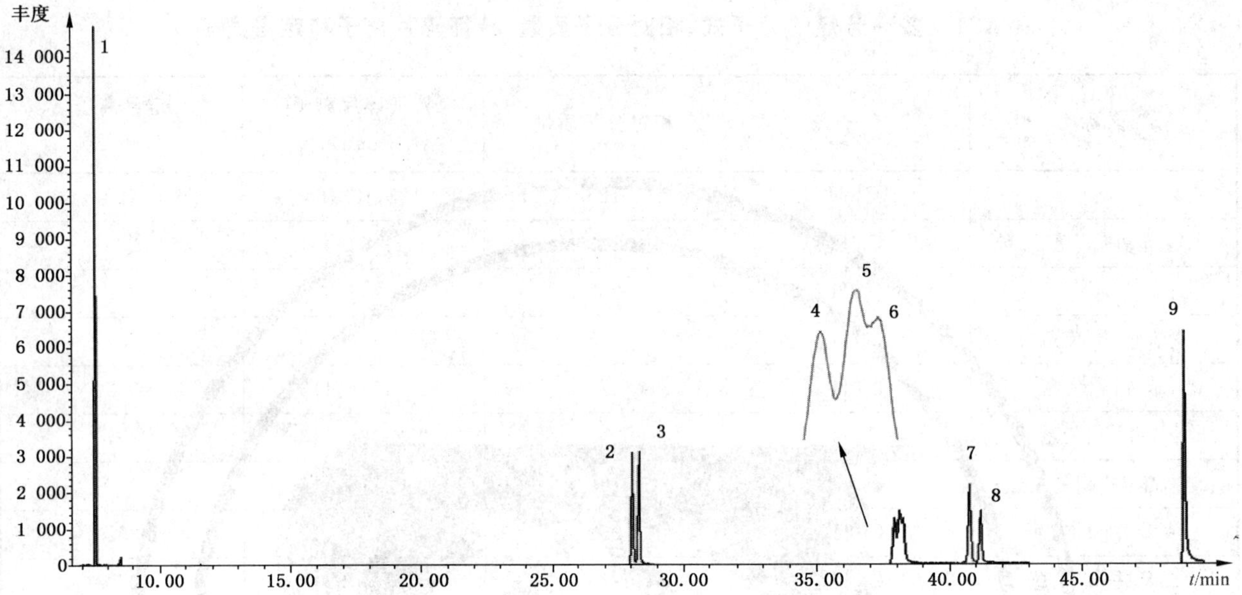

说明：

1——萘；

2——苯并[a]蒽；

3——䓛；

4——苯并[b]荧蒽；

5——苯并[j]荧蒽；

6——苯并[k]荧蒽；

7——苯并[e]芘；

8——苯并[a]芘；

9——二苯并[a,h]蒽。

图 B.1　9 种多环芳烃标准物质的选择离子色谱图

ICS 71.100.70
Y 42

中华人民共和国国家标准

GB/T 29671—2013

化妆品中苯酚磺酸锌的测定 高效液相色谱法

Determination of zinc 4-hydroxybenzene sulphonate in cosmetics—High performance liquid chromatography

2013-09-06 发布 2014-02-15 实施

中华人民共和国国家质量监督检验检疫总局
中国国家标准化管理委员会 发布

前　言

本标准按照 GB/T 1.1—2009 给出的规则起草。

请注意本文件的某些内容可能涉及专利。本文件的发布机构不承担识别这些专利的责任。

本标准由中国轻工业联合会提出。

本标准由全国香料香精化妆品标准化技术委员会(SAC/TC 257)归口。

本标准起草单位:中国检验检疫科学研究院、上海市日用化学工业研究所。

本标准主要起草人:王烨、马强、白桦、王星、席广成、席海为、卢晓静、刘茜、武晓剑、康薇。

化妆品中苯酚磺酸锌的测定
高效液相色谱法

1 范围

本标准规定了化妆品中苯酚磺酸锌的高效液相色谱测定方法。

本标准适用于水剂、香波、膏霜、蜡基、散粉类化妆品中苯酚磺酸锌的测定。

本标准对于苯酚磺酸锌的检出限和定量限:水剂类和香波类样品中检出限为 24 mg/kg,定量限为 30 mg/kg;膏霜类和蜡基类样品中检出限为 120 mg/kg,定量限为 140 mg/kg;散粉类样品中检出限为 60 mg/kg,定量限为 90 mg/kg。

2 规范性引用文件

下列文件对于本文件的应用是必不可少的。凡是注日期的引用文件,仅注日期的版本适用于本文件。凡是不注日期的引用文件,其最新版本(包括所有的修改单)适用于本文件。

GB/T 6682 分析实验室用水规格和试验方法

3 原理

试样经溶剂提取,离心过滤后,用高效液相色谱法进行测定,保留时间定性,外标法定量。

4 试剂和材料

除非另有规定,所用试剂均为分析纯。水为 GB/T 6682 规定的一级水。

4.1 乙腈:色谱纯。

4.2 四氢呋喃:色谱纯。

4.3 40%四丁基氢氧化铵水溶液(体积分数)。

4.4 磷酸二氢钠。

4.5 磷酸溶液(0.5%):准确量取 5 mL 磷酸于 1 L 容量瓶中,用水定容至刻度,混匀后备用。

4.6 20%乙腈水溶液:准确量取 20 mL 乙腈和 80 mL 水,混匀后备用。

4.7 80%乙腈水溶液:准确量取 80 mL 乙腈和 20 mL 水,混匀后备用。

4.8 苯酚磺酸锌标准物质:分子式 $C_{12}H_{10}O_8S_2Zn$,CAS 号 127-82-2,纯度不小于 99%,结构式参见附录 A 的图 A.1。

5 仪器和设备

5.1 高效液相色谱(HPLC)仪:配有紫外检测器或二极管阵列检测器。

5.2 pH 计:范围 0.00~14.00,精度±0.01。

5.3 分析天平:感量为 0.000 01 g 和 0.000 1 g。

5.4 离心机:转速不低于 5 000 r/min。

5.5 超声波水浴。

5.6 具塞锥形瓶:50 mL。

5.7 具塞塑料离心管:10 mL。

5.8 微孔滤膜:0.45 μm,PTFE。

6 分析步骤

6.1 样品处理

6.1.1 水剂类样品

称取 0.5 g(精确至 0.001 g)试样于 50 mL 具塞锥形瓶中,加入 15 mL 20%乙腈水溶液(4.6),超声提取 30 min。取部分溶液转移至 10 mL 具塞塑料离心管中,以 5 000 r/min 离心 10 min,上清液经 0.45 μm 微孔滤膜过滤,供高效液相色谱测定。

6.1.2 香波类样品

称取 0.5 g(精确至 0.001 g)试样于 50 mL 具塞锥形瓶中,加入 15 mL 20%乙腈水溶液(4.6),超声提取 30 min。取部分溶液转移至 10 mL 具塞塑料离心管中,以 5 000 r/min 离心 10 min,上清液经 0.45 μm 微孔滤膜过滤,供高效液相色谱测定。

6.1.3 膏霜类样品

称取 0.5 g(精确至 0.001 g)试样于 50 mL 具塞锥形瓶中,加入 15 mL 80%乙腈水溶液(4.7),超声提取 30 min。取部分溶液转移至 10 mL 具塞塑料离心管中,以 5 000 r/min 离心 10 min,上清液经 0.45 μm 微孔滤膜过滤,供高效液相色谱测定。

6.1.4 蜡基类样品

称取 0.5 g(精确至 0.001 g)试样于 50 mL 具塞锥形瓶中,加入 1.5 mL 四氢呋喃(4.2),超声提取 10 min,再加 80%乙腈水溶液(4.7)至 15 mL,超声提取 30 min。取部分溶液转移至 10 mL 具塞塑料离心管中,以 5 000 r/min 离心 15 min,上清液经 0.45 μm 微孔滤膜过滤,供高效液相色谱测定。

6.1.5 散粉类样品

称取 0.5 g(精确至 0.001 g)试样于 50 mL 具塞锥形瓶中,加入 15 mL 80%乙腈水溶液(4.7),超声提取 30 min。取部分溶液转移至 10 mL 具塞塑料离心管中,以 5 000 r/min 离心 10 min,上清液经 0.45 μm 微孔滤膜过滤,供高效液相色谱测定。

6.2 测定条件

高效液相色谱测定的参考条件如下:

a) 色谱柱:Kromasil C_{18},5 μm,250 mm×4.6 mm(内径),或相当者;

b) 流动相:乙腈+0.025 mol/L 磷酸二氢钠溶液(含 0.005 mol/L 四丁基氢氧化铵,用磷酸溶液(4.5)调至 pH2.5)=20+80(体积比);

c) 流速:1.0 mL/min;

d) 柱温:30 ℃;

e) 检测波长:230 nm;

f) 进样量:10 μL。

6.3 标准曲线的绘制

用流动相溶液[6.2.b)]将苯酚磺酸锌标准储备溶液逐级稀释得到的浓度为 0.5 μg/mL、1 μg/mL、2 μg/mL、5 μg/mL、10 μg/mL、20 μg/mL、50 μg/mL 的标准工作溶液,按 6.2 的测定条件浓度由低到高进样测定,以峰面积-浓度作图,得到标准曲线回归方程。

苯酚磺酸锌标准品色谱图参见图 A.2。

6.4 测定

按 6.2 的测定条件对待测样液进行测定,记录色谱峰的保留时间和峰面积,可从标准曲线上由色谱峰的峰面积计算相应的苯酚磺酸锌浓度。待测样液中苯酚磺酸锌的响应值应在标准曲线的线性范围内,超过线性范围则应稀释后再进样分析。

6.5 定性确证

高效液相色谱仪对样品进行定性测定,进行样品测定时,如果检出被测苯酚磺酸锌的色谱峰的保留时间与标准品相一致,并且在扣除背景后的样品色谱图中,该物质的紫外吸收光谱与标准品的紫外吸收光谱相一致,则可初步确认样品中存在被测苯酚磺酸锌。必要时,需用其他方法进行确认试验。

苯酚磺酸锌标准品紫外吸收光谱图参见图 A.3。

6.6 空白试验

除不称取样品外,均按上述测定条件和步骤进行。

7 结果计算

结果按式(1)计算,计算结果保留两位小数,计算结果应扣除空白值:

$$w=\frac{c\times V}{m} \tag{1}$$

式中:

w ——试样中被测苯酚磺酸锌的含量,单位为毫克每千克(mg/kg);

c ——从标准工作曲线上查出的样液中苯酚磺酸锌的浓度,单位为微克每毫升(μg/mL);

V ——样液最终定容体积,单位为毫升(mL);

m ——试样的质量,单位为克(g)。

8 检出限和定量限

苯酚磺酸锌的检出限和定量限:水剂类和香波类样品中检出限为 24 mg/kg,定量限为 30 mg/kg;膏霜类和蜡基类样品中检出限为 120 mg/kg,定量限为 140 mg/kg;散粉类样品中检出限为 60 mg/kg,定量限为 90 mg/kg。

9 回收率和精密度

在添加浓度 24 mg/kg～360 mg/kg 的范围内,回收率在 93.6%～99.1%之间,相对标准偏差在

0.6%～3.9%。

10 允许差

在重复性条件下获得的两次独立测定结果的绝对差值不应超过算术平均值的10%。

附 录 A
（资料性附录）
苯酚磺酸锌标准品的结构式、高效液相色谱图和紫外吸收光谱图

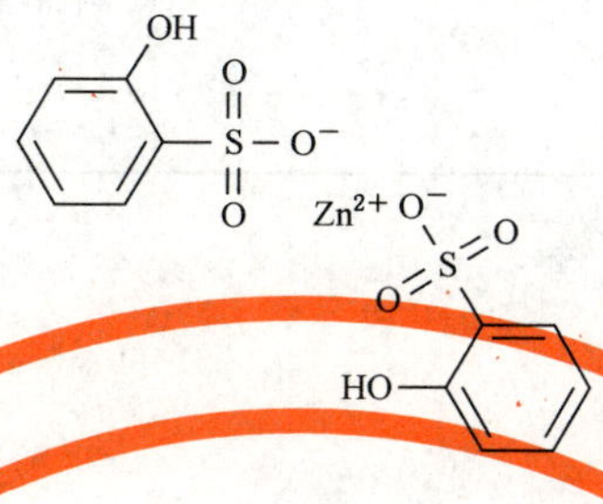

图 A.1 苯酚磺酸锌标准品的结构式

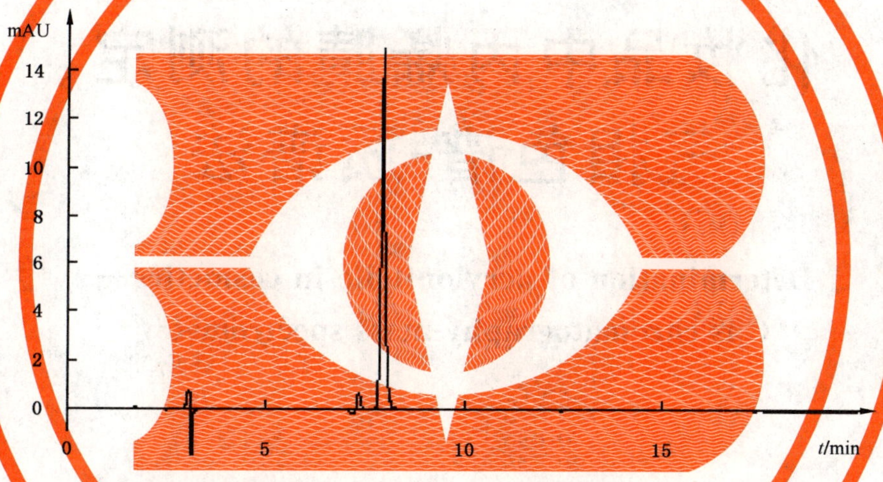

图 A.2 苯酚磺酸锌标准品的高效液相色谱图

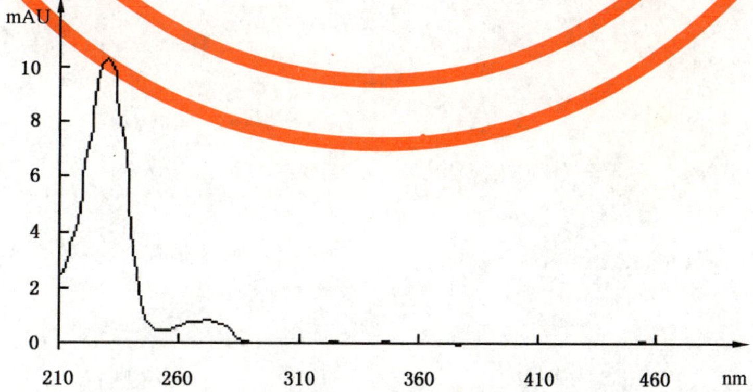

图 A.3 苯酚磺酸锌标准品的紫外吸收光谱图

ICS 71.100.70
Y 42

中华人民共和国国家标准

GB/T 29672—2013

化妆品中丙烯腈的测定 气相色谱-质谱法

Determination of acrylonitrile in cosmetics—Gas chromatography-mass spectrometry

2013-09-06 发布　　2014-02-15 实施

中华人民共和国国家质量监督检验检疫总局
中国国家标准化管理委员会　发布

前　　言

本标准按照 GB/T 1.1—2009 给出的规则起草。

请注意本文件的某些内容可能涉及专利。本文件的发布机构不承担识别这些专利的责任。

本标准由中国轻工业联合会提出。

本标准由全国香料香精化妆品标准化技术委员会(SAC/TC 257)归口。

本标准起草单位:中国检验检疫科学研究院、上海市日用化学工业研究所。

本标准主要起草人:刘茜、马强、王烨、苏宁、王宏伟、闫妍、孙慧媛、孟慧、沈敏、康薇。

引 言

本标准的被测物质是我国《化妆品卫生规范》规定的禁用物质，不得作为化妆品生产原料即组分添加到化妆品中。如果技术上无法避免禁用物质作为杂质带入化妆品时，则化妆品成品应符合《化妆品卫生规范》对化妆品的一般要求，即在正常及合理的可预见的使用条件下，不得对人体健康产生危害。

目前我国尚未规定这些物质的限量值，本标准的制定，仅对化妆品中测定这些物质提供检测方法。

化妆品中丙烯腈的测定
气相色谱-质谱法

1 范围

本标准规定了化妆品中丙烯腈的气相色谱-质谱测定方法。

本标准适用于膏霜、水剂、散粉、香波、唇膏类化妆品中丙烯腈的测定。

本标准对于丙烯腈的检出限为0.2 mg/kg，定量限为0.4 mg/kg。

2 规范性引用文件

下列文件对于本文件的应用是必不可少的。凡是注日期的引用文件，仅注日期的版本适用于本文件。凡是不注日期的引用文件，其最新版本(包括所有的修改单)适用于本文件。

GB/T 6682 分析实验室用水规格和试验方法

3 原理

试样经溶剂提取，离心过滤后，经固相萃取净化，用气相色谱-质谱法测定，外标法定量。

4 试剂和材料

除非另有规定，所用试剂均为分析纯。水为GB/T 6682规定的一级水。

4.1 甲醇：色谱纯。

4.2 四氢呋喃：色谱纯。

4.3 丙烯腈标准物质：分子式 C_3H_3N，CAS号107-13-1，纯度不小于99%，结构式参见附录A的图A.1。

4.4 无水硫酸钠：经650 ℃灼烧4 h后置于干燥器中。

4.5 丙烯腈标准储备溶液：准确称取适量丙烯腈标准物质(精确至0.000 1 g)，以甲醇(4.1)配制成浓度为1 000 μg/mL的标准储备溶液，于4 ℃避光保存，可使用三个月。

4.6 10%甲醇水溶液：准确量取10 mL甲醇和90 mL水，混匀后备用。

4.7 20%甲醇水溶液：准确量取20 mL甲醇和80 mL水，混匀后备用。

4.8 80%甲醇水溶液：准确量取80 mL甲醇和20 mL水，混匀后备用。

5 仪器和设备

5.1 气相色谱-质谱(GC-MS)仪：配有电子轰击电离离子源(EI)。

5.2 分析天平：感量为0.000 1 g和0.001 g。

5.3 离心机：转速不低于5 000 r/min。

5.4 超声波水浴。

5.5 固相萃取装置。

5.6 氮吹仪。

5.7 旋转蒸发仪。

5.8 鸡心瓶:50 mL。

5.9 具塞锥形瓶:50 mL。

5.10 具塞塑料离心管:50 mL。

5.11 微孔滤膜:0.45 μm,有机相。

5.12 固相萃取柱:基质为 *N*-乙烯吡咯烷酮-二乙烯基苯胺,200 mg,6 mL,或相当者。使用前依次用 5 mL 甲醇、5 mL 水活化。

6 分析步骤

6.1 样品处理

6.1.1 提取

6.1.1.1 膏霜、水剂、散粉、香波类样品

称取 0.5 g(精确至 0.001 g)试样于 50 mL 具塞锥形瓶(5.9)中,加入 20 mL 甲醇(4.1),超声提取 20 min,将上述提取液转移至离心管(5.10)中以不低于 5 000 r/min 离心 15 min,取上清液,用旋转蒸发仪(5.7)浓缩至近干,再以 2×1 mL 10%甲醇水溶液(4.6)冲洗鸡心瓶,合并冲洗液作为待净化液。

6.1.1.2 唇膏类样品

称取 0.5 g(精确至 0.001 g)试样于 50 mL 具塞锥形瓶(5.9)中,加入 20 mL 甲醇(4.1)和 0.5 mL 四氢呋喃(4.2),超声提取 20 min,将上述提取液移入离心管(5.10)中以不低于 5 000 r/min 离心 15 min,取上清液,用旋转蒸发仪(5.7)浓缩至近干,再以 2×1 mL 10%甲醇水溶液(4.6)冲洗鸡心瓶,合并冲洗液作为待净化液。

6.1.2 净化

将 6.1.1 中的待净化液转移至固相萃取柱(5.12),用 1 mL 20%甲醇水溶液(4.7)淋洗,抽至近干后,用 3 mL 80%甲醇水溶液(4.8)洗脱。收集洗脱液,加入无水硫酸钠(4.4)脱水,氮气吹干至 1 mL,过微孔滤膜(5.11),滤液作为待测样液。

6.2 测定条件

气相色谱-质谱测定的参考条件如下:

a) 色谱柱:HP-INNOWax 石英毛细管柱,60 m×0.25 mm(i.d.)×0.5 μm,或相当者;

b) 载气:氦气,纯度≥99.999%;流速:1.2 mL/min;

c) 程序升温:60 ℃保持 3 min,以 4 ℃/min 升温至 100 ℃,保持 2 min,再以 20 ℃/min 升温至 220 ℃;

d) 传输线温度:250 ℃;

e) 进样口温度:200 ℃;

f) 进样方式:分流进样,分流比:10∶1;

g) 进样量:2 μL;

h) 电离方式:电子轰击电离(EI);

i) 电离能量:70 eV;

j) 扫描方式:选择离子扫描,特征选择离子及丰度比见表 1。

表 1 特征选择离子及丰度比

待测物名称	分子式	CAS 号	特征选择离子及丰度比
丙烯腈	C_3H_3N	107-13-1	26(83)、52(72)、53(100)

6.3 标准曲线的绘制

用甲醇(4.1)将丙烯腈标准储备溶液(4.5)逐级稀释得到浓度为 0.2 μg/mL、0.4 μg/mL、1.0 μg/mL、2.0 μg/mL、4.0 μg/mL 的标准工作溶液,按 6.2 的测定条件浓度由低到高进样测定,以定量离子峰面积-浓度作图,得到标准曲线回归方程。

丙烯腈标准品的选择离子色谱图参见图 A.2。

6.4 测定

按 6.2 的测定条件对待测样液进行测定,用外标法定量。待测样液中丙烯腈的响应值应在标准曲线的线性范围内,超过线性范围则应稀释后再进样分析。

按照上述条件测定试样和标准工作溶液,如果试样中的质量色谱峰保留时间与标准工作溶液一致(变化范围在±2.5%之内);样品中目标化合物的离子相对丰度与浓度相当标准溶液的相对丰度一致,相对丰度偏差不超过表 2 的规定,则可判断样品中存在丙烯腈。

表 2 定性离子相对丰度的最大允许偏差

相对离子丰度	>50%	>20%至 50%	>10%至 20%	≤10%
允许的相对偏差	±20%	±25%	±30%	±50%

6.5 空白试验

除不称取样品外,均按上述测定条件和步骤进行。

7 计算结果

结果按式(1)计算,计算结果保留两位小数,计算结果应扣除空白值:

$$w=\frac{c\times V}{m} \qquad \cdots\cdots(1)$$

式中:

w ——试样中丙烯腈的含量,单位为毫克每千克(mg/kg);

c ——从标准工作曲线上查出的样液中丙烯腈的浓度,单位为微克每毫升(μg/mL);

V ——样液最终定容体积,单位为毫升(mL);

m ——试样的质量,单位为克(g)。

8 检出限和定量限

丙烯腈的检出限为 0.2 mg/kg,定量限为 0.4 mg/kg。

9 回收率和精密度

在添加浓度 0.4 mg/kg～4.0 mg/kg 的范围内，回收率在 83.0%～103.0%之间，相对标准偏差为 1.2%～5.1%。

10 允许差

在重复性条件下获得的两次独立测定结果的绝对差值不应超过算术平均值的 10%。

附 录 A
（资料性附录）
丙烯腈标准品的结构式和选择离子色谱图

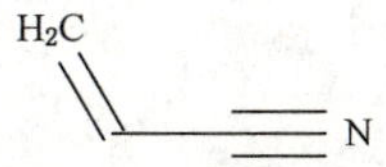

图 A.1　丙烯腈标准品的结构式

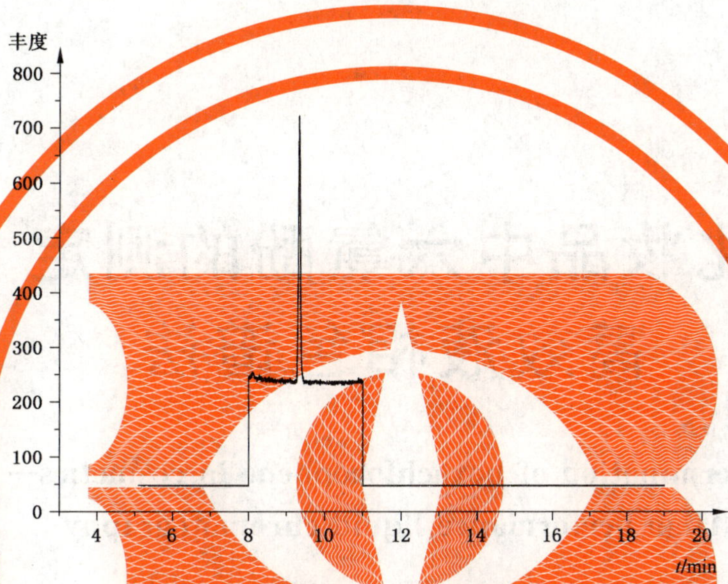

图 A.2　丙烯腈标准品选择离子色谱图

ICS 71.100.70
Y 42

中华人民共和国国家标准

GB/T 29673—2013

化妆品中六氯酚的测定 高效液相色谱法

Determination of hexachlorophene in cosmetics—High performance liquid chromatography

2013-09-06 发布　　2014-02-15 实施

中华人民共和国国家质量监督检验检疫总局
中国国家标准化管理委员会　发布

前　言

本标准按照 GB/T 1.1—2009 给出的规则起草。

请注意本文件的某些内容可能涉及专利。本文件的发布机构不承担识别这些专利的责任。

本标准由中国轻工业联合会提出。

本标准由全国香精香料化妆品标准化技术委员会(SAC/TC 257)归口。

本标准起草单位:中国检验检疫科学研究院、上海市日用化学工业研究所。

本标准主要起草人:王超、马强、李新实、苏宁、张庆、郑红艳、陈静、喜飞、沈敏、康薇。

引　言

本标准的被测物质是我国《化妆品卫生规范》规定的禁用物质，不得作为化妆品生产原料即组分添加到化妆品中。如果技术上无法避免禁用物质作为杂质带入化妆品时，则化妆品成品应符合《化妆品卫生规范》对化妆品的一般要求，即在正常及合理的可预见的使用条件下，不得对人体健康产生危害。

目前我国尚未规定这些物质的限量值，本标准的制定，仅对化妆品中测定这些物质提供检测方法。

化妆品中六氯酚的测定
高效液相色谱法

1 范围

本标准规定了化妆品中六氯酚的高效液相色谱测定方法。

本标准适用于膏霜、水剂、散粉、香波类化妆品中六氯酚的测定。

本标准对于六氯酚的检出限为 10 mg/kg,定量限为 20 mg/kg。

2 规范性引用文件

下列文件对于本文件的应用是必不可少的。凡是注日期的引用文件,仅注日期的版本适用于本文件。凡是不注日期的引用文件,其最新版本(包括所有的修改单)适用于本文件。

GB/T 6682 分析实验室用水规格和试验方法。

3 原理

试样经溶剂提取,离心过滤后,用高效液相色谱进行测定,外标法定量。

4 试剂和材料

除非另有规定,所用试剂均为分析纯。水为 GB/T 6682 规定的一级水。

4.1 甲醇:色谱级。

4.2 乙腈:色谱级。

4.3 磷酸。

4.4 六氯酚标准物质:分子式 $C_{13}H_6Cl_6O_2$,CAS 号 70-30-4,纯度不小于 97%,结构式参见附录 A 的图 A.1。

4.5 六氯酚标准储备溶液:准确称取标准物质适量六氯酚标准物质(精确至 0.000 1 g),以甲醇(4.1)配制成浓度为 1 000 μg/mL 的标准储备液,于 4 ℃避光保存。

5 仪器和设备

5.1 高效液相色谱(HPLC)仪:配有紫外检测器或二极管阵列检测器。

5.2 液相色谱-质谱/质谱(LC-MS/MS)仪:配有电喷雾离子源(ESI)。

5.3 分析天平:感量为 0.000 1 g 和 0.001 g。

5.4 超声波水浴。

5.5 离心机:转速不低于 5 000 r/min。

5.6 具塞比色管:15 mL。

5.7 具塞聚四氟乙烯塑料离心管:15 mL。

5.8 微孔滤膜:0.45 μm,有机相。

6 分析步骤

6.1 样品处理

称取 1 g(精确至 0.001 g)试样于 15 mL 具塞比色管中,准确加入 10 mL 甲醇,超声提取 15 min。取部分溶液转移至 15 mL 具塞塑料离心管中,以不低于 5 000 r/min 离心 10 min,上清液经 0.45 μm 微孔滤膜过滤,滤液作为待测样液。

注:如离心难以获得上清液可加适量氯化钠破乳。

6.2 测定条件

高效液相色谱测定的参考条件如下:

a) 色谱柱:Symmetry C_{18},5 μm,250 mm×4.6 mm(内径),或相当者;
b) 流动相:乙腈和 0.5%磷酸水溶液 (80 + 20,体积比),等度洗脱;
c) 流速:1.0 mL/min;
d) 柱温:20 ℃;
e) 检测波长:205 nm;
f) 进样量:10 μL。

6.3 标准曲线的绘制

用甲醇(4.1)将六氯酚标准储备溶液(4.5)逐级稀释得到的浓度为 0.5 μg/mL、0.8 μg/mL、1 μg/mL、5 μg/mL、10 μg/mL、30 μg/mL 的混合标准工作溶液,按 6.2 的测定条件浓度由低到高进样测定,以峰面积-浓度作图,得到标准曲线回归方程。

六氯酚标准品色谱图参见图 A.2,标准品紫外吸收光谱图参见图 A.3。

6.4 测定

按 6.2 的测定条件对待测样液进行测定,如果检出六氯酚的色谱峰的保留时间与标准品相一致,并且在扣除背景后的样品色谱图中,该物质的紫外吸收光谱图与标准品一致,则可初步认定样品中存在六氯酚,用外标法定量。待测样液中六氯酚的响应值应在标准曲线的线性范围内,超过线性范围则应稀释后再进样分析。如采用紫外检测器,阳性样品需用液相色谱-质谱进行确认试验(参见附录 B)。

6.5 空白试验

除不称取样品外,均按上述测定条件和步骤进行。

7 结果计算

结果按式(1)计算,计算结果保留两位小数,计算结果应扣除空白值:

$$w=\frac{c\times V}{m} \quad\cdots\cdots(1)$$

式中:

w ——试样中六氯酚的含量,单位为毫克每千克(mg/kg);
c ——从标准工作曲线上查出的样液中六氯酚的浓度,单位为微克每毫升(μg/mL);
V ——样液最终定容体积,单位为毫升(mL);
m ——试样的质量,单位为克(g)。

8 检出限和定量限

六氯酚的检出限为 10 mg/kg，定量限为 20 mg/kg。

9 回收率和精密度

在添加浓度 20 mg/kg ～ 100 mg/kg 的范围内，回收率在 89.5% ～ 94.5%之间，相对标准偏差在 1.4%～5.0%。

10 允许差

在重复性条件下获得的两次独立测定结果的绝对差值不应超过算术平均值的 10%。

附 录 A
（资料性附录）
六氯酚标准品的结构式、高效液相色谱图和紫外吸收光谱图

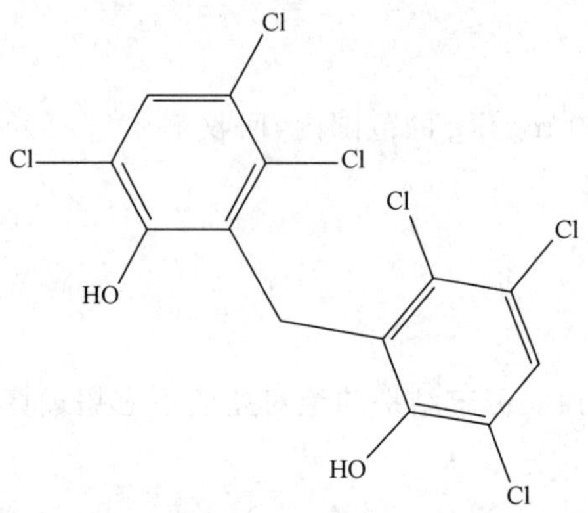

图 A.1 六氯酚标准品的结构式

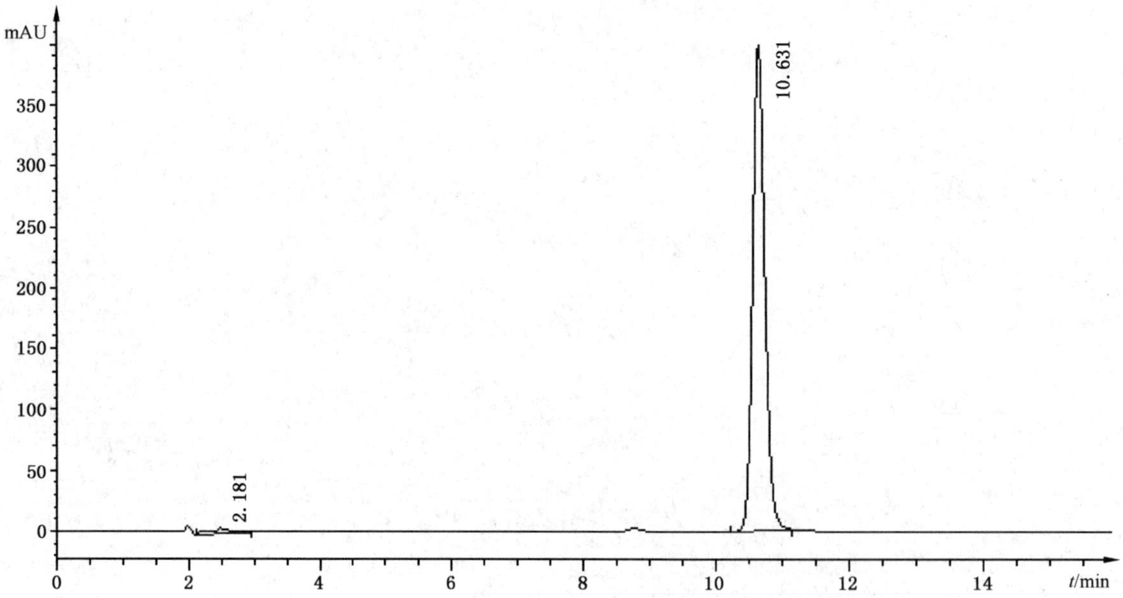

图 A.2 六氯酚标准品的高效液相色谱图

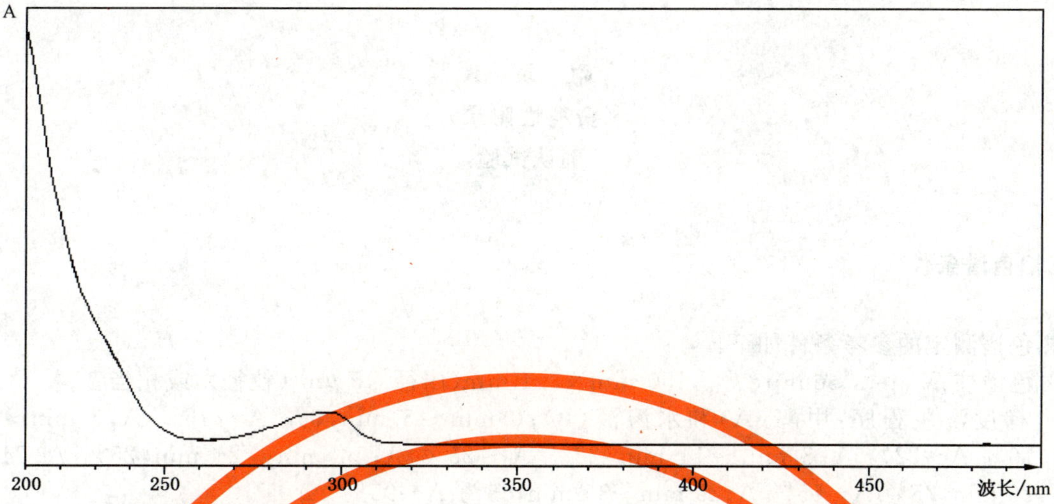

图 A.3 六氯酚标准品的紫外吸收光谱图

附　录　B
（资料性附录）
确认试验

B.1　液相色谱条件

液相色谱测定的参考条件如下：

a）色谱柱：Waters SunFire C_{18}，150 mm×2.1 mm（内径），5 μm（粒径），或相当者；

b）梯度洗脱程序：甲醇（A）和水溶液（B）；0 min～5 min，6% A～16% A；5 min～8 min，16% A～22% A；8 min～14 min，22% A～25% A；14 min～24 min，25% A；24 min～26 min，25% A～55% A；26 min～35 min，55% A～95% A；

c）流速：0.2 mL/min；

d）柱温：30 ℃；

e）进样量：20 μL。

B.2　质谱条件

质谱测定的参考条件如下：

a）离子化方式：ESI，负离子模式；

b）毛细管电压：3.5 kV；

c）锥孔电压：30 V；

d）萃取电压：1.0 V；

e）射频透镜电压：0.5 V；

f）离子源温度：120 ℃；

g）脱溶剂气温度：350 ℃；

h）扫描模式：多反应监测（MRM），定性离子对、定量离子对、锥孔电压、碰撞气能量、相对丰度和允许偏差见表 B.1。

表 B.1　六氯酚的定性离子对、定量离子对、锥孔电压、碰撞气能量、相对丰度和允许偏差

中文名称	英文名称	定性离子对 (*m/z*)	定量离子对 (*m/z*)	锥孔电压 V	碰撞气能量 V	相对丰度 %	允许偏差 %
六氯酚	Hexachlorophen	404.9/195.0	404.9/404.9	22	15	100	±20
		404.9/404.9			3	90	

B.3　定性判定

按照上述条件测定试样和标准工作溶液，如果试样中质量色谱峰保留时间与标准工作溶液一致（变化范围在±2.5%之内）；样品中目标化合物的两个子离子的相对丰度与浓度相当标准溶液的相对丰度一致，相对丰度偏差不超过表 B.1 的规定，则可判断样品中存在六氯酚。

ICS 71.100.70
Y 42

中华人民共和国国家标准

GB/T 29674—2013

化妆品中氯胺T的测定 高效液相色谱法

Determination of chloramine T in cosmetics—High performance liquid chromatography

2013-09-06 发布 2014-02-15 实施

中华人民共和国国家质量监督检验检疫总局
中国国家标准化管理委员会 发布

前 言

本标准按照 GB/T 1.1—2009 给出的规则起草。

请注意本文件的某些内容可能涉及专利。本文件的发布机构不承担识别这些专利的责任。

本标准由中国轻工业联合会提出。

本标准由全国香料香精化妆品标准化技术委员会(SAC/TC 257)归口。

本标准起草单位:中国检验检疫科学研究院、上海市日用化学工业研究所。

本标准主要起草人:王超、马强、王星、张庆、席广成、席海为、于红梅、丁岚、武晓剑、沈敏。

化妆品中氯胺T的测定 高效液相色谱法

1 范围

本标准规定了化妆品中氯胺 T 的高效液相色谱测定方法。

本标准适用于膏霜、水剂、散粉、香波、牙膏类化妆品中氯胺 T 的测定。

本标准不适用于添加了对甲苯磺酰胺的产品。

本标准对于氯胺 T 的检出限为 8.0 mg/kg,定量限为 16.5 mg/kg。

2 规范性引用文件

下列文件对于本文件的应用是必不可少的。凡是注日期的引用文件,仅注日期的版本适用于本文件。凡是不注日期的引用文件,其最新版本(包括所有的修改单)适用于本文件。

GB/T 6682 分析实验室用水规格和试验方法

3 原理

用盐酸水溶液超声提取并水解化妆品中的氯胺 T 为对甲苯磺酰胺,提取液经乙醚液-液萃取,用高效液相色谱法测定对甲苯磺酰,外标法定量,液相色谱-质谱确认。

4 试剂和材料

除非另有规定,所用试剂均为分析纯。水为 GB/T 6682 规定的一级水。

4.1 乙腈:色谱级。

4.2 甲醇:色谱级。

4.3 氯胺 T 标准物质:分子式 $C_7H_7ClNNaO_2S$,CAS 号 127-65-1,纯度不小于 99%,结构式参见附录 A 的图 A.1。

4.4 对甲苯磺酰胺标准物质:分子式 $C_7H_9NO_2S$,CAS 号 70-55-3,纯度不小于 99%,结构式参见图 A.2。

4.5 氯胺 T 标准储备溶液:准确称取适量氯胺 T 标准物质(精确至 0.1 mg),以甲醇(4.2)配制成浓度为 1 000 μg/mL 的标准储备溶液,于 4 ℃避光保存,可使用三个月。

4.6 对甲苯磺酰胺标准储备溶液:准确称取适量对甲苯磺酰胺标准物质(精确至 0.1 mg),以甲醇(4.2)配制成浓度为 1 000 mg/L 的储备溶液,于 4 ℃避光保存,可使用三个月。

4.7 乙醚。

4.8 盐酸。

5 仪器和设备

5.1 高效液相色谱(HPLC)仪:配有紫外检测器或二极管阵列检测器。

5.2 液相色谱-质谱/质谱(LC-MS/MS)仪:配有电喷雾离子源(ESI)。

5.3 超声波水浴:具备温度控制功能。

5.4 旋转蒸发仪。

5.5 氮吹仪。

5.6 分析天平:感量为 0.000 1 g 和 0.001 g。

5.7 微孔滤膜:0.45 μm,有机相。

6 测定步骤

6.1 样品处理

称取 1 g(精确至 0.001 g)试样于 50 mL 具塞塑料离心管中,加入 10 mL 盐酸水混合溶液(4+6,体积比),在 50 ℃下,超声提取 25 min,提取液转移至分液漏斗中,用 20 mL 乙醚萃取,重复萃取 3 次,合并乙醚萃取液减压浓缩至 5 mL,再用氮气缓慢吹至近干,用 10 mL 乙腈水混合溶液(3+7,体积比)涡旋溶解,经 0.45 μm 微孔滤膜过滤,滤液作为待测样液。

6.2 测定条件

高效液相色谱测定的参考条件如下:

a) 色谱柱:Extend C_{18},5 μm,250 mm×4.6 mm(内径),或相当者;

b) 流动相:乙腈水混合溶液(31+69,体积比),等度洗脱;

c) 流速:1.0 mL/min;

d) 柱温:30 ℃;

e) 检测波长:224 nm;

f) 进样量:10 μL。

6.3 标准曲线的绘制

用甲醇(4.2)将对甲苯磺酰胺标准储备溶液(4.6)逐级稀释得到的浓度为 1 μg/mL、5 μg/mL、10 μg/mL、50 μg/mL、100 μg/mL、300 μg/mL、500 μg/mL 的标准工作溶液,按 6.2 的测定条件浓度由低到高进样测定,以峰面积-浓度作图,得到标准曲线回归方程。

对甲苯磺酰胺标准品色谱图参见附录 B 中的图 B.1,标准品紫外吸收光谱图参见图 B.2。

注:可用氯胺 T 标准物质(4.3)依照 6.1 样品处理的步骤进行水解代替对甲苯磺酰胺,绘制标准曲线。

6.4 测定

按 6.2 的测定条件对待测样液进行测定,如果检出对甲苯磺酰胺的色谱峰的保留时间与标准品相一致,并且在扣除背景后的样品色谱图中,该物质的紫外吸收光谱图与标准品一致,则可初步认定样品中存在对甲苯磺酰胺,用外标法定量。待测样液中对甲苯磺酰胺的响应值应在标准曲线的线性范围内,超过线性范围则应稀释后再进样分析。如采用紫外检测器,阳性样品需用液相色谱-质谱进行确认试验(参见附录 C)。

6.5 空白试验

除不称取样品外,均按上述测定条件和步骤进行。

7 结果计算

结果按式(1)计算,计算结果保留两位小数,计算结果应扣除空白值:

$$w_i = \frac{c_i \times V \times 227.64}{m \times 171.22} \quad \cdots\cdots (1)$$

式中：

w_i ——试样中被测氯胺T的含量，单位为毫克每千克(mg/kg)；

c_i ——从标准工作曲线上查出的样液中对甲苯磺酰胺的浓度，单位为微克每毫升(μg/mL)；

V ——样液最终定容体积，单位为毫升(mL)；

m ——试样的质量，单位为克(g)；

227.64——氯胺T的相对分子质量；

171.22——对甲苯磺酰胺的相对分子质量。

8 检出限和定量限

氯胺T的检出限为8.0 mg/kg，定量限为16.5 mg/kg。

9 回收率和精密度

在添加浓度80 mg/kg～2 000 mg/kg的范围内，回收率在83.1%～103.0%之间，相对标准偏差在1.0%～5.7%。

10 允许差

在重复性条件下获得的两次独立测定结果的绝对差值不应超过算术平均值的10%。

附 录 A
（资料性附录）
氯胺 T 和对甲苯磺酰胺标准品的结构式

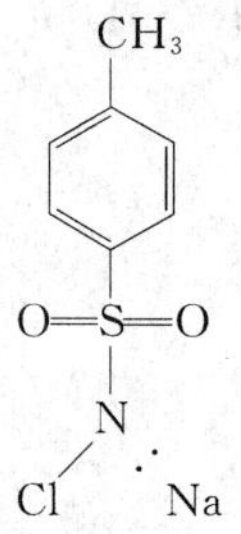

图 A.1 氯胺 T 标准品的结构式

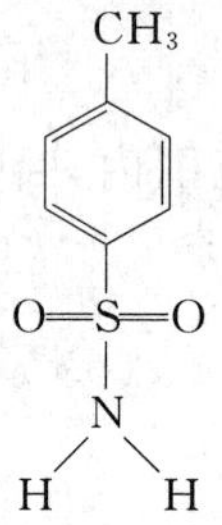

图 A.2 对甲苯磺酰胺标准品的结构式

附 录 B
（资料性附录）
对甲苯磺酰胺标准品的高效液相色谱图和紫外吸收光谱图

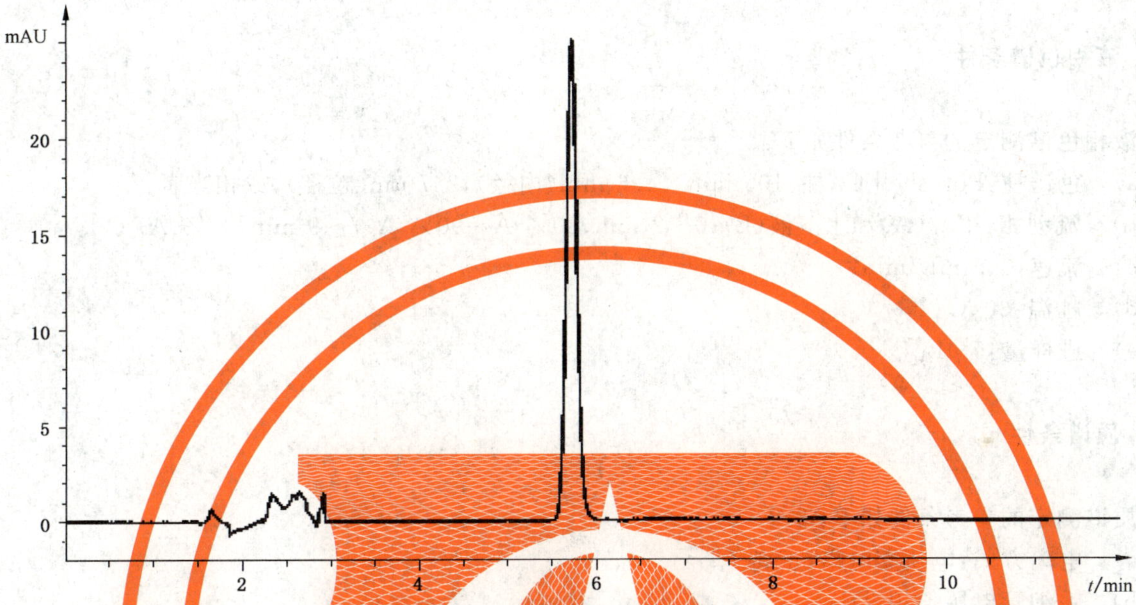

图 B.1 对甲苯磺酰胺标准品的高效液相色谱图

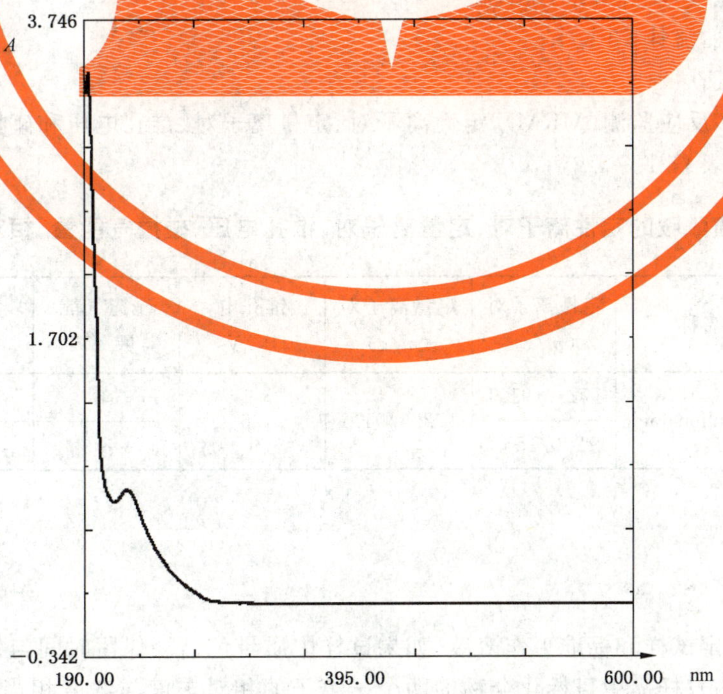

图 B.2 对甲苯磺酰胺标准品的紫外吸收光谱图

附　录　C
（资料性附录）
确认试验

C.1　液相色谱条件

液相色谱测定的参考条件如下：

a)　色谱柱：Poroshell C_{18}柱，100 mm×4.6 mm（内径），2.7 μm（粒径），或相当者；
b)　流动相：甲醇（A）和水溶液（B）；0～7 min，30% A～90% A；7～9 min，30% A；
c)　流速：0.5 mL/min；
d)　柱温：30 ℃；
e)　进样量：5 μL。

C.2　质谱条件

质谱测定的参考条件如下：

a)　电离方式：电喷雾电离，正离子；
b)　毛细管电压：3.0 kV；
c)　萃取电压：1.0 V；
d)　射频透镜电压：0.5 V；
e)　离子源温度：150 ℃；
f)　脱溶剂气：氮气，流速 800 L/h，温度 400 ℃；
g)　锥孔气：氮气，流速 50 L/h；
h)　碰撞气：氩气；
i)　扫描模式：多反应监测（MRM），定性离子对、定量离子对、锥孔电压和碰撞气能量、相对丰度和允许偏差见表 C.1。

表 C.1　对甲苯磺酰胺的定性离子对、定量离子对、锥孔电压、碰撞气能量、相对丰度和允许偏差

中文名称	英文名称	定性离子对（m/z）	定量离子对（m/z）	锥孔电压/V	碰撞气能量/eV	相对丰度/%	允许偏差/%
对甲苯磺酰胺	*p*-toluenesulfonamide	172.0/91.1	172.0/91.1	26	16	100	±25
		172.0/155.0			8	32	

C.3　定性判定

按照上述条件测定试样和标准工作溶液，如果试样中质量色谱峰保留时间与标准工作溶液一致（变化范围在±2.5%之内）；样品中目标化合物的两个子离子的相对丰度与浓度相当标准溶液的相对丰度一致，相对丰度偏差不超过表 C.1 的规定，则可判断样品中存在对氯胺 T。

对甲苯磺酰胺的选择离子质量色谱图见图 C.1。

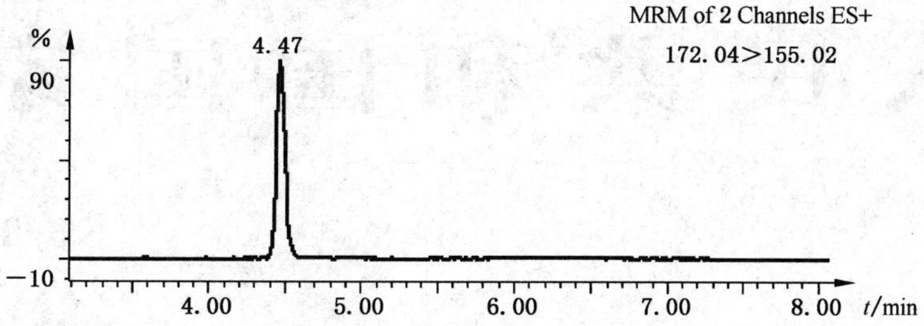

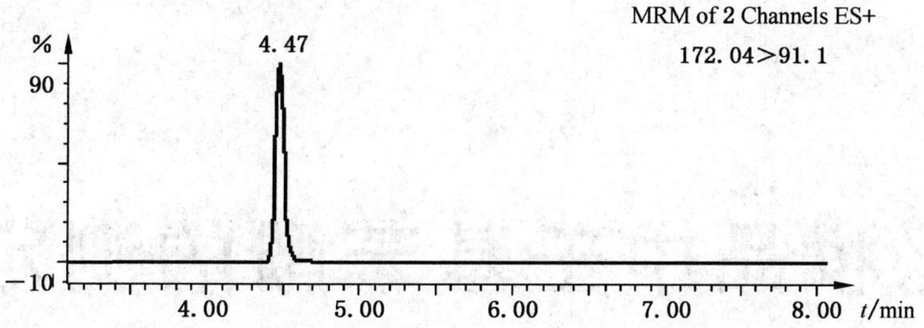

图 C.1 对甲苯磺酰胺的选择离子质量色谱图

ICS 71.100.70
Y 42

中华人民共和国国家标准

GB/T 29675—2013

化妆品中壬基苯酚的测定 液相色谱-质谱/质谱法

**Determination of nonylphenol in cosmetics—
Liquid chromatography tandem mass spectrometry**

2013-09-06 发布　　　　2014-02-15 实施

中华人民共和国国家质量监督检验检疫总局
中国国家标准化管理委员会　发布

前　　言

本标准按照 GB/T 1.1—2009 给出的规则起草。

请注意本文件的某些内容可能涉及专利。本文件的发布机构不承担识别这些专利的责任。

本标准由中国轻工业联合会提出。

本标准由全国香料香精化妆品标准化技术委员会(SAC/TC 257)归口。

本标准起草单位:中国检验检疫科学研究院、上海市日用化学工业研究所、中华人民共和国苏州出入境检验检疫局。

本标准主要起草人:马强、李新实、徐振东、席海为、王星、刘娟、吕庆、连洁、沈敏、康薇。

引　　言

本标准的被测物质是我国《化妆品卫生规范》规定的禁用物质，不得作为化妆品生产原料即组分添加到化妆品中。如果技术上无法避免禁用物质作为杂质带入化妆品时，则化妆品成品应符合《化妆品卫生规范》对化妆品的一般要求，即在正常及合理的可预见的使用条件下，不得对人体健康产生危害。

目前我国尚未规定这些物质的限量值，本标准的制定，仅对化妆品中测定这些物质提供检测方法。

化妆品中壬基苯酚的测定 液相色谱-质谱/质谱法

1 范围

本标准规定了化妆品中壬基苯酚的液相色谱-质谱/质谱测定方法。

本标准适用于膏霜、散粉、水剂、唇膏类化妆品中壬基苯酚的测定。

本标准对于壬基苯酚的检出限为 0.1 mg/kg,定量限为 0.2 mg/kg。

2 规范性引用文件

下列文件对于本文件的应用是必不可少的。凡是注日期的引用文件,仅注日期的版本适用于本文件。凡是不注日期的引用文件,其最新版本(包括所有的修改单)适用于本文件。

GB/T 6682 分析实验室用水规格和试验方法

3 原理

用甲醇和二氯甲烷混合溶液提取化妆品中的壬基苯酚,提取液经离心、固相萃取柱净化后,用液相色谱-质谱/质谱法进行测定,内标法定量。

4 试剂和材料

除非另有规定,所用试剂均为分析纯。水为 GB/T 6682 规定的一级水。

4.1 甲醇:质谱级。

4.2 壬基苯酚标准物质:分子式 $C_{15}H_{24}O$,CAS 号 25154-52-3,纯度不小于 98%,结构式参见附录 A 的图 A.1。

4.3 4-*n*-壬基苯酚标准物质:分子式 $C_{15}H_{24}O$,CAS 号 104-40-5,纯度不小于 98%。

4.4 壬基苯酚标准储备溶液:准确称取适量壬基苯酚标准物质(精确至 0.1 mg),以甲醇(4.1)配制成浓度为 100 μg/mL 的标准储备溶液,于 4 ℃避光保存,可使用三个月。

4.5 4-*n*-壬基苯酚内标储备溶液:准确称取适量 4-*n*-壬基苯酚标准物质(精确至 0.1 mg),以甲醇(4.1)配制成浓度为 10 μg/mL 的内标储备溶液,于 4 ℃避光保存,可使用三个月。

4.6 固相萃取柱:基质为 *N*-乙烯吡咯烷酮-二乙烯基苯胺,200 mg,6 mL,或相当者。使用前依次用 6 mL 甲醇、6 mL 水活化。

4.7 无水乙醇:色谱纯。

4.8 二氯甲烷:色谱纯。

4.9 氨水。

5 仪器和设备

5.1 液相色谱-质谱/质谱(LC-MS/MS)仪:配有电喷雾离子源(ESI)。

5.2 超声波水浴。

5.3 分析天平：感量为0.000 1 g和0.001 g。

5.4 离心机：转速不低于5 000 r/min。

5.5 微孔滤膜：0.45 μm，聚四氟乙烯材质。

6 测定步骤

6.1 样品处理

6.1.1 提取

6.1.1.1 膏霜类、散粉、水剂类样品

称取0.5 g(精确至0.001 g)试样于16 mL具塞玻璃离心管中，加入50 μL内标储备溶液(4.5)，再加入10 mL甲醇与二氯甲烷混合溶液(8+2，体积比)，超声提取30 min，以不低于5 000 r/min离心15 min，取上清液2 mL，氮气缓慢吹至近干，再用2 mL 30%甲醇水溶液涡旋溶解，作为待净化液。

6.1.1.2 唇膏类样品

称取0.5 g(精确至0.001 g)试样于16 mL具塞玻璃离心管中，加入50 μL内标储备溶液(4.5)，再加入10 mL无水乙醇与二氯甲烷混合溶液(8+2，体积比)，超声提取30 min，以不低于5 000 r/min离心15 min，取上清液2 mL，氮气缓慢吹至近干，再用2 mL 30%甲醇水溶液涡旋溶解，作为待净化液。

6.1.2 净化

将6.1.1中的待净化液转移至固相萃取柱(4.6)中。用3 mL 30%甲醇水溶液洗涤，抽至近干后，6 mL甲醇二氯甲烷混合溶液(8+2，体积比)分两次洗脱。所得洗脱液用氮气缓慢吹至近干，用2 mL甲醇定容，经0.45 μm微孔滤膜过滤，滤液作为待测样液。

6.2 测定条件

液相色谱-质谱/质谱测定的参考条件如下：

a) 色谱柱：XBridge C_{18}柱，3.5 μm，150 mm×2.1 mm(内径)，或相当者；
b) 流动相：甲醇(A)和0.1%氨水溶液(B)，梯度洗脱：0～2.5 min，30% A～90% A；2.5 min～3 min，90% A～95% A；3 min～6 min，95% A；6 min～8 min，95% A～30% A；
c) 流速：0.25 mL/min；
d) 柱温：30 ℃；
e) 进样量：5 μL；
f) 电离方式：电喷雾电离，负离子；
g) 毛细管电压：1.5 kV；
h) 萃取电压：3.0 V；
i) 射频透镜电压：0.5 V；
j) 离子源温度：150 ℃；
k) 脱溶剂气：氮气，流速500 L/h，温度450 ℃；
l) 锥孔气：氮气，流速50 L/h；
m) 扫描方式：多反应监测(MRM)，定性离子对、定量离子对、锥孔电压和碰撞气能量见表1。

表 1　壬基苯酚及其内标的定性离子对、定量离子对、锥孔电压和碰撞气能量

化合物名称	定性离子对 (m/z)	定量离子对 (m/z)	锥孔电压/V	碰撞气能量/eV
壬基苯酚	219.1/133.0	219.1/147.0	36	32
	219.1/147.0			25
4-*n*-壬基苯酚（内标）	219.1/106.0	219.1/106.0	38	32
	219.1/119.0			22

6.3　标准曲线的绘制

用甲醇(4.1)将壬基苯酚标准储备溶液(4.4)逐级稀释得到浓度为 10 μg/L、50 μg/L、100 μg/L、250 μg/L、500 μg/L 的标准工作溶液，其中内标溶液浓度均为 50 μg/L。按 6.2 的测定条件浓度由低到高进样测定，以壬基苯酚定量离子与内标物质定量离子的峰面积之比，对于壬基苯酚的浓度作图，得到标准曲线回归方程。

壬基苯酚标准品和内标物质的选择离子质量色谱图参见附录 B 中的图 B.1。

6.4　测定

按 6.2 的测定条件对待测样液进行测定，用内标法定量。待测样液中壬基苯酚的响应值应在标准曲线的线性范围内，超过线性范围则应稀释后再进样分析。

按照上述条件测定试样和标准工作溶液，如果试样中的质量色谱峰保留时间与标准工作溶液一致(变化范围在±2.5％之内)；样品中目标化合物的两个子离子的相对丰度与浓度相当标准溶液的相对丰度一致，相对丰度偏差不超过表 2 的规定，则可判断样品中存在壬基苯酚。

表 2　定性离子相对丰度的最大允许偏差

相对离子丰度	＞50％	＞20％且≤50％	＞10％且≤20％	≤10％
允许的相对偏差	±20％	±25％	±30％	±50％

6.5　空白试验

除不称取样品外，均按上述测定条件和步骤进行。

7　结果计算

按式(1)计算壬基苯酚和内标物的相对校正因子：

$$f=\frac{A_s \times c_i}{A_i \times c_s} \quad \cdots\cdots(1)$$

式中：

f ——壬基苯酚和内标物的相对校正因子；

A_s——壬基苯酚标样的峰面积；

c_i ——内标物的浓度，单位为毫克每升(mg/L)；

A_i——内标物的峰面积；

c_s ——壬基苯酚标样的浓度,单位为毫克每升(mg/L)。

按式(2)计算试样中壬基苯酚的含量,计算结果保留两位小数,计算结果应扣除空白值:

$$X=\frac{A_{ss}\times m_{si}}{A_{si}\times f\times m} \quad \cdots\cdots\cdots\cdots(2)$$

式中:

X ——试样中壬基苯酚含量,单位为毫克每千克(mg/kg);

A_{ss}——试样中壬基苯酚的峰面积;

m_{si}——测定时内标物的质量,单位为毫克(mg);

A_{si}——测定时内标物的峰面积;

f ——壬基苯酚和内标物的相对校正因子;

m ——样品的质量,单位为千克(kg)。

8 检出限和定量限

壬基苯酚的检出限为 0.1 mg/kg,定量限为 0.2 mg/kg。

9 回收率和精密度

在添加浓度 0.2 mg/kg~1.0 mg/kg 的范围内,回收率在 83.1%~103.0%之间,相对标准偏差为 2.75%~9.24%。

10 允许差

在重复性条件下获得的两次独立测定结果的绝对差值不应超过算术平均值的 10%。

附 录 A
（资料性附录）
壬基苯酚标准品的结构式

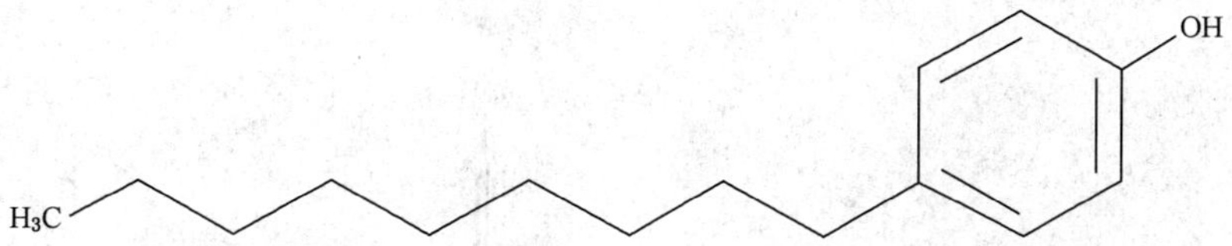

图 A.1 壬基苯酚标准品的结构式

附 录 B
（资料性附录）
壬基苯酚标准品和内标物质的选择离子质量色谱图

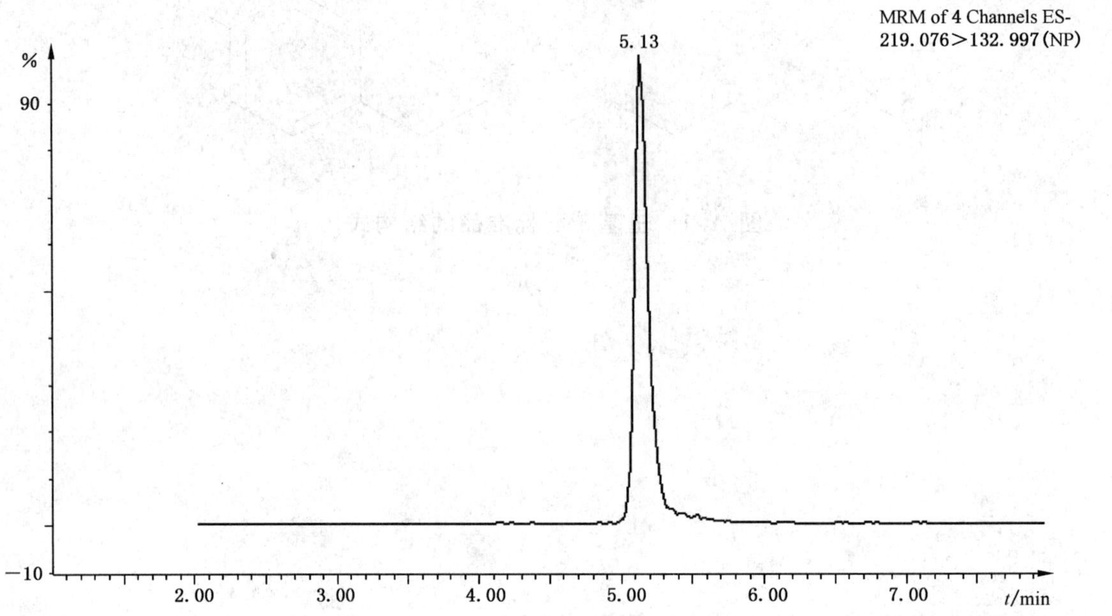

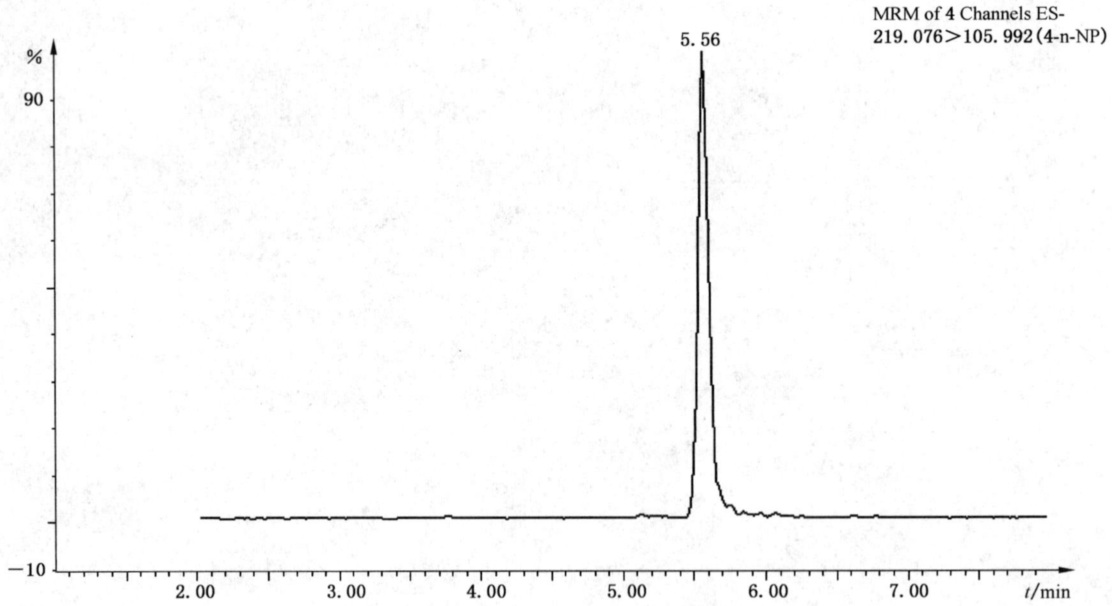

说明：

5.13 min——壬基苯酚；

5.56 min——4-*n*-壬基苯酚(内标)。

图 B.1 壬基苯酚标准品和内标物质的选择离子色谱图

ICS 71.100.70
Y 42

中华人民共和国国家标准

GB/T 29676—2013

化妆品中三氯叔丁醇的测定 气相色谱-质谱法

Determination of chlorobutanol in cosmetics—Gas chromatography-mass spectrometry

2013-09-06 发布　　2014-02-15 实施

中华人民共和国国家质量监督检验检疫总局
中国国家标准化管理委员会　发布

前言

本标准按照 GB/T 1.1—2009 给出的规则起草。

请注意本文件的某些内容可能涉及专利。本文件的发布机构不承担识别这些专利的责任。

本标准由中国轻工业联合会提出。

本标准由全国香料香精化妆品标准化技术委员会(SAC/TC 257)归口。

本标准起草单位:中国检验检疫科学研究院、上海市日用化学工业研究所。

本标准主要起草人:马强、白桦、王超、肖海清、闫妍、刘茜、丁岚、操卫、沈敏、康薇。

化妆品中三氯叔丁醇的测定 气相色谱-质谱法

1 范围

本标准规定了化妆品中三氯叔丁醇的气相色谱-质谱测定方法。

本标准适用于膏霜、水剂、散粉、香波、唇膏类化妆品中三氯叔丁醇的测定。

本标准对于三氯叔丁醇的检出限为 0.15 mg/kg,定量限为 0.4 mg/kg。

2 原理

试样经溶剂提取,离心过滤后,用气相色谱-质谱法测定,外标法定量。

3 试剂和材料

除非另有规定,所用试剂均为分析纯。

3.1 甲醇:色谱纯。

3.2 无水乙醇:色谱纯。

3.3 三氯叔丁醇标准物质:分子式 $C_4H_7Cl_3O$,CAS 号 57-15-8,纯度不小于 99%,结构式参见附录 A 的图 A.1。

3.4 无水硫酸钠:经 650 ℃灼烧 4 h 后置于干燥器中。

3.5 三氯叔丁醇标准储备溶液:准确称取适量三氯叔丁醇标准物质(精确至 0.000 1 g),以无水乙醇(3.2)配制成浓度为 1 000 μg/mL 的标准储备溶液,于 4 ℃避光保存,可使用三个月。

3.6 50%甲醇-无水乙醇溶液:准确量取 50 mL 甲醇和 50 mL 无水乙醇,混匀后备用。

4 仪器和设备

4.1 气相色谱-质谱(GC-MS)仪:配有电子轰击离子源(EI)。

4.2 分析天平:感量为 0.000 1 g 和 0.001 g。

4.3 离心机:转速不低于 5 000 r/min。

4.4 超声波水浴。

4.5 具塞比色管:10 mL。

4.6 具塞锥形瓶:50 mL。

4.7 具塞聚四氟乙烯塑料离心管:50 mL。

4.8 微孔滤膜:0.45 μm,有机相。

5 分析步骤

5.1 样品处理

5.1.1 膏霜、水剂、散粉、香波类样品

称取 0.5 g(精确至 0.001 g)试样于 50 mL 具塞锥形瓶(4.6)中,加入 20 mL 50%甲醇-无水乙醇溶

液(3.6),超声提取 20 min,将上述提取液转移至离心管(4.7)中以不低于 5 000 r/min 离心 15 min,取上清液,加入无水硫酸钠(3.4),过微孔滤膜(4.8),滤液作为待测样液。

5.1.2 唇膏类样品

称取 0.5 g(精确至 0.001 g)试样于 50 mL 具塞锥形瓶(4.6)中,加入 20 mL 无水乙醇(3.2),超声提取 20 min,将上述提取液转移至离心管(4.7)中以不低于 5 000 r/min 离心 15 min,取上清液,加入无水硫酸钠(3.4),过微孔滤膜(4.8),滤液作为待测样液。

5.2 测定条件

气相色谱-质谱测定的参考条件如下:

a) 色谱柱:DB-1701 石英毛细管柱,30 m×0.25 mm(i.d.)×0.25 μm,或相当者;
b) 载气:氦气,纯度≥99.999%;流速:1.0 mL/min;
c) 程序升温:70 ℃保持 3 min,再以 8 ℃/min 升温至 150 ℃,保持 2 min,最后以 20 ℃/min 升温至 200 ℃;
d) 传输线温度:250 ℃;
e) 进样口温度:250 ℃;
f) 进样方式:分流进样,分流比:10∶1;
g) 进样量:1 μL;
h) 电离方式:电子轰击电离(EI);
i) 电离能量:70 eV;
j) 扫描方式:选择离子扫描,特征选择离子及丰度比见表 1。

表 1 特征选择离子及丰度比

待测物名称	分子式	CAS 号	特征选择离子及丰度比
三氯叔丁醇	$C_4H_7Cl_3O$	57-15-8	43(42)、59(100)、125(28)
注:定量离子 59,定性离子 43、125。			

5.3 标准曲线的绘制

用无水乙醇(3.2)将三氯叔丁醇标准储备溶液(3.5)逐级稀释得到浓度为 0.01 μg/mL、0.1 μg/mL、0.2 μg/mL、0.5 μg/mL、1.0 μg/mL 的标准工作溶液,按 5.2 的测定条件浓度由低到高进样检测,以定量离子峰面积-浓度作图,得到标准曲线回归方程。

三氯叔丁醇标准品的选择离子色谱图参见图 A.2。

5.4 测定

按 5.2 的测定条件对待测样液进行测定,用外标法定量。待测样液中三氯叔丁醇的响应值应在标准曲线的线性范围内,超过线性范围则应稀释后再进样分析。

按照上述条件测定试样和标准工作溶液,如果试样中的质量色谱峰保留时间与标准工作溶液一致(变化范围在±2.5%之内);样品中目标化合物的离子相对丰度与浓度相当标准溶液的相对丰度一致,相对丰度偏差不超过表 2 的规定,则可判断样品中存在三氯叔丁醇。

表 2　定性离子相对丰度的最大允许偏差

相对离子丰度	＞50％	＞20％且≤50％	＞10％且≤20％	≤10％
允许的相对偏差	±20％	±25％	±30％	±50％

5.5　空白试验

除不称取样品外，均按上述测定条件和步骤进行。

6　结果计算

结果按式(1)计算，计算结果保留两位小数，计算结果应扣除空白值：

$$w=\frac{c\times V}{m} \quad\cdots\cdots(1)$$

式中：

w——试样中三氯叔丁醇的含量，单位为毫克每千克(mg/kg)；

c——从标准工作曲线上查出的样液中三氯叔丁醇的浓度，单位为微克每毫升(μg/mL)；

V——样液最终定容体积，单位为毫升(mL)；

m——试样的质量，单位为克(g)。

7　检出限和定量限

本标准对三氯叔丁醇的检出限为 0.15 mg/kg，定量限为 0.4 mg/kg。

8　回收率和精密度

在添加浓度 0.4 mg/kg～5 000 mg/kg 的范围内，回收率在 83.0％～107.0％之间，相对标准偏差为 1.9％～9.0％。

9　允许差

在重复性条件下获得的两次独立测定结果的绝对差值不应超过算术平均值的 10％。

附　录　A
（资料性附录）
三氯叔丁醇标准品的结构式和选择离子色谱图

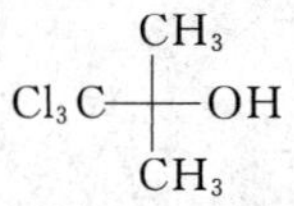

图 A.1　三氯叔丁醇标准品的结构式

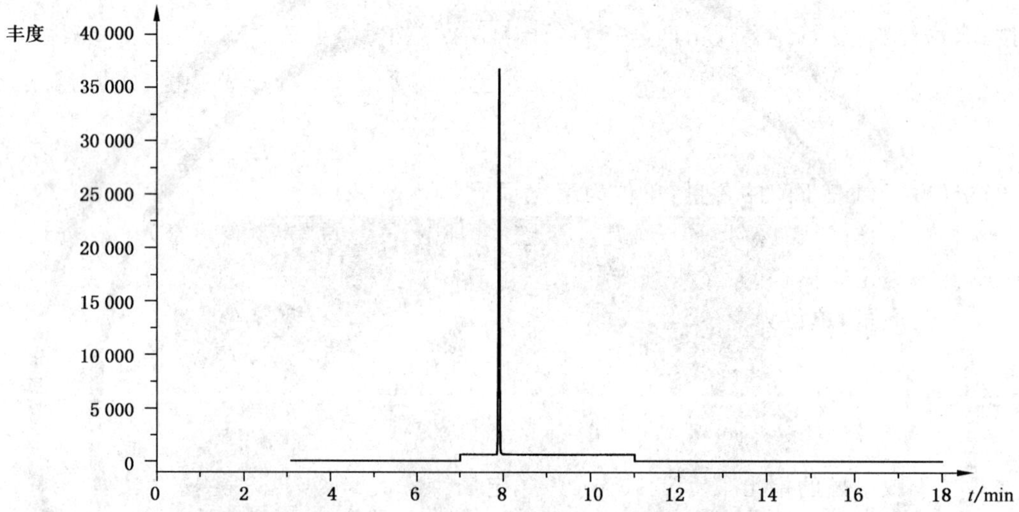

图 A.2　三氯叔丁醇标准品的选择离子色谱图

ICS 71.100.70
Y 42

中华人民共和国国家标准

GB/T 29677—2013

化妆品中硝甲烷的测定 气相色谱-质谱法

Determination of nitromethane in cosmetics—Gas chromatography-mass spectrometry

2013-09-06 发布　　2014-02-15 实施

中华人民共和国国家质量监督检验检疫总局
中国国家标准化管理委员会　发布

前　言

本标准按照 GB/T 1.1—2009 给出的规则起草。

请注意本文件的某些内容可能涉及专利。本文件的发布机构不承担识别这些专利的责任。

本标准由中国轻工业联合会提出。

本标准由全国香料香精化妆品标准化技术委员会(SAC/TC 257)归口。

本标准起草单位:中国检验检疫科学研究院、上海市日用化学工业研究所。

本标准主要起草人:李新实、王超、刘茜、马强、杨海峰、王宏伟、李海玉、杨美红、武晓剑、康薇。

化妆品中硝甲烷的测定
气相色谱-质谱法

1 范围

本标准规定了化妆品中硝甲烷的气相色谱-质谱测定方法。

本标准适用于水剂、散粉、香波、喷雾、唇膏类化妆品中硝甲烷的测定。

本标准对于硝甲烷的检出限为 0.1 mg/kg，定量限为 0.2 mg/kg。

2 原理

试样经溶剂提取，离心过滤后，经固相萃取柱净化，用气相色谱-质谱法测定，外标法定量。

3 试剂和材料

除非另有规定，所用试剂均为分析纯。

3.1 二氯甲烷：色谱纯。

3.2 甲醇：色谱纯。

3.3 无水乙醇：色谱纯。

3.4 硝甲烷标准物质：分子式 CH_3NO_2，CAS 号 75-52-5，纯度不小于 99%，结构式参见附录 A 的图 A.1。

3.5 无水硫酸钠：经 650 ℃灼烧 4 h 后置于干燥器中。

3.6 硝甲烷标准储备溶液：准确称取适量硝甲烷标准物质（精确至 0.000 1 g），以二氯甲烷（3.1）配制成浓度为 1 000 μg/mL 的标准储备溶液，于 4 ℃避光保存，可使用三个月。

3.7 15%甲醇-85%二氯甲烷混合溶液：准确量取 15 mL 甲醇和 85 mL 二氯甲烷，混匀后备用。

3.8 80%甲醇-20%二氯甲烷混合溶液：准确量取 80 mL 甲醇和 20 mL 二氯甲烷，混匀后备用。

4 仪器和设备

4.1 气相色谱-质谱（GC-MS）仪：配有电子轰击离子源（EI）。

4.2 分析天平：感量为 0.000 1 g 和 0.001 g。

4.3 离心机：转速不低于 5 000 r/min。

4.4 超声波水浴。

4.5 固相萃取装置。

4.6 氮吹仪。

4.7 旋转蒸发仪。

4.8 鸡心瓶：50 mL。

4.9 具塞锥形瓶：50 mL。

4.10 具塞聚四氟乙烯塑料离心管：50 mL。

4.11　微孔滤膜：0.45 μm，有机相。

4.12　固相萃取柱：基质为硅胶，500 mg，6 mL，或相当者。使用前依次用 5 mL 甲醇、5 mL 二氯甲烷活化。

5　分析步骤

5.1　样品处理

5.1.1　水剂、散粉、香波、喷雾类样品

称取 0.5 g(精确至 0.001 g)试样于 50 mL 具塞锥形瓶(4.9)中，加 20 mL 甲醇(3.2)，超声提取 20 min，将上述提取液转移至离心管(4.10)中以不低于 5 000 r/min 离心 15 min，取上清液，用旋转蒸发仪(4.7)浓缩至近干，再以 2×1 mL 二氯甲烷(3.1)冲洗鸡心瓶，合并冲洗液作为待净化液。

5.1.2　唇膏类样品

称取 0.5 g(精确至 0.001 g)试样于 50 mL 具塞锥形瓶(4.9)中，加 20 mL 无水乙醇(3.3)，超声提取 20 min，将上述提取液转移至离心管(4.10)中以不低于 5 000 r/min 离心 15 min，取上清液，用旋转蒸发仪(4.7)浓缩至近干，再以 2×1 mL 二氯甲烷(3.1)冲洗鸡心瓶，合并冲洗液作为待净化液。

5.1.3　净化

将 5.1.1 或 5.1.2 中的待净化液转移至固相萃取柱(4.12)，用 1 mL 15%甲醇-85%二氯甲烷混合溶液(3.7)淋洗，抽至近干后，用 3 mL 80%甲醇-20%二氯甲烷混合溶液(3.8)洗脱。收集洗脱液，加入无水硫酸钠(3.5)脱水，氮气吹干至 1 mL，过微孔滤膜(4.11)，滤液作为待测样液。

5.2　测定条件

气相色谱-质谱测定的参考条件如下：

a)　色谱柱：HP-INNOWax 石英毛细管柱，30 m×0.25 mm(i.d.)×0.25 μm，或相当者；
b)　载气：氦气，纯度≥99.999%；流速：1.0 mL/min；
c)　程序升温：35 ℃保持 3 min，再以 10 ℃/min 升温至 100 ℃，保持 2 min，最后以 30 ℃/min 升温至 200 ℃；
d)　传输线温度：250 ℃；
e)　进样口温度：200 ℃；
f)　进样方式：分流进样，分流比：5∶1；
g)　进样量：1 μL；
h)　电离方式：电子轰击电离(EI)；
i)　电离能量：70 eV；
j)　扫描方式：选择离子扫描，特征选择离子及丰度比见表 1。

表 1　特征选择离子及丰度比

待测物名称	分子式	CAS 号	特征选择离子及丰度比
硝甲烷	CH_3NO_2	75-52-5	30(100)、46(37)、61(57)
注：定量离子 30，定性离子 46、61。			

5.3 标准曲线的绘制

用二氯甲烷(3.1)将硝甲烷标准储备溶液(3.6)逐级稀释得到的浓度为 0.1 μg/mL、0.2 μg/mL、1.0 μg/mL、2.0 μg/mL、10.0 μg/mL 的标准工作溶液，按 5.2 的测定条件浓度由低到高进样测定，以定量离子峰面积-浓度作图，得到标准曲线回归方程。

硝甲烷标准品的选择离子色谱图参见图 A.2。

5.4 测定

按 5.2 的测定条件对待测样液进行测定，用外标法定量。待测样液中硝甲烷的响应值应在标准曲线的线性范围内，超过线性范围则应稀释后再进样分析。

按照上述条件测定试样和标准工作溶液，如果试样中的质量色谱峰保留时间与标准工作溶液一致(变化范围在±2.5%之内)；样品中目标化合物的离子相对丰度与浓度相当标准溶液的相对丰度一致，相对丰度偏差不超过表 2 的规定，则可判断样品中存在硝甲烷。

表 2 定性离子相对丰度的最大允许偏差

相对离子丰度	>50%	>20%且≤50%	>10%且≤20%	≤10%
允许的相对偏差	±20%	±25%	±30%	±50%

5.5 空白试验

除不称取样品外，均按上述测定条件和步骤进行。

6 结果计算

结果按式(1)计算，计算结果保留两位小数，计算结果应扣除空白值：

$$w=\frac{c\times V}{m} \qquad \cdots\cdots(1)$$

式中：

w ——试样中硝甲烷的含量，单位为毫克每千克(mg/kg)；

c ——从标准工作曲线上查出的样液中硝甲烷的浓度，单位为微克每毫升(μg/mL)；

V ——样液最终定容体积，单位为毫升(mL)；

m ——试样的质量，单位为克(g)。

7 检出限和定量限

硝甲烷的检出限为 0.1 mg/kg，定量限为 0.2 mg/kg。

8 回收率和精密度

在添加浓度 0.2 mg/kg～3 000 mg/kg 的范围内，回收率在 83.0%～96.4%之间，相对标准偏差为

1.3%～3.8%。

9 允许差

在重复性条件下获得的两次独立测定结果的绝对差值不应超过算术平均值的10%。

附　录　A
（资料性附录）
硝甲烷标准品的结构式和选择离子色谱图

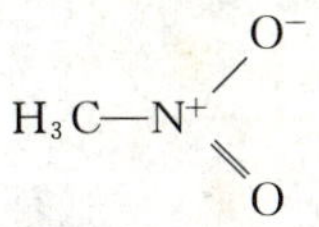

图 A.1　硝甲烷标准品的结构式

图 A.2　硝甲烷标准品的选择离子色谱图